Die WISSENSCHAFT von MITTELERDE

Roland Lehoucq · Loïc Mangin
Jean-Sebastien Steyer

Die WISSENSCHAFT von MITTELERDE

impian

INHALT

4 Großartige Lebenswelten

5 Erstaunliche Charaktere

6 Ein fantastisches Bestiarium

ANHANG

TOLKIEN, DER *LORD OF SCIENCES*

In welchem Bezug steht Elbisch zum Altenglischen? Was zeichnet die Geologie von Mittelerde aus? Wie fliegt der Drache Smaug? Sie müssen weder Wissenschaftler noch Tolkien-Spezialist sein, um dies zu beantworten: Es genügt, dieses Buch aufzuschlagen.

1937 setzt Ronald Reuel Tolkien mit *Der Hobbit* (ursprünglich als Buch für seine Kinder verfasst) einen Markstein in der Fantasy-Literatur. Der vieltalentierte Autor – er ist Professor an der Universität von Oxford, Sprachwissenschaftler und Dichter – macht erneut mit *Der Herr der Ringe* (1954–1955) und *Das Silmarillion* (1977 posthum erschienen) von sich reden. Als passionierter Liebhaber von Mythen und Sprachen, zu denen er spielerisch neue hinzuerfand, hinterließ er ein komplexes Legendarium, eine mit so viel Detailreichtum und -freude gestaltete Fantasiewelt, dass sich mit ihr ein unterhaltsamer Streifzug durch die Wissenschaft machen lässt – und genau das wollen wir hier tun. Tolkiens Universum mit seinen Sprachen, seiner Geschichte und Geografie, seinen Ungeheuern und Fabelwesen bietet den idealen Einstieg in ein breites Themenfeld aus den Human- und Naturwissenschaften. Ohne Anspruch auf Vollständigkeit zu erheben, möchten wir mit einem gut lesbaren Werk einer breiteren Öffentlichkeit Wissensinhalte nahebringen. Es liegt uns fern, den Charme der Fantasy zerstören oder gar Kritik an Tolkien üben zu wollen, vielmehr möchten wir aufzeigen, wie die Wissenschaften die Welt bereichern können. Willkommen im »Mittelerde der Wissenschaften«! Eine transdisziplinäre – und manchmal undisziplinierte – Reise ins Tolkien-Land erwartet Sie … »Und wenn Sie zurückkehren, werden Sie nicht mehr dieselben sein wie zuvor!«

Roland Lehoucq, Loïc Mangin und Jean-Sébastien Steyer

ISABELLE PANTIN

TOLKIEN UND DIE WISSENSCHAFTEN: *EINE FACETTENREICHE BEZIEHUNG*

Tolkien sah sich in erster Linie als Dichter, der Mythen durch Worte erschafft, doch sicher war er ebenso gut Wissenschaftler – zumindest bei einer grundlegenden (und somit zeitlosen) Definition der Wissenschaft als die vernunftgeleitete Bemühung um Kenntnis und Verständnis der natürlichen Realität von der Organisation des Weltalls bis hin zur Tätigkeit des Menschen und deren Resultaten. Hat man dagegen das Standardbild der modernen westlichen Wissenschaft auf ihrem technologiegestützten Siegeszug vor Augen, in der Modelle dominieren, die von der und für die Physik und Mathematik geschaffen wurden, so ist eine differenziertere Analyse notwendig. Die beiden Ansätze sind folglich getrennt zu untersuchen.

Tolkiens Denkweise war wissenschaftlich im weitesten Sinne: weniger nach dem Verständnis Gaston Bachelards oder all jener, die meinten, vor der Moderne seien die Voraussetzungen für »objektive Erkenntnis« nicht vorhanden gewesen, sondern eher in der Art eines Platon, Aristoteles oder Roger Bacon (1214–1294). Letzterer, der von unstillbarer Neugier getriebene »Doctor mirabilis«, hatte wie Tolkien in Oxford gelehrt – knapp 700 Jahre zuvor und an einem anderen Lehrstuhl. Tolkien liebte es, die Realität zu erforschen, er war neugierig auf sie, sein Bezug zu ihr sollte klar und unverzerrt sein. Mit wachem kritischem Geist begabt, verachtete er geschraubte, prätentiöse Ausführungen, die Wissen vorspiegeln sollten, dabei aber nur als undurchsichtiges Blendwerk fungierten, aus tiefstem Herzen.

EIN KLARES NEIN ZU FRISIERTEN TATSACHEN

Passenden Ausdruck für seinen Abscheu vor falschem Schein fand er in dem Begriff *bogus,* der eine Scheinwahrheit bezeichnet – häufig mit dem Beiklang von üblen Tricks und Hochstapelei. Er verwendete ihn häufig, mal auf schriftstellerische Verfahren, mal auf die Wissenschaft bezogen, oder zum Beispiel, als er 1968 in einem Brief an *Time-Life International* dem Plan einer Fotostrecke, die ihn beim Arbeiten zeigen sollte, eine Absage erteilte: Man habe wohl nicht dieselbe Auffassung von »Natürlichkeit«. Nie komme es vor, dass er fotografiert werde, wenn er arbeite, jemand anwesend sei oder mit ihm spreche: »Ein Foto von mir, auf dem ich zu arbeiten vorgebe, wäre reiner Schwindel.« *(Briefe, 302)*

In seiner Studie zum *Kalevala* (der im 19. Jh. von dem Arzt und Linguisten Elias Lönnrot gewissenhaft aus alten, mündlich überlieferten Quellen zusammengetragenen finnischen Epensammlung) notierte Tolkien, sie sei wohltuend frei von dem artifiziellen und falschmünzerischen Archaismus *(bogus archaïsm)*, wie ihn James Macpherson[1] im Ossian an den Tag lege, dem von ihm angeblich übersetzten Werk eines mythischen gälischen Dichters dieses Namens aus dem 3. Jh. Dasselbe Attribut diente ihm für Autoren »von pseudomittelalterlichem Zeug [...], bei dem kenntnislos versucht wird, [...] eine vermeintliche Temporalfarbe zu erreichen« *(Briefe, 171)*, und das pseudowissenschaftliche Arsenal minderwertiger, oberflächlich mit der Technik operierender Science-Fiction stigmatisierte er als *»mere abracadabra in bogus ›scientific‹ form«*.[2]

Das gleiche Urteil traf einen Korrektor – »ein hochgebildeter Pedant« –, der meinte, im *Herrn der Ringe* einen botanischen Begriff wie den authentischen englischen Alltagsnamen der Kapuzinerkresse, *nartustians*, in *nasturtium* (den lateinischen Namen der Brunnenkresse) verbessern zu müssen. In einem Brief von Juli 1954 zitierte Tolkien zum Beweis seiner Richtigkeit den Gärtner des Merton College und verwarf *nasturtium* als »pseudobotanisch und scheingebildet«.

Schwerwiegender war es, wenn sich das Übel bei manchen Koryphäen der Vergleichenden Sprachwissenschaft äußerte, etwa in deren tendenziöser Anwendung auf die Mythenforschung. So breitete George Dasent (1817–1896) – in der Skandinavistik ein wichtiger Name – in seinen Werken ohne Scheu die Überzeugung von der Überlegenheit der nordischen Rasse aus (an der die Engländer laut ihm teilhatten). Tolkien warf ihm vor, er sei verblendet und vollgestopft mit theoretischem Wust, auf den er sich viel einbilde. Im Essay *On Fairy Stories* (dt. *Über Märchen*) moniert er, Dasent missdeute die Märchen als »Mischmasch frühgeschichtlichen Scheinwissens, gründend in den ersten Mutmaßungen der vergleichenden Philologie«. Am schlimmsten aber war die von den Nazis vertretene »ganz und gar bösartige und unwissenschaftliche Rassenlehre«, so Tolkiens Verdikt in einem Brief vom Juli 1938 an seinen Verleger Stanley Unwin, der ihm die Forderungen eines am Hobbit interessierten deutschen Verlags übermittelt hatte.

Angesichts dieses grundlegenden Sich-Verweigerns gegenüber einem unaufrichtigen Umgang mit der Wirklichkeit entbehrt die oft praktizierte Unterscheidung zwischen Tolkien als exaktem Wissenschaftler und anerkannten Philologen, als Bürger, der sich gern aus der Zeitung über die aktuelle Welt informiert und als kreativem Autor, dessen Geist zu den Räumen von Mittelerde entflieht, jeder Grundlage: Die Ebene freien fantasievollen Schaffens von einer anderen zu trennen, auf der es um die Dinge geht, »wie sie sind«, oder sie gar in Opposition zu stellen, ist absurd. Tolkien focht darum verbittert Seite an Seite mit C. S. Lewis (1898–1963), seinem Freund und Kollegen in Oxford, gegen das Vorurteil, dass es einerseits eine »ernsthafte« Literatur gebe, die angeblich ein getreues und zuverlässiges Zeugnis von den Gegenwartsproblemen ablegt (»in Fühlung mit der Welt ist«), und andererseits eine »Unterhaltungsliteratur«, die mit bunten Fiktionen etwas Ablenkung vom grauen Alltag bietet.

MYTHOS UND WISSENSCHAFT

Lange Passagen vor dem Epilog widmet Tolkien im Essay *Über Märchen* den Zwecken der märchen- und mythenhaften Geschichten, die bewusst einen Abstand zu Realismus und Wahrscheinlichkeit halten wollen, um über das Mythische und Imaginäre zu einer höheren Form von Realismus zu gelangen, da sie sich der Realität auf einer tief liegenden, fundamentaleren Ebene nähern. Tolkien weist in diesem Rahmen die Kritik an solchen als »eskapistisch« bezeichneten Literaturformen zurück. Die Märchen bringen etwas Essenzielles ein, da sie sich mit vollem Vertrauen auf die Fantasiewelt einlassen, was sie paradoxerweise zu einer Quelle reicheren Wissens macht. Sie klären den Blick und befreien ihn vom Grauschleier des Gewohnten, von der Illusion, man sei im Besitz der Dinge, und es erübrige sich darum, ihnen Aufmerksamkeit zu schenken.

> *Ich werde mich hüten zu sagen, es gelte, »die Dinge zu sehen, wie sie sind, und mich mit den Philosophen anzulegen, aber ich darf wohl sagen: sie so zu sehen, wie sie uns zugedacht sind (oder waren) – als von uns selber unabhängige Dinge. […]. Verblasst oder zur schlechten Gewohnheit geworden ist uns dasjenige, was wir*

Das Elbenheer von Bruchtal

rechtlich oder seelisch in Besitz genommen haben. Von [diesen Dingen] sagen wir, wir würden sie kennen. Sie sind gleichsam zu etwas geworden, das uns einmal durch sein Glitzern, seine Form oder Farbe gereizt hat, auf das wir die Hände gelegt, das wir erworben, in der Truhe weggeschlossen und dann nicht mehr angeschaut haben.

Die besseren Märchen handelten hauptsächlich von einfachen, elementaren Dingen.

Denn der Geschichtenerzähler, der sich gegen die Natur »Freiheiten« herausnimmt, kann wohl ihr Liebhaber sein, doch nicht ihr Sklave. Erst in den Märchen ging mir eine Ahnung von der Kraft der Worte und dem Wunder der Dinge auf, von Stein, Holz und Eisen, vom Gras und den Bäumen.

Es gebe keinen Grund, die »Flucht«, welche im Märchen geboten sei, zu verachten. Warum einen Gefangenen verachten, der auszubrechen sucht? In seinem 1939 gehaltenen und nach dem Krieg für den Druck überarbeiteten Vortrag griff Tolkien sogar zu einem drastischen Vergleich: Würde der Wunsch, dem Dritten Reich oder einer anderen Diktatur zu entfliehen, etwa als Verrat oder Fahnenflucht gelten? Das Fantastische hat die essenzielle Funktion, die tiefen Sehnsüchte des Menschen nach Ausweitung seiner Erfahrung, in denen seine Natur am deutlichsten zutage tritt, zu adressieren: der Wunsch, mit den Fischen zu schwimmen, mit den Vögeln zu fliegen, mit allen Lebewesen Zwiesprache zu halten und – die größtmögliche denkbare Befreiung – die Schwelle des Todes zu überschreiten.

Liebe zu Mythen steht rationalem Vorgehen also keineswegs entgegen und mindert weder den »Appetit« auf wissenschaftlich belegbare Wahrheit, noch beeinträchtigt sie deren Wahrnehmung. Ganz im Gegenteil ist der Wert der Fantasiewelten abhängig vom Vermögen ihrer Erzähler, die Dinge der realen Welt als das zu erkennen, was sie sind, und ihrem nachhaltigen Bemühen, dem Erdachten Kohärenz zu verleihen. Denn sie gestalten eine Zweitschöpfung – einen geordneten Kosmos, der einem System von Naturgesetzen gehorcht. (*Über Märchen,* Abschnitt «Kinder«).

Beim Rückblick, welche Art Leser er selbst als Kind war, betont Tolkien, Vorliebe für Märchen sei kein beherrschender Zug seines kindlichen Geschmacks gewesen (diese Neigung sei erst später durch seine Sprachstudien geweckt worden). Er habe vor allem »wissen« wollen. Er stillte dieses Bedürfnis mit Geschichten, die ihn in eine andere Welt entführten, in der er fand, was ihn anzog (Drachen zum Beispiel), doch verwechselte er sie nicht mit der realen Welt. Ebenso gut oder besser gefielen ihm Geschichte, Botanik, Grammatik und Etymologie. Er erwähnt in einer Anmerkung sein frühes Interesse für Zoologie und Paläontologie. Doch so stark konnte es gar nicht sein, dass er sich vollständig auf die Seite der Wissenschaft geschlagen und damit dem Willen der Erwachsenen Genüge getan hätte, die voller Vorurteile steckten.

> *Ich war neugierig, die Natur kennenzulernen, sogar neugieriger als auf die meisten Märchen, aber ich wollte nicht durch Betrug und Spitzfindigkeit aus dem Reich des Märchens in das der Wissenschaft hinübergemogelt werden – und das von Menschen, die anzunehmen schienen, dass ich dank einer Art Erbsünde die Märchen vorziehen müsste, irgendeiner neuen Religion zuliebe aber dazu angehalten werden sollte, mich für die Naturwissenschaft zu interessieren.*[3]

Wie begründet sein instinktiver Widerstand war, erkannte Tolkien später: Opfer sind hier unnötig, denn Fiktion und Wissenschaft stehen in ständigem Austausch. Die Erstere ist eine Ressource für die Zweite zum Erstellen von Hypothesen, diese wiederum bietet der Ersten das Material, welches dem Erdachten Substanz und Kohärenz verleiht. Jede auf ihre Weise lehren beide das Staunen angesichts der realen Welt, nur dass die Fiktion dabei den Weg einer sekundären Schöpfung nimmt, einer autonomen und von eigenen Gesetzen bestimmten Fantasiewelt, die jedoch ihre Bestandteile aus der primären Welt bezieht.

In seiner letzten Lebensphase verbrachte Tolkien viel Zeit damit, Briefe von Lesern zu beantworten, die oft so von Mittelerde gefesselt waren, dass sie an dessen Existenz glaubten und ständig nach Details oder Erklärungen zum einen oder anderen Phänomen fragten. Er sah nicht wegen ihrer Naivität auf sie herab, sondern tat sein Bestes, sie zufriedenzustellen, wobei er gerne zugab, dass auch er seiner Schöpfung verfallen war. Sie war für ihn viel mehr als nur ein erdachtes Universum zwischen Buchdeckeln.

Man täte ihm unrecht, darin das gefährliche Entgleisen einer Fantasie zu sehen, die sich den Verlockungen virtueller Welten nicht mehr entziehen konnte. Die Schilderungen von Mittelerde waren für Tolkien vielmehr sein Weg, die Erde in all ihrer Fülle wahrzunehmen und seine Bewunderung für sie in ein dichterisches Schaffen zu legen, das zwar anders als das eines Wissenschaftlers, aber komplementär dazu war. Dafür fand er schlichte Worte bei einem Telefoninterview im März 1966, das er Henry Resnick für einen Artikel gab, der am 2. Juli 1966 in der *Saturday Evening Post* unter dem Titel »The Hobbit-Forming World of J.R.R. Tolkien« erschien: »Wollen Sie erfahren, was das eigentliche Fundament von Mittelerde ist? Das Staunen und die Freude, welche mir die Erde, so wie sie ist, vermittelt – und ganz besonders die Natur.« Diese Bezauberung und Freude sei zum ersten Mal in ihm erwacht, als er mit drei oder vier Jahren in der ländlichen Umgebung von Birmingham auf Entdeckungen ging. Die

Passage, welche die Verwurzelung von Tolkiens Schaffen in der Erfahrung der realen Welt belegt, enthält keine speziellen Überlegungen zur Wissenschaft, doch erinnert sie an die Ausführungen in Aristoteles' *Metaphysik* zu den Anfängen der Philosophie und der Suche nach Erkenntnis der Natur. Aristoteles betont die zentrale Rolle des Staunens oder Entzückens (thauma) und die Analogie zwischen der Liebe zu den Mythen (also fiktionalen Erzählungen) und der Wissenschaft.

> *Denn das Staunen war den Menschen jetzt wie vormals der Anfang des Philosophierens, indem sie sich anfangs über das nächstliegende Unerklärliche verwunderten, dann allmählich fortschritten und auch über Größeres Fragen aufwarfen, zum Beispiel über die Erscheinungen auf dem Mond und der Sonne und den Gestirnen und die Entstehung des Alls. Wer sich aber über eine Sache fragt und verwundert, der glaubt nicht, sie zu kennen. Deshalb ist der Freund der Mythen in gewisser Hinsicht auch ein Philosoph, denn der Mythos besteht aus Verwunderlichem.*
>
> (*Metaphysik*, A, 2, 982 b)

Aristoteles zeigte im Weiteren auf, dass die frühen Philosophen, die ihre Fragestellungen und Hypothesen gern in Geschichten einkleideten, nach Wissen um seiner selbst willen gestrebt und keinen weiteren Zweck verfolgt hätten – was Tolkien aus dem Herzen sprach (doch davon später mehr).

Tolkiens Vorgehen hat somit unleugbar wissenschaftliche Geltung. Viele Leser – vor allem, wenn es sich um Astronomen, Physiker, Biologen und Paläontologen handelte – erkannten dies spontan. Der archaische und fantastische Charakter Mittelerdes schreckte sie nicht ab. Sie schätzten im Gegenteil, wie sich der Schöpfer dieses Universums Mühe gegeben hatte, dessen Elemente in einen logischen Zusammenhang zu stellen und es lebendig und entwicklungsfähig zu machen (also nicht nur eine Modellumgebung zu bauen). In diesem geduldigen Prozess muss er sich ständig Fragen gestellt haben – über den Verlauf von Küsten und Flüssen, die Flora und Fauna, die Anpassung der Wesen an ihre Umwelt und vieles mehr –, bevor er seine Fantasie spielen ließ. Und es entging ihnen nicht, wie fundiert seine Beobachtungen zur Naturgeschichte waren.

Der Paläontologe Henry Gee bringt diese Anerkennung in *The Science of Middle-Earth* (dt. *Die Wissenschaft bei Tolkien*) zum Ausdruck, wo er einen Vergleich zwischen den Methoden von Tolkiens akademischer Disziplin, der Philologie, und der Kladistik zieht, einer Philosophie der Systematik, die sich der stammesgeschichtlichen Artenverwandtschaft widmet; sie hat Gees Ansicht nach das Wissen um die Evolution der Arten am meisten vorangebracht: Egal ob man Bezüge zwischen Schriftdokumenten, Sprachen oder lebenden Organismen ermitteln wolle – immer würden dabei baumförmige, sich gabelnde Diagramme erstellt. Die Kladistik lässt sich auf weitere Gebiete ausdehnen. Gee zeigt Bezüge und gegenseitige Anleihen auf.

Präzise, suggestiv, den Sprachnormen entsprechend und sorgfältig auf das abgestimmt, was sie bezeichnen sollen, finden Tolkiens Namensgebungen für sein Mittelerde-Universum nicht nur Bewunderer, sondern auch Nachahmer: Gern bedienen sich Insektenforscher, Paläontologen, Geologen oder Astronomen aus dieser Schatzgrube, wenn ein neu entdecktes Objekt – ein Insekt, Fossil oder Asteroid – zu benennen ist, bei welchem irgendeine Art Verwandtschaft oder auch nur eine indirekte Analogie zu einer Figur Tolkiens oder einem von ihm beschriebenen Objekt zu bestehen scheint. Kristine Larsen, Professorin für Physik und Astronomie, hat eine Liste dieser Anleihen erstellt.

EIN NEIN ZUM WISSENSCHAFTLICHEN MATERIALISMUS

Mit diesem Bild einer perfekten Harmonie zwischen Tolkiens Werk und der Welt der Wissenschaft ist jedoch ein komplexerer Umstand nicht erfasst, der keinesfalls übersehen werden darf: seine zahlreichen und heftigen Schmähungen gegen den von ihm so bezeichneten »wissenschaftlichen Materialismus«, den er als eine Geißel der modernen Welt ansah.

Dessen diabolische Form, bei der die Forschung an sich mit Übertechnisierung und Manipulationen durch Großmächte und deren finanzielle oder politische Machtinteressen einhergeht, ist im *Herrn der Ringe* im Reich Mordor und dessen Ableger, Sarumans Isengart, verkörpert. Es sind eindeutig totalitäre Gebilde. Tolkien bestätigt dies in einem Brief an seinen Sohn Christopher vom Januar 1945, in dem er dennoch die Hoffnung auf ein Millenium aussprach – ein irdisches Reich der »Heiligen«, die den Kräften des Bösen widerstehen würden, als da sind »in modernen, aber nicht universellen Bezügen: […] der ›wissenschaftliche‹ Materialismus, der Sozialismus in seinen beiden sich heute bekriegenden Fraktionen.«

»Wissenschaftlich« war hier in Anführungszeichen gesetzt, was zeigt, dass Tolkien klar zu unterscheiden wusste. Ungeachtet dessen hegte er eine tiefe und erbitterte

Feindseligkeit gegenüber den »materialistischen« Tendenzen, die, seinem Empfinden nach, sanft und schleichend bereits weit in die Wissenschaft vorgedrungen waren – bis in die Universität Oxford, die noch lange wie ein Hort der Tugend gewirkt hatte.

Tolkiens jugendliche Weigerung, sich der »Wissenschaft« unter Verzicht auf die »Feenwelten« zu verschreiben, ist in dieser Hinsicht bezeichnend. Sie geht in dieselbe Richtung wie seine spätere Kritik an den Entwicklungen in der Hochschulorganisation. Trotz der Tragödien und Schrecken des frühen 20. Jahrhunderts schätzte er sich überaus glücklich, zu einer Zeit jung gewesen zu sein, als einem noch Zeit und Freiheit gelassen wurden, den eigenen Weg zu finden, sein Wissen zu vertiefen und man selbst zu werden – sprich, J. R. R. Tolkien, der angesehene Professor und Schöpfer von Mittelerde. In diesen gesegneten Zeiten hatte man die Muße gehabt, seiner Berufung entsprechend in Bereiche hineinzuwachsen, ohne sich gleich alle Chancen auf eine akademische Karriere zu verbauen: Um eine Stelle zu bekommen, war kein Doktortitel nötig, sofern man nur Beweise für seine Fähigkeiten erbrachte.

In seiner Emeritierungsrede vom 5. Juni 1959 – sie findet sich in *The Monsters and the Critics and Other Essays* – ging Tolkien auf dieses Thema ein und zeichnete ein ironisches Porträt der Entwicklung, die seine Universität genommen hatte: Von einem Ort der Bildung war sie zu einem Ort der Einführung in die Forschung geworden. Die begabtesten Studenten wurden entsprechend der jeweiligen Politik ihrer Fakultäten (die erpicht waren, einen ständigen und ausgewogenen Strom von Doktorarbeiten zu produzieren, als wären sie eine Wurstfabrik) in eng gefasste Doktorandenstudien hineingeleitet. Hier schlich sich der Materialismus in die Wissenschaft ein und konnte auf den durchaus legitimen Ehrgeiz der Studenten und das Bedeutungsstreben der akademischen Institutionen bauen. Dabei gab es 1959 noch gar nicht wie heute die große Nachfrage nach Oxford-Absolventen in der internationalen Finanzwelt oder ein globales Ranking, das den Wettbewerb zwischen den Universitätszentren anstachelte.

In einem Brief von 1966 an seinen Enkel Michael George, der am Beginn seines Doktorandenstudiums in Oxford stand und Erwägungen zu einem Forschungsprojekt anstellte, brachte Tolkien erneut seine Skepsis und Bitterkeit zum Ausdruck:

> *Es gibt zunächst einmal so viel zu lernen. Oft wird sie [die Forschung] den Studenten nach dem ersten Examen aufgedrängt, weil sie auf den großen Zug der Wissenschaft (oder einen kleinen Anhänger davon) mit aufspringen und dadurch auch ein bisschen vom Prestige und Geld ergattern wollen, das die »Souveräne und Mächte und Regenten dieser Welt« über die heilige Kuh (wie ein Autor, selbst Wissenschaftler, es genannt hat) und ihre Altardiener ausschütten.*

Besser nachvollziehbar wird diese Haltung, wenn man um ihre Ursprünge weiß, beginnend bei seiner Religiosität. Tolkiens Glaube als Christ und seine feine Unterscheidung zwischen dem Begehren des Geistes (oder Christi) und dem Begehren des Fleisches (um es mit den Worten des Apostel Paulus zu sagen) erklären seinen hohen ethischen Anspruch und seine starke Ablehnung aller »materialistischen« Aspekte der Wissenschaft. Auch seine Haltung zur Natur und zu ihrer Erforschung wurde dadurch bestimmt. Er war kein Fundamentalist, sein Geist war neugierig und offen für die neuen wissenschaftlichen Thesen seiner Zeit, doch hielt er treu an der Vorstellung fest, dass »die Himmel vom Lob Gottes künden« (Psalm 19) und dass beide Seiten – die Naturforscher wie die Urheber von »Sekundärwelten« – dazu beitragen, die Schönheit der Schöpfung in all der staunenswerten Komplexität ihrer Organisation und Entwicklungsgeschichte zu preisen.

Vor diesem Hintergrund ist auch sein Dankesbrief von November 1969 an Amy Ronald zu lesen, die ihm ein Werk über die wilde Flora der Kap-Provinz geschenkt hatte: Es habe ihm Einsichten zu fossilen Pflanzen vermittelt – es folgt ein kurzer Vergleich mit Elanor und Niphredil, Blumen in Mittelerde aus den ersten Zeitaltern. Dann gesteht er, fasziniert von Büchern zu sein, die ihm Wissen über neue Pflanzen vermitteln, insbesondere über solche Variationen, die mit den ihm bekannten Pflanzen augenscheinlich verwandt, aber nicht dieselben sind: »Sie erregen in mir Vorstellungen von Verwandtschaft und Abstammung durch große Altersschichten hindurch und außerdem Gedanken als das Geheimnis des Musters oder Plans von etwas, das anders ist als seine individuelle Verkörperung und doch darin wiedererkennbar.«

FEENWELT, MAGIE, SCIENCE-FICTION

Literarische Einflüsse prägten infolge der grundlegenden Rolle, die sie in der Erziehung Tolkiens spielten (dies entsprach dem Zeitgeist) ebenfalls seine Haltung. All seine Schulerinnerungen drehen sich um Latein, Altgriechisch oder andere Sprachen und Literaturen.

Er vergegenwärtigte sich die Welt nicht über das Lernen von mathematischen Zeichen und Figuren, sondern bezog seine beachtliche wissenschaftliche Bildung vor allem aus populärwissenschaftlichen Werken. Wissen über die Natur ließ sich für ihn in denselben Sprache formulieren wie alle andere menschliche Erfahrung. Wohl auch deshalb erachtete er es nicht als zwingend, bei der wissenschaftlichen Untersuchung eines Gegenstands Verfahren der »exakten« Disziplinen anzuwenden und auf jegliche Subjektivität zu verzichten. Mit Unbehagen stellte er fest, wie das Wissen von den Sprachen, Literaturen und Mythen unumkehrbar in die Form von »Humanwissenschaften« gegossen wurde, welche sich den Kategorien des Strukturalismus unterwerfen mussten, um sich ihre Wissenschaftlichkeit patentieren lassen zu können. Tolkien verwendete in *Über Märchen* einen ganzen Abschnitt (»Ursprünge«) darauf, sich von den Volkskundlern und Anthropologen abzugrenzen, die aus den Märchen eine Wissenschaft zu machen versuchten. Sie zogen aus dem Erzählstoff Mytheme heraus, »Motive«, die sie auf Ähnlichkeiten oder Unterschiede untersuchten, sie beuteten ihn aus wie einen Bergstock, um anschließend das Erz perfekt zu sortieren, zu etikettieren und für diverse, allesamt authentisch wissenschaftliche Zwecke zu verwerten. »An und für sich ein völlig legitimes Vorgehen«, erkennt er an – würden sie sich nur nicht im Vollbesitz des Terrains glauben und grobe Fehlurteile abgeben, die auf ihrem fundamentalen Unverständnis des narrativen Materials beruhten: Sie verkannten, dass sie literarischen Texten gegenüberstanden, von denen ein jeder für sich einzigartig war: eine vollständige Erzählung, die als Ganzes eingeschätzt werden musste, unter Berücksichtigung der Gesamtheit ihrer Elemente.

Seine eigenen Vorzüge als Linguist sah Tolkien vor allem in seiner Sensibilität für die ästhetischen und musikalischen Werte von Sprache, sowie in seiner Fähigkeit, sich von seinen persönlichsten und tiefgründigsten Intuitionen leiten zu lassen. In einer Art selbst erstellter Charakterskizze, die er 1955 dem Dichter W. H. Auden für eine Radiosendung über ihn zuschickte, erwähnte er seine »Empfindlichkeit für Sprachgefüge, die mich emotional beeindrucken wie Farbe oder Musik«, und das auf seiner »Konditionierung« beruhende »tiefe Ansprechen« auf Mythen und bestimmte Sprachen.

Misstrauisch stand er (gut gemeinten) Versuchen gegenüber, die Wunder von Mittelerde in wissenschaftliche Begriffe zu übersetzen. Sicher hätte er sich nicht vorbehaltlos hinter alles gestellt, was Henry Gee im oben erwähnten Werk schreibt, vor allem nicht in Kapitel 17, das sich um einen berühmten Aphorismus des Science-Fiction-Autors Arthur C. Clarke rankt: »Jede hinreichend fortschrittliche Technologie ist ununterscheidbar von Magie«[4]. (Das Tor von Moria, das immer leuchtende Licht von Lórien, das Leuchten von Earendils Stern in der Phiole, die Frodo von Galadriel anvertraut bekommt – sie ließen sich dann als Effekte einer Technologie der Zukunft interpretieren.)

Tolkien war der alte Begriff der magia naturalis (Naturmagie) geläufig, mithilfe derer Menschen versuchten, natürliche Erscheinungen zu begreifen, sie experimentell zu reproduzieren und dabei nach Belieben zu beschleunigen oder zu verstärken – was auf naive und gutgläubige Betrachter wie Magie wirken mochte.[5] Man könnte manche seiner Elben und Zwerge oder Radagast mit seinen Vögeln und Gandalf mit seinen Feuerwerken als »Naturmagier« ansehen, doch versteige man sich nicht zu weit. In *Über Märchen* zeigt Tolkien die feinen Unterschiede zwischen »Magie« und »Feenwelt« auf, um genau solchen Interpretationen Grenzen zu setzen.

> *Der Faërie kommt vielleicht die Übersetzung mit »Magie« am nächsten – aber sie ist eine Magie von einer besonderen Kraft und Gestimmtheit, am extremen Gegenpol zu den vulgären Künsten des emsigen, wissenschaftlich vorgehenden Magiers.*

Im Juni 1958 schrieb Tolkien eine ebenso detaillierte wie vernichtende Kritik zu einem Drehbuch, das Morton Grady Zimmerman auf der Grundlage des *Herrn der Ringe* ausgearbeitet hatte (*Briefe,* Nr. 210). Punkt 22 betraf *Lembas* - ein leichtes und sehr nahrhaftes Reisebrot der Elben; unpassenderweise war es durch »Nährmittel-Konzentrat« ersetzt worden. Die Richtigstellung ist glasklar:

> *[Ich habe] eine starke Abneigung gegen jede Annäherung meiner Erzählung an Stil und Gepräge der »contes de fées« oder französischen Märchen. Ebenso widerstrebt mir jeder Zug zur »Verwissenschaftlichung«, wofür dieser Ausdruck ein Beispiel ist. […] Wir sind nicht auf einer Mondexpedition oder in irgendeiner anderen unwahrscheinlichen Gegend. Keine Analyse im Laboratorium könnte an* Lembas *chemische Eigenschaften nachweisen, die es anderem Weizenmehl-Gebäck voraushätte.*

Fantasy (die Feenwelt) und Science-Fiction waren für Tolkien zwei unterschiedliche Formen. Als Leser schätzte er beide, der Letzteren gab er vermutlich sogar einen leichten Vorzug, da sie eine größere Zahl origineller und fantasievoller Romane inspirierte. Er war ein eifriger Leser Isaac Asimovs und ein aufrichtiger, wenn auch kritischer Bewunderer von David Lindsays Reise zum Arcturus und C. S. Lewis' *Cosmic Trilogy* (dt. *Perelandra*-Trilogie)[6].

Als Schriftsteller fühlte er sich hingegen nur in der Fantasy wohl. Im Jahr 1936 beschlossen Lewis und Tolkien (wie ein Brief vom Februar 1967 aufdeckt), dass jeder von ihnen parallel einen Roman zu einem in der damaligen Literaturproduktion nicht vertretenen Stoff schreiben würde, der ihm besonders gefiel. Lewis entschied sich für eine Reise ins All (daraus wurde seine Trilogie), Tolkien für eine Zeitreise,

The Lost Road – die er jedoch bald fallen ließ. Ein Stück weiter kam er 1945/46 mit einem zweiten Versuch zu einem eng verwandten Thema: Zwei moderne Romanhelden reisen zurück in die Zeit einer uralten, dem Untergang von Atlantis vergleichbaren Katastrophe. *The Notion Club Papers* stieß jedoch auf dasselbe Hindernis wie *The Lost Road*: Von dem Moment an, wo es um die Überwindung der Zeitmauer geht, scheint die Erzählung zu zerfasern.

Der fertiggestellte Teil der *Notion Club Papers* beleuchtet die Schwierigkeit, eine echte Science-Fiction-Geschichte zu schreiben. Sie berichtet über die diesbezüglichen Diskussionen der Mitglieder des Notion Clubs, unter denen sich mehrere Schriftsteller befinden. Einige der Figuren scheinen Tolkiens Sichtweise zu vertreten: Sie tadeln die Künstlichkeit der pseudowissenschaftlichen Erklärungen, zu denen sich die Autoren verpflichtet meinen; dasselbe gelte für die von ihnen erfundenen Maschinen. Daraus ergebe sich ein literarisches Desaster, weil die Kohärenz des Werks und seine ästhetische Einheit zerstört werden. Staunenswerte Schilderungen von Fantasiewelten würden durch den Umstand verpfuscht, dass die Besucher mit lächerlichen Fahrzeugen einträfen. Man solle sich besser an die Erzählverfahren der Fantasy halten oder aber die Zeitreisen der Figuren in der Erinnerung, in Visionen oder im Traum stattfinden lassen – Tolkiens eigene Wahl im *Herrn der Ringe*.

Tolkiens Beziehung zur Wissenschaft hatte also kontrastierende Aspekte. Ohne sein lebendiges Interesse an der Kosmologie, Geografie und Geologie der Welt, ihren Pflanzen und anderen Lebewesen, hätte er weder den Wunsch noch die nötige Energie und Inspiration besessen, um Mittelerde im vollen Umfang ins Leben zu rufen – mit seiner Geschichte und seiner Wahrheit bis in die kleinsten Details hinein. Andererseits sah er deutlich, dass die Wissenschaft fähig war, sich auf die Seite der Macht zu schlagen (und dies nicht nur in einer sichtbaren Diktatur) und ihre Wertvorstellungen auf imperialistische Art durchzusetzen. Dagegen opponierte er erbittert, getrieben von dem anarchischen Instinkt, der, neben einer Neigung zu Ordnung und Harmonie, tief in ihm saß.

Wie dem auch sei, die Wissenschaft – mit der Faszination, die sie ausübt, und der Dynamik, die sie unablässig fortschreiten lässt – ist ein Teil der Realität. Darum hat sie mit allen Ambivalenzen ihren berechtigten Platz in Mittelerde, wo sie auf verschiedene Arten betrieben wird – von den düstersten war bereits die Rede. Unter den Elben – sie waren die Wissenschaftler schlechthin – fanden sich geniale und gefährliche Forscher wie Feanor (im Silmarillion), welche der Passion für ihre

Erfindungen alles zu opfern bereit waren, aber auch friedliebende im Land Lórien, welche die Suche nach Wissen mit künstlerischem Schaffen zu verbinden wussten:

> *Die Elben vertreten sozusagen die artistischen, ästhetischen und rein wissenschaftlichen Aspekte der menschlichen Natur, auf einer höheren Stufe, als man es bei Menschen tatsächlich sieht. Das heißt: Sie haben eine hingebungsvolle Liebe zur physischen Welt, ein Verlangen, sie um ihrer selbst willen zu verstehen, als etwas »anderes« – nämlich eine im gleichen Grad wie sie selbst von Gott abgeleitete Wirklichkeit –, nicht als brauchbares Material oder als Machtbasis.*

Ein erhabenes Idealbild – Tolkien evozierte es 1956 in einem Brief an Michael Straight. Aber auch bescheideneren Romanfiguren – wie dem Hobbit Sam Gamdschie, der sein botanisches Wissen und sein Gärtnertalent aus derselben Liebe zu den Pflanzen schöpft – gelang dieser Einklang.

Anmerkungen

1. *Tolkien Studies,* 7, 2010, S. 269.
2. Tolkien, »The Notion Club Papers«, in *History of Middle Earth (HME),* 1983–1996, Bd. 9, S. 167.
3. *Über Märchen,* Anmerkung D zum Abschnitt »Kinder«.
4. Zitat aus A. C. Clarke, »Technology and the Future«, in: *Report on Planet Three and Other Speculations,* London: HarperCollins, 1972.
5. Z. B. Richard Kieckhefer, *Magie im Mittelalter,* München: Beck, 1982.
6. *Out of the Silent Planet* (1938) (dt. *Jenseits des Schweigenden Planeten); Perelandra* (1943) (dt. *Peleandra*); *That Hideous Strength* (1945) (dt. *Die böse Macht*).

DER AUFBAU EINER EIGENEN WELT

1

TOLKIEN, DER FORSCHER, ILLUSTRATOR ... *UND TRÄUMER*

CÉCILE BRETON

»Die Wissenschaft bringt mich zum Träumen.«
Herr Z. (Privates Gespräch)

Wie konnte ein so konventionell aussehender und häuslich lebender Philologieprofessor diese einzigartigen Fantasiewelten erschaffen? Das ist das Erste, was einem angesichts von John Ronald Reuel Tolkiens Porträt durch den Kopf geht, auf dem er – im Tweedjackett und mit der Pfeife im Mund – in seiner gemütlichen Bibliothek posiert.

Die Frage mit dem Hinweis abzutun, es gebe unter den Untertanen Ihrer Majestät eben eine Reihe paradoxer literarischer Persönlichkeiten, wäre zu oberflächlich. Zudem verfiele man allzu leicht einem in unserer Kultur verankerten Klischee, nach dem es Wissenschaftlern zwangsläufig an Fantasie und Gefühlen fehlt, da sie am Verständnis der Wirklichkeit arbeiten. Widerstehen wir also den lockenden Sirenen der Schwarzweiß-Malerei, die an unsere intellektuelle Trägheit appellieren, und decken wir mithilfe des Forschers, Illustrators und Träumers Tolkien auf, wie absurd dieser Gegensatz ist! Dies soll am Beispiel einer seiner vielen Begabungen geschehen, die das Vorurteil vom rein rational geleiteten Wissenschaftler deutlichst widerlegt: seinem Zeichentalent.

Tolkien zeichnete gern. Er kritzelte viel und egal wo – selbst auf seinen Manuskripten oder Zeitungsausschnitten, schätzte seine Kreationen aber gering und weigerte sich, sie veröffentlichen zu lassen. Sie waren sein Privatvergnügen. Das heute verbreitete, letztendlich recht klischeehafte Bild von Mittelerde und seinen Bewohnern entstand durch Illustratoren wie John Howe oder Alan Lee erst lange nach dem Erscheinen der Werke. Was aber verraten Tolkiens eigene Zeichnungen über seine Vorstellungen von seinem Universum, welche Künstler haben ihn inspiriert? Hier gehen wir nur auf die für den *Herrn der Ringe* relevanten Werke ein. Darüber hinaus schuf Tolkien Familienszenen oder Landschaften nach der Natur, aber auch Zeichnungen für Kinder in gewollt naiver Machart, mit denen er seine *Briefe vom Weihnachtsmann* und *Herr Glück* illustrierte – sie würden eine gesonderte Betrachtung verdienen.

DIE QUELLE DES ERZÄHLENS: MITTELALTERLICHE KARTEN UND MANUSKRIPTE

Lange vor dem *Herrn der Ringe* erschien im September 1937 die Originalausgabe von *Der Hobbit.* Sie enthielt zwei Karten und acht Schwarz-Weiß-Zeichnungen Tolkiens. Einige davon wurden später von anderen nachkoloriert und zum Beispiel in *The J. R. R. Tolkien Calendars* (1973 und 1974) und *The Hobbit Calendar* (1976) neu aufgelegt. *Pictures by J. R. R. Tolkien* von Tolkiens Sohn Christopher enthält 49 Zeichnungen seines Vaters, das spätere *J. R. R. Tolkien – der Künstler* von W. G. Hammond und C. Scull rund 200. Tolkien zeichnete größtenteils Landschaften, doch sein Werk umfasst auch Kalligrafieblätter und dekorative Muster *(patterns).*

Der für Kinder bestimmte *Hobbit* war mit zahlreichen Illustrationen versehen, im Gegensatz zur Trilogie *Der Herr der Ringe,* deren erste Ausgaben nur Landkarten enthielten. 1956 erinnerte sich Tolkien an die Anfänge des *Hobbit:* »… über ein paar Jahre hin kam ich nicht weiter als bis zum Zeichnen von Thrórs Landkarte« (*Briefe,* Nr. 163). Als methodischer Arbeiter tüftelte er mit manischer Akribie an der zeitlichen und räumlichen Kohärenz seiner Geschichten; die Karten bildeten für diese den Eckstein. Als Junge bestand ein Lieblingszeitvertreib Tolkiens darin, sich traumverloren in Atlanten zu versenken. Er erfand Sprachen, bevor er sich die Völker ausdachte, die sich in ihnen verständigten, und zeichnete Karten, um sich jene vorzustellen, die in diesen Gegenden lebten und herumliefen.

Im Kartenmaterial zu den beiden Hauptwerken, das Tolkien gemeinsam mit seinem Sohn Christopher erstellte, setzte er grafische Gestaltungselemente ein, wie sie bis ins 16. Jahrhundert gebräuchlich gewesen waren: Draufsichten mischen sich mit Reliefansichten; Flüsse sind mit parallelen, Seen mit konzentrischen Linien ausgefüllt; fast immer sind Zierrahmen, Windrosen und der Maßstab vorhanden, manchmal auch Meereslebewesen wie im Ozean spielende Delfine. Losgelöst vom Realismus geht es hier um das »Alte«, es sollte der Eindruck von Faksimiles entstehen. Natürlich ließ Tolkien der Kalligrafie besondere Sorgfalt angedeihen, vereinten sich in ihm doch der Linguist und der Zeichner. Vor figürlichen Darstellungen scheute er dagegen zurück, was seine meist leeren Landschaften beweisen, in denen keine (oder nur auf kleine Silhouetten reduzierte) Lebewesen zu sehen sind. Eine Ausnahme bildet der Drache Smaug, den Tolkien mehrfach darstellte, wie er über seinen Goldschatz wacht oder Seestadt angreift.

Dessen Aussehen gestaltete Tolkien im Wesentlichen gemäß dem üblichen Kanon des Mittelalters; bei seinen Drachen spielten auch asiatische Einflüsse hinein: pferdeartiger Kopf, langer Reptilienkörper, Fledermausflügel … Tolkiens Faible für Drachen ist bekannt, angefangen bei jenem, der Beowulf tötete, bis zum Fáfnir der Sigurd-Saga[1].

PRÄHISTORISCHE FANTASIEWELTEN

Die flüchtige Bleistiftskizze von Smaug beim Feuerangriff auf Seestadt zeigt den vom schwarzen Pfeil getroffenen Drachen im Absturz auf die brennende Stadt. Eine lange Reihe von Pfählen und eine Palisade deuten die Siedlung an. Ein detailreicheres, schlicht mit Seestadt (Esgaroth) betiteltes Bild zeigt die beeindruckende, über dem Wasser gebaute Stadt vom Ufer her: Eine Brücke führt zu einer ausgedehnten, auf Pfählen stehenden Plattform, auf der die Bauten der Stadt errichtet sind. Herumliegende Fässer, ein Fährmann und ein Schiff zeugen von regem Handel. Das Bild kann Auskunft über Tolkiens Interessen geben und über Eindrücke, die ihn angesprochen haben mochten. Mitte des 19. Jahrhunderts waren urgeschichtliche Siedlungen an den Schweizer Seen entdeckt worden – einer der großen archäologischen Funde jener Zeit. Der extrem trockene und kalte Winter 1853/54 hatte den Seespiegel stark absinken lassen, was ganze »Pfahlwälder« zutage treten ließ. In den folgenden 20 Jahren wurden entlang des gesamten Alpenbogens über zweihundert solcher »Dörfer« entdeckt. Das Bild der »Pfahlbautensiedlungen[2]«, welches man in zahlreichen populärwissenschaftlichen Werken rekonstruierte, wurde von der Öffentlichkeit lebhaft rezipiert. So stellte der Schweizer Genremaler Albert Anker (1831–1910) diese Siedlungsform im See ebenso natürlich dar wie seine zahlreichen im Stil des Intimismus gehaltenen Kinderporträts und bekannten ländlichen Familienszenen im Rousseau'schen Geist. Ankers *Pfahlbauer* mit Gallierbart lauert mit dem Bogen in der Hand auf einem Felsvorsprung über dem See auf Beute, nicht unähnlich den Darstellungen der amerikanischen Ureinwohner in den Abenteuerbüchern aus Tolkiens Kindheit. Die Funde ließen Fantasien aufkeimen, in ihnen vermischte sich Exotik mit dem Bild eines Menschen »im Naturzustand«, frei von den Zwängen der Zivilisation und ihrer festgeschriebenen sozialen Beziehungen. Zudem bot sich Künstlern ein Vorwand zur Darstellung schöner, halbnackter Steinzeitfrauen in der Gewalt kriegerischer Kraftprotze, wie in Paul Jamins[3] (1853–1903) *Frauenraub in der Steinzeit.*

Das nach Seestadt zurückkehrende Schiff mit dem tierköpfigen Bug (Drachen? Pferd?) lässt sofort an ein Wikinger-Langschiff denken. Ebenfalls in die nordische Welt verweist das Interieur von Tolkiens Zeichnung *Beorns Halle*: Mit ihren Querbalken und der tiefer gelegten viereckigen Feuerstelle erinnert sie an die Methallen der Wikinger, öffentliche Zeremonienhallen für politische und religiöse Zwecke. W. G. Hammond und C. Scull vermuten eine Anregung durch eine Zeichnung in *An Introduction to Old Norse*: Tolkiens Kollege, der Mediävist E. V. Gordon, hatte die »Einführung in das Altnordische« 1927 veröffentlicht. So darf man Seestadt wohl als eine »jungsteinzeitlich-wikingerhaft« inspirierte Siedlung betrachten, in der sich die romantisierende Auslegung der archäologischen Funde des 19. Jahrhunderts spiegelt.

ÖKOWELT

Der Brief Nr. 213 vom 25. Oktober 1958 enthält eine interessante Aussage Tolkiens: »Ich bin tatsächlich selber ein Hobbit (in allem bis auf die Größe). Ich liebe Gärten, Bäume und Ackerland ohne Maschinen.« Was an seinen Zeichnungen auffällt, ist ihre friedliche und idyllisch-ländliche Wirkung, vor allem im Vergleich mit den Kampfszenen, Ungeheuern und düsteren Türmen, die bei späteren Illustratoren so beliebt waren: Die dichtesten Wälder und sogar die Trolle erscheinen bei ihm nie wirklich als bedrohlich. Der Bezug zu seiner Kindheit und zu seiner Begeisterung für die grünen Täler der Midlands drängt sich förmlich auf. Geboren wurde er in Südafrika, doch um die Kinder vor der Hitze zu schützen, beschloss die Mutter, nach England zurückzukehren, als der kleine John Ronald Reuel erst drei Jahre alt war. Die Familie ließ sich in Worcestershire und danach einige Meilen außerhalb von Birmingham in Sarehole nieder. Er erwähnte dies später oft als gesegnete Zeit; sie endete nach fünf Jahren mit seinem Eintritt in eine Schule in der Stadtmitte.

Die Landschaft von Hobbingen, zu sehen in *Der Bühl: Hobbingen jenseits der Wässer* lässt sich als Tolkiens Vorstellung vom irdischen Paradies interpretieren: Wallhecken, ein Fluss, ein Hügel, um ihn herum die freundlichen Rundfenster von Beutelsend *(Bag-End)* und benachbarten Residenzen. Tolkien ist ein Hobbit, der Bäume über alles liebt, nicht nur für ihre erhabene Schönheit, sondern auch, weil er in ihnen veranschaulicht sieht, wie Mythen gebaut sind. So bezeichnete er den *Herrn der Ringe* im Brief Nr. 241 vom September 1962 als seinen »inneren Baum«. Bäume sind in seinem Werk allgegenwärtig, sie finden sich in großer Zahl auf einer seiner Lieblingszeichnungen, *Bilbo kommt zu den Hütten der Floßelben.* Diese ist unübersehbar vom Jugendstil inspiriert; bei *Das Tor des Elbenkönigs* oder *Türen von Durin* wird das noch augenfälliger.

SYMBOLISTISCHE BILDWELTEN

Liebe zu den Formen der Natur war prägend für eine um 1890 entstandene, Art Nouveau oder Jugendstil genannte Stilrichtung, deren wohl bekanntester Ausdruck Hector Guimards (1867–1942) Pariser Metrostationen sind. Ihre Exponenten – Maler, Illustratoren und Architekten – ergingen sich in der Eleganz weiblicher Formen und pflanzlicher Motive. Auch die Tierwelt war allgegenwärtig, und paradoxerweise trifft man unter den Vorläufern dieser entschieden antipositivistischen Bewegung auch Ernst Haeckel (1834–1919) an, der einen Markstein in der Geschichte der Biologie setzte. Wir verdanken ihm zahlreiche Beschreibungen von Arten und vor allem die sie begleitenden berühmten Bildtafeln.[4] Der Jugendstil gilt als ein Zweig des Symbolismus, welcher sich als Gegenbewegung zum Naturalismus und Impressionismus entwickelte und von der Prämisse ausging, die Kunst müsse sich auf die Darstellung einer »Realität« jenseits des sinnlich Erfassbaren ausrichten. Seine frühen Wurzeln liegen im »Präraffaelismus« *(Pre-Raphaelite Brotherhood),* einer rein britischen Kunstströmung, deren bevorzugte Motive aus der mittelalterlichen Mythologie, dem Shakespeare-Theater, Dantes *Göttlicher Komödie* und, wie sollte es anders sein, der Bibel stammten. Auf ihren Gemälden begegneten sich Ophelia, Merlin, Chaucers[5] Helden und die Heilige Agnes, sie waren prähistorisch bis mittelalterlich gewandet, der Bildausdruck oft schwärmerisch-religiös. Tolkien schrieb im Brief vom 16. März 1972: »Die große Uferwiese im Fellows Garden[6] sieht aus wie der Vordergrund eines präraffelitischen Gemäldes.«

Die Präraffaeliten sorgten für einen neuen, frischen Umgang mit der Farbe und die Wiederbelebung der Glaskunst, die mit ihren bunten, in Bleiruten gefassten Glasfeldern auf viele Aquarelle Tolkiens wie *Bruchtal* abfärbte. Die Begeisterung des 19. Jahrhunderts für ein (idealisiertes) Mittelalter fand bei diesen Künstlern ihren bildnerischen Ausdruck.

Tolkien war zudem ein großer Bewunderer von William Morris (1834–1896), einem emblematischen Vertreter des britischen Sozialismus (zugleich ein Multitalent als Schriftsteller, Übersetzer mittelalterlicher Literatur, Maler, Architekt, Illustrator und Designer textiler Motive). Dieser war befreundet mit Edward Burne-Jones

(1833–1898), dem Vorreiter der präraffaelitischen Bewegung. Morris illustrierte seine eigenen Bücher mit einer Fülle dekorativer Rahmen, verschlungener Pflanzenornamente und neumittelalterlicher Drucke. Rankenverzierte Rahmen dieser Art fassen in Tolkiens Aquarellen häufig den Bildtitel ein; auch die Gestaltung seiner *Numenorean Tile & Textiles* und *Heraldic devices* spiegelt unübersehbar seine große Bewunderung für Morris' Arbeit. Außerdem bekannte er, in die Illustration *Totensümpfe* sei zwar viel von seinen einschneidenden Erfahrungen aus dem Grabenkrieg an der Somme eingeflossen, doch die Hauptinspiration stamme von Morris.

Um seine Zeichnungen »auszufüllen« und ihnen Dreidimensionalität zu verleihen, griff Tolkien zu diversen, von Holzschnitten inspirierten grafischen Verfahren (man trifft sie auch in seinen Landkarten an), oftmals mit Linien und Punkten, wie sie Aubrey Beardsley und andere Illustratoren populär gemacht hatten. Nicht nur Morris bediente sich dieser Technik, sondern auch Henry J. Ford (1860–1941) in seinen Illustrationen zu Andrew Langs (1844–1912) *Red Fairy Book* – über dieses hatte Tolkien als Kind die nordischen Sagen kennengelernt. Tolkien wandte sie in den Bäumen und Rauchspiralen von *The Trolls* an, diese sind zudem stark vom Stil der Märchen-Illustratorin Jennie Harbour (1893–1959) inspiriert.

Als elitär und vergangenheitsbezogen gerieten Symbolismus und Präraffaelismus auf lange Zeit ins Fegefeuer der Kunstgeschichte. Dann fanden sie Erben in jener Richtung, die sich ab den 1950er-Jahren Fantasy-Malerei nennen sollte – auch sie eine (bis heute?) als untergeordnet betrachtete Kunst, weil sie wie ihre Vorläuferinnen sozusagen von Gnaden des Texts lebt.

MAGIE UND MASCHINEN

Literarisches und bildkünstlerisches Kolorit waren natürlich nur Einzelaspekte im sozialgeschichtlichen Umfeld jener Zeit einer galoppierenden Industrialisierung, in die Tolkien hineingeboren wurde. Über dem England des ausgehenden 19. Jahrhunderts lagen die Rauchschwaden der Fabriken; der kleine Tolkien atmete diese Luft in Birmingham. Die Mission der damaligen Ingenieure bestand darin, die Dominanz des Menschen über die Natur (analog zu der des britischen Empires über den Rest der Welt) endgültig festzuschreiben.

Wenn die Symbolisten eine spirituell angehauchte Kunst entwickelten, ist darin eine Reaktion auf die von ihnen beklagte »Tyrannei der Vernunft« zu sehen. Doch mit ihrer Absicht, anzuprangern, wie Menschen die Technik zur Konkretisierung ihrer absurdesten Wünsche gebrauchen, schufen Autoren wie Mary Shelley[7] (1797–1851) oder Villiers de L'Isle-Adam[8] (1838–1889) paradoxerweise gerade die Grundlagen der Science-Fiction-Literatur. Auch Tolkiens große Bewunderung für den visionären amerikanischen Science-Fiction-Autor Isaac Asimov (1920–1992) muss hier erwähnt werden.

Ein Gegensatz bestand also nur scheinbar, was Tolkien in einem Brief von 1951 (Nr. 131) ausdrückte, in dem er eine Parallele zwischen der Magie und den Maschinen zieht. In beidem äußert sich die Kreativität des Menschen, der in die natürliche Ordnung eingreifen will: »Mit der Letzteren [der Maschine] meine ich jeden Gebrauch äußerer Kunstgriffe oder Hilfsmittel (Apparate) anstelle der Ausbildung eingeborener innerer Kräfte oder Talente – oder sogar den Gebrauch dieser Talente aus dem korrupten Motiv, herrschen zu wollen: die wirkliche Welt plattzuwalzen oder den Willen anderer zu brechen. Dafür ist die Maschine das moderne, uns geläufigere Mittel, obwohl sie mit der Magie näher als meist angenommen verwandt ist.«

Der »Fortschritt« ähnelt für Tolkien dem düsteren Herrscher Sauron: Er entfremdet und beraubt uns mit leeren Machtversprechungen der Wohltaten eben jener Natur, die wir beherrschen wollen. Die ersten Sozialkonflikte und Eisenbahnunglücke verpassten dem Fortschrittskult Anfang des 20. Jahrhunderts einen Dämpfer, nach 1914 versackte er endgültig in schlammigen Schützengräben. Der gefallene Engel des Positivismus riss die Wissenschaftler in seinen Sturz mit hinein: Sie waren plötzlich zu Lakaien der Macht geworden, Maschinenwesen in ihrer Verweigerungshaltung gegenüber der Kunst und jeder Form von Spiritualität. Tolkien schöpfte indessen seine Inspiration aus alten Texten, die von Drachen und vom Lobpreis ritterlicher Tugenden kündeten, und aus der Archäologie, die gerade einen verlorenen Garten Eden wiedererstehen ließ, in dem sich Steinzeit-Hobbits ihres einfachen Freiluftdaseins erfreuten.

Stellvertretend für viele Forscher, die untersuchen, warum religiöser Extremismus oder Astrologie in der heutigen Welt so viel Zulauf finden – schien es doch, als habe Fortschritt im Wissen die Glaubensüberzeugungen erfolgreich zurückgedrängt –, schreibt die Soziologin Romy Sauvayre: »Entdeckungen und die Hypothesen, an deren Validierung die Wissenschaft arbeitet, bieten Laien wie Insidern ein Stimulans; sie öffnen das Tor zur Fantasie, einem unerschöpflichen Feld der Möglichkeiten. Die Wissenschaft fördert unbestreitbar das Vorstellungsvermögen. Science-Fiction und Fantasy – auch wenn sich die Letztere einer fiktionalen Vergangenheit zuwendet – sind zwei Seiten ein- und derselben Medaille.«

Um noch einmal zu der provokanten Eingangsfrage, ob Wissenschaftler Fantasie haben, zurückzukommen (wie konnte ein Mann, der nie weiter als bis in die Schweiz gekommen war, *Barad-dûr* und *Lothlórien* erfinden?): Tolkiens Schaffen gibt die beste Bestätigung. Der Stoff, mit dem er seinen Traum nährte, bestand in seiner objektiven Kenntnis mittelalterlicher Mythen und Legenden – von den Konstruktionsprinzipien über ihre Entwicklung bis hin zu den Sprachen, in denen sie erzählt wurden. Nur dank wissenschaftlichem, methodischem Denken war er fähig, dieses komplexe Universum auf solide Grundlagen zu stellen. Tolkiens Werk präsentiert Fantastisches, ohne vernunftwidrig zu sein; es bezieht sein Potenzial, Bilder entstehen zu lassen, exakt aus seiner Stimmigkeit und Logik. Nur Kleingeister mit starren Denkmustern werden die Affinität zum Fantastischen im Widerspruch zum Forschergeist sehen. Früh begriff Tolkien: »Erst als ich schon Student war, wurde mir durch Erfahrung und Überlegung deutlich, dass diese keine divergierenden Interessen waren – etwa die entgegengesetzten Pole von Wissenschaft und Romantizismus – sondern unauflösbar verbundene.« (Brief Nr. 131, ca. Ende 1951). Sicher werden auch die Leser des vorliegenden Werks zu dieser Überzeugung gelangen.

Anmerkungen

1. Beowulf und Sigurd sind Helden aus der angelsächsischen Epenliteratur beziehungsweise der nordischen Mythologie. Beowulf wird von einem unbenannten Drachen getötet, während der Drache Fáfnir, der einen Schatz besitzt, von Sigurd besiegt wird. Sigurd ist die alte Form des Helden Siegfried aus dem *Nibelungenlied*.
2. Ein ungefährer Hinweis auf »Sumpf« und »eingesetzter Pfahl« ist im analogen italienischen Wort »palafitte« enthalten, wenn auch die Etymologie des Begriffs nicht vollständig geklärt ist. Der Name wurde dieser Siedlungsform aus dem Neolithikum und der Bronzezeit bei ihrer Entdeckung verliehen.
3. Akademischer französischer Maler, der aus archäologischen Entdeckungen viele Inspirationen zu patriotisch angehauchten prähistorischen Szenerien oder solchen aus dem gallischen und römischen Altertum bezog (oft auch ein Vorwand für die Darstellung von Nacktheit, wie die erwähnte steinzeitliche Vergewaltigungsszene, oder das Eindringen des gallischen Soldaten in den Frauentrakt in *Brennus und sein Beuteanteil*).
4. Ernst Haeckel, *Kunstformen der Natur,* Leipzig – Wien 1904.
5. Schriftsteller des 14. Jahrhunderts, der für Tolkien im literarischen Bereich dasselbe war wie die italienischen primitivi – die Maler bis zur Frührenaissance – für die Präraffaeliten: die ultimative Spitze der Literatur selbst.
6. *Fellow's garden* der Universität Oxford.
7. Verfasserin von *Frankenstein oder Der moderne Prometheus,* 1818.
8. Verfasser von *L'Ève future (Die Eva der Zukunft)*, 1886, und anderen Werken.

TOLKIEN UND DIE SOZIOLOGIE: *IM ANGESICHT EINER VERLOREN GEHENDEN WELT*

THIERRY ROGEL

EINE WELT IM WANDEL – ZWEI SICHTWEISEN

Die Literaturgattung der »Fairy Stories« (Märchen oder Feenerzählungen)[1] war das Thema eines Vortrags, den Tolkien 1939 an der Universität St. Andrews hielt. Er wandte sich darin u. a. gegen das Vorurteil, solche Geschichten seien Kinderliteratur. Er selbst sehe sie mit dem Auge des Philologen und sei der Ansicht, sie sprächen auch Erwachsene an; die Zuordnung zum Kindesalter beruhe auf einem historischen Zufall. Eine weitere Fehleinschätzung betreffe ihren angeblich eskapistischen Charakter. Tolkien entgegnete, sie erlaubten dem Geist zwar zu schweifen, aber dies sei nicht die Flucht eines Deserteurs, der sich seiner Pflicht entzieht, sondern die des Gefangenen, der aus seinem Gefängnis in eine ersehnte Welt entkommen will. Tolkien erkannte in den Märchen (und der Fantasy, deren Entstehung meist auf 1865 datiert wird, das Erscheinungsjahr von Lewis Carrolls *Alice im Wunderland*) eine der möglichen Arten, die Welt zu erfassen. (»Das Märchen hat seine eigene Art, die ›Wahrheit‹ zu spiegeln«, äußerte er im Januar oder Februar 1956 im Brief 181). Da sie eine »Sekundärwelt« erschaffen, ginge es dort nicht um das Mögliche, sondern um das Erwünschte. Insofern gebe es hier auch keinen Bruch mit dem Wissen – sie hätten ihren eigenen Beitrag zur Wirklichkeit zu leisten.

Es lag jedoch nicht in seiner Absicht, sie für Kritik an der Welt einzusetzen, und er verstand den *Herrn der Ringe* keinesfalls als Allegorie der modernen Welt, weshalb er auch regelmäßig der Vermutung widersprach, dieses Werk erzähle von der Bedrohung durch die Nazis, die kommunistische Welt oder die Atombombe. Dass seine Feinfühligkeit für die Welt, die ihn umgab, durch sein Erzählen hindurchschimmert, ließ er aber gelten. Deutlich erkennt man aus Tolkiens Korrespondenz seine Ablehnung oder gar seinen Abscheu gegenüber der modernen Welt, die im »langen 19. Jahrhundert« (vom Beginn der industriellen Revolution bis zum Ersten Weltkrieg) entstanden war und im 20. Jahrhundert zur vollen Entfaltung gelangte. Er war z. B. gegen Automobile, die sein Universum zerstörten: »Allerdings kommt der Geist von ›Isengart‹, wenn nicht von Mordor, immer wieder zum Vorschein. Das jetzige Vorhaben, Oxford zu zerstören, damit die Motorfahrzeuge Platz haben, ist ein Beispiel.« (Brief 181, Entwurf, Januar oder Februar 1956). Im Allgemeinen mochte er keine Maschinen, nur die Schreibmaschine machte eine Ausnahme[2] (und er hätte, wie im Brief 257 vom 16. Juli 1964 zu lesen ist, liebend gern eine mit Typen für die feanorische Schrift besessen). »Da hast Du die Tragik und das blanke Elend aller Maschinerie. Anders als die Kunst, die sich damit begnügt, eine Sekundärwelt im Geiste zu schaffen, versucht sie, Wünsche zu erfüllen und damit Macht in dieser Welt hervorzubringen; und das kann nie wirklich zur vollen Zufriedenheit gelingen.« (Brief 75 vom 7. Juli 1944). Ebenso wenig mochte er moderne Städte, und er war entsetzt über die »wahnsinnige Zerstörung der von den Amerikanern bewohnten Landschaften« (Brief 328, Entwurf, Herbst 1971). Auch moderne Freizeitvergnügungen, insbesondere wenn Disney die Hände im Spiel hatte, fanden keine Gnade vor seinen Augen. Dies bezeugt Brief 13 vom 13. Mai 1937 – einige Monate später kam mit *Schneewittchen* der erste farbige Zeichentrickfilm in Spielfilmlänge in die Kinos. Tolkien korrespondierte damals wegen des *Hobbit,* dessen Veröffentlichung in den USA in Aussicht stand. Zur Frage etwaiger Illustrationen erklärte er sein absolutes Veto »gegen alles, was aus den Disney-Studios kommt […] (gegen deren sämtliche Werke ich einen tief empfundenen Abscheu hege)«. Offensichtlich vertrat er diese Meinung auch viele Jahre später, denn im Brief 234 vom 22. November 1961 äußerte er zu einem frühen Trickfilm: »Die ärgsten Gemeinheiten Disneys kündigen sich darin schon fürchterlich an.« Kurz und gut, er mochte die moderne Welt nicht: »Das moderne Leben. Mordor mitten unter uns.« (Brief 135, 24. Oktober 1952). »In modernen, aber nicht universellen Bezügen: die Mechanik, der ›wissenschaftliche‹ Materialismus […]« ersah er den »bösen Geist« der Moderne (Brief 96 vom 30. Januar 1945).

Sein Angewidert-Sein klingt wiederholt in Band I und II des *Herrn der Ringe* an, zum Beispiel in Gandalfs Schilderung seiner Gefangenschaft bei Saruman auf dem Orthanc, wo er von der Zinne über die Landschaft blickt: »[…] das Tal darunter schien weit entfernt. Ich schaute hinunter und sah, dass es, während es früher grün und schön gewesen, jetzt aber voller Gruben und Schmieden war. Wölfe und Orks hausten in Isengart […]. Über all diesen Werkstätten lagerte dichter Rauch und hüllte sogar die Flanken des Orthanc ein.« War das nicht auch eine treffende Beschreibung für England mit seiner Vorreiterrolle in der Industriellen Revolution? Tolkien, der sich im Ehrgeiz, England eine eigene Mythologie zu schenken, in die Gestaltung des Übergangs von der Mythischen Zeit (des *Silmarillions* und der Welt der Elben) zur Geschichtlichen Zeit vertiefte (der Zeit des *Herrn der Ringe,* als die Elben allmählich verschwanden), glich dabei einem gegen die unerträgliche Realität fechtenden Don Quichotte. Eine alternative Reaktion wäre z. B. gewesen, die Realität und den Wandel anzunehmen und sie zu analysieren, um möglicherweise Einfluss auf das Geschehen zu nehmen. Der Aufschwung der Soziologie, deren zentrale Rolle der deutsche Soziologe Norbert Elias in der einer »Mythenjägerin« sieht, resultiert aus den damaligen Umbrüchen.

Alle Vertreter der »klassischen Soziologie« zwischen 1830 und 1920[3] standen, wie Robert Nisbet 1966 schrieb, unter dem verstörenden Eindruck der doppelten – politischen wie industriellen – Revolution und ihrer Folgen. Die Welt erlebte tiefgreifende Erschütterungen, die die unterschiedlichsten Facetten annahmen: Industrialisierung, Infragestellung der traditionellen Hierarchien, zunehmende Rationalisierung und Entzauberung der Welt, die Verdrängung heiliger Orte, den Wandel der sozialen Bindungen und vieles mehr. Krisen, Sozialkonflikte, »Anomie« und »Nivellierung der Welt« waren dabei unvermeidbar. Zu den Interessengebieten, auf die sich die klassischen Soziologen jeweils fokussierten, zählten die Produktions- und Klassenverhältnisse (Karl Marx), die Rationalisierung und Entzauberung der Welt (Max Weber), Objektivierungsprozesse in der Gesellschaft und Rolle des Geldes (Georg Simmel), die Transformation des sozialen Zusammenhalts (Émile Durkheim) u. a.

Im Unterschied zu Tolkien erkannten die Soziologen den Wandel der Welt als Gegebenheit an. So schrieb Robert Nisbet 1966: »Unsere Zivilisation ist eine städtische, demokratische, industrielle, bürokratische, rationalisierte Zivilisation; sie ist umfassend, strukturiert, laizistisch und technologisch […] Dass manche von uns angesichts der Folgen dieser doppelten Revolution eine gewisse Unbehaglichkeit, Ratlosigkeit und sogar Wehmut verspüren, ändert nichts an den Tatsachen, und selbst wenn einige Don Quichottes gelegentlich versuchen, gegen Windmühlenflügel anzukämpfen, ist an den Ergebnissen dieser Vorgänge nicht mehr zu rütteln.«

VON DER GEMEINSCHAFT …

Lassen sich in Tolkiens Welt soziologische Kategorien wiederfinden? Dies kann bejaht werden, wenn man Ferdinand Tönnies' Interpretationsschema betrachtet, welches die moderne Soziologie einleitete. Er postulierte den Gegensatz zwischen *Gemeinschaft und*

Gesellschaft – so der Titel seines 1887 erschienenen Werks, in dem er aufzeigte, dass kollektive Gruppierungen immer auf zwei Grundformen sozialer Bejahung beruhen. Bei der ersten, der »Gemeinschaft«, wird der soziale Zusammenhalt der Individuen über tief empfundene Gefühlsbeziehungen und die Ausrichtung an einem (durch Gewohnheit und Tradition entstandenen) Gemeinschaftsinteresse gesichert, wie es typischerweise in Familien, unter Freunden oder unter Nachbarn in einem Dorf vorkommt. In diesen Fällen gehört man in der Regel zur Gruppe, ohne selbst diese Wahl getroffen zu haben.

Für das Zusammenleben von Menschen ist aber auch »Gesellschaft« notwendig: Hier wird die Gruppenzugehörigkeit bewusst und in der Regel zweckrational gewählt. Vereinsgründung, Geschäftsvertrag und Handelsbeziehungen sind die markantesten Beispiele; das Unternehmen ist die Organisation, in dem der Gesellschaftscharakter am deutlichsten verwirklicht ist, und die kosmopolitische Stadt der bevorzugte Rahmen.

Nach Tönnies resultiert jede soziale Form aus einer Kombination dieser beiden Typen von »gegenseitiger Bejahung«. Er fügte hinzu, die Entwicklung im 19. Jahrhundert verlaufe von einer Welt vorrangig gemeinschaftlicher Zugehörigkeit (Familie, Dorf, Tradition) in Richtung einer Welt, in der gesellschaftliche Verbindungen (Ware-Geld-Beziehungen, Unternehmenstätigkeit, Großstadt) überwögen – es ist der Übergang von der Gemeinschaft zur Gesellschaft.

Die Schilderung der Hobbits und des Auenlands bei Tolkien im Prolog von Buch I des *Herrn der Ringe* demonstriert eine Gemeinschaft im Sinne Tönnies' in Reinkultur. Sie gründet sich auf die Familie und den Clan:

> *Die Häuser und Höhlen der Hobbits in Auenland waren oft groß und von großen Familien bewohnt. [...] Überhaupt waren alle Hobbits sehr sippenbewusst und zählten mit großer Sorgfalt ihre sämtlichen Verwandtschaftsverhältnisse auf. Sie zeichneten lange und ausführliche Stammbäume mit unzähligen Verzweigungen.*

Ihre Welt ist ländlich geprägt: »... sie lieben Frieden und Stille und einen gut bestellten Boden: Eine wohlgeordnete und wohlbewirtschaftete ländliche Gegend war ihr bevorzugter Aufenthaltsort.« Wissen an sich (oder zumindest das Unbekannte) zog sie nicht an: »Liebe zur Wissenschaft (abgesehen von der Ahnenforschung) war keineswegs verbreitet bei ihnen [...] Sie liebten Bücher über Dinge, die sie schon kannten und die klar und ohne Widersprüche dargelegt waren.«

Für Maschinen hatten sie nichts übrig: »Kompliziertere Maschinen als einen Schmiede-Blasebalg, eine Wassermühle oder einen Handwebstuhl verstehen und verstanden oder mochten sie auch nicht, obwohl sie mit Werkzeugen sehr geschickt umgingen.«

Vor allem war ihre Gemeinschaft sehr geschlossen (»[Sie] mischten sich überhaupt nicht in die Ereignisse der Welt draußen ein«), sie nahmen das Voranschreiten der Zeit kaum wahr und neigten dazu, »sich nicht unnötigerweise zu beeilen«. Tolkien beschrieb fraglos die ihm vorschwebende Lebensweise, in der etwas vom guten alten England lag, das gerade am Dahinschwinden war. Doch auch in der Welt der Hobbits hielt der Wandel Einzug: Er wurde von »andersartigen« Individuen und durch die Außenwelt hereingetragen.

… ZUR GESELLSCHAFT

Laut dem Soziologen Émile Durkheim und seinem Konzept der »mechanischen Solidarität«, das im Werk *Über soziale Arbeitsteilung* ausgeführt ist, gründet der Zusammenhalt einer »Gemeinschaft« vor allem auf der Anpassung des Individuums an deren kollektives Modell und auf seiner Unterordnung unter das Kollektivbewusstsein. Wer anders ist, wird von der Gruppe als Gefahr empfunden und unerbittlich zurückgewiesen. Genau dies geschieht dem Hobbit Bilbo, der bei den Zwergen und Zauberern in Ehren steht und als Freund der Elben wahrgenommen wird. Das macht ihn verdächtig, sich mit allen möglichen Fremden verbündet zu haben, und sein Ruf erleidet Schaden.

Andererseits sind die von der Gruppe abgelehnten Abweichler für diese ein unabkömmlicher Träger neuer Entwicklungen: Der Normverstoß von heute kann schon morgen zum Ausgangspunkt einer künftigen Normalität werden. So löst nicht ein x-beliebiges Individuum die Veränderung aus, die im Zentrum des *Hobbit* und des *Herrn der Ringe* steht; Bilbo und Frodo stechen von Anfang an heraus: Sie sind Junggesellen, mit einem guten Quäntchen Abenteuerlust, und dann freunden sie sich auch noch mit Fremden an, was schon im Prolog des *Herrn der Ringe* (Unterkapitel »Über Hobbits«) angesprochen wird: »Bilbo und Frodo Beutlin waren als Junggesellen Ausnahmen, wie sie auch in manch anderer Hinsicht Ausnahmen waren, etwa in ihrer Freundschaft mit den Elben«.

Beachtlich ist auch, dass Bilbo sich traut, aus seinem behaglichen Kokon auszubrechen. Er wird zum Abenteurer und Dieb – im Verein mit Gandalf und Thorins Zwergen. Dies sind erste Vorzeichen einer Veränderung. Denn die Verbindung von Bilbo und den Zwergen beruht nicht auf Zugehörigkeit oder gemeinsamem

Empfinden, sondern auf gleichgerichteten Interessen und den sonstigen konstitutiven Merkmalen von »Gesellschaft«. Es beginnt mit dem (allerdings von Gandalf!) an Bilbos Tür angebrachten Zeichen, das als Stellengesuch gedeutet werden kann: »Meisterdieb sucht lohnende Aufgaben – und einige Abenteuer bei angemessener Bezahlung.« Mit Thorins Bestätigungsbrief an Bilbo am folgenden Tag wird der geschäftliche Charakter der Angelegenheit noch deutlicher:

> *Thorin & Co. mit schönen Grüßen an Bilbo den Meisterdieb! Für Ihre Gastfreundschaft verbindlichsten Dank. Zu Ihrem Angebot professioneller Hilfe unser freudiges Einverständnis. Bedingungen: Zahlung bei Lieferung, Gewinnbeteiligung maximal ein Vierzehntel des Gesamtprofits (sofern anfallend); Erstattung aller Reisekosten garantiert; Begräbniskosten (sofern anfallend) werden von uns oder unseren Stellvertretern getragen, soweit keine anderweitige Regelung erfolgt.*
>
> (Der Hobbit)

Das scheint kein mittelalterlicher Kriegerbund zu sein, es geht nicht um die Verteidigung von Werten oder der Ehre. Die Abkürzung »Co.« verweist vielmehr auf Handelsgesellschaften, und es werden detaillierte Zahlungsbedingungen und Ausfallsregelungen im Verlustfall festgelegt – eindeutige Merkmale einer Geschäftsbeziehung!

Als Gandalf zu Beginn von Buch I des *Herrn der Ringe* wieder auftaucht, um zu warnen, dass sich Sauron den Einen Ring wieder aneignen könnte, liegt zwar kein geschäftlicher Vertrag vor – es wird keine Entlohnung Frodos ausgehandelt –, aber eine »Gemeinschaft« in Tönnies' Verständnis ist diese Verbindung auch nicht, denn sie entsteht auf freiwilliger Basis und ist zweckgebunden: Der Eine Ring soll zerstört werden, um Sauron zu besiegen. Es geht um die Rettung von Mittelerde, was erklärt, dass sich Vertreter diverser freier Völker zusammentun. Neun Wanderer sammeln sich: der Zauberer Gandalf (der oft mit den Elben in Verbindung gebracht wird), Legolas seitens der Elben, Gimli für die Zwerge, Aragorn und Boromir für die Menschen und schließlich die vier Hobbits Frodo, Sam, Merry und Pippin. Sie sollen sich den Neun Schwarzen Reitern entgegenstellen. Nebenbei bemerkt: Bei der Vorpremiere der französischen Übersetzung des *Herrn der Ringe* im Jahr 1969 bezeichnete Gérard Klein Band 1 – *The Fellowship of the Ring* (dt. *Die Gefährten*) – als *La Compagnie de l'Anneau* (Die Gesellschaft des Rings) und nicht *La Communeauté de l'Anneau* (Die Gemeinschaft des Rings).[4]

Dieser Zusammenschluss steckt den Rahmen für weitere Annäherungen und Allianzen, wie die Freundschaft zwischen einigen Hobbits und Elben oder die spätere Heirat eines Menschen, Aragorn, mit der Elbin (oder Halbelbin) Arwen.

Gandalf verfolgt aufmerksam
die Zerstörung Isengarts

Die unterschiedlichen Völker der Elben, Zwerge und Hobbits leben zwar ihr jeweiliges Leben weiter, gehen aber gleichzeitig einen gemeinsamen Weg und sehen sich im Lauf der Zeit durch ein Zugehörigkeitsgefühl verbunden. Ohne gleich von »Nation« zu sprechen, was nicht zu der Epoche, über die erzählt wird, passen würde, sei hier doch die Begriffsbestimmung des Philosophen Ernest Renan aus seinem berühmtem Vortrag *Was ist eine Nation?* wiedergegeben: »Gemeinsamer Ruhm in der Vergangenheit, gemeinsamer Wille in der Gegenwart; zusammen Großes getan zu haben und weiterhin tun zu wollen – dies sind die grundlegenden Bedingungen, um ein Volk zu sein. […] Eine lange, von Anstrengungen, Opfern und Hingabe geprägte Vergangenheit [und] ein gemeinsamer Wille in der Gegenwart« – genau dies entsteht im *Herrn der Ringe* im Lauf der gemeinsamen Wanderschaft seiner Protagonisten.

GRENZGÄNGER

Leben in Gemeinschaft ist, wie Georg Simmel erklärt, vor allem mit dem Bewusstsein der Existenz einer Grenze zum Außen assoziiert, der innere Zusammenhalt wird dadurch gestärkt. Die Ankunft des Fremden ist imstande, diese Grenze und die Gemeinschaft als solche ins Wanken zu bringen. Simmels soziologisches Konzept des Fremden bezeichnet jemanden, der gleichzeitig innerhalb wie außerhalb der Gruppe ist (der fahrende Händler, der Tourist, der Wandernde, aber auch ein Abweichler oder Angehöriger einer Minderheit), und ein Kollektiv von Menschen definiert sich für ihn über die Haltung, die es gegenüber dem Fremden einnimmt. So gehört für die Hobbits die Angst vor allem, was sich an ihren Grenzen herumtreibt, zu den Dingen, die ihre kleine Welt zusammenschmieden:

> *Zu der Zeit, als diese Geschichte beginnt, hatte sich die Zahl der Grenzer, wie sie genannt wurden, stark erhöht. Es gingen viele Berichte und Beschwerden über fremde Personen und Geschöpfe ein, die an den Grenzen herumschlichen oder sie sogar überschritten: das erste Anzeichen, dass nicht alles so war, wie es sein sollte und immer gewesen war, außer in Erzählungen und Sagen aus längst vergangenen Zeiten.*
>
> (*Der Herr der Ringe,* Prolog)

Man denkt sofort an Sauron und seine Kumpane, doch die wahre Verkörperung des »Fremden« ist Gandalf: Er kommt von außen, unterhält aber langjährige Beziehungen zu einigen Mitgliedern der Gemeinschaft und steht damit zugleich innerhalb wie außerhalb der Gruppe. Ihm kommt die Aufgabe zu, den häuslichen Bilbo aus seiner Welt herauszuholen und ihn dazu zu bringen, andere Völker zu entdecken. Bilbo wird dadurch tiefgreifend verwandelt, denn Bündnisse mit Elben und Zwergen zu schmieden setzt voraus, sie zu »verstehen«. Im soziologischen Sinne bedeutet das, Sinn in ihren Sitten und ihrer Lebensweise zu ersehen. So kann Verständnis an die Stelle von Begegnungsformen wie Konflikt, Ablehnung oder Dominanz treten. War nicht gerade dies die Herausforderung, der Europa an der Wende zum 20. Jahrhundert gegenüberstand? Damals begann es sich mit dem Aufschwung der Ethnologie und der Anthropologie den Welten außerhalb seiner Grenzen mit wissenschaftlichem Interesse zuzuwenden, die man noch ein Jahrhundert zuvor lediglich als Objekte der Neugier, als Missionsziele oder als Quelle von Reichtümern und Arbeitskräften aufgefasst hatte. Und wenn wir schon den Glauben an Elben- und Zwergenvölker auf der Erde aufgaben, haben wir zumindest auch aufgehört zu glauben, dass sie von monströsen Kreaturen – halb Mensch, halb Tier – besiedelt sein könnte. Somit können wir nun endlich beginnen, die Einheit der Menschheit zu leben.

Anmerkungen

1. Tolkiens Begriffsdefinition reicht weit über das übliche »Märchen« hinaus: In *Fairy Stories* gehe es um die Feenwelt (oder die Magie).
2. Tonbandgeräten misstraute er dagegen … vgl. Humphrey Carpenter, *J. R. R. Tolkien - Une biographie,* Paris, Christian Bourgois, 1980, S. 193. (dt.: *J. R. R. Tolkien – Eine Biographie,* Stuttgart, Klett-Cotta, 2. Aufl. 2001).
3. Karl Marx (1818–1883), Alexis de Tocqueville (1805–1859), Ferdinand Tönnies (1855–1936), Max Weber (1864–1920), Émile Durkheim (1858–1917), Georg Simmel (1858–1918).
4. Originalübersetzung von Francis Ledoux (1972). In der Neuübersetzung von Daniel Lauzon (2014) wird der Titel zu *La Fraternité de l'Anneau* (dt. *Die Bruderschaft des Rings*).

MYTHENBILDUNG, WOHIN MAN BLICKT: *TOLKIEN UND DIE WIRTSCHAFT*

THIERRY ROGEL

EINE »PRÄ-ÖKOMISCHE« WELT

Sollte ein Bereich des Gesellschaftslebens unsere Welt dominieren, so mit Sicherheit die Wirtschaft. Immer hat man produzieren und tauschen müssen, um zu konsumieren, doch galt bis ins 18. Jahrhundert immer die Achtung der religiösen Pflichten und politisches Denken und Handeln als Grundlage der Gesellschaft. Zwei Daten sind wichtige Marksteine in der Wirtschaftsgeschichte: 1776 erschien *Der Wohlstand der Nationen* – das wegweisende Grundlagenwerk der modernen Nationalökonomie – von Adam Smith (1723–1790). Und 1834 wurde mit der Abschaffung des Speenhamland-Gesetzes[1] die Schaffung eines reellen Arbeitsmarkts von oben angestoßen und damit die Entstehung einer Marktwirtschaft im heutigen Verständnis eingeleitet.

In Tolkiens Werken sind kaum Hinweise auf Wirtschaft vorhanden, da er sich auf Zeiten bezieht (selbst wenn es eine Fantasiewelt ist), in der sie nicht im Mittelpunkt des sozialen Lebens stand.

Mittelerde ist unbezweifelbar eine »prä-ökonomische« Welt. Im Brief 154 vom 25. September 1954 äußerte Tolkien, wirtschaftliche Aspekte wenig entwickelt zu haben. Dass dies nicht aus mangelnder Kenntnis entstanden sei, belegt er mit einer Auflistung ökonomisch wirklichkeitsnaher Details in der Beschreibung Mittelerdes: In Gondor gebe es ausreichend Gemeindefluren und Lehensgüter mit gutem Trinkwasser, um die Bevölkerung zu versorgen, außerdem viele Gewerbe; Auenland sei dank der Nähe zu Bergen und Gewässern sehr fruchtbar. Die Einwohner von Seestadt lebten in erster Linie vom Handel. Die Zwerge betrieben Bergwerke und handelten mit Metall und Waffen. Sie schienen das größte Handelstalent zu besitzen, mehr noch als die Menschen, und in ihnen steckte am meisten »Wirtschaftsgeist«. Die Elben dagegen waren um Metallbearbeitung, Handel oder Ackerbau unbekümmert, aber der Elbenkönig hatte ein Augenmerk auf die durch seine Zollstationen laufenden

Wagenladungen, die für eine gewisse Fülle des Lebens sorgten. Im *Herrn der Ringe* geht die Welt der Elben allmählich ihrem Ende zu, während die Welt der Menschen im Aufstieg begriffen ist, was vermuten lässt, dass damit auch das Dahinschwinden der Welt der Kunst gegenüber der Geschäftswelt angedeutet ist.

Was Tolkien in seinen Briefen zur Wirtschaft äußert, lässt vermuten, dass er über Kenntnisse der Wirtschaftsgeografie und sogar Wirtschaftsgeschichte verfügte. Hinweise, dass er in Volkswirtschaft oder Wirtschaftswissenschaft nach dem Verständnis des 20. Jahrhunderts bewandert gewesen wäre, findet man hingegen nicht. Das moderne Wirtschaftsverständnis ist jung; es entstand zeitgleich mit der ersten industriellen Revolution und dem Aufkommen der anderen Sozialwissenschaften. Bereits lange vor Marx stellten die klassischen Ökonomen[2] wie Adam Smith oder David Ricardo, so unterschiedlich sie auch im Übrigen sein mochten, ihre Wirtschaftstheorien in den Rahmen der Klassengesellschaft. In der wissenschaftsgläubigen Atmosphäre des ausgehenden 19. Jahrhunderts beschlossen einige Theoretiker – der bestbekannte unter ihnen ist Léon Walras – die Ökonomik in einer Art Gewaltakt zu einer echten und »lupenreinen« exakten Wissenschaft nach dem Vorbild der Physik zu entwickeln. Es sollten universale Gesetze – ähnlich den physikalischen Gesetzen – erarbeitet werden; auf sie gestützt sollte die angewandte Ökonomik konkrete Fallbeispiele analysieren. Man schuf abstrakte Konzepte wie den *Homo oeconomicus,* dessen Handeln zweckorientiert und unabhängig ist (im Extremfall machte ihn das unempfänglich für jede soziale Beziehung). Ein weiteres war der »Konkurrenzmarkt mit freiem und idealem Wettbewerb« (als Äquivalent zu den idealen Gasen der Physik). Soziologische und geschichtliche Aspekte wurden sorgfältig eliminiert, kurz, die Ökonomie verlagerte sich von einer Sozialwissenschaft in den Bereich der exakten Wissenschaften und mathematischen Methoden – zumindest war dies der Wunsch einiger ihrer Propagandisten.

Dieser Ansatz begann im 20. Jahrhundert weite Bereiche der Wirtschaftsforschung zu dominieren, selbst wenn die wohl wichtigsten Ökonomen dieses Jahrhunderts, Friedrich Hayek und John Maynard Keynes, ihn scharf kritisierten. Tolkiens Vorstellungen von ökonomischem Denken sind zwar nicht bekannt, doch besteht Anlass zur Vermutung, dass er nur wenig Gefallen an dieser übertrieben mathematisierten Disziplin gefunden hat, die rational sein wollte und so überaus nüchtern war. Seine Ansichten zu einigen Wirtschaftsdoktrinen lassen sich fragmentarisch aus seinen Briefen erahnen: Er lehnte den Sozialismus »in der einen oder anderen Form« ab – dieser sei ebenso wie die Mechanik und der »wissenschaftliche« Materialismus der »böse Geist« (Brief 96 vom 30. Januar 1945). Er war ein Gegner der Planwirtschaft (Brief 181 aus dem Jahr 1956) und wollte auch kein Reformer sein: »Ich bin kein Reformer (durch Machtausübung), weil mir dies zum Sarumanismus zu führen scheint« (Brief 154 vom 25. September 1954). Die Assoziation auch der geringsten politischen Reform mit Sarumans Abgleiten in ungerechte Gewaltherrschaft erinnert in gewisser Weise an Hayek, der in *Der Weg zur Knechtschaft* äußerte, staatliche Lenkung würde unausweichlich dem Totalitarismus den Weg ebnen.

Tolkien war kein Sozialist und hätte die Kritik des Wirtschaftshistorikers Karl Polanyi an der Idee des selbstregulierenden Markts in *The Great Transformation* (1944) vermutlich nicht geteilt, doch vergleicht man, wie beide die Schäden beschreiben, die durch Saruman beziehungsweise durch die Industrialisierung angerichtet werden, so findet man interessante Parallelen: So schildert Tolkien in *Die zwei Türme* den Anblick Isengarts: »Dort hatte Saruman [...] Waffenkammern, Schmieden und große Schmelzöfen. Eiserne Räder drehten sich dort ununterbrochen und Hämmer dröhnten. Dampfwolken, auf die von unten rotes, blaues oder giftgrünes Licht fiel, strömten des Nachts aus den Schloten.« (*HdR,* III,8) Und Polanyi scheint ihm zu antworten: »Keine Gesellschaft könnte auch nur kurze Zeit die Auswirkungen eines derartigen Systems [. . .] ertragen, würde ihre menschliche und natürliche Substanz sowie ihre Wirtschaftsstruktur nicht gegen das Wüten dieses teuflischen Mechanismus geschützt werden«.

Später beschreibt Tolkien, wie Frodo und seine Freunde Mordor erleben: »Sie waren zu der Einöde gekommen, die vor Mordor lag: das dauerhafte Denkmal der dunklen Arbeit seiner Hörigen, das bleiben sollte, wenn all ihre Ziele zunichte gemacht wären, ein geschändetes Land, unheilbar erkrankt.« (*HdR,* IV,2) Und Polanyi bekräftigt: »Diese Institution [d. h. der liberale Markt] könnte über längere Zeiträume nicht bestehen, ohne die menschliche und natürliche Substanz der Gesellschaft zu vernichten; sie hätte den Menschen physisch zerstört und seine Umwelt in eine Wildnis verwandelt.« Er schließt mit den Worten: »Nach einem Jahrhundert blinder ›Verbesserung‹ geht der Mensch daran, seine ›Behausung‹ wiederherzustellen. Soll der Industrialismus nicht zur Auslöschung der Menschheit führen, dann muss er den Erfordernissen der menschlichen Natur untergeordnet werden.«

Und Keynes? Dass der tiefgläubige Katholik Tolkien, der sein Leben lang sparen musste und über die gestiegenen Steuern klagte, die der Verkauf des *Herrn der Ringe* nach sich zog, sich für die Theorien des homosexuellen und freizügigen Keynes und dessen ausgabenbasierte Wirtschaftsdoktrin hätte erwärmen können, ist schwer vorstellbar. Doch Keynes' Ausführungen von 1930 in *Die wirtschaftlichen Möglichkeiten unserer Enkel* hätte er vermutlich nicht widersprochen:

> *Für den durchschnittlichen Menschen ohne besondere Begabungen ist es eine beängstigende Aufgabe, sich selbst zu beschäftigen, besonders, wenn er nicht mehr mit der Heimat oder den Sitten und Gewohnheiten oder den geliebten Gepflogenheiten einer traditionellen Gesellschaft verwurzelt ist. Nach dem Verhalten und den Tätigkeiten der heutigen wohlhabenden Klasse in irgendeinem Viertel der Welt geurteilt, sind die Aussichten sehr deprimierend! […]*
> *Ich sehe deshalb für uns die Freiheit, zu einigen der sichersten und zuverlässigsten Grundsätzen der Religion und der althergebrachten Werte zurückzukehren: dass Geiz ein Laster ist, das Eintreiben von Wucherzinsen ein Vergehen, die Liebe zum Geld abscheulich […]*
> *Wir werden die Zwecke wieder höher werten als die Mittel und das Gute dem Nützlichen vorziehen. […]*
> *Vor allem aber lasst uns die Bedeutung der wirtschaftlichen Aufgabe nicht überbewerten oder ihren vermeintlichen Notwendigkeiten andere Dinge von größerer und beständigerer Bedeutung opfern.*

Da Keynes der Ansicht war, das ökonomische Problem könne im Laufe der nächsten hundert Jahre gelöst werden und ein dreistündiger Arbeitstag werde zur Befriedigung der grundlegenden Bedürfnisse ausreichen, machte er sich Gedanken, wie die Menschen ihre neu gewonnene Freizeit ausfüllen würden – eine Herausforderung, mit der die Menschheit noch nie konfrontiert gewesen war: »Das Leben wird also nur für die erträglich sein, die mit dem Singen zu tun haben, aber wer von uns kann schon singen!« Kein Lebensgenuss ohne Kunst und vor allem Gesang! Es ist bekannt, welch eine große Rolle der Gesang im *Herrn der Ringe* spielt …

GELD UND MACHT

Prinzipiell ist im *Herrn der Ringe* sehr wohl von Silber, Gold und Geld die Rede – doch damit noch nicht automatisch von Wirtschaft. Dem laienhaften Verständnis und auch der Ansicht der »Mainstream-Ökonomen«[3] nach ist Geld lediglich ein neutrales Medium, das den Austausch erleichtert und ihn im Vergleich zum Naturaltausch unkomplizierter macht. Die schöne Geschichte vom Realtausch als Frühform des Handels (Objekt gegen Objekt von Person zu Person) wurde von Adam Smith ersonnen (der mangels besserer Informationen zu eben diesem Schluss kam).

Nachdem sie heute durch die gesamte Forschung zur Geschichte und Anthropologie widerlegt ist, kann man sie getrost vergessen. Wenn innerhalb einer Gruppe oder zwischen Gruppen überhaupt Austausch stattfand, so nur in Form der beiderseitigen Übergabe von Geschenken. Realtausch als generalisiertes Phänomen kam in traditionellen Gesellschaften vermutlich nicht vor; erst in modernen Gesellschaften ist er als Modus für Krisenzeiten bekannt (vgl. André Orléan, 2008). Nichtsdestotrotz hat sich die »Realtausch-Legende« im Denken der Allgemeinheit festgesetzt – mit beträchtlichen Konsequenzen, da sich im Wirtschaftsdenken die mit ihr einhergehende, nicht evidenzbasierte Vorstellung von der »Neutralität des Geldes« (das wie ein »Schleier« über den Transaktionen liegt) hartnäckig hält: Es werde nicht um seiner selbst willen erstrebt, sondern fungiere nur als Zwischenglied, um die Dinge zu erhalten, um die es einem eigentlich geht. Glücklicherweise wird sie nicht von allen führenden Theoretikern der Sozialwissenschaften geteilt. Keynes etwa ordnete dem Geld einen Eigenwert zu, zum einen in Form von Ersparnissen als unantastbaren Rücklagen für die Unwägbarkeiten der Zukunft, zum anderen als Spekulationsmasse (was die Gier nach Geldbesitz an sich fördert; Keynes erachtete dies als krankhaft). Georg Simmel ging in seinem bedeutenden Werk *Philosophie des Geldes* auf die alles andere als neutralen psychologischen Prädispositionen hinsichtlich des Geldes ein: Der eine will es um seiner selbst willen besitzen (Habgier), andere halten grundlos daran fest (Geiz), wieder andere frönen damit der Lust am Ausgeben, ohne die gekauften Güter wirklich zu nutzen (Verschwendungssucht); wesentlich seltener sei der bewusste Verzicht auf Geldbesitz, der bei Asketen oder bei Personen, denen »der Appetit auf Geld fehlt«, vorkomme. Und zu guter Letzt gebe es noch den Wunsch nach Geld, um sich damit Macht und Beachtung zu sichern.

»Neutrales Geld« findet man bei Tolkien kaum. Im *Herrn der Ringe* und im *Hobbit* ist meist Machtwillen, seltener der Wunsch nach einem besseren Leben der Beweggrund für Goldbesitz (auch wenn der letztere Fall bei den Hobbits manchmal vorkommt). Im Hobbit wird »die Begierde nach Schätzen, besonders nach Silber und weißen Edelsteinen« als eine Schwäche des Elbenkönigs genannt, der immer darauf aus ist, sein Vermögen zu vermehren, um es den Elbenherren der alten Zeit gleichzutun. Den Zwergen ist weniger an Silber oder Gold als am Besitz des »Wahrsilbers« - in den elbischen Sprachen »Mithril« genannt – gelegen. Mithril konnte wie Kupfer gehämmert werden und ließ sich wie Glas polieren, es war zugleich leicht und hart und verfärbte sich nicht schwarz. Man fertigte daraus Kettenhemden, Helme, Schiffe, das Stadttor von Minas Tirith und natürlich Schmuck (wie den Ring Nenya). Aufgrund seiner Seltenheit und hervorragenden Eigenschaften ist Mithril weitaus wertvoller als

Gold. Da es von allen begehrt wird, garantiert es allgemeine Bewunderung. Besonders auffällig ist der Wunsch des Drachens Smaug, auf einem Haufen Gold zu schlafen, von dem er im Grunde nichts hat: weder die Freude an gekauften Dingen noch Beachtung oder Macht. Es geht ihm einzig und allein um den Besitz des Goldes an sich. Das ist reine Habgier.

Dies führt uns zur Frage des Werts der Dinge, bei dessen Bestimmung die Ökonomen in zwei Lager geteilt sind. Für die klassische und marxistische Ökonomie4 beruht die Wertschöpfung auf der Arbeit, die in das Gut gesteckt wurde (hier z. B. die immer tieferen Grabungen, um an Mithril zu gelangen). Für die darauf folgende neoklassische Theorie liegt der Wert im »Nutzen«, der sich hier nicht nur objektiv aus den besonderen Eigenschaften des Mithrils ergibt, sondern auch eine subjektive Komponente hat; die Wertzuweisung wird sogar in erster Linie als ein mit der individuellen Psyche gekoppeltes Phänomen gesehen. Beiden Konzepten haftet ein gravierendes Manko an: Sie verorten »Wert« außerhalb jeglicher sozialen Bindungen zwischen Menschen, er ist quasi von Anfang an vorhanden, unabhängig von Austausch und Gesellschaft. Ökonomen unserer Zeit wie André Orléan vertreten dagegen die Ansicht, Wert – selbst subjektiver – entstehe nicht auf wundersame Weise in den Köpfen, sondern beruhe auf Interaktionen zwischen Individuen. Im Selbstvergleich mit anderen entsteht der Wunsch nach Nachahmung; in überzeichneter Form spiegelt sich dieser im »demonstrativen Konsum«, den Thorstein Veblen analysiert hat.

Die bei Tolkien anzutreffenden Konzepte von Wirtschaft oder Geld klaffen mit dem modernen Wirtschaftsdenken meilenweit auseinander, doch was das Geld betrifft, kommt Tolkien der Realität möglicherweise näher als die Mainstream-Ökonomen, die oft weiter der besagten Fabel von der Schaffung des Geldes zur Überwindung des Realtausches anhängen (denn die Vorstellung neutralen Geldes ist unverzichtbar, um das regelmäßig neu aufgelegte und verfeinerte Bild eines rationalen und entsozialisierten Homo œconomicus aufrechtzuerhalten). Stellt das Geld dagegen einen Wert an sich dar, so setzt sich der Mensch nicht nur in Bezug zu den Gütern, deren Erwerb ihm dadurch ermöglicht wird, sondern auch zu anderen Mitgliedern der Gesellschaft (wie es beim Elbenkönig zum Ausdruck kommt) – irrationales Verhalten wie im Fall von Smaug einmal ausgeklammert.

Nach Ansicht des Anthropologen David Graeber kann die Neutralgeld-Fabel sich nur deswegen halten, weil sie den Eckpfeiler der gesamten Mainstream-Ökonomie bildet. Man muss unwillkürlich über die Art lächeln, wie Paul Samuelson – lange Zeit war seine *Volkswirtschaftslehre* das meistgelesene Standardwerk – die Genese des Geldes erklärt: »Rekonstruiert man die Geschichte anhand logischer Hypothesen, so kommt man ganz natürlich zur Annahme, dass die Realtauschwirtschaft von der Warengeldwirtschaft abgelöst wurde.» Wie bitte – logische Hypothesen? Es war also überflüssig, Archive mühsam nach Belegen über den Gebrauch des Geldes in früheren Gesellschaften zu durchforsten? Und geduldige Feldbeobachtungen anzustellen, um zu erforschen, welche Bedeutung Geld in bestimmten traditionalen Gesellschaften hat, oder welche Funktion der Übergabe von Geld im Kontext von Freundschafts- oder Familienbeziehungen zukommt? (All dies lässt sich in Werken von Historikern, Ethnologen und Soziologen finden …) Plötzlich sollte die reine Kraft des Denkens ausreichen, Geschichte zu rekonstruieren! Der Unterschied zu Tolkien, der England eine Mythologie schenken wollte, erscheint nicht sehr groß … Nicht von ungefähr wird die Vorstellung, dass das Geld erfunden wurde, um die Begrenzungen des Naturaltausches zu überwinden, von zahlreichen Ethnologen und Wirtschaftswissenschaftlern als »Mythos« eingestuft. Tatsächlich sind hier alle Merkmale eines Mythos im weitgefassten Sinn vorhanden: Ein nicht zeitgebundenes Narrativ (wann hätten zwei Menschen beschlossen, das Geld zu erfinden?) mit großartigen Protagonisten (sie können, kaum ausgeschlüpft, bereits rational denken), welches vom Großteil der Zeitgenossen für eine treue Wiedergabe der Realität gehalten wird. Es ist ein Ursprungsmythos, der von der Entstehung einer Welt berichtet. Und wie all diese Mythen hat er seinerseits die Potenz zur Beeinflussung der Welt, nämlich unserer Welt, die Tolkien so gering schätzt! Nun wird verständlich, warum bei Tolkien keine Wirtschaft vorkommt: Zwei Mythologien können nicht nebeneinander existieren.

Anmerkungen

1. Dieses auch »Armengesetz« genannte Sozialgesetz war in Großbritannien von 1795 bis 1834 in Kraft. Es garantierte den Ärmsten ein an den Brotpreis und die Familiengröße gekoppeltes Mindesteinkommen.
2. Adam Smith (1723–1790), Thomas Robert Malthus (1766–1834), David Ricardo (1772–1823), Karl Marx (1818–1883).
3. Die »Mainstream«-Ökonomen stehen für die aktuell dominierende Richtung in den Wirtschaftswissenschaften; charakteristisch für sie ist eine umfangreiche Ausrichtung auf die mathematische Modellbildung zulasten anderer Sozialwissenschaften. Eine zwingende Verbindung zum Wirtschaftsliberalismus besteht zwar nicht, die Mainstream-Ökonomie wird mit diesen aber von vielen Kommentatoren gleichgesetzt.
4. Die Bezeichnung »Klassik« umfasst die meisten Autoren des 19. Jahrhunderts (Smith, Ricardo …). An der Wende vom 19. zum 20. Jahrhundert entstand die »Neoklassik« (Walras, Jevons, Pareto …).

THIERRY ROGEL

FAMILIEN, MACHT UND POLITIK IN *DER HERR DER RINGE*

BEDEUTUNG VON VERWANDTSCHAFT IN *DER HERR DER RINGE*

Lange Abstammungslinien und Verwandtschaften kommen in Tolkiens Werken allenthalben vor, ähnlich wie in den nordischen Sagas, einer von Tolkiens großen Inspirationsquellen.

Bei den Hobbits kommt der Familie zentrale Bedeutung zu. Die wichtigste Familie hat das Recht, Länder oder Bezirke Auenlands nach sich zu benennen. Die Hobbits sind eine patrilineare Gesellschaft[1] (vgl. Brief Nr. 214 aus dem Jahr 1958 oder 1959). Die Genealogie ist eines der wenigen Wissensgebiete, die ihrer Meinung nach Beachtung verdienen: »Liebe zur Wissenschaft (abgesehen von der Ahnenforschung) war keineswegs verbreitet bei ihnen« (*Herr der Ringe*, Prolog, Über Hobbits). Später hält Gandalf es für nötig, sein Gegenüber zu warnen: »Diese Hobbits können am Rande des Verderbens sitzen und die Freuden des Tisches erörtern oder von den kleinen Taten ihrer Väter, Großväter und Urgroßväter und entfernten Vetter neunten Grades sprechen, wenn Ihr sie mit übermäßiger Geduld dazu ermutigt.« (*HdR,* Drittes Buch)

Vetternbeziehungen sind bei den Hobbits besonders wichtig. Ein Vetter ist gleichzeitig nah und fern: fern genug, um nicht zur engen Familie zu gehören, nah genug, um ihm Vertrauen zu schenken und einen guten Verbündeten zu haben. So wundert es nicht, wenn bei den Abenteuern im *Herrn der Ringe* immer ein paar Cousins mit von der Partie sind: die Hobbits Frodo, Merry und Pippin oder die Zwerge Bifur, Bofur und Bombur. Auch Thorin fordert im Hobbit die Abenteurer auf, mit seinem Vetter in den Eisenbergen Kontakt aufzunehmen, und der Elb Celeborn ruft Aragorn in Die Rückkehr des Königs sogar, etwas verwirrend für die Leser, ein »Vetter, lebe wohl!« zu. Im Original heißt es *kinsman,* also »Verwandter«. Sind sie womöglich entfernte Cousins oder nimmt dies die neue Verbindung der Familien vorweg?

Die Rolle des Vetters ist jedoch ambivalent. Er kann als Beschützer auftreten: Bilbo besaß »keinen wirklich guten Freund, bis einige seiner jungen Vettern heranwuchsen« (*HdR,* 1). Von Frodo erzählte man sich in Hobbingen, ihm sei das Geld ausgegangen und er werde bei seinen Vettern in Bockland wohnen. Die Unterbergs in Stadel vermuteten mit dem ihnen unbekannten Frodo rein aufgrund der Namensgleichheit eine Verwandtschaft und »drückten [...] Frodo als einen lange verlorenen Vetter ans Herz« (*HdR*, 1). Doch manchmal zeigen Vettern auch weniger freundschaftliches Verhalten, wie die Sackheim-Beutlins, die raffgierig nach dem Hab und Gut des verschollenen Bilbo schielen (*Der Hobbit*, Kapitel 19).

In menschlichen Gesellschaften befindet sich der Vetter an der Schnittstelle zwischen der Familie und der übrigen Gesellschaft. Bezeichnenderweise bewegt sich im Rahmen der Heiratsregeln seine Stellung an der Grenze zwischen dem Erlaubten und dem Verbotenen. Je nach Fall kann eine Vetter-Basen-Heirat die Gruppe nach außen öffnen (und gilt dann als erwünscht) oder aber unter das Inzestverbot fallen, wenn der Familienverband zu eng geschlossen bleibt. Der Anthropologe Christian Ghasarian führt aus, dass in vielen Populationen die Kreuzcousinenheirat (mit der Tochter des Mutterbruders oder der Vaterschwester) das bevorzugte Modell bildet, da hierbei die Öffnung zu einem neuen Zyklus von Heiratsallianzen erfolgt, während die Parallelcousinenheirat (mit der Tochter des Vaterbruders oder der Mutterschwester) verboten ist, weil die Abstammungsgruppe hier in sich abgekapselt bleibt.

Bei Tolkien zeigen manche Textstellen ein Heiratsverbot für Cousins an: »Die Gesetze von Númenor verboten denen die Ehe, die näher denn als Vettern zweiten Grades blutsverwandt waren, und dies galt auch für das Königshaus« (*Das Silmarillion*), doch für die Hobbits scheint anderes zu gelten, denn über Herrn Drogo (Frodos Vater) und seine Ehe mit Primula Brandybock wird gesagt: »Mütterlicherseits war sie eine Base von unserem Herrn Bilbo [...] und Herr Drogo war sein Vetter zweiten Grades.« (*HdR*, 1)

So wie die Kreuzcousinenheirat in vielen Gesellschaften privilegiert ist, kommt auch dem Bruder der Mutter ein besonderer Status zu, denn er wird – nach einem Ausdruck von Claude Lévi-Strauss – zum »Geber der Frau«, da er auf seine Schwester verzichtet und sie einem anderen (dem künftigen Schwager) abtritt. Daraus leitet sich für die Beziehung Neffe/Onkel mütterlicherseits (das sogenannte »Avunkulat«) eine Kernfunktion ab. Das Dreieck »Sohn/Mutter/Mutterbruder« bildet – immer noch Lévi-Strauss folgend – das »Atom der Verwandtschaft«. Nicht nur in der Verwandtschaftsethnologie hat die Onkel-Neffe-Beziehung eine zentrale Rolle, auch in der mittelalterlichen Literatur: Hier übernimmt häufig ein Onkel mütterlicherseits (Oheim) als Pflegeonkel die Erziehung seines Neffen und setzt diesen gleichberechtigt mit seinen leiblichen Kindern als Erben ein.[2]

Vor dem Hintergrund von Tolkiens hervorragender Kenntnis der mittelalterlichen Literatur ist die prominente Rolle der Onkel-Neffe-Beziehung in seinen Texten wenig erstaunlich, selbst wenn seine Angaben nicht immer präzise genug sind, um zu entscheiden, ob von einem Onkel mütterlicherseits oder väterlicherseits die Rede ist. (1941, also etwa zeitgleich, erschien ein theoretischer Artikel des Ethnologen Alfred Radcliffe-Brown zum Avunkulat.) So hören wir im *Herrn der Ringe* von Boromir, dass Isildur eine Zeit lang bei seinem Neffen Meneldil blieb und ihn unterwies, ehe er ihm die Herrschaft über das Südliche Königreich (Gondor) übertrug. Häufig wird der Neffe zum Nachfolger seines Onkels (Tarondor für König Telemnar, Earnil für Tarannon, der unter dem Namen Falastur regierte). Manchmal reißt er die Macht auch gewaltsam an sich. So bemächtigt sich Ar-Pharazôn (der Goldene) des Zepters seines Onkels, auf das eigentlich seine Cousine das Anrecht hatte. Mit Bilbo und Frodo im *Herrn der Ringe* stellt uns Tolkien vor einen komplizierten Fall: Bilbo ist der Enkel von Mungo, dieser wiederum ist der Bruder von Largo, dem Urgroßvater Frodos. Tolkien bezeichnet Frodo also zu Recht als Bilbos ältesten Vetter (und Lieblingscousin), und ebenfalls richtig ist, wenn er Bilbo bei einem Festmahl sagen lässt, Frodo sei sein Neffe und Erbe.

DIE HÄUSER: DAS EINDRINGEN DES POLITSCHEN IN DIE VERWANDTSCHAFT

Lévi-Strauss und einige weitere Ethnologen bauten ihre Theorien der Verwandtschaftsstrukturen um zwei Achsen herum auf: (Heirats-)Allianz und Filiation (Abstammung). Doch manche Gegebenheiten, die sie vorfanden, waren weder der einen noch der anderen Grundrelation zuzuordnen. Claude Lévi-Strauss benannte sie mit dem Begriff »Hausgesellschaft«. Er versteht darunter eine korporative Einheit (*personne morale*), die materielle (Land, Vermögen ...) und immaterielle Güter (Tradition, Glaubensüberzeugungen, Legenden, Namen, Rituale …) besitzt. Sie setzt sich fort, indem sie ihren Namen, ihr Vermögen und ihre Titel in einer realen (»direkten«) oder vorgestellten (»fiktiven«) Linie weitergibt, »die ihre Legitimität daraus bezieht, dass diese Kontinuität in Begriffen der Verwandtschaft oder Allianz, meist aber beidem zugleich, ausgedrückt werden kann« (so äußerte er sich 1987 gegenüber dem

Anthropologen Pierre Lamaison). Die Hausgesellschaft, die bisweilen keinerlei biologische Grundlage aufweist, vermittelt zwischen den Gegensätzen von Allianz und Filiation, die (wie Lévi-Strauss in *Der Weg der Masken* schreibt) absolut gleichwertig zu setzen sind. Das »Haus« sei eine in nordamerikanischen, polynesischen und (in gewissem Grad) afrikanischen Gesellschaften anzutreffende Institution. (Bei Ersterem stützt er sich vor allem auf Franz Boas' Beschreibungen der kanadischen Kwakiutl). Auf sie überträgt er das Modell des mittelalterlichen »Adelshauses«. Es ist also kein Zufall, wenn sich bei Tolkien in Hülle und Fülle Verweise auf diverse »Häuser« finden, wie zum Beispiel das Haus Finrod, die Brandybocks, die Häuser von Elrond, Elendil, Anárion … Die Häuser sind gekennzeichnet durch materielle Besitztümer, emblematische Zeichen (»Stern des Hauses Feanor«, »der Elbenstein aus dem Hause Elendil« …) und immaterielle Werte, zu denen ihr Erzählgut zählt: »Wenn diese alten Geschichten, die in Eorls Haus der Vater dem Sohn überlieferte, die Wahrheit sprechen […]« (*Die Rückkehr des Königs*). Zugehörigkeit zu einem Haus ist dabei nicht identisch mit Zugehörigkeit zu einer Abstammungslinie:

> *Wir aus meinem Hause sind keine Nachkommen Elendils, wenn auch von númenorischem Geblüt. Denn wir führen unsere Ahnenreihe bis auf Mardil zurück, den guten Statthalter, der anstelle des Königs regierte, als der in den Kampf zog. König Eernur war das, der letzte Nachkomme Anárions und kinderlos, und er kehrte nicht wieder.*
>
> Die Zwei Türme

Sie ist auch kein Synonym für Volk, wie man aus Aragorns Worten an Éowyn in *Die Rückkehr des Königs* erkennt: «Lebt wohl, Weiße Dame von Rohan! Ich trinke auf das Wohlergehen Eures Hauses, auf das Eurige und das Eures ganzen Volkes.«

Die feste Zuordnung zum jeweiligen Haus kann im *Herrn der Ringe* manchmal sehr komplexe Strukturen annehmen: »Elessar, der Elbenstein, der Sohn Arathorns aus dem Haus Valandil, Isildurs Sohn, Erbe Elendils, Haus Denethor.« – »Tuor war Huors Sohn aus dem Haus Nador, dem Dritten Haus der Edain«. Diese Zughörigkeit beruht nicht zwingend auf einer biologischen Grundlage, sie kann auch durch Einsetzung entstehen: »Stehe nun auf, Meriadoc, Knappe von Rohan aus der Gefolgschaft von Meduseld!«, wendet sich Théoden an Merry, als dieser in seine Dienste tritt. Mitglieder eines Hauses sind an ihren moralischen Qualitäten erkennbar. So sagt Éowyn in *Die Rückkehr des Königs:* »Aber bin ich nicht aus Eorls Haus, eine Schildmaid und kein Kindermädchen. […] Ich fürchte weder Schmerz noch Tod.« Doch auch körperliche Merkmale zeigen Zugehörigkeit an: »Aber Ihr, Théoden, der Herr der Mark Rohan, seid erkennbar an Eurem edlen Wappen und mehr noch an dem schönen Antlitz des Hauses Eorl.« – »[Die Elben] waren groß, hellhäutig und grauäugig, doch mit dunkellockigem Haar, außer die aus dem Haus Finarfin, »dem ›Goldenen‹«, wie man es nannte«.

Die Vermischung von Allianzen und quasi-biologischen Merkmalen im Phänomen des »Hauses« spiegelt »einen Zustand des tendenziellen Eindringens politischer und ökonomischer Interessen in den sozialen Bereich« und die Familienstruktur. »Die Sprache der Verwandtschaft findet weiterhin Gebrauch, wird aber gleichzeitig unterwandert«, erläutert Lévi-Strauss' im *Dictionnaire de l'ethnologie et de l'anthropologie* (hrsg. Bonte/Izard). Auch bei Tolkien zeigen die »Häuser« der Elben und Menschen (damit sind zwei Perioden der Geschichte Mittelerdes umfasst) die Wende zu einer von politischen Zielen und Strategien getragenen Gruppenstruktur an. Damit stehen sie in deutlichem Kontrast zur Stammesverwandtschaft, die die Welt der Hobbits strukturiert.

MACHTBEHAUPTUNG IN DER WELT VON MITTELERDE

Sehr viele Beispiele zeigen laut dem Ethnologen Maurice Godelier, dass die weit verbreitete Behauptung, die Familie sei immer die Grundlage der Gesellschaft, irrig ist. Eine mindestens ebenso wichtige Rolle spielen symbolische und politische Bezüge: bei den Hobbits zum Beispiel die Tradition. Sie achten die Gesetze und Gemeinschaftsregeln, selbst wenn diese, ihren Legenden nach, auf einen König zurückgehen, den seit über 1000 Jahren niemand mehr gesehen hat. Kontrollinstanzen im eigentlichen Sinn gibt es nicht; die »Landbüttel«, die am ehesten Polizisten gleichkommen, sind eher Feldhüter, da sie sich »mehr um streunende Tiere als um Menschen kümmerten« (*HdR,* 1, Über Hobbits), und der Bürgermeister, der alle sieben Jahre auf dem Freimarkt am Mittsommertag gewählt wird, hat eine rein symbolische Funktion. Diese Ordnung des Auenlands spiegelt recht gut die politischen Präferenzen Tolkiens, die konservativ waren – mehrfach wies er in seinen Briefen darauf hin: »Ich bin kein ›Demokrat‹, schon deshalb nicht, weil ›Bescheidenheit‹ und Gleichheit als geistige Prinzipien durch den Versuch, sie zu mechanisieren und zu formalisieren, korrumpiert werden […]« (Brief Nr. 186 vom April 1956). Seine Ansichten tendierten teils zur Anarchie (im philosophischen Sinn), teils zur nichtkonstitutionellen Monarchie, und im Brief Nr. 52 vom 29. November 1943 riet er, jeden hinzurichten, der das Wort »Staat« verwendet. In seinen Werken ist kein Platz für repräsentative Demokratie und Mittlerinstitutionen. Im Kontrast zum Auenland und zur Tradition verkörpert Sauron die hierarchische und absolute, Gehorsam fordernde Macht.

Ein Mitteldling bilden Versammlungen wie der Rat von Elrond, sie gleichen jedoch eher Konferenzen von Großmächten als echten Regierungsorganen.

Das Auenland, der Rat von Elrond, Gandalf und Sauron zeigen eine Verschränkung von unterschiedlichen Herrschaftsstilen. Legt man an sie die bekannte, von Max Weber entwickelte Führungstypologie an (traditionale, legale und charismatische Herrschaft), so überwiegt im Auenland und bei den meisten Völkern, die im *Herrn der Ringe* vorkommen, die traditionale Herrschaft. Sie ist typisch für »Gemeinschaften« im früher erwähnten Sinne von Ferdinand Tönnies. Charismatische Herrschaft ist die einer Einzelperson – einer »Lichtgestalt« oder eines »Anführers der Massen«. Sie beruht auf den persönlichen Eigenschaften dieser Person, genauer gesagt ihrer Fähigkeit, eine Beziehung zur Masse aufzubauen. Ganz klar ist dies der Fall bei Sauron. Die Zuordnung Gandalfs ist weniger leicht: Seine auf Magie gegründete Macht wirkt charismatisch (denn die Fähigkeit zur Beherrschung der Magie kann laut Tolkien nur angeboren sein), doch basiert sie auch auf der Beherrschung einer Technik, und dies nähert sie Webers weiterem Typus an: der legalen, auf Kompetenz oder Wahlen gestützten Führung. Doch die legale Macht fällt hier nicht ins Gewicht im Vergleich zur Konfrontation zweier charismatischer Führungsgestalten wie Sauron und Gandalf, die darum ringen, Mittelerde und das Auenland an sich zu reißen (Sauron) oder (wie Gandalf) zu retten und damit eine Welt unter traditionaler Führung zu erhalten.

Beide nutzen dabei die Magie als Hauptwaffe. Die klassischen Soziologen und Anthropologen (Max Weber, Marcel Mauss, James George Frazer) unterschieden zwischen Magie und Hexerei einerseits und Wissenschaft und Technik andererseits. Tolkien sieht das anders: Sein Unterscheidungskriterium scheint darin zu bestehen, ob es um die Einwirkung auf die Welt und deren Umwandlung geht (dies ist die – Saruman zugeordnete – Domäne von Technik und Hexerei) oder aber um die Vermittlung von Kenntnissen über die Welt (Wissenschaft und »weiße Magie«). Befürchtungen hegte Tolkien in erster Linie gegenüber der Dominanz des Menschen über die Umwelt, ein Merkmal der Industriegesellschaft. Heute stößt dies auf Resonanz. So äußert der Physiker Jean-Marc Lévy-Leblond im Jahr 2015: »Die Wissenschaft ist auf dem Weg, von ihrem eigenen Erfolg überholt und von eben den Techniken, die sie förderte, überrollt zu werden [...] Mittlerweile ist zu befürchten, dass die Transformation der Welt mehr gilt als ihr Verständnis.« Tolkien rückt in diesem Sinn die Technik in Nähe der Machenschaften der Hexerei (griech. *goeteia*): Verbindet sich Machthunger mit Magie, so führe dies bald zur »Maschinenwelt«. Eine Welt, in der der Mensch mit seiner Umwelt kooperiert, hätte ihm wahrscheinlich mehr behagt.

FIKTIONALE ERZÄHLUNGEN UND REALITÄTSMODELLE

Die Werke Tolkiens sind durchzogen von Begegnungen zwischen Menschen, Menschenähnlichen, Nicht-Menschen (Adler, Warge …) und »Parahumans« (Ents …). In Fantasy-Erzählungen ist dieses Miteinander typisch, und es vermittelt ein gutes Gespür für die aktuell bestehende kollektive Vorstellungswelt. Für den Soziologieprofessor Danilo Martuccelli stützen sich Gesellschaften auf kulturgebundene narrative Produktionen, um ihr jeweiliges »Realitätsmodell« zu entwerfen, also die Grenzen dessen abzustecken, was für möglich und für unmöglich gehalten wird. Die Anerkennung dieser Grenzen wird durch einen zentralen Träger (Religion, Staat …) und eine spezifische Furcht (vor Gottes Strafe, Gefängnis, Schande …) gesteuert, welche gemeinsam für die soziale Kontrolle der Bevölkerung sorgen. Das auf der Angst vor Geistern beruhende »religiöse Realitätsmodell« wurde abgelöst durch das »politische« und das »ökonomische Realitätsmodell« (mit der Grundangst vor dem Mitmenschen beziehungsweise dem Mangel). Martuccellis Hypothese nach treten wir heute in ein neues Realitätsmodell – das ökologische – ein, welches sich auf die Angst vor Umweltkatastrophen stützt. Die Sicht des Menschen als etwas von der Natur Unterschiedenes (was zu seiner Dominanz über sie führte) wird infrage gestellt. Stattdessen richtet sich der Diskurs des »ökologischen Realitätsmodells« auf die Komplementarität oder auch Symbiose von Mensch und Natur aus. Sehr schön wird dies in den Ents verdeutlicht, die eine Schlüsselrolle für den Sieg über Sauron spielen (der die Unterdrückung der Natur symbolisiert). Sie sind weder Mensch noch Baum, sondern haben von beiden etwas an sich. Baumbart bringt es in *Die zwei Türme* auf den Punkt: »Manche von meiner Sippe sehen jetzt wie Bäume aus.«

Anmerkungen

1. Patrilinearität (Vaterfolge): In der Generationenfolge zählt ausschließlich die männliche Abstammungslinie.
2. Auch die Verwandtschaftsverhältnisse der von Carl Barks entwickelten Familie um Donald Duck (ein soziologisches Mysterium …) zeigen einen ausgeprägten Fall von Avankulat.

SPRACHE UND EVOLUTION *BEI TOLKIEN*

CHRISTINE ARGOT /
LUC VIVÈS

Was hätte wohl Charles Darwin zu J. R. R. Tolkiens Welt gesagt? Biologisch war sie eine Parallelwelt zur unsrigen, gleichzeitig aber einem früheren Stadium mit einer wuchernden Vielfalt anthropomorpher Wesen zugeordnet, die sich aus paläontologischer Sicht deutlich von den Primaten unterschieden: Sie bildeten die fiktionale Umwelt der menschlichen Spezies, bevor diese allein übrig blieb … Ist es nicht eher eine übernatürliche als eine Naturgeschichte, wenn Mutationen einer Entartung gleichen und eine gesteigerte Mutationsrate nicht die Evolution der Spezies befördert, sondern Monster wie die Uruk-hai und die Olog-hai entstehen lässt? Es geschieht nicht durch adaptive Ausdifferenzierung der lokalen Orks und Trolle, sondern durch gentechnische Eingriffe. Das eigentliche selektierende Agens aber ist der manipulative Einfluss des Bösen … Indessen liegt der Beginn der Schöpfung, in die Tolkien diese biologischen Elemente einbringt, im sprachlichen Feld. Es ist unklar, ob ihm die linguistische Stammbaumtheorie des deutschen Sprachwissenschaftlers August Schleicher, die an das biologische Prinzip der Verwandtschaft der Arten angelehnt war, bekannt war; jedenfalls hat sie Tolkiens Vorgehen inspiriert. Zwei Elbensprachen waren das Erste, was er erfand, erst im zweiten Schritt entwickelte er um sie herum die Geschichte als Erzählkontext, in dem sie existieren und sich entfalten konnten. In *The Etymologies* schrieb sein Sohn Christopher: »[Die Elbensprachen] zeigen Sprache nicht als ›reine Struktur‹ ohne Vergangenheit und Zukunft, sondern als etwas, das sich über die Zeit entwickelt.«

Zieht man außer dem *Herrn der Ringe* auch das *Silmarillion,* das *Buch der verschollenen Geschichten* oder *Nachrichten aus Mittelerde* heran, so sieht man, wie schlüssig die Geschichte von Mittelerde auf einer realen zeitlichen Struktur aufbaut, die aus historischen Chroniken bestehen, welche so komplex sind wie die Völker, die sie niedergeschrieben haben – und genauso komplex sind deren Sprachen.

In der Linguistik ist aus der Untersuchung von Sprachen anhand ihrer Schriftdokumente die gegenseitige Beeinflussung von mythologischem und philologischem Diskurs bekannt. Der Stammbaum der Arten entstand nach dem Vorbild des Sprachbaums. Beide verzweigen sich im Lauf der Zeit, insbesondere in geografisch isolierten Lagen. Tolkien komponierte eine Mythologie diverser Lebensformen, vor allem aber eine Genealogie der Sprachen, die er mit der Ausbreitung der Völker begründete: Menschen und Elben haben im Osten ihren Ursprung und wandern vor allem in Richtung Westen. Seine Absicht ging dahin, in den Chroniken eine oder mehrere fiktionale Sprachen aus uralten Zeiten zu evozieren, für die er Grammatik und Etymologie, Vokabular, Deklinationen und Fälle ersann, um sie dann in einen Erzählzusammenhang zu stellen. In seiner 1937 verfassten Abhandlung *Lhammas,* die 1987 posthum als Teil von *The Lost Road and other writings* (*HoME* 5) erschien, beschrieb er Sprachbäume, in denen sich Stück für Stück eine Äquivalenz zwischen der Entstehungsgeschichte der Arten und der Evolution ihrer Sprachen abzeichnet: Die von dem Valar Aule erschaffenen Zwerge haben ihre eigene Sprache, Khuzdul, die aus Valarin, der Sprache der Götter, abgeleitet ist (Aule selbst unterweist sie in ihr). Die Orks dagegen verfügen nur über ein unschönes Kauderwelsch.

Komplizierter liegt der Fall bei den Elben und Menschen. Ihre Sprachen (die sie von einer Art alleinigem Gott namens Ilúvatar erhalten haben) erfahren einen Evolutionsprozess und Sprachverschiebungen, an denen nicht nur geografische Isolierung als Auslöser verstärkter Speziation, sondern auch der Einfluss anderer Sprachen beteiligt ist. Wie alles auf Erden unterliegen sie dem Niedergang, dazu kommen die Zersetzungsversuche der Kräfte des Bösen. Als ein Großteil der Elben nach der Entdeckung durch Orome zur langen Wanderung gen Westen nach Valinor aufbricht, kommt es zu einer ersten Aufspaltung des Ur-Elbischen in Eldarin – die Sprache der Wegzügler, und Lemberin (Avarin) – die Sprache der in Mittelerde gebliebenen Elben. Im Lauf der Zeit entwickeln sich die Sprachen und Dialekte der Mittelerde-Elben grundlegend auseinander. Als dritter großer Zweig bildet sich das Telerin aus, die Sprache jener Teleri oder Meerelben, die jahrtausendelang abgeschieden auf der Einsamen Insel (Tol Eressea) lebten, auf halbem Wege zwischen den Ländern der Sterblichen und der Unsterblichen.

Tolkien setzte mit seinen Sprachschöpfungen nicht beim Ur-Elbischen (Primitives Quendisch) ein, sondern erst beim später entstandenen Quenya, welches die Edelsten der Eldar (das nach Valinor geflüchtete Elbenvolk) entwickelt hatten. Es ist eine Hochsprache, auch »Elbenlatein« genannt. Im Alltag wird bei den Elben Lindarin gesprochen. Als weitere Sprache kreierte Tolkien das Sindarin, die Sprache der Grauelben von Beleriand. In einer späteren Form wird es von den Elben, gelegentlich aber auch von den Zwergen und Menschen als »Gemeinsame Sprache« verwendet. Die »Urmutter« all dieser Sprachen lässt sich nur auf deduktivem Wege anhand des Vergleichs der diversen »Tochtersprachen« und ihrer Überlappungen erschließen. Tolkien schildert die Elben als ein Volk, das die Worte liebt und fähig ist, seine eigenen Sprachen zu erschaffen und weiterzuentwickeln. Im Lauf ihrer komplexen Geschichte hat sich die Ursprache zu unterschiedlichen Zweigen ausdifferenziert, die sich weiter in Sprachfamilien aufgliedern. Zu den Unterformen des Lemberin zählen zum Beispiel Doriathrin – die Sprache von Doriath, einer elbischen Enklave in Mittelerde, die im Ersten Zeitalter durch den Banngürtel Melians geschützt war – und Ossiriandeb, der Dialekt der Grünelben von Ossiriand (ebenfalls eine Region in Mittelerde).

Dem Mythos nach zogen die Kriege gegen Morgoth, bei denen ganze Elbenvölker ausgelöscht wurden, das Verschwinden ihrer jeweiligen Sprachen nach sich. Im Dritten Zeitalter ist nur noch das Sindarin der Grauelben von Beleriand in Form einer Mischsprache übrig geblieben, die verschiedenste Einflüsse in sich aufgenommen hat, von Doriathrin und Noldorin (in der Elbenstadt Gondolin gesprochene Exilsprache) bis hin zu Menschensprachen und Orkisch (das in Melkors Festung Angband in Gebrauch war, wo es gefangen gehaltene Elben erlernt hatten).

Tolkien gibt sich als Forscher, der die mythische oder historische Wiederherstellung einer *lingua elfica* anstrebt, indem er die sukzessiven etymologischen Veränderungen Schritt für Schritt zurückverfolgt. So will er die Ursprünge der Elbensprachen (und, wie im nächsten Abschnitt zu sehen sein wird, auch der Menschensprachen) entdecken. Er ist der Sprach- und Mythenforscher dieser Welt der Erstgeborenen (eine andere Bezeichnung für die Elben). In der Elbensprache liegt eine Art »ursprünglicher Reinheit«, sie fungiert wie ein Hort theologischer Wahrheiten, denn die Namen der Valar – der Schutzgeister der Welt und Gesandten Ilúvatars – sind einzig und allein in ihrer elbischen Form überliefert (auch Valar selbst ist ein elbisches Wort), und diese Gottheiten hatten sogar geruht, sich des Quenya – der anspruchsvollsten Elbensprache – zu bedienen. Tolkien, der eine bereits entwickelte Sprache mit langer Geschichte präsentiert, breitet auf dem Weg zurück zu den Quellen dieser Sprache ein Universum idealer, längst untergegangener Sprachen aus, zu denen allein er den Schlüssel hat. Als Erfinder von Zeichen ist er im gleichen Maße Paläograf (ein Forscher, der alte Schriftarten untersucht) und Prophet. Er gestaltet und modelliert den Rohstoff, der zum Träger der Bedeutung wird, indem er die poetischen Möglichkeiten der Laute erkundet, sich in neuen rhythmischen Kombinationen versucht und mit der melodischen und beschwörenden Kraft des Wortklangs spielt. Tolkien erwähnte das große ästhetische Vergnügen, das er aus seiner Arbeit an den Sprachformen bezog; er nahm Gedichte in Elbensprache auf, rein um der Freude willen, diese unbekannten Laute erklingen zu hören.

DER SPRACHBAUM

Die Menschensprachen in Mittelerde sollen gemäß einer frühen, im *Buch der Verschollenen Geschichten* enthaltenen Version alle mehr oder weniger direkt von einer elbischen Ursprache abstammen, die der Elb Nuin die Menschen zu sprechen lehrte. Ursprünglich hieß die erste Menschensprache bei Tolkien Taliska. Sie zeigte Einflüsse der Zwergen- und Orksprachen und der Sprachen von Grünelben und Dunkelelben, ohne sich aus einer von ihnen entwickelt zu haben. Dann entwickelte Tolkien eine Sprache, die er Adûnaïsch nannte. Ab da galt Taliska als die Sprache der in Mittelerde verbliebenen Menschen, während die drei großen Menschenvölker, die (eine Parallele zur Geschichte der Elben!) westwärts wanderten und Beleriand erreichten – die Häuser Beor, Haleth und Hador –, einander bald nicht mehr verstanden und sich des Sindarin als gemeinsamer Sprache bedienten. Adûnaisch soll sich aus der Sprache des dritten nach Beleriand ausgewanderten Zweigs entwickelt haben, dem (mit dem Beorischen eng verwandten) Hadorischen; die stark abweichende Sprache der Haladin starb dagegen früh aus. Bevor die Menschen im Zweiten Zeitalter auf die Insel Númenor zogen, lebten sie lange Zeit Seite an Seite mit den in Mittelerde gebliebenen Elben und den östlichen Zwergenstämmen, und ihr Vokabular reicherte sich um Lehnwörter aus diesen Zivilisationen an. Wenn sich zu diesen Wörtern keine elbischen Wurzeln finden, sind sie darum mit großer Wahrscheinlichkeit aus dem Khuzdul abgeleitet. Auf Númenor wurde 3000 Jahre lang Adûnaisch gesprochen, das sich über drei Stufen vom alten über das frühe zum klassischen Adûnaischen entwickelte. Außerdem beherrschten die Númenórer fließend Sindarin, die Gelehrtesten unter ihnen auch Quenya. Lange Zeit führten die Nachfahren ihres ersten Königs Elros jeweils zwei Namen: ihren offiziellen Namen in Quenya und einen adûnaischen Gebrauchsnamen. Das in ihren Siedlungen in Mittelerde gesprochene Adûnaisch nahm zahlreiche Einflüsse aus anderen Sprachen auf. Durch diesen Synkretismus wurde es im Dritten Zeitalter zur Verkehrssprache, der Gemeinsamen Sprache oder Westron (Sôval Phâre, Adûni, Westsprache), welches alle sprachfähigen Wesen nutzten.

Das von den Elben und den Edlen von Gondor gesprochene Westron war älter, formeller und prägnanter als die Dialekte der Hobbits. Am Ende des Zweiten Zeitalters etablierten die Exil-Númenórer wieder die Elbensprache Sindarin als Erstsprache, doch gegen Ende des Dritten Zeitalters hatte sich das Kräfteverhältnis umgedreht: Die Zahl der Sprecher des Westron (in dem die menschensprachlichen Elemente dominierten) wuchs ständig, während an Sindarin nur mehr einige Einwohner Gondors festhielten.

In isolierten Menschengruppen hatten sich oft ihre eigenen Sprachen erhalten. Dazu zählten die Sprache von Thal, welche auch die Zwerge am Erebor beherrschten, und das in Rohan gesprochene Rohirrisch. Dieses verhielt sich zu Westron wie Altenglisch zum modernen Englisch. (Tolkien fügte in seinem Werk einigen rohirrischen Eigennamen wie Éomer, Éowyn, Edoras, Théoden oder dem Wort *mearas* – Pferde – »Übersetzungen« in altenglischer Sprache bei. Die Menschen von Dunland sprachen Dunländisch (ein mutmaßlicher Zweig der alten Sprache des Volks von Haleth) und die Drúedain Wosisch. Einige dieser Sprachformen, darunter die Sprache von Thal und das Rohirrische, waren angeblich näher mit Taliska als mit dem Adûnaischen verwandt.

SEIN UND SPRACHE

Differenziert, wie diese Sprachen sind, fragt man sich, ob bei Tolkien die Sprache den Wesen, die sie im Munde führen, entspricht – geformt von ihnen, teilweise aber auch auf sie zurückwirkend? Anders gesagt, besteht eine konsubstanzielle Beziehung zwischen Laut, Sprache und Sprecher? Belege dafür sind die Sprache der ausnehmend hässlichen Orks – sie wird wiederholt als grob, verkorkst, wortreich und öde geschildert – und die Sprache der Ents, aus der das Rauschen des Waldes erklingt, eine Mischung aus langem Raunen und kürzeren Rufen, die sich zu einer musikalischen Klangkette fügen: Niemand außer ihnen kann diese Laute hervorbringen, und sie schriftlich festzuhalten, gelingt nicht einmal den Elben. Die Sprache der Elben – schöner und edler Wesen – wird als harmonisch empfunden, während das Khuzdul der Zwerge, obwohl es vom Vala Aule stammt, in den Ohren der Elben unschön und misstönend klingt, und nur zwei Elben, Feanor und Pengolodh, sich die Mühe machen, sie zu erlernen. Die Zwerge dagegen eignen sich Sindarin und später die Gemeinsame Sprache mit Leichtigkeit an. Erwähnt sei auch die den Zwergen, Ents und Valar gemeinsame Scheu, ihren richtigen Namen preiszugeben (sogar auf ihren Gräbern). Sie glauben, er enthülle ihre Essenz und Geschichte: Wer ihn kenne, bekäme zu viel Macht. Zu benennen ruft ins Leben, enthält aber auch etwas Tötendes. Dies lässt an Pythagoras und Plato denken, für die die Seele bei ihrer Inkarnation eine Schwächung erfährt: Der Körper (griech. *soma*), in den die Seele »hineinfällt«, wird für sie zu *»sema«* – was sowohl »Ausdrucksmittel« als auch »Gefängnis« oder »Grab« bedeutet.

Die Sprache der Valar ist eine Schöpfung von großer Reinheit, die damit im Rang gleich an die Schöpfungsmusik der Ainur – Ainulindale – anschließt, die im Ursprung der Dinge war. Sie bedarf nicht der Schriftform und unterliegt keiner Evolution, während sich die Elben- und Menschensprachen entfalten und in zahlreiche Unterformen verästeln.

Die Orks, die Trolle und andere Kreaturen Morgoths (oder später die unter Saurons Befehl stehenden Völker) hatten hingegen keinerlei Sprachkultur. Da aber nicht nur das Aussterben der Sprecher, sondern auch durch Nachlässigkeit verursachter Sprachverfall zum Niedergang einer Sprache führen kann, waren die in Stämme aufgesplitterten Orks im Dritten Zeitalter bereits ganz auf die Gemeinsame Sprache (Westron) angewiesen, und selbst dies in einer verarmten Variante, die schludrig und wirr klang.

Derselbe Wandel ereignete sich bei den Schriftzeichen, in erster Linie den Cirth, einer Schöpfung der Elben. Es handelt sich aus morphologischer Sicht um eine Runenschrift, sie wird später vor allem von den Menschen in Thal und Rohan sowie den Orks, besonders gern aber von den Zwergen in Khazad-dûm (Moria) übernommen. Alle verändern sie für ihre eigenen Zwecke und abhängig vom Grad ihrer (Un)-Fähigkeit. Die Orks verunstalten sie durch starke Schematisierung, die Zwerge schmücken sie im Gegenteil aus und erfinden sogar eine Variante zum Schreiben mit der Feder hinzu. Über all dem ist im Dritten Zeitalter ihr elbischer Ursprung in Vergessenheit geraten. Das zweite Schriftzeichensystem der Elben sind die von Feanor entwickelten Tengwar, die mit den Noldor nach Mittelerde kommen. Im Dritten Zeitalter werden die meisten im Westen Mittelerdes verbreiteten Sprachen, vor allem Westron, in Tengwar geschrieben. Selbst die Tengwar-Inschrift des Einen Rings wirkt – obwohl es sich um Schwarze Sprache handelt – immer noch elegant, wenn auch infolge der subtilen Veränderungen dekadent. Wenn nicht an ihnen herumgemodelt wird, bestechen die Tengwar durch ihre naturalistische Ausdruckskraft und organische Wirkung: Reichhaltige Variationen in Mittelteil, Ober- und Unterlängen lassen eine flüssige Kursivschrift entstehen, deren Schriftbild von der Vegetation inspiriert scheint. Apropos, Bruchtal und Lothlórien, die Elbenstätten des Dritten Zeitalters, fungieren innerhalb der sich wandelnden Welt wie Enklaven, wo sich endemische Arten erhalten und weiterentwickeln können. Durch die Wechselwirkung zwischen der Umwelt und den zu ihr gehörigen Arten ereignet sich ein gemeinschaftlicher Neuschöpfungsprozess. In Tolkiens Ansatz sind die Elben mit der Vegetation, den Sternen und der Schönheit verbunden, während Mordor und das Land um Angband trostlose, öde und tote Orte sind. Morgoths Diener scheuen das Licht (die Orks flüchten vor ihm, die Trolle werden versteinert, wenn es sie trifft, und die Nazgûl verlieren bei Tageslicht einen Großteil ihrer Kräfte.

Transportiert die Bezeichnung der Dinge in elbischen Zeichen, ob Cirth oder Tengwar, ein elbisches Weltbild? Die Elben lieben die Worte und eignen sich die Welt auf dem Weg ihrer Lautschöpfungen und der entsprechenden Schriftzeichen an. So hinterlassen sie Jahrtausende lang ihren linguistischen Fußabdruck in Mittelerde (wo ein Großteil der Ortsnamen elbischen Ursprungs sind). Zwar bestimmte Tolkien (nach langem Zögern) eine Menschensprache zur Verkehrssprache aller sprachfähigen Völker im Dritten Zeitalter, doch ist diese deutlich geprägt vom Sprachkontakt mit den Elbensprachen. Sprach-Animismus, magische Grammatik, genetische Syntax – wie ließe es sich am besten ausdrücken, dass die Elbensprache wie eine Wiedergängerin aus toten Worten aufzuerstehen scheint? Der »Kreolisierung« ist es zu danken, dass Elbenworte in der Gemeinsamen Sprache, wie sie zu Beginn des Vierten Zeitalters gesprochen wird, überlebt haben, während ein Großteil der Elben selbst Mittelerde bereits verlassen hat.

AUS LAUTEN WERDEN VÖLKER

Steht im Johannes-Evangelium »Am Anfang war das Wort«, so findet sich bei Tolkien am Beginn ebenfalls der Klang: Aus Ilúvatars Melodie – Lauten von höchster Schöpfungskraft – soll die Welt entstehen, und alle Ainur sind eingeladen, in sie einzustimmen. Melkor (er wird später zu Morgoth, dem »Dunklen Herrscher«) hat Missklänge erzeugt, nun sollen zwei von Ilúvatar vorgegebene musikalische Themen gegen ihn anwirken. Aus diesen Melodien entspringen zwei Völker, die Elben (oder Erstgeborenen) und die Menschen (oder Nachgeborenen). Das Erwachen der Elben fällt in die Zeit, als Melkor die Zwei Leuchten zerstört, die die Welt erhellen. Die Menschen tauchen etwa zeitgleich mit der Zerstörung der Zwei Bäume und dem Raub der Silmaril auf. Beide Male besteht also ein Bezug zum Licht: zu dessen Auslöschung (Untergang der Leuchten und der Bäume) und Wiedererschaffung in neuer Form (Entstehung der Sterne, der Sonne und des Mondes). Doch im Gegensatz zu den Gestirnen, die die Ainur als Ausgleich für das Zerstörte formten, entstehen die Elben und Menschen unabhängig von den Ainur, welche diese seltsamen, freien Geschöpfe mit Faszination betrachten, da sie in ihnen ein Stück der Allweisheit Ilúvatars erblicken, der sich noch nicht einmal ihnen enthüllt. Anders als die Elben sind die Menschen sterblich – dies ist das Gegenstück zu der ihnen geschenkten Freiheit, ihr Leben in den Grenzen der Möglichkeiten und Zufälle der Welt selbst zu entwerfen und zu gestalten und damit über jedes vorbestimmte Schicksal hinauszuwachsen, wie es im Gesang der Ainur beziehungsweise Ilúvatars zum Anbeginn der Welt angelegt war.

Tolkiens ganzes Werk durchzieht der lebendige Austausch einer wuchernden Vielfalt unterschiedlichster, wenn auch in ihrer Körperform meist menschenähnlicher Wesen. Unter den Völkern Mittelerdes zirkulieren Techniken, Know-how und Sprachen. Genetischer Austausch erfolgt indes nur zwischen Menschen und Elben, und auch das nur punktuell (drei Paare). Somit ist eine Vermischung des Erbguts und die Weitervererbung veränderter genetischer Merkmale ebenso auszuschließen wie ein gemeinsamer Vorfahr von Elben und Menschen, da es sich um zwei unterschiedliche Schöpfungen handelt. Ob dabei wohl ein Evolutionssprung stattgefunden hatte? Wie auch immer, mit ihrem Auftauchen änderte sich unweigerlich die Umgebung und somit das Gleichgewicht der Arten. Tolkiens Chroniken spiegeln einen auffälligen Rückgang vieler anthropomorpher Arten, die in einer bestimmten Phase ihrer Geschichte in enger Biogemeinschaft mit den Menschen gelebt hatten. Im Vierten Zeitalter (manche Arten trifft es auch schon viel früher) wird daraus eine »Thanatozönose« geworden sein.

Der Evolutionsforscher Lamarck führte den Artenwandel auf die Anpassung des individuellen Organismus an die Umwelt zurück. Dass sich Sméagol in Gollum verwandelt und einige von Machtgier verführte Menschen zu Nazgûl degenerieren, stellt eine solche Modifikation im Lamarck'schen Sinne dar. Der Umweltfaktor besteht quasi in der korrumpierenden Macht des Rings. Das Darwin'sche Selektionsprinzip bezieht sich dagegen auf Gesamtpopulationen. Die Elben verschwinden allmählich, der Mensch bleibt. Doch nicht direkter Verdrängungswettbewerb ist der Grund, vielmehr spielt wohl die Beschleunigung der Zeit eine Rolle. Im Gegensatz zum linearen Zeitablauf, der Darwins Evolutionstheorie zugrunde liegt, gibt es bei Tolkien Tempsprünge: Nach der Zerstörung der Bäume von Valinor und der Erschaffung von Sonne und Mond läuft die Zeit schneller, Wachstum und Alterung der Dinge beschleunigen sich. Da die Menschen und Elben bei ihrer Entstehung bereits vollkommen sind, hat die Zeit keine Bedeutung als Entwicklungsfaktor für ihre innere Organisation. Sie ist im Gegenteil eine Bürde, vor allem für die Elben, die der Welt schließlich müde werden und ihren Stern untergehen sehen. Bei Darwin wie bei Tolkien erscheint der Mensch ganz zuletzt, doch ist er im Endeffekt ab dem Vierten Zeitalter der alleinige Herrscher der Erde.

Tolkiens Texte erfordern ein neues Nachdenken über die Rolle der großen Schlachten gegen das Böse für das Aussehen von Mittelerde, den Anteil von Zufall und Schicksal am Lauf der Welt, den Ursprung des Menschen, seinen Platz unter den Lebewesen und die Beziehungen zwischen den verschiedenen Arten. Seine komplexe Welt wirft die Frage der Ursprünge und des Determinismus auf und bietet gewissermaßen eine ethische Interpretation zur Theorie vom Wettstreit der Arten im Ringen um ihr Überleben.

Ungoliants und Morgoths Angriff auf die Zwei Bäume von Valinor

TOLKIEN ALS VERMITTLER UND FÜRSPRECHER DER *PHILOSOPHIE*

MICHAËL DEVAUX

Philosophiert Tolkien bzw. ist er ein Philosoph? Ein »Jein« bietet sich, wie so oft, als Antwort an. Nein, denn sein Metier war die Sprachwissenschaft[1]. Ja, denn jeder Schriftsteller ist Philosoph – insofern als alle literarischen Werke – bewusst oder unbewusst – eine mehr oder weniger umfassende Philosophie transportieren. Offen bliebe dabei die Frage, ob die Sprachwissenschaft ohne Philosophie existenzfähig ist. Da Tolkiens philosophische Positionen zu diversen Themen bereits von dem amerikanischen Philosophen Peter J. Kreeft untersucht wurden *(The Philosophy of Tolkien)*, soll hier der Fokus darauf liegen, ob Tolkien ein (philosophisches) Konzept von Philosophie hatte – oder waren seine Vorstellungen eher vage? Wie nah ist bei ihm die Verwandtschaft von Philologie und Philosophie? (Auch in der Familie muss man sich nicht unbedingt gut kennen und ähnlich sein …) Wie positionierte er sich insgesamt zur *regina scientiarum* – der Königin der Wissenschaften? Im gegebenen Rahmen lassen sich unmöglich alle Belegstellen für das Lemma »philosoph«[2] im publizierten Tolkienschen Werkskorpus (vor allem den *Briefen*) aufführen. Ich werde mich darum auf drei Texte konzentrieren, die wenig bekannt sind; zumindest wurden sie bis jetzt auch in den Arbeiten von P. J. Kreeft, R. Arduini und C. Testi (den wenigen, die Tolkien und der Philosophie gewidmet sind) noch nie kommentiert.

Das grundlegende Paradoxon dieser Untersuchung hängt damit zusammen, dass Tolkien, der Philosophen sehr zurückhaltend zitierte und den Begriff Philosophie wenig in den Mund nahm, von seinen Kindern Priscilla und John (John war Jesuit, hatte also Philosophie studiert) als »lachender Philosoph« apostrophiert wurde, also als neuer Demokrit (denn der Philosoph und Atomist aus Abdera trug diesen Beinamen). Zudem war Tolkien Dr. phil. h. c. der Universität Lüttich. Seine Schülerin Simonne d'Ardenne trug in ihrer Laudatio vor, *Der Herr der Ringe* sei ein »Märchen für Erwachsene, bedeutungsschwer von philosophischem Sinn«. Trotz des »Zertifikats« von Familienseite und der Würdigung seitens der Universität werden die Fragezeichen nicht weniger, da Tolkien sich bald abwehrend, bald zögerlich gibt: In einem Brief schreibt er: »Ich bin kein Metaphysiker«, in *The Notion Club Papers* erklärt sein Alter ego, Michael Ramer: »Ich bin kein Philosoph«[3], und in *On Fairy-Stories* äußert er: »Ich werde nicht sagen:

›die Dinge sehen, wie sie sind‹, um mich nicht unter die Philosophen zu mischen.«[4] Kurz, Tolkien mag sich nicht selbst die Philosophentoga umhängen; anderen erlaubt er es zur Not. Erwähnenswert erscheint mir eine Aussage, die in einer Rohfassung zu seinem großen theoretischen Essay *On Fairy-Stories* enthalten war: »Märchen […] sind in erster Linie Menschenwerk und spiegeln eine Philosophie oder Philosophien zum Wesen der Welt wider. [Sie beruhen auf] Philosophien, die über tatsächliche oder vermeintliche märchenhafte Phänomene berichten oder eine Einlassung auf diese darstellen.«[5]

DER JUNGE DOZENT UND DIE »MELANCHOLISCHE PHILOSOPHIE«

Liest man *The Clerkes Compleinte* («Die Klage der Studenten«), ein Gedicht Tolkiens in mittelenglischer Sprache, das er unter dem Pseudonym »N. N.« im Dezember 1922 veröffentlichte, so stößt man dort auf seine erste Erwähnung der »Philosophie« überhaupt: Verse 31–32 handeln von Ethik und *philosophye malencolyk.* Das Gedicht beschreibt Studienanfänger an ihrem ersten Tag in Leeds; nicht wenige von ihnen ziehen der Philologie und Philosophie technische Studiengänge (Farbenchemie und Textilingenieur) vor.[6]

In Leedes atte dores as I sat
At morne was come into tho halles hye
Wel nigh fyve hondred in my companye
Of newe clerkes in an egre presse,
Langages old that wolden lerne, I gesse,
Of Fraunce or Engelonde or Spayne or Ruce,
Tho tonges harde of Hygh Almaine and Pruce,
Or historye, or termes queinte of lawe;
Yet nas bot litel Latin in her mawe,
And bolde men, alas, ther were yet lece
That thoughten wrestle with the tonge of Grece,
Or doon her hedet aken with etyk hedes,
And with philosophye malencolyk.[7]

Tolkien mag an seine damals in Leeds unterrichtenden Kollegen Melville Gillespie (der sicher für Geschichte der antiken Philosophie zuständig war) und Harold Foster Hallet (der vermutlich Ethik und Geschichte der modernen und der englischen Philosophie lehrte) gedacht haben. Gillespie hatte einen Essay über Hippokrates publiziert, war also vertraut mit dessen Lehre von den vier Temperamenten, zu denen die Melancholie zählt. Hallet wiederum hielt vermutlich eine Veranstaltung zu Robert Burtons *Anatomie der Melancholie* von 1621 – im Vorjahr hatte man den 300. Jahrestag ihres Erscheinens begangen. Tolkien dürfte von dem Werk gehört oder es vielleicht sogar gelesen haben, denn in seinem Gedicht finden sich Ähnlichkeiten mit drei Textpassagen aus dem Abschnitt »Liebe zur Gelehrsamkeit oder übermäßiges Studium. Mit einer Abschweifung über das Elend der Scholaren und warum die Musen melancholisch sind«, in dem Burton – wie Tolkien 300 Jahre später – auf angehende Gelehrte und deren Abneigung gegen Geschichte, Philosophie und Sprachen eingeht und im Weiteren beklagt, für manche Leute zähle nur die Zahl der eingeschriebenen Studenten, egal, wie niedrig deren Bildungsniveau sei. (Und Tolkien bedauerte die mageren Lateinkenntnisse seiner Studenten …)!

VERTEIDIGUNG DER PHILOSOPHIE IN FRÜHEN VERÖFFENTLICHUNGEN

Unter dem Titel *Philosophical Thoughts* (»Philosophische Gedanken«) gab Tolkien in seiner Frühzeit als Dozent in Oxford eine Diskussion zwischen seinem Kollegen und Freund C. S. Lewis und dem Präsidenten seines Colleges, G. S. Gordon, wieder. In diesem wenig bekannten Text machte er sich zum Verteidiger der Philosophie. Und – keine Spur von Vorbehalten, im Gegenteil!

> *Viele Leute sind unfähig, Gutes an der Philosophie zu erkennen und sprechen über sie, als wäre sie ein jugendlicher Ausscheidungsvorgang, auf den folgend man sich im abgeklärten gebildeten Erwachsenenalter beruhigen kann, ohne weiter nachzudenken. Der Präsident von nichts Geringerem als einem College wie Magdalen äußerte sich zum Beispiel neulich beim Abendessen über*

Mr. Fausset wie über einen Lümmel ohne Schliff, weil dieser über Literatur philosophiere, »während Sie und ich« – so sagte er zu Lewis – »das alles mit unserem Bachelor of Arts hinter uns gelassen und vergessen haben«. […] Auch über Idealismus und Atheismus sprachen wir – Letzterer ist mir immer unergründlich gewesen: Ich habe nie begriffen, wie jemand in unseren Zeiten eine solche Einstellung vertreten kann, sofern man das überhaupt eine Einstellung nennen kann.[8]

Von wem ist die Rede? Das wiedergegebene Gespräch zwischen C. S. Lewis (1898–1963) und George Stuart Gordon (1881–1942) fand ungefähr im Jahr 1931 statt. Über Letzteren weiß seine Biografin Mary C. Biggar Gordon zu berichten: »Für ihn lag in Philosophie und Alter Geschichte kein besonderer Reiz. Eine Zeit lang beschäftigten sie ihn, und durch seine natürliche Vitalität und Lust am Lösen schwieriger intellektueller Fragestellungen wurde daraus ein Spiel.«[9] Gordons abschätzige Bemerkung war auf Hugh l'Anson Fausset (1895–1965) gemünzt. Dieser verfasste literaturtheoretische Arbeiten, insbesondere das 1923 erschienene *Studies in Idealism,* was die Erwähnung des Idealismus erklärt.

Welche Vorstellung(en) von Philosophie vermittelt uns dieser kurze Auszug?

Erstens gibt Tolkien eine wohl verbreitete Sichtweise wieder, die Philosophie der Adolesz- oder Jugendphase zuzuordnen – danach sei es Zeit, sie fallen zu lassen, ein akademisch gebildeter Erwachsener habe das Philosophieren nicht mehr nötig. Im günstigsten Fall könne es als Hebel für eine Katharsis genutzt werden (zum Beispiel, um Einwände auszuräumen), vorzugsweise gehe man dann zu einer Art respektablem Konformismus über. Tolkien hat zu all dem eine andere Meinung: Sehr aufschlussreich tritt seine Ablehnung gegenüber dieser vergröbernden Sicht der Philosophie zwischen den Zeilen hervor (durch das abschreckende Beispiel Gordons während einer universitären Alltagsdiskussion). Implizit tritt er damit für die philosophische Schulung des Geistes und die Bedeutung der Philosophie ein.

Zweitens spricht er von Faussets idealistischer Philosophie. Es macht also Sinn, zu überprüfen, wie Fausset sie definiert: »Unter ›Philosophie‹ verstehe ich nicht die systematischen Phantomgebilde der Schulen. Viele Kritiker werden bestreiten, dass ein Dichter eine Philosophie hat, denn seine Philosophie ist eine andere als die eines Aristoteles, Kant oder Dr. Bradley[10]: Sie besteht in einer Intuition oder einer Reihe von Intuitionen zum Universum.« (*Studies in Idealism,* S. xix). Dieser Idealismus lässt das Streben, die Wirklichkeit zu ergründen, mitnichten fallen: Fausset spricht im Weiteren vom Annehmen »der Dinge, wie sie sind«

(ebd., S. xv). Bilden Tolkiens briefliche Äußerungen, seine Märchen seien ein »Kommentar zur Welt«[11], nicht eine Parallele zu dieser »Reihe von Intuitionen« bezüglich des Universums? Und zweifellos teilte Tolkien die Ansicht, auch ein nichtsystematischer Diskurs könne philosophisch sein. Sein Werk ist enzyklopädisch, es trägt philosophische Züge, ohne eine Systematik zu präsentieren!

Zuletzt lohnt in Bezug auf den Atheismus ein Blick in das letzte Kapitel des erwähnten Werks, wo Fausset eine allgemeine Betrachtung zum modernen Geist anstellt, in der er den Gegensatz von idealistischer und atheistischer Philosophie zur Gegenüberstellung von Idealismus und (atheistischem) Materialismus ausweitet: Materialismus wie Atheismus seien sich einig in der Behauptung eines stolzen Menschen, ohne eine religiöse »Hinterwelt« (was bei Tolkien nur auf Ablehnung stoßen konnte!). Die Essenz von Nietzsches Zerstörungskraft wird folgendermaßen umrissen: Er sei Atheist und bereite als Gegengewicht zu seiner spirituellen Hypochondrie wissentlich der (intellektuellen) Barbarei den Weg, indem er die Abkehr des Menschen von seiner Menschlichkeit zugunsten einer Vision des Übermenschen propagiere. (Für Tolkien war Atheismus nicht haltbar, seine Ideen nicht schlüssig.) Fausset sah darin indes nur einen Aspekt eines umfassenderen Syndroms: Für ihn war der moderne Zeitgeist der eines wissenschaftsdominierten Zeitalters. Darin läge Gefahr und Hoffnung: Begreife Wissenschaft die Bedeutung intellektueller Aufrichtigkeit, führe sie zum Guten, schränke sie das Einfühlungsvermögen aber ein, indem sie sich auf die Anhäufung von Wissen beschränke und darüber das Verständnis von Werten verlerne, werde sie zur Gefahr. Es gehe um ein Problem der Werte, also des intellektuellen Einschätzungsvermögens; früher habe man Sünden des Fleisches begangen, jetzt seien es Sünden des Geistes. Der Kult, der nach wissenschaftlichem Prinzip um die Fakten um ihrer selbst willen betrieben werde, sei mechanistisches Denken und unmoralisch. Positivistisches Denken sei nur dann ein Gut, wenn man das Leben als Ganzes betrachte und seiner Schönheit Beachtung schenke.

Im Fazit erkennt man in Tolkiens um 1931 verfasstem Text eine Verteidigung der Philosophie als Voraussetzung für erwachsenes Denken (somit zählt sie zum Bildungsgut), ein nicht systematisches Konzept von Philosophie (die als eine Reihe von Intuitionen zum Universum aufgefasst wird), und die Ablehnung des (in Tolkiens Augen inkohärenten) Atheismus – was zeigt, dass er Schlüssigkeit als Grunderfordernis der Philosophie ansah.

PHILOSOPHIE IN TOLKIENS SPÄTWERK

Von Philosophie ist noch einmal die Rede in *The Shibboleth of Fëanor* – linguistischen Betrachtungen aus Tolkiens späten Lebensjahren zu den Elbensprachen und den Namensbedeutungen von Finwe und dessen Sohn Fingolfin (siehe Kasten nächste Seite). Fingolfin war auch als Ñolofinwë (Quenya für »Finwe der Weise«) bekannt. Tolkien erklärt, die Wurzel *ñolo* stehe für das Wortfeld »Weisheit«[12]. In einer Anmerkung geht er genauer auf die Bedeutung der Weisheit bei den Noldor ein und erläutert in diesem Zusammenhang den Bezug zwischen Weisheit *(sophia)* und Philosophie:

> *»Weisheit« – aber nicht im Sinn von »Klugheit, [sound judgment] gesundem Urteil« (welches auf Erfahrung und ausreichender Sachkenntnis beruht); es näherte sich eher »Wissen« oder »Philosophie« an (im Sinne ihrer frühesten Definitionen, die die Wissenschaft einschlossen).* Ñolmë *wurde unterschieden von* Kurwë *– »Fachkompetenz und Erfindungsgeist«, beides konnte aber bei ein- und derselben Person vorhanden sein. In Quenya, der Sprache, in der diese Wurzel am häufigsten vorkam, lag sie in den aus dem Gemeinen Eldarin hervorgegangenen Formen* ñgol-, ñgōlo- *vor, mit oder ohne syllabischem n: etwa in* *Ñgolodō (Quenya Ñoldo, Telerin golodo, Sindarin goloð) *– seit frühester Zeit hatten sich die Noldor in dieser Hinsicht hervorgetan und diese Art »Weisheit« traf auf sie besonders zu;* ñolmë *ein Bereich der Weisheit (die Wissenschaft, etc.);* Ingolë (ñgōlë) *Wissenschaft/Philosophie als ein Ganzes;* ñolmo *ein Weiser;* ingólemo *jemand mit sehr großen Kenntnissen, ein »Zauberer«. Das letztere Wort galt allerdings als veraltet, es wurde nur für die großen Weisen der Eldar in Valinor (etwa für Rúmil)[13] verwendet.*

Auf den ersten Blick könnte man – wie das heute normalerweise getan wird – das »gesunde Urteil« *(sound judgement)* als »sicheres Urteil« verstehen – »sicher« im Bewusstsein der durch (positivistische) Wissenschaft vermittelten Gewissheit. Die Bestätigung dieser Lesart wäre, dass sich dieses Urteil auf Erfahrung stützt. Dies wäre eine Basis im Sinne Kants: Eine Kenntnis, die zum Urteilen hinreichend sein soll, darf nicht das Risiko eingehen, sich nicht auf Erfahrung zu gründen. Wissen

FINWE UND FINGOLFIN

1. Finwe war mit Míriel verheiratet, die ihm Feanor gebar. Später wurde Indis seine Frau . Aus dieser Ehe gingen zwei Jungen – Fingolfin und Finarfin – und zwei Mädchen – Findis und Írimë – hervor.
2. Der Elbenkönig Fingolfin forderte Morgoth zum Zweikampf heraus. Er brachte ihm sieben Wunden bei, bevor Morgoth ihn mit einem Keulenschlag tötete. Sein Bruder Finarfin blieb als Einziger nach dem Willen der Valar mit seinem Volk in Aman, doch seine Kinder, darunter Finrod und Galadriel, gingen mit Feanor.

kann es nur dann geben, wenn die Anschauungsformen – Raum und Zeit – etwas anbieten, worauf die Verstandeskategorien angewendet werden können. Keine Wissenschaft ohne Empirie: Was außerhalb ihres Feldes liegt, gehört nicht zur Wissenschaft, das entsprechende Urteil wäre kein sicheres. Tolkien stellt dem eine Auffassung von Weisheit entgegen, die mit Wissen und Philosophie assoziiert ist: einer Philosophie, in der die Wissenschaft beinhaltet ist. Sie kennzeichnet er als die alte – und wahre – Philosophie. Das Alte daran ist, dass Philosophie und Wissenschaft auf gleicher Ebene stehen, die positivistische Sicht dagegen reduziert die Philosophie auf die Wissenschaft. Dies zeigt, dass die obige Passage nicht im positivistischen oder wissenschaftsgläubigen Sinn gelesen werden darf.

Eine wichtige Referenz zur Konzeption der Klugheit (*phrónesis,* auch als »Besonnenheit« übersetzt) ist Aristoteles mit seiner *Nikomachischen Ethik* (Buch VI), die wir hier nicht detailliert analysieren können (vgl. Kasten unten), doch wir wollen kurz auf seine Vorstellung von der Philosophie und ihrem Verhältnis zur Wissenschaft eingehen. Für Tolkien ist in der oben zitierten Anmerkung der Bezug zum Gesamten das Bestimmende, während bei Aristoteles selbst die Philosophie vor allem eine theoretische Wissenschaft ist, eine reine Betrachtung durch den Intellekt – der erhabenste Zweig des Wissens, aber eben nur ein Zweig. So gesehen folgen die meisten Menschen Aristoteles, wenn sie die Philosophie für eine Beschäftigung halten, die vielleicht nicht ganz wie die anderen sei, aber doch nichts weiter (oder nichts Besseres) als ein Teilbereich des Wissens.

Der Zentralbegriff bei Tolkien, von dem aus sich Feld auffaltet, ist *ñolmë:* Er grenzt ihn zum einen gegen *kurwë* und zum anderen gegen *ingolë* ab. Die Philosophie ist nicht sein primäres Objekt. Er bemüht sich, die »Weisheit« des Fachmanns – die durch Kenntnisse auf einem Gebiet und Nachdenken entstehende Weisheit des fachkundigen Urteils – gegen die Weisheit an sich (des in allen Dingen Weisen) abzugrenzen.

Weisheit *Ńolo*		
Wissen *Ingolë*	*Ńolmë*	*Kurwë*
Philosophie inkl. Wissenschaft	Ein Bereich der Weisheit.	Fachliche Kompetenz und Erfindergeist
Wissenschaft/Philosophie als Ganzes		
Philosoph (*ingólemo*)	»Spezialist« (*ńolmo*)	Techniker/Arbeiter

Dies nähert sich Platons Definition »[…] den Philosophen werden wir einen Liebhaber der Weisheit nennen; nicht der einen, der anderen nicht, sondern der gesamten« (*Der Staat,* V, 475b). Gibt dieses umfassende Verlangen bereits erschöpfende Auskunft über die Philosophie?

Die Platon-Spezialistin Monique Dixsaut führt aus, natürlich richte sich dieses Weisheitsstreben auf das mit dem Intellekt Erfassbare, doch damit sei es noch nicht getan: Ich bin Philosoph, kein Ding des Verstandes darf mir fremd sein. Es ist also Philosophenpflicht, gebildet zu sein. Bildung ist dabei kein Selbstzweck, sondern das Medium der Wahrheitsfindung. Hier zeichnet sich ein Bild des Philosophen ab, das dem des Gelehrten ähnelt und es mit einschließt. Der entscheidende Punkt ist aber, dass das Streben des Philosophen sich vorrangig auf Wahrheit ausrichtet: Nicht Wissen an sich ist das Objekt seiner Begierde, sondern die Essenz des Wissens, die Wahrheit. Ebenso ist sein Streben vom Grad der Wichtigkeit seines Objekts unabhängig. (Auch über Märchen

SAMWEIS GAMDSCHIE

Im Französischen wurde die Übersetzung des Namens Samwise (dt. Samweis) auf unterschiedliche Weise gelöst: F. Ledoux legte mit Samsagace den Akzent auf sagacité (Klugheit, Scharfsinn), D. Lauzon mit Samsaget auf sagesse (Einsicht, Weisheit). Dies lässt an Aristoteles denken, der in der *Nikomachischen Ethik* (NE VI 12) *phrónesis* (praktische Weisheit) mit dem Wissen verbindet, das durch die Erfahrung der Alten aufgebaut wurde. In »Samsagace« wirkt die Klugheit des alten Ohms, auf den er sich oft beruft. Im selben Werk kennzeichnet Aristoteles nur das als wirkliche Einsicht, was sich in praktischer Intelligenz oder Klugheit, zum Beispiel in politischer Besonnenheit äußert (ebd., 1141b23). Und in der Tat beweist »Samsaget« als Bürgermeister von Auenland die in *phrónesis* enthaltene politische Weisheit der aristotelischen Besonnenen.

lässt sich philosophieren – in den Augen des Establishments sicher keine seriöse Betätigung; nichtsdestotrotz ist es zutiefst philosophisch, zu erforschen, um welche Wahrheit es in diesen Geschichten geht).

Trotz der Korrespondenz zu Platon erreicht Tolkien hier nicht die Höhe von Platons Konzept der Philosophie. Für Platon ist der sich lediglich um Bildungswissen Bemühende nämlich ein Scheinphilosoph, da Wahrheit nicht im Wissen an sich und seiner Anhäufung besteht, sondern philosophisch relevante Wahrheit ist. Dieser Bezug zur Wahrheit kommt bei Tolkien nicht zur Sprache. Die Problematik ist die des Gesamten und des Teils: die Diskrepanz zwischen dem allumfassenden und dem bruchstückhaften Wissen (eines Teilbereichs). Zudem ist bei Platon das Streben, die vorrangige Eigenschaft des Philosophen, auch durch Ausdauer gekennzeichnet: Er will wissen, hat die Neigung und die Befähigung dazu (man spricht von philosophischem Naturell), doch immer bedeutet dies auch Arbeit und Bemühung. Tolkien schweigt dazu.

IST ER NUN EIN PHILOSOPH?

Tolkien hat sich während seines Studiums der Philologie auch mit Philosophie befasst. Neben dem Gedicht aus seiner Frühzeit als Dozent deuten seine Bemerkungen über die »melancholische« Philosophie, den Idealismus und den Atheismus eine gewisse einschlägige Lektüre an (Platon, Boetius, Burton, Fausset). *The Shibboleth of Fëanor* zeigt Bezüge zu Aristoteles und erneut zu Platon auf, wie überhaupt in Tolkiens Werk platonische Elemente erkennbar sind, was seine Sicht der Philosophie als etwas Allumfassendem, die Wissenschaft Einschließendem belegt. Allerdings wird in den angeführten Textbeispielen der Philosoph lediglich als Gebildeter konzipiert – ohne dass dessen Einstellung zur Wahrheit klar hervorginge. Tolkiens Verständnis von umfassendem Wissen liebäugelt mit *Enzyklopädismus* – Mittelerde veranschaulicht das bestens. Jedoch lässt er es beim Erfordernis innerer *Konsistenz* (das für jede gute philosophische These gilt) und einer *Reihe* von Intuitionen bewenden, ohne eine *Systematik* zu entwickeln. Insgesamt ähnelt dies sehr stark der Philosophie, die in Mittelerde betrieben wird … Ohne ihn »unter die Philosophen mischen« zu wollen, lässt sich anhand der zitierten Textbeispiele doch sagen, dass Tolkien wusste, wovon er sprach, und dass ihm seine Lektüre zumindest eine philosophische Sicht der Philosophie vermittelt hat.

Anmerkungen

1. Soweit es J. S. Ryan gelang, Tolkiens Studiengang zu rekonstruieren, ist lediglich eine Prüfung zu Plato am 27. Februar 1913 sowie eine weitere über Boethius' *Trost der Philosophie* (als »Übersetzung« ins Altenglische) bekannt. Belegt ist auch der Besuch mindestens einer Sitzung des studentischen Philosophievereins *The Dialectal Society.* Dies war am 28. Januar 1913; Arnold J. Toynbee referierte über »Die Philosophie der Geschichte«.
2. Suchmodus, bei dem alle Treffer mit »philosoph« im Wortanfang angezeigt werden.
3. *Briefe*, Nr. 153 und *The Notion Club Papers,* in: *Sauron defeated* (SD = Band 9 der *History of Middle-Earth – HoME*).
4. *Über Märchen* (Das Zitat ist in meiner eigenen Übersetzung angeführt, da mir die bestehenden Übersetzungen wie »mich mit den Philosophen anlegen« oder »zur Zielscheibe werden« nicht adäquat erschienen – Michaël Devaux).
5. Ebd. (eigene Übersetzung – M. D.).
6. Die von Tolkien in Vers 20–32 erwähnten Disziplinen umfassen im vollen Umfang die Studiengänge aus *The Leeds University Calendar,* 1921–22 [online], Leeds, Jowett & Sowry Ltd, 1921. Link: http://digital.library.leeds.ac.uk/11262/); zur Philosophie: S.146 und 165.
7. *»The Clerkes Compleinte«,* in: *The Gryphon,* Leeds, Dezember 1922, NS4/3, S. 95. Neu veröffentlicht in *Arda* 1984, 4, 1988, S. 1–2 (mit englischer Übersetzung), danach in *Arda* 1986, 1990, S. 2–3 (Leeds-Manuskript), sowie (Oxford-Version) von Jill Fitzgerald, *»A ›Clerkes Compleinte‹: Tolkien and the Division of Lit. and Lang.«*, in: *Tolkien Studies,* 6, 2009, S. 50.
8. *»Philosophical Thoughts«,* in: *Parma Eldalamberon*, n° 20, 2012, S. 113–115 (eigene Übersetzung: M. D.; Arden R. Smith hatte den Namen Fausset ohne Nachprüfung irrtümlich in Fawcett korrigiert).
9. *The Life of George S. Gordon, 1881–1942,* Oxford, Oxford UP, 1945, S. 20 (eigene Übersetzung: M. D.)
10. Francis Herbert Bradley, britischer Idealist. Professor am Merton College/Oxford (wie Tolkien); 1924 verstorben.
11. »Ich schreibe Sachen, die man als Märchen klassifizieren könnte [...]. Dies tue ich, weil ich finde, um der Sache keinen zu großspurigen Titel zu geben, dass sich mein Kommentar zur Welt am leichtesten und natürlichsten auf diese Weise ausdrücken lässt. [...] Ich hoffe, der ›Kommentar zur Welt‹ klingt nicht zu feierlich.«
12. J. R. R. Tolkien, *The Peoples of Middle-earth* [= *HoME,* Bd. 12. Anm. d. Übers.] London, HarperCollins, 1996, S. 344 (eigene Übersetzung: M. D.; darauf beruhend Übersetzung ins Deutsche. Anm. d. Übers.).
13. Ebd., Anmerkung 30, S. 359–360 (eigene Übersetzung: M. D.).

VERANKERUNG IN RAUM UND ZEIT

2

ARCHÄOLOGISCHE FUNDE UND *VERBORGENE STÄDTE*

VIVIEN STOCKER

In einem Brief an die Schriftstellerin Naomi Mitchison (1897–1999) räumte Tolkien ein, seine »Skizzenhaftigkeit«[1] sei ihm in der Archäologie bewusster als etwa in der Ökonomie oder Musik. Doch wie so oft tendierte er hier dazu, den wichtigen Beitrag dieser Wissenschaft zu seinem Werk zu unterschätzen, selbst wenn er archäologische Aspekte vielleicht nicht so bewusst in die Erzählung einflocht, wie er dies mit biologischen oder linguistischen tat.

Dass Tolkien sich für Archäologie interessierte, ist nicht nur eine Vermutung. Es ist belegt, dass er als Kind während eines Aufenthalts an der Küste des Ärmelkanals bei Lyme Regis einen versteinerten Kieferknochen fand (der, so überlegte er damals, von einem Drachen stammen könnte!). Tolkien besuchte diesen für seine Fossillagerstätten bekannten Ort regelmäßig in den Ferien mit seinem Vormund Pater Francis Morgan (1857–1935) und seinem Bruder. Später brachten es seine verschiedenen akademischen Positionen und sein Interesse an historischen oder mythologischen Texten unausbleiblich mit sich, dass er sich detaillierter mit der Weltgeschichte und speziell mit Archäologie befasste. So beteiligte er sich 1932 an einer Sammlung von Artikeln über die Ausgrabungsstätte in Lydney Park (Gloucestershire) mit ihren Funden aus prähistorischer und römischer Zeit. Außerdem las er einige Zeit die englische Archäologiezeitschrift Antiquity – sie wurde 1927 gegründet und erscheint bis heute –, und hatte in seiner Bibliothek zumindest einen Band mit archäologischen Studien stehen, *Scandinavian Archaeology,* ein Geschenk seines Kollegen, Professor E. V. Gordon[2] (1896–1938).

MEGALITHEN UND PRÄHISTORISCHE MALEREIEN

Lassen Sie uns ins Jahr 1932 zurückgehen, aus dem ein besonders markantes Beispiel datiert, in dem Tolkien prähistorische Bilddarstellungen wiedergab: ein idealer Ausgangspunkt, um zu den archäologischen Wurzeln seiner Werke vorzustoßen. Tolkien pflegte seit 1920 das Ritual, alljährlich einen bebilderten Brief an seine Kinder zu schicken, in dem er sich als der Weihnachtsmann ausgab. Im Brief von 1932 erzählt er, wie sich der Polarbär, ein Freund des Weihnachtsmanns, in

Goblin-Höhlen verläuft, deren Wände mit Felsenmalereien bedeckt sind. Dazu zeichnete Tolkien eine Gesamtansicht der Höhle, vor allem aber eine ganze Seite voller Höhlenkunst mit Mammuts, Bisons und anderen steinzeitlichen Tieren. Obwohl dies angeblich ungeschickte Zeichnungen von Hand der Goblins (Orks) waren, war die Linienführung gut. Tolkien hatte kurzerhand Höhlenmalereien abgezeichnet, vermutlich aus Werken, die er zur Hand hatte. So stammen manche Tierzeichnungen aus dem 1928 von dem Kunsthistoriker Gerald Baldwin Brown (1849–1932) veröffentlichten *The Art of Cave Dweller* (Die Kunst des Höhlenmenschen) oder sind von den im nordspanischen Altamira entdeckten Höhlenmalereien inspiriert, die in spanischen Publikationen aus dem Besitz Pater Francis Morgans abgebildet gewesen sein könnten. Doch bereits einige Jahre zuvor, als er an den *Verschollenen Geschichten* schrieb und sich die Stadt Menegroth (die Tausend Grotten) und die verborgene Höhlenfestung Nargothrond ausdachte, die wahre Höhlenstädte sind, war er von der prähistorischen Kultur durchdrungen.

Die Jungsteinzeit lieferte dem Autor ebenfalls eine Fülle von Inspirationen. Als im *Herrn der Ringe* der Waldläufer Aragorn, der Elbe Legolas, der Zwerg Gimli und der Zauberer Gandalf am Tor von Edoras im Reich Rohan eintreffen, entdecken sie »viele hohe grüne Hügelgräber«. Dieses Bild greift ein Motiv aus einer Episode am Beginn der Erzählung auf, als die vier Hobbits Frodo, Sam, Merry und Pippin nach ihrem Besuch bei Tom Bombadil den Alten Wald verlassen. Ihr Weg führt nun zu den Hügelgräberhöhen, einer Gegend, aus deren Anhöhen manchmal grüne Grabhügel und Hinkelsteine hervorragen. Deren Beschreibung erinnert unweigerlich an die Menhirfelder und Hügelgräber, denen man in Westfrankreich und Südengland begegnet. Etwas später werden die Hobbits von einem Grabunhold gefangen und finden sich in einer dieser Grabhöhlen eingesperrt wieder. Die Höhle und ihr innerer Aufbau lassen, insbesondere was ihre Form und ihre primäre Funktion als steinernes Gemeinschaftsgrab betrifft, an neolithische Dolmen denken (in der Regel waren diese mit Erde bedeckt). Im *Herrn der Ringe* finden sich in dem Hügelgrab – dies ist ein sehr interessantes Detail – eine ganze Anzahl von Gegenständen aus Edelmetallen: die meisten aus Gold oder Silber, aber auch Kupfer und Bronze. Diese Metalle entsprechen genau den zwei Geschichtsperioden, in denen Dolmen errichtet und genutzt wurden: dem Kupfer- und dem Bronzezeitalter (sie folgten direkt auf die Jungsteinzeit).

Die Struktur der Dolmen und vor allem ihre besondere Form, die an den griechischen Buchstaben π erinnert, scheint Tolkien tief beeindruckt zu haben. In Zeichnungen aus der Hand des Autors sind die Eingänge der unterirdischen elbischen

Höhlenstadt Nargothrond im *Silmarillion* ebenso wie der Palast des Elben Thranduil in *Der Hobbit* deutlich erkennbar in Form eines π dargestellt, mit zwei Säulen und einem Querstein. In derselben Weise zeichnet Tolkien in *Der Herr der Ringe* das Tor von Dunharg am Eingang zu den Pfaden der Toten, welche Aragorn und seine Gefolgschaft beschreiten. In einer späteren Lebensphasc wird er noch einmal in *The Notion Club Papers* (enthalten in HoME, Bd. 9) auf ein π-förmiges Tor zurückkommen: Hier erscheint das Große Tor in Form eines »griechischen π mit schrägen Seiten« als Eingang eines nicht identifizierten Megalithgrabs, das anscheinend auf der Insel Númenor liegt.

NÚMENOR: ALTES ÄGYPTEN IM HERZEN MITTELERDES

Auf diese Insel wollen wir genauer eingehen. Im Brief 211 von 1958 schrieb Tolkien, die Númenórer, genauer gesagt, die Exil-Númenórer in den Reichen Gondor und Arnor seien »stolz, eigenwillig und archaisch, am besten in (sagen wir) ägyptischen Bezügen vorzustellen. In vieler Hinsicht ähnelten sie den ›Ägyptern‹ – in der Liebe zum Gigantischen und Massiven und der Macht, es aufzubauen. Und in ihrem starken Interesse an Vorfahren und Grabgewölben.«

Die Númenórer waren in der Tat vollendete Architekten mit dem Hang zu beeindruckenden monumentalen Bauten. So fühlt man sich bei der Stadt Minas Tirith mit ihren sieben Ebenen von Mauerringen an ägyptische Stufenpyramiden erinnert, wenngleich der Vergleich mit den mesopotamischen Zikkurats – der Turm von Babylon ist das bekannteste Beispiel – sogar noch näher läge. Der Turm Orthanc – der Wohnsitz des Zauberers Saruman – erinnert mit seiner Pfeilspitzenform entfernt an ägyptische Obelisken. Die Númenórer waren darüber hinaus vorzügliche Bildhauer, die sogar Monumentalbildnisse wie die beiden Kolossalstatuen von Argonath an den beiden Ufern des Anduin schufen. Diese stellen Isildur und Anárion dar, die ersten Könige von Gondor und Arnor; die Ringgefährten treiben zu ihren Füßen auf dem Fluss vorbei. Diese Bildwerke sind den beiden Kolossen von Memnon vergleichbar, die am Eingang des Totentempels von Amenhotep III. wachten, bevor dieser verfiel. Eine Ähnlichkeit besteht auch zu Monumentalstatuen von Ramses II., wie etwa dem liegenden Koloss, der 1820 von dem Seefahrer und Ägyptologen Giovanni Battista

Minas Tirith, die Hauptstadt von Gondor

Caviglia (1770–1845) in der Umgebung von Memphis entdeckt wurde. Frodo und Sam entdecken auf ihrem Weg nach Mordor am Scheideweg eine Königsstatue ohne Kopf, die Ähnlichkeit mit dem berühmten Bildnis von Ramses II. im Ramesseum hat, dem ebenfalls der Kopf fehlt.

Geht man weiter zur Geschichte des ptolemäischen Ägyptens, lassen sich ebenso zahlreiche Parallelen zur Geschichte der Númenórer ziehen. 331 v. Chr. gründete Alexander der Große im Nildelta seine berühmte Stadt Alexandria. Nach Alexanders Tod 323 v. Chr. übernahm einer seiner Satrapen und der Statthalter der ägyptischen Provinz, der griechische General Ptolemäus, die Macht und bestimmte Alexandria zur Hauptstadt Ägyptens. Die Ptolemäer- oder Lagidendynastie geht auf ihn zurück, sie regierte bis zum Tod Königin Kleopatras im Jahr 30 v. Chr., dann wurde Ägypten eine römische Provinz. Mehrere große Namen unter den Númenórern zeigen Anklänge an die Person Alexanders. Nach einer Legende, die in Plutarchs Biografie Alexanders des Großen wiedergegeben ist, erscheint Homer dem schlafenden Alexander nach dem Ägyptenfeldzug im Traum. Er zeigt ihm die Insel Pharos und den gegenüberliegenden Küstenabschnitt als idealen Ort, um *Alexandria ad Aegyptum* (Alexandria) zu bauen. Eine exakte Entsprechung zum Traum Alexanders gibt es in der Geschichte Númenors zwar nicht, doch die Geschehnisse um die Einrichtung des Hafens Lond Daer (oder Vinyalonde) an der Mündung des Gwathló in Mittelerde zeigen ähnliche Elemente. Tar-Aldarion der Seefahrer gründet den Hafen um das Jahr 800 des Zweiten Zeitalters (Z. Z.). Aldarion verfügte, wie in »Aldarion und Erendis« (einer Geschichte in den *Nachrichten aus Mittelerde*) berichtet wird, über die Gabe außersinnlicher Wahrnehmung. Der Impuls zur Gründung von Festungen in Mittelerde und vor allem des Hafens Lond Daer mag aus einer Art Vorwissen gekommen sein, dass diese eines Tages für die Númenórer vonnöten sein würden. Denn an eben diesem Ort wird später Tar-Minastir um 1700 Z. Z. einen vernichtenden Schlag gegen die Armeen Saurons führen.

In den Städten der Exil-Númenórer in Gondor lassen sich ebenfalls Reminiszenzen an das Ägypten Alexanders des Großen finden. Im Ägypten der Ptolemäer stand der Bau Alexandrias im Nildelta am Beginn einer Reihe von Neugründungen. Mit Pelargir im Delta des Anduin machte in Gondor ebenfalls eine Hafengründung den Anfang, lange vor dem Bau der beiden großen Städte Minas Ithil und Minas Anor, die ab 3320 Z. Z. entstanden, als die Exilanten ankamen. Wie die von dort aus regierten Regionen Anórien und Ithilien wurden die beiden Städte nach Prinz Anárion beziehungsweise Prinz Isildur benannt – analog zu Alexandria, das gleichfalls seinen Namen zu Ehren des berühmten Eroberers erhalten hatte. Die Architektur der Númenórer war der ägyptischen ebenbürtig. So finden zwei legendäre Bauwerke von Alexandria bei Tolkien ihr Pendant, besonders auffällig im einzigen Leuchtturm auf der ganzen Insel Númenor, dem Calmindon (Licht-Turm) – und wieder hatte Tar-Aldarion den Anstoß zu seinem Bau gegeben. Der Leuchtturm stand auf dem Inselchen Tol Uinen in der Rómenna-Bucht an der Ostküste Númenors; Aldarion schützte und befestigte diese Bucht durch Dämme. Die Bauten lassen unweigerlich an den berühmten Leuchtturm von Alexandria auf der Insel Pharos denken, der von einer Dammstraße, dem Heptastadion, umgeben war. Das zweite Architekturelement, zu dem sich etwas Vergleichbares in Númenor findet, ist die nicht mehr aufzufindende Grabstätte Alexanders. Der Leichenzug, der sich nach Alexanders Tod zunächst nach dessen Geburtsland Mazedonien auf den Weg gemacht hatte, war von Ptolemäus wieder nach Alexandria zurückgeführt worden. Dessen Urenkel Ptolemäus IV. erbaute ein stattliches Grabmal, die Soma. Zahlreiche Herrscher pilgerten zu ihr, bis sie 365 n. Chr. nach einem starken Erdbeben wie vom Erdboden verschwunden war. Seither ist das Alexandergrab unauffindbar; es gibt zahlreiche Hypothesen um seinen Verbleib. Bekannt ist, dass die ptolemäischen Herrscher für ihre sterblichen Überreste Mausoleen im Umkreis der Soma erbauen ließen. Bei Tolkien wird Elendil, der König der Exil-Númenórer, von seinem Sohn Isildur in einem geheimen Grab auf dem Berg Amon Anwar bestattet – einem Ort, der nur den Königen und Truchsessen von Gondor bekannt ist. Als dieser Landstrich an Eorl und die Rohirrim verschenkt wird, lässt der Truchsess Cirion die sterblichen Überreste Elendils nach Gondor bringen, in die Gräberstraße Rath Dínen in Minas Tirith, wo alle Herrscher Gondors, Elendils Nachfolger, ihre Mausoleen hatten.

Den Ägyptern ähnlich sind die Númenórer auch mit ihrer Kenntnis und ihrem Geschick in der Einbalsamierung der Toten und dem Bau von Grabmälern zu deren Ruhm. Im *Silmarillion* sagt Tolkien über die Númenórer:

> *Sie machten sich daran, große Häuser für ihre Toten zu bauen, wo ihre Gelehrten ohne Rast und Ruh ein Mittel zu entdecken versuchten, um diese wieder zum Leben zu erwecken oder zumindest die Tage der Menschen zu verlängern. Doch sie fanden nur die Kunst, das tote Fleisch der Menschen der Verwesung zu entziehen, und füllten das Land mit schweigsamen Grabstätten …*

Dies hätte ebenso gut über die Ägypter geschrieben werden können, deren Mumifizierungskunst in der antiken Welt unübertroffen war. In Ägypten finden sich zahlreiche schweigsame Grabstätten im Tal der Könige – ein Netz von Herrschergräbern im Herzen eines engen Gebirgstals am Rand des Nils in unmittelbarer Nähe von Theben. Über dem Tal erhebt sich der Ta Dehent (wörtlich »der

Gipfel«), der als heiliger Ort gilt. Er ist der Göttin Meretseger geweiht, »jener, die das Schweigen liebt«. In Númenor gibt es das Tal Noirinan – das Tal der Grabstätten, wo man die toten Herrscher zu bestatten pflegte. Es erinnert stark an das Tal der Könige. Tolkien legte sein Tal der númenórischen Könige in die Hänge des heiligen Meneltarma-Bergs, dessen Gipfel dem Schöpfergott Eru geweiht war. Dort war absolutes Schweigen geboten.

Von der Architektur ging Tolkien in seinem oben erwähnten Brief zu den Artefakten über: »Ich denke, die Krone von Gondor [Südliches Königreich] war sehr hoch, wie die ägyptische, aber mit nicht ganz angelegten, sondern ein wenig abgewinkelten Flügeln. Das N.[ord]-Königreich hatte nur ein Diadem [...]. Vgl. den Unterschied zwischen dem N.- und dem S[üd]-Königreich von Ägypten.« Tolkien vergleicht hier also explizit die Kronen der beiden númenórischen Reiche mit den beiden Kronen von Ober- und Unterägypten: der *Hedjet,* einer hohen weißen geschlossenen Krone, und der *Deshret,* einer offenen roten Krone, die nach der Vereinigung der beiden Reiche des antiken Ägypten zur altägyptischen Doppelkrone, der *Pschent,* zusammengefügt wurden.

Noch ein weiterer Kronentyp erinnert an die Krone Gondors: die *Atef*-Krone, eine hohe weiße wie die *Hedjet,* doch zusätzlich mit einer Sonnenscheibe am Scheitelpunkt und je einer Straußenfeder als Schmuck an den Seiten. Die Ähnlichkeit mit der Krone von Gondor springt sofort ins Auge. Letztere wird im *Herrn der Ringe* als eine hohe weiße Krone beschrieben, »die Flügel [...] waren aus Perlen und Silber gearbeitet und sahen aus wie die Schwingen eines Seevogels«, und »auf dem Scheitel saß ein einziger Edelstein, der wie eine Flamme loderte«. Man erkennt die gemeinsamen Attribute: hoch, weiß, das mit Licht assoziierte Juwel im Scheitel und seitlich angesetzte Flügel oder Federn.

Ähnlichkeiten zur blauen, helmartigen *Chepresch*-Krone, die der Pharao in Kriegszeiten trug, finden sich bei der ursprünglichen Krone Gondors, die ein númenórischer Kriegshelm war. Prinz Isildur trug ihn während des Letzten Bündnisses zwischen Menschen und Elben. Später trat die weiße Krone an ihre Stelle. Und schließlich gab es noch die Krone der Könige Arnors, einen Stirnreif aus Mithril, in den ein Kristallstern – Elendilmir – eingearbeitet war. Sie hatte große Ähnlichkeit mit dem ägyptischen Seshed-Band, einem einfachen, geflochtenen Silberband, das sich im Lauf der Zeit zu einem geschmiedeten und mit Edelsteinen besetzten Stirnreif weiterentwickelt hatte.

Auch die antiken Römer hinterließen eine Spur in Tolkiens Erzählungen: Der Tempel, den Sauron in Númenor zu Ehren Melkors baute, ähnelte dem Pantheon in Rom. Er soll ein »Rundbau« mit dicken Mauern gewesen sein, der von einer »riesigen, vollständig versilberten [...] Kuppel« überwölbt war. Abgesehen von dieser äußerlichen Ähnlichkeit war Saurons Tempel jedoch wesentlich größer als das Pantheon, welches seinerzeit immerhin als der größte jemals von Menschen errichtete Kuppelbau galt (was es bis zur Renaissance auch blieb): Der Durchmesser der Rotunde des Pantheons beträgt 58 Meter, derjenige von Saurons Tempel kam auf 500 Fuß (153 Meter). Wieder spiegelte sich hier die übliche Gigantomanie des númenórischen Volks.

Es ließe sich noch wesentlich mehr zu den diversen Inspirationsquellen sagen, die sich Tolkien bei der Betrachtung der Menschheitsgeschichte und der in ihrem Lauf untergegangenen Zivilisationen eröffneten. Ich habe mich bewusst auf die Antike und die deutlichsten Einflüsse beschränkt.

Ständig werden neue Überlegungsansätze eingebracht, die einen mehr, die anderen weniger spekulativ. So haben manche Forscher mühsam zu belegen versucht, dass Tolkien die Anregung für den Einen Ring aus der Diskussion um den Ring des Silvianus bezog, einem um 1785 in England entdeckten goldenen Ring aus der Römerzeit, bei dem ein möglicher Bezug zu dem keltischen Gott Nodens bestand. Sie gründeten ihre Hypothese darauf, dass Tolkien genau den Namen dieses Gottes in seinem Artikel für das in der Einleitung erwähnte Werk von 1932 über die Fundstätte in Lydney Park untersucht hat.

Eines ist sicher: Ob diese Einflüsse nun deutlich erkennbar sind oder nicht, ob sie belegt oder nur vermutet sind, Tolkien hat in jedem Fall seine Archäologiekenntnisse als Katalysator seines Schaffens genutzt. Das sollten seine Leser wissen, wenn er sie wieder einmal ohne Zögern auf die Wetterspitze zu den Ruinen des Amon Sûl oder auf den Amon Hen zu den Überresten des Sitzes des Sehens führt.

Anmerkungen

1. Brief 154 vom 25. September 1954.
2. Gordon und Tolkien veröffentlichten gemeinsam eine maßgebliche Ausgabe eines Texts aus der mittelenglischen Literatur, *Sir Gawain and the Green Knight (Sir Gawain und der Grüne Ritter).*

GESCHICHTE UND HISTORIOGRAFIE *IN MITTELERDE*

DAMIEN BADOR

HISTORISCHE ROMANE: DAS GELEHRTE »KAVALIERSDELIKT«

Historiografie[1] und Geschichte – sind sie untrennbar verbunden? J. R. R. Tolkien hätte diese Frage sicher bejaht. Historisches Erzählen und die Überlieferung geschichtlicher Narrative bilden in seinen Werken ein eigenes Thema – anders als bei der Mehrzahl der anderen Schriftsteller, die ebenfalls Universen erschaffen haben. So berichtet Tolkien die Geschichte seines Legendariums im Unterschied zu Robert E. Howard (1906–1936) nicht in Form einer objektiven, unpersönlichen und aus allwissender Sicht geschriebenen Chronik. Auch gibt er ihr nicht den Anschein von Annalen, von denen nur eine Handvoll Zitate übrig geblieben sein sollen, in Art der Sentenzen, die Frank Herbert (1920–1986) in *Dune* als Motto über jedes Kapitel stellt. Wie Tolkien im Anhang F zu *Der Herr der Ringe* erklärt, geht er vielmehr in der Art eines Herausgebers vor, der bestrebt ist, diverse überlieferte Geschichtsdokumente zu kompilieren und zu übersetzen. Gern geht er dabei auf die angeblich zugrunde liegenden Werke ein, auf deren fiktionale Verfasser, ja sogar die Umstände, unter denen manche dieser Werke kopiert, bewahrt oder adaptiert worden sein sollen.

Man darf nicht vergessen, dass Tolkien Philologe und sein Spezialgebiet die englische Literatur des Mittelalters war. Somit war er bestens vertraut mit dem bewegten Schicksal des einzigen erhaltenen Manuskripts des *Beowulf*[2]. In einigen seiner Vorlesungen bedauerte er offen die aus dem Verlust des *Finnsburg-Fragments*[3] resultierenden textlichen Unsicherheiten, um sich dann wacker an die Rekonstruktion dieser legendären Geschichte vom jütischen Fürsten Hengest und dem friesischen König Finn zu machen. So entstand *Finn and Hengest: the Fragment and the Episode* mithilfe komparativer Vergleiche der wenigen Referenzen zu diesen beiden Namen in mittelalterlichen englischen Manuskripten. Für die Rekonstruktion von Geschichte erschien es Tolkien unverzichtbar, auf die Problematik der Überlieferung von Inhalten und auf die meist anonymen Kopisten, die diese dem Vergessen entrissen hatten, einzugehen. Dies galt für das Hochmittelalter, weitaus mehr aber noch für Ereignisse, die sich angeblich vor mehreren Jahrtausenden abgespielt hatten (wenn nicht gar vor der letzten Eiszeit, wie in *The Lost Road* zu erfahren ist). Denn es ist der Nebel der fernen Vergangenheit unseres Planeten, in den Tolkien die Handlung seiner Geschichte von Mittelerde legt.

VON DEN GÖTTERN ZU DEN ELBEN: DIE GENESE DES EPOS UND DESSEN ÜBERLIEFERUNG

Christlich-alttestamentlich angehaucht ist die mythische Schöpfungserzählung, die bei Tolkien im Ursprung der Geschichte liegt:

> *Eru war da, der Eine, der in Arda Ilúvatar heißt; und er schuf erstens die Ainur, die Heiligen, Sprößlinge seiner Gedanken; und sie waren bei ihm, bevor irgend andres erschaffen war.*
>
> Das Silmarillion

Die Erzählung von der Erschaffung des Universums wird *Ainulindale,* »Die Musik der Ainur«, genannt. In ihr wird berichtet, wie der Vater des Alls zunächst eine große Kohorte von Engeln erschafft, denen er später eine Rolle als Demiurgen, als Welterschaffer, verleiht, denn in ihrer Großen Musik soll die Welt entstehen. Doch Melkor, der Mächtigste der Ainur, lehnt sich aus Machtgier auf und beginnt, durch seine Stimme im Großen Lied die Schöpfung nach eigenen Vorstellungen abzuwandeln und andere Ainur mitzuziehen. Eru reagiert auf diesen Missklang, indem er ein neues, unerwartetes musikalisches Thema einführt, in dem die Erschaffung seiner Kinder – der Elben und der Menschen – anklingt. Dieser Rettungsversuch reicht jedoch nicht aus, und Eru sieht sich gezwungen, die Musik vor ihrem Ende abzubrechen. Er beschließt jedoch, das Werk in anderer Form umzusetzen. So erweckt er die Welt zum Sein: »Ea! Es sei«. Einige Ainur entscheiden sich, in die Welt einzutreten, um die Schöpfung des Universums zu vollenden: Sie werden Valar, »die Mächtigen«, genannt.

Die Belagerung von Angband in Beleriand

Die *Ainulindale* soll von dem Elben Rúmil auf Geheiß der Valar in Valinor (dem Teil Amans – der »Unsterblichen Lande« –, wo die Valar ihr Reich hatten) niedergeschrieben worden sein.[4] Diese Erzählung der Ältesten Tage (weit vor der Zeit, in der die Romane *Der Hobbit* und *Der Herr der Ringe* spielen) bildet in *Das Silmarillon* den ersten Teil. Darauf folgt die Valaquenta als anynomes Werk eines Elben; in ihr werden die wichtigsten Valar, ihr Gefolge und ihr Hauptwirkungskreis beschrieben: Manwe, der höchste Vala, ist der Herr der Lüfte, seine Gemahlin Varda die Herrin der Sterne, sein Bruder Ulmo der Herr der Wasser ... Eine solche Verwandtschaft bestimmter Valar, so wird erklärt, ist rein spirituell zu sehen, sie beruht auf beiderseitiger Affinität. Nichtsdestotrotz lässt die Valaquenta oft an Hesiods Theogonie[5] oder an manche Hymnen Homers denken. Ilúvatar greift nicht mehr direkt ein. In der materiellen Welt wirken nun die Valar als seine Repräsentanten – alle auf spezifische, begrenzte Weise, mit Ausnahme Melkors und seines Klüngels, die für den Chaosfaktor stehen, den Ursprung der Wirren in der Welt.

Chronologisch kommen nach der Valaquenta die »Annalen von Aman«. Großteils werden sie Rúmil zugeschrieben, doch enthalten sie auch einen Exkurs zur Zeitrechnung, der dem Werk eines anderen elbischen Gelehrten, Quennar Onótimo, entnommen ist.[6] Die Annalen erzählen über die Ersten Zeiten Ardas – der Welt –, die sich die in Ea eingetretenen Valar als Bleibe erwählt haben. Diese haben erste Kämpfe gegen Melkor zu bestehen, der ebenfalls in das Universum eingedrungen ist und es sich aneignen will. Nach Kämpfen, die Verheerungen in der Schöpfung anrichten, ziehen sich die Valar ins Land Valinor im Westen Ardas zurück, wo sie die Zwei Bäume erschaffen – die große Lichtquelle in jenem Zeitalter. Melkor und sein Gefolge machen eine unterirdische Festung im Nordteil Mittelerdes zu ihrem Sitz.

Als die Elben in Cuiviénen im Osten Mittelerdes erwachen, halten die Valar den direkten Angriff auf Melkor für nötig. Sie fassen ihn und zerstören seine Festung, doch gelingt es ihnen nicht, seine wichtigsten Heerführer gefangen zu nehmen. So laden sie die Elben ein, bei ihnen in Valinor in Frieden zu leben, weit weg von den Gebieten, die Melkor und die von ihm erschaffenen Ungeheuer verwüstet haben. Doch einige Elben bleiben lieber zurück. Andere lassen sich von den Schwierigkeiten der Großen Wanderung an die Westküste von Mittelerde entmutigen und brechen die Reise ab. Die Sindar-Elben wiederum lassen sich im Land Beleriand nieder, wo ihr König sich unsterblich in eine Dienerin der Valar verliebt hat. Nur die drei Elbenstämme der Vanyar, Noldor und Teleri gelangen ans ursprüngliche Ziel ihrer Reise, nachdem sie das Große Meer auf einer Insel, die die Valar vom Ufer lösen, überquert haben.

Bei ihrem langen Aufenthalt in Aman, den Unsterblichen Landen, bauen diese Elben ihre Talente aus und entwickeln ihre Künste und Wissenschaften. So erfindet Rúmil das erste Alphabet – vielleicht zu dem Zweck, seine Chroniken aufzuzeichnen. Die Freilassung Melkors am Ende seiner Gefängnisstrafe führt jedoch bald zu neuem Unheil: Melkor redet einigen Noldor ein, die Valar hielten sie in Valinor gefangen, um zu verhindern, dass sie die Herrschaft in Mittelerde übernähmen. Die Differenzen werden durch Feanor, den ältesten Sohn des Noldor-Königs, geschürt. Er ist besonders begabt, aber auch stolz und hochfahrend. Während ein Fest stattfindet, nutzt Melkor die Gelegenheit, um die Zwei Bäume, deren Licht das Land Valinor erleuchtet, zu vernichten. Nachdem er noch drei von Feanor geschaffene Edelsteine, die Silmaril, geraubt und dabei Feanors Vater getötet hat, flieht er nach Mittelerde. Feanor schwört Rache, und die meisten Noldor folgen ihm, obwohl die Valar gegen eine unüberlegte Aktion sind. Da sie keine Flotte haben, um das Große Meer zu überqueren, beschließen die von Feanor geführten Noldor, sich der Schiffe des Bruderstammes, der Teleri, zu bemächtigen, was zu großem Blutvergießen führt. Dieses Verbrechen erweckt den Zorn der Valar. Sie verbannen die Noldor, die sich auf ihre Rachepläne versteifen; eine kleine Teilgruppe Reuiger erfährt Vergebung und darf bleiben. Die »Annalen von Aman« schließen mit der Aufteilung der aufständischen Noldor in zwei Gruppen. Sie kommen getrennt in Mittelerde an, während die Valar als Ausgleich für den Verlust der Zwei Bäume Sonne und Mond erschaffen.

Obwohl die »Annalen von Aman« noch weitgehend Mythenstoff sind, erzählte Tolkien diesen eher historisierend in der Art von Chroniken der Antike oder des Mittelalters; hierunter fiel auch die Erwähnung anderer Werke, welche die beschriebenen Ereignisse angeblich detaillierter berichten. So nennt er in Zusammenhang mit dem Angriff der Noldor auf die Teleri und dem Schiffsraub die »Noldolante«, ein Klagelied über den Sturz der Noldor (Maglor soll es verfasst haben). Die Valar stehen allmählich nicht mehr im Mittelpunkt des Erzählens, die Elben treten an ihre Stelle.

Chronologisch folgen nun die »Grauen Annalen«, ein Gemeinschaftswerk der Sindar und einiger Noldor[7] über die Frühgeschichte der Elben und die anschließende Niederlassung der Sindar-Elben in Beleriand. Zu ihnen gesellen sich bald das Volk der Zwerge (Aulë der Schmied, ein Valar, hat es erschaffen) und Elben, die in Mittelerde geblieben waren. Doch zugleich nimmt die Zahl der von Melkor erschaffenen Ungeheuer wieder zu, und mit dessen Rückkehr nach Mittelerde taumelt Beleriand definitiv in den Krieg. Auch die Noldor, die ihn verfolgen, haben Königreiche in Beleriand gegründet. Sie liefern sich mit Melkor mehrere Schlachten und belagern ihn einige Zeit in seiner neuen Festung, doch diese bleibt uneinnehmbar. Zeitgleich suchen mehrere Menschenstämme vor den durch Melkor angestifteten Unruhen Zuflucht in Beleriand; manche schließen sich dem Kampf der Noldor an. Obwohl sich die Elben tapfer schlagen, gewinnt schließlich Melkor die Oberhand. Er produziert nicht nur pausenlos neue Monster, sondern verbündet sich auch mit abtrünnigen Menschen und zerstört die Königreiche der Elben der Reihe nach. Restgrüppchen von Elben und Menschen weichen in die Wälder oder auf eine vor Beleriand im Meer gelegene Insel aus. Earendil, einem Halbelben aus der Verbindung eines Mannes mit einer Elbin, gelingt dank glücklicher Umstände das kühne Unterfangen, gegen alle von den Valar aufgebauten Hemmnisse über das Große Meer zu den Valar zu gelangen, um zugunsten der Elben und Menschen zu intervenieren. Von Mitleid ergriffen, schicken diese eine hervorragende Armee, die Melkor noch einmal bezwingt. Doch das Wiederaufflammen der Kämpfe zieht die Überschwemmung ganz Beleriands nach sich.

Die »Quenta Silmarillion«, eine zusammenhängende, von dem in Mittelerde geborenen Elben Pengolodh kompilierte Erzählung, nimmt den Stoff der beiden Annalenreihen auf; häufig wird die Narration erweitert und erläutert, doch nicht auf systematische Weise. Die »Quenta Silmarillion« wird in den »Grauen Annalen« wiederum auch selbst stellenweise als Quelle genannt – zum Beleg einer gewissen Komplexität der Erzähltradition. Pengolodh werden darüber hinaus zahlreiche Studien zu verschiedenen Themen zugeschrieben, so ein Traktat zur historischen Linguistik oder eine Abhandlung zu den Heiratsbräuchen der Elben[8]. Andere Geschichten greifen Momente aus den Beleriand-Kriegen auf. So erzählt das *Lay of Leithian* von der bedrohten Liebe zwischen einem Mann und einer Elbenprinzessin, die allen Gefahren trotzen, um schließlich vereint zu werden. In *Narn i Chin Húrin* (dt. *Die Kinder Hurins*) wird das tragische Schicksal einer stolzen und mutigen Familie behandelt, deren zahlreiche Heldentaten nicht verhindern können, dass sie in der Katastrophe endet. Dieses epische Gedicht ist angeblich von dem Spielmann Dírhaval geschaffen worden, der in der Schlussphase der Kriege von Beleriand stirbt.

Sämtliche bisher erwähnten Erzählungen sollen von dem Seefahrer Ælfwine ins Altenglische übersetzt worden sein. Er, ein entfernter Nachfahr Earendils, war auf wundersame Weise in die Unsterblichen Lande (Aman) gelangt, welche den Augen der materiellen Welt bereits seit langer Zeit entrückt waren. Ælfwine soll zahlreiche Details aus anderen Werken wie dem *Dorgannas Iaur,* einer geografischen Abhandlung von Torhir Ifant, übernommen haben. Außerdem traf er den Elben Pengolodh, der ihm einige seiner Fragen beantwortete. Tolkien hat niemals klargestellt, was aus Ælfwine nach seiner Heimkehr nach England geworden ist. Klar ist aber, dass diesem genug Zeit geblieben ist, die Erzählungen, deren Treuhänder er war, schriftlich festzuhalten. Er ist das Bindeglied, über das ein großer Teil der Erzählungen der Alten Tage in Tolkiens Hände gekommen sein soll. Dieser schrieb sich die Rolle eines einfachen Übersetzers zu, verzichtete jedoch im Wissen um die Gefahren einer zu starken Verquickung von Realität und Fiktion auf eine präzise Schilderung, wie genau die Manuskripte zu ihm gelangt waren. Dieser Kunstgriff zeigt, wie kreativ und frei er sich von der wechselhaften Überlieferungsgeschichte der Mythen des Altertums und des Mittelalters anregen ließ. Leicht lässt sich eine Parallele zu den zahlreichen griechischen und germanischen Sagen ziehen, die nur mehr in Form von Zitaten oder in Zusammenfassungen späterer Autoren überlebt haben.

VON DEN ELBEN ZU DEN HALBLINGEN: DIE KLEINEN RETTEN DIE GESCHICHTE

Tolkien ließ es nicht bei mythologischen oder epischen Legenden bewenden, die den Hauptteil von *Das Silmarillion* bilden. Die Geschichte von Mittelerde setzt sich über mehrere Zeitalter fort, in denen neue Verkörperungen des Bösen erstehen und die Menschen ihre Herrschaft über die Welt auf Kosten der Elben ausweiten. Nach den Kriegen von Beleriand erhalten die Menschen, die mit den Elben im Bündnis gekämpft haben, zur Belohnung die Insel Númenor als neue Wohnstatt, wo sie dank der Nähe zu den Unsterblichen Landen eine herausragende Zivilisation aufbauen. Insbesondere tragen sie dazu bei, dass ein Teil Mittelerdes, der in die Barbarei zurückgefallen war, rezivilisiert wird, und schlagen eine von Sauron – einem ehemaligen Heerführer Melkors – angeführte Invasion zurück. Doch ihr wachsender Hochmut führt schließlich zu ihrem Fall und ihre meisten Werke gehen mit Númenor, das im Meer versinkt, unter – eine überdeutliche Anspielung Tolkiens auf Platons Atlantis … Aus dieser Zeit haben nur spärliche Zeugnisse in den von Elendil geretteten Archiven überdauert. Dazu zählt Indis *i•Ciryamo,* eine Geschichte über die tragische Liebe zwischen einem Fürsten aus Númenor und der Tochter eines kleinen Provinzadligen. Darüber hinaus ist Elendil der Verfasser der *Akallabêth,* welche den Untergang Númenors schildert.

Der den Fluten entronnene Elendil und seine Söhne gründen die Reiche Arnor und Gondor im westlichen Teil Mittelerdes. Wieder einmal besiegen sie Sauron, wobei dieser den Einen Ring verliert – und damit einen Großteil seiner Macht. Arnor und Gondor gehen durch eine Phase der Größe, der folgende langsame Niedergang wird durch die Konflikte, die Sauron unterschwellig schürt, beschleunigt. Zum Zeitpunkt, als die Handlung des *Hobbit* einsetzt, ist das Reich von Arnor seit Langem verschwunden, und der letzte Erbe seines Throns wächst in Bruchtal bei dem Halbelben Elrond auf. Die ganze *Hobbit*-Geschichte präsentiert sich als Nacherzählung des Reisetagebuchs des Hobbits Bilbo Beutlin. Sie erzählt seine Abenteuer mit dem Zauberer Gandalf und den von Thorin Eichenschild angeführten Zwergen, die dem Drachen Smaug ihren geraubten Schatz wieder abnehmen wollen. Von nun an werden die kleinen, unscheinbaren Hobbits das Schicksal von ganz Mittelerde umgestalten, denn Bilbo bekommt unversehens auf dieser Reise den Ring Saurons in die Hand. Seinem Adoptivsohn Frodo gelingt es nach vielen Ereignissen, die Heldenreise, in die Bilbo hineingeschliddert war, abzuschließen. Er erreicht den Vulkan Orodruin, den Schicksalsberg, und zerstört den Ring im selben Feuer, in dem er geschmiedet wurde. Das besiegelt Saurons Niederlage. Ein Freund Frodos, der Waldläufer Aragorn, stellt sich als der letzte Erbe der Könige von Arnor heraus und lässt das Reich seines Urahnen Elendil wieder auferstehen.

Als ein Zeichen des gestiegenen Status der Hobbits lässt Tolkien nun diese in die Funktion der Garanten für den Erhalt des Wissens eintreten. So nützt Bilbo Beutlin seinen langen Aufenthalt in Bruchtal, um seine *Übersetzungen aus dem Elbischen,* eine Sammlung von Geschichten über die Alten Tage abzufassen. Bilbos Gefährte Meriadoc Brandybock stellt die *Jahreszählung* zusammen, eine umfassende Chronik der Zeit von der Zerstörung Beleriands bis zur Wiedererrichtung der Königreiche Arnor und Gondor. Neben einer vergleichenden Studie der verschiedenen Kalendersysteme, die bei den Elben und Menschen in Gebrauch sind, verfasst er die *Kräuterkunde vom Auenland.* Frodo wiederum hält die Geschichte des Ringkriegs fest, in welche später zahlreiche Ergänzungen aus anderen Werken aufgenommen werden sollten, die aus Gondor stammten. Dazu gehört die von Elendil erzählte *Akallabêth.* Dieses auch *Das Rote Buch der Westmark* genannte Werk erfährt zahllose Abschriften; in einige von diesen fließen Zusätze aus Werken wie dem *Buch des Thains* ein, das die *Erzählung von Aragorn und Arwen* enthält und eine der fiktiven Quellen darstellt, auf die sich Tolkien für den *Herrn der Ringe* beruft. Als guter Mediävist war Tolkien ein profunder Kenner von Manuskripten, deren Einzeltexte zum Teil in keinerlei logischem Bezug miteinander stehen. Der Titel von Frodos

Buch bildet hier eine recht klare Anspielung auf das *Rote Buch von Hergest*[9], eines der wichtigsten walisischen Manuskripte, in welchem u. a. das *Mabinogion*[10] – eine mythologische Erzählung – und zahlreiche Bardengedichte enthalten waren.

Nach der Veröffentlichung des *Herrn der Ringe* plante Tolkien eine Zeit lang einen neuen Roman, der nach dem Tod König Aragorns spielen und das Wiederauftreten satanischer Verschwörungen schildern und damit den späteren Fall Gondors ankündigen sollte. Letztendlich kamen nicht mehr als ein paar Seiten zustande, weil er den thrillerartigen Plot »düster und deprimierend« fand und ihn fallenließ. Spärliche Notizen blieben erhalten; ein Hinweis, wie Tolkien erklären wollte, dass er an dieses Manuskript geraten war, findet sich darin nicht.

UND TOLKIEN? DAS PARADOX DES EWIGEN NEUANFANGS

Praktisch erfindet Tolkien weit mehr als nur die Geschichte einer Welt. Er erdichtet darüber hinaus eine Art, wie diese Welt sich selbst beschreibt und ihr Wissen an spätere Generationen weitergibt. Zum Teil erklärt diese in ihrer Komplexität fast unüberwindbare doppelte Aufgabe, warum Tolkien es nicht geschafft hat, einen guten Teil seines Werks zu Lebzeiten zu veröffentlichen. Erschwerend kam hinzu, dass er ein ausgemachter Tüftler war, ewig unzufrieden mit seinen Geschichten. Jede neue Fassung baute auf der vorhergehenden auf und brachte neue Details und Ereignisse ein, was wiederum die Umarbeitung anderer Teile der Geschichte, unter Umständen sogar von grundlegenden Aspekten des Werks erforderte, bis die Korrekturen schließlich alles vereinnahmten und er noch einmal neu anfangen musste. Tolkien selbst gestand ein, dass er den *Hobbit* niemals veröffentlicht hätte, wenn sein Manuskript nicht zufällig den Weg in die Verlagsredaktion von George Allen & Unwin gefunden hätte. Und noch viel weniger hätte er den *Herrn der Ringe* ohne den häufigen aufmunternden Zuspruch seines Freundes C. S. Lewis und die Hartnäckigkeit seines Verlegers abgeschlossen.

Das im *Silmarillion* erzählte Elben-Epos blieb unvollendet. Seine Anfänge liegen weit vor dem *Hobbit,* da Tolkien die ersten Entwürfe bereits in einem Lazarett verfasste – er war gegen Ende des Ersten Weltkriegs am Schützengrabenfieber erkrankt. Tolkien ließ sich von Lord Dunsanys (1878–1957), Andrew Langs

(1844–1912) und William Morris' (1834–1896) Romanen zu einer mythologisch-märchenhaften Geschichte mit Bezugspunkten zur Landnahme der Angelsachsen auf der Britischen Insel anregen. In der Urversion heißt der Seefahrer, der auf die Elben trifft, Eriol. Er sieht sich in die letzten Schlachten der Elben verwickelt und wird Zeuge ihres endgültigen Verschwindens – nachzulesen ist dies im *Buch der Verschollenen Geschichten.* Unzufrieden mit dieser ersten Version, in der die Elben zu viel Ähnlichkeit mit den Feengestalten der viktorianischen Zeit hatten, überarbeitete Tolkien seine Entwürfe und gab einigen nebenbei die Form von Verserzählungen. Es folgten andere Versionen in Prosa, in denen er die Handlung bereits erkennbar in eine fiktive ferne Urgeschichte zurückverlegt hatte. Der Einschub des *Hobbit* in dieses heranreifende Universum wurde zur Quelle zahlreicher Änderungen, die Tolkien den Anstoß zur Ausgestaltung der auf die Kriege von Beleriand folgenden Geschichtsepochen gaben. Er experimentierte mit zwei weiteren Lösungen, um den einsamen Seefahrer einzubauen – sein Vehikel, um die Überlieferung der Geschichten bis zur Jetztzeit zu erklären. In den 1930er-Jahren begann er eine Erzählung mit dem Titel *The Lost Road,* in der ein Vater und sein Sohn sich in die Epochen ihrer Vorfahren zurückfantasieren, bis sie beim Untergang von Númenor anlangen.

Während Tolkien am *Herrn der Ringe* schrieb, entwarf er einen weiteren Roman. Die Grundidee drehte sich um Berichte eines fiktiven Clubs an der Universität Oxford, in dem ein Mitglied, Arundel Lowdham, plötzlich von einem Volk träumt, das Elbensprachen spricht. Mit einem Freund, der ähnliche Träume hat, gerät er in ein Abenteuer, in dem sich ihre Träume und die Realität ihrer Zeit eng verflechten. Komplizierte Plots und dazu geringes Interesse, einen Gegenwartsroman zu verfassen – Tolkien nahm Abstand von diesen Projekten.

Im Endeffekt – der Schlüsselaspekt für Tolkien – blieb die Rahmenerzählung unvollendet, sie wurde durch die ständig fortschreitende Entwicklung der Elbengeschichten marginalisiert. Tolkien hatte wohl nicht ernsthaft vor, eine Geschichte abzuschließen, die ihn so lange Zeit begleitet hatte. Ælfwine (oder einer Ersatzfigur für ihn) eine endgültige Rolle zuzuweisen hätte bedeutet, dem großen Geschichtswerk der Alten Tage nichts mehr hinzufügen zu können. War es nicht unendlich erfreulicher, jeden Tag neue Kapitel zu entdecken, die man umschreiben konnte? Übrigens scheint die Neugier der Leser durch die »weißen Flecken«, die zwischen den Geschichten verblieben, ebenso stark angestachelt worden zu sein wie die der Spezialisten des Altenglischen angesichts der Legenden, auf die der Autor des Beowulf anspielte, ohne sie genauer zu erläutern. Ein schöneres literarisches Erbe zu hinterlassen hätte Tolkien sich wohl kaum erträumen können.

Anmerkungen

1. Die Historiografie (Geschichtsschreibung) ist die Geschichte der Methoden zum Studium und zur Niederschrift der Ereignisse vergangener Zeiten. Sie illustriert somit die Veränderungen hinsichtlich der Objekte, Quellen und Methoden der Geschichtswissenschaft.
2. Angelsächsische epische Dichtung (zwischen 7. und 10. Jh. n. Chr. entstanden) über den skandinavischen Helden Beowulf und dessen Kämpfe mit dem Ungeheuer Grendel und einem Drachen.
3. Fragment eines angelsächsischen Epos des Hochmittelalters, das von einer Schlacht zwischen Dänen, Jüten und Friesen erzählt (sie ist im Beowulf erwähnt).
4. Das *Silmarillion* wurde zu Lebzeiten J. R. R. Tolkiens nicht abgeschlossen. Christopher Tolkien, dem sein Vater aufgetragen hatte, für die Publikation seines umfangreichen und zum Teil ungeordneten Manuskriptnachlasses zu sorgen, entschied sich für ein geglättetes, gut lesbares *Silmarillion,* aus dem z. B. die Zuschreibungen von Texten zu dem einen oder anderen Elben-Autor getilgt waren. So ist vom Ainulindale die Rede, ohne den fiktionalen Autor zu nennen. In der späteren Publikation der 12-bändigen Geschichte Mittelerdes (*The History of Middle Earth* – auf Französisch sind fünf Bände veröffentlicht, auf Deutsch zwei – *Das Buch der Verschollenen Geschichten,* Bd. 1+2), machte Christopher Tolkien den Redaktionsprozess seines Vaters transparent und stellte Elemente wie die ausgelassenen Namen der elbischen Urheber wieder in ihren Kontext.
5. Mythologisches griechisches Gedicht aus dem 8. Jh. v. Chr., in dem der Ursprung der Götter des Olymps und ihrer Nachkommenschaft erzählt wird.
6. Im *Silmarillion* werden die »Annalen von Aman« nicht genannt, da Christopher Tolkien diesen Text im berechtigten Wunsch, die Erzählung homogener zu machen, mit der »Quenta Silmarillion« zusammenführte, von der weiter unten die Rede sein wird. Allerdings sind die ersten Versionen der »Annalen« in *The Shaping of Middle Earth* (*History of Middle Earth,* Bd. 4) und *The Lost Road* (*HoME* Bd. 5) eingegangen, die späteren Überarbeitungen in *Morgoth's Ring* (*HoME* Bd. 10).
7. Im Hinblick auf die Publikation von *Das Silmarillion* wurden diese und die »Annalen von Aman« mit der »Quenta Silmarillion« verschmolzen (sie bildet den dritten Teil des Silmarillions). Die erste Fassung der Annalen ist auch in *The Shaping of Middle Earth* (*HoME* Bd. 4) und *The Lost Road* (*HoME* Bd. 5) enthalten, die letzten Überarbeitungen dagegen in *The War of the Jewels* (*HoME* Bd. 11).
8. Diese Teile stellten im Hinblick auf die Redaktion des Silmarillion ein Problem dar, da sich zwischen den Annalen und der »Quenta Silmarillion« starke Redundanzen zeigten. Christopher Tolkien gab schließlich der letzteren den Vorzug und schloss die nicht narrativen Traktate zu Themen, die zu sehr am Rande lagen, aus.
9. Bedeutendes walisisches Manuskript aus der Zeit um 1382–1410, das mythologische, epische und geschichtliche Texte, höfische Dichtung und eine Sammlung zu Arzneimitteln enthält.
10. *Die vier Zweige des Mabinogi* sind vier mittelalterliche epische Erzählungen, in denen zahlreiche Anspielungen auf die alte keltische Mythologie enthalten sind.

LINGUISTIK *UND FEENLEGENDEN*

DAMIEN BADOR

DER PHILOLOGE UND SCHRIFTSTELLER

Tolkien mochte keine autobiografisch gefärbten Romane, auch wenn er nicht bestritt, dass ein Schriftsteller notwendigerweise für seine Fiktionen auf eigene Erfahrungen zurückgreift. Gewiss ist *Der Herr der Ringe* keine Allegorie auf das 20. Jahrhundert, und keine der Figuren verkörpert Tolkiens Alter Ego. Doch ein Bereich ist unlösbar mit seinem Leben verbunden: die (komparative) Linguistik. Für Tolkien mussten Sprache und Literatur Hand in Hand gehen, die einzige Art, das Verständnis insbesondere alter Texte sicherzustellen. So fiel er mit seiner Betrachtung des Beowulf auf: In *Beowulf: Die Ungeheuer und ihre Kritiker* ging gründliche sprachwissenschaftliche Analyse mit literarischer Einordnung einher, und dies zu einer Zeit, als Kritiker dieses angelsächsische Heldengedicht höchstens als eine durch den Fabelcharakter verfälschte Quelle geschichtlicher Informationen erachteten.

Die Wichtigkeit, die Tolkien der Sprache beimisst, ist auch an seiner Obsession erkennbar, die jeweils richtige Wendung zu finden, selbst wenn es bedeutete, manche Passagen unzählige Male zu überarbeiten. Detailverliebt gestaltete er die linguistischen Besonderheiten innerhalb seiner Geschichten aus und interessierte sich für die Sprachen seiner unterschiedlichen Romanfiguren. Wer auch immer den *Herrn der Ringe* gelesen hat, wird von den Textpassagen in Quenya oder Sindarin, den beiden wichtigsten Elbensprachen, beeindruckt gewesen sein. Blättert man in den Anhängen zum Roman, so wird einem klar, dass es sich um wirkliche Sprachen mit Vokabular und eigener Grammatik handelte. Tolkien machte sich sogar Gedanken über ihre Evolution und Sprachverwandtschaft. Die Wortwahl des Hobbits Meriadoc Brandybock oder des Kräutermeisters von Minas Tirith zeigt, dass viele Figuren Tolkiens gutes Sprachgefühl besitzen. Die Elben stehen ihnen nicht nach; bei ihnen stößt man auf die erste Linguistengemeinschaft, die Schule der Lambengolmor. Von da ist es nicht weit zu der Selbsteinschätzung, seine Inspiration sei »grundlegend linguistisch« bedingt – wer es nachlesen will, wird in Tolkiens Briefen fündig.

LEBENSLANGE LIEBE

Dass Tolkien sehr früh von Sprachen fasziniert war, wissen wir aus seinem eigenen Bekunden. Seine Mutter Mabel führte ihn in Latein, Französisch und Deutsch ein. Später lernte er Altgriechisch, dann kamen Altenglisch, Altnordisch, Gotisch, Walisisch und Finnisch hinzu. Nach dem Ersten Weltkrieg besteht Tolkiens erste Berufstätigkeit in der Ausarbeitung von Definitionen für das in Vorbereitung befindliche *Oxford English Dictionary;* Tolkien fällt dort durch seine akribische etymologische Recherchearbeit auf. 1920 ergattert er eine Stelle als Reader für Englisch an der Universität Leeds. Über die ganze Zeit seiner Universitätslaufbahn hinweg lehrt er Englisch und alte germanische Sprachen. Doch auch eine Passion für das Erfinden von Kunstsprachen begleitet ihn seit der Kindheit, in der ihm seine jungen Cousinen, die Incledon-Schwestern, Animalic beibringen, eine Sprache, in der die häufigsten Wörter durch Tiernamen ersetzt werden. Danach beteiligt er sich an der Entwicklung von Nevbosh, das bereits ausgefeilter wirkt, und denkt sich zum Spaß Naffarin aus, mitsamt Vokabular, Grammatik und Phonologie. Als er das Gotische entdeckt, reizt es ihn, eine germanische Fantasiesprache zu erfinden, doch wird es bald durch das Finnische verdrängt. Von diesem und den Legenden des Kalevalas ist er dermaßen fasziniert, dass er sich an seinen ersten Romanversuch wagt, eine Adaption der tragischen Kullervo-Geschichte. Dies ist gleichzeitig das erste Bemühen, seine beiden Vorlieben zusammenzubringen, denn Tolkien fängt an, eine spezifische Namensgebung auf der Grundlage des Finnischen zu entwickeln.

Parallel dazu schreibt er verschiedene Feenlegenden. Daraus entsteht mit der Zeit ein fiktionales Universum, in dem die Elben ein tragisches Schicksal erlitten haben. 1917 entstehen während der Zwangspause im Lazarett mehrere solcher Geschichten. Hier liegt der Ursprung der *Verschollenen Geschichten* – des ersten Keims des *Silmarillions* – und der um Mittelerde kreisenden Erzählungen, in die bald ein Großteil der schöpferischen Energie Tolkiens einfließt. Zug um Zug erfindet er zwei Sprachen mit eigener Grammatik und Phonologie, Qenya (das spätere Quenya) und Zwergisch, die laut seiner Angabe verwandt sind und mehrere Dialekte umfassen. Er skizziert für sie semantische und phonetische Entwicklungslinien, um erklären zu können, wie z. B. das Qenya-Wort *apaire* »Sieg,

Eroberung, Unterwerfung« mit dem zwergischen *abair* verwandt ist, oder warum *hēru*, »Herr, Herrscher« (in Qenya), mit *hîr*, »Sorgfalt, Besorgnis« im Zwergischen, zusammenhängt.

Genau wie seine Romane überarbeitet Tolkien auch seine linguistischen Erfindungen andauernd. Bald fügt er mehrere Alphabete hinzu. Nicht nur die in Ausarbeitung befindlichen Elbensprachen, auch Englisch oder Althochdeutsch können damit geschrieben werden! Der ursprüngliche konzeptuelle Rahmen reicht ihm in den 1930er-Jahren nicht mehr aus, zumal er sich nun für die Sprachen der Valar, der Orks, der Zwerge oder auch der Menschen interessiert. Er beginnt *The Etymologies* (ein Wörterbuch der Wurzeln der elbischen Ursprache mit einer Auflistung zahlreicher Ableitungen für die verschiedenen Sprachen) sowie eine Sprachgeschichte mit dem Titel *Lhammas*. Angeblich stammt sie aus der Feder des Elben Pengolodh, denn logischerweise muss ein hochentwickeltes Volk wie die Elben seine eigenen Sprachwissenschaftler haben! Die Romane bleiben nicht ohne Auswirkungen auf die Sprachen, welche Tolkien mehrmals umkonstruiert. Dabei werden dann schon einmal ganze Sprachfamilien eliminiert, die Sprachverwandtschaften geändert oder Sprachen einfach umbenannt. Die Sprachenvielfalt eröffnet ihm zudem neue erzählerische Möglichkeiten: So zwingt der Zorn eines Königs die Noldor-Elben, den Gebrauch ihrer Muttersprache im Alltag aufzugeben. Das Misstrauen der Zwerge gegenüber Fremden äußert sich in Vorbehalten, anderen ihre Sprache beizubringen. Die Kenntnis alter Schriften wiederum erweist sich als hilfreich, um das Rätsel der geheimen Tür zum Inneren des Erebor zu lösen.

Mit der Veröffentlichung der Anhänge zum *Herrn der Ringe* muss Tolkien die Grundzüge seiner Sprachgeschichte abstecken. In ihnen finden sich zahlreiche Angaben zu den Sprachen, die in der Zeit des Ringkriegs im Westen Mittelerdes gesprochen wurden. Die beiden wichtigsten Alphabete sind detailliert beschrieben. Gerne hätte Tolkien die Anhänge um ein Stichwortregister mit Erläuterungen zu sämtlichen im Roman vorkommenden erfundenen Wörtern ergänzt; er lässt das Projekt auf halbem Wege fallen, weil es zu zeitaufwendig ist und die Veröffentlichung des letzten Bandes zu verzögern droht. Was er jedoch beibehält ist die Gewohnheit, die grammatikalischen Konzepte umzuarbeiten; auch entwickelt er verschiedene Aspekte seiner beiden Haupt-Elbensprachen weiter, die er nun Quenya und Sindarin nennt. Sie unterscheiden sich stark von ihren Anfängen gut 40 Jahre zuvor. Tolkien variiert vor allem Elemente, die unabhängig von den Formen in den bereits veröffentlichten Elben-Epen sind, die den *Herrn der Ringe* ausschmücken. Er nutzt die Neuauflage von 1965, einige Erzählpassagen zu ändern und gewisse linguistische Korrekturen einzubringen. So wird *omentielmo* (Quenya: »von unserer Begegnung«) zu *omentielvo,* scheinbar eine unbedeutende Änderung, hinter der sich jedoch eine komplette Überarbeitung der besitzanzeigenden Suffixe und Verbalendungen verbirgt.

LINGUISTISCHES PANORAMA DER ZEIT DES RINGKRIEGS

Paradoxerweise nehmen die Elbensprachen, die Tolkiens Geist so sehr beschäftigt haben, im *Herrn der Ringe* relativ wenig Raum ein. Die Elbenbevölkerung Mittelerdes ist drastisch im Schwinden, da viele Elben endgültig in die Unsterblichen Lande umsiedeln. Die Hochsprache Quenya ist nur mehr eine Art »Elbenlatein«. Es wird nur noch von wenigen Gebildeten beherrscht und im Alltag nicht mehr gesprochen. Sindarin, die Sprache der Grauelben, ist in den Elben-Enklaven Eriador und Rhovanion noch in Gebrauch; die Unterschiede der Aussprache in den beiden Gebieten sind stark genug, um einen unerfahrenen Sprecher wie den Hobbit Frodo Beutlin zu überfordern, während sie für Elben keine Verständnisschwierigkeiten aufwerfen. Manche Dúnedain wie zum Beispiel Aragorn haben Sindarin bereits in jungen Jahren durch ihre Freundschaften mit Elben erlernt. In Minas Tirith und den angrenzenden Gebieten wird es von Einigen noch im Alltag gesprochen, unter den Hobbits bildet das die große Ausnahme. Ein Sonderfall ist Frodo, der durch die außergewöhnliche Freundschaft seines Adoptivvaters Bilbo mit den Elben in Bruchtal motiviert wird.

Durch den früheren Einfluss der Reiche Arnor und Gondor im Westen Mittelerdes ist der Gebrauch der númenórischen Sprache bei vielen Völkern verbreitet. Mit Elbenwörtern und lokalen Begriffen angereichert, bildet sie ihre Verkehrssprache, allgemein als Westron oder Gemeinsame Sprache bekannt[1]. Die Hobbits haben sie als Muttersprache angenommen, doch enthält ihr Dialekt Begriffe, die der Sprache von Rohan ähneln, in der sie sich einst verständigten. Die Rohirrim haben ihre altüberlieferte Sprache (die übrigens entfernt mit dem Westron verwandt ist) beibehalten. Ihre Eliten sind allerdings zum Gebrauch der Gemeinsamen Sprache übergegangen, vor allem unter dem Einfluss von König Thengel, Théodens Vater. Dem Rohanischen ähnliche Sprachen sprechen die Menschen von Rhovanion, mit Auswärtigen bedienen sie sich ebenfalls der Gemeinsamen Sprache. Die Sprachen der Dunländer und der Drúedain weichen stark davon ab; in diesen misstrauischen Völkern ist selten jemand einer Fremdsprache mächtig. Zur Zeit der Zwangsherrschaft von Sauron sprechen die Menschen noch andere Sprachen, die keine Verwandtschaft zu den im Westen von Mittelerde gesprochenen Idiomen aufweisen. Die anderen Völker haben alle ihre eigenen Sprachen: Die Zwerge sprechen untereinander Khuzdul (Zwergisch), es hat sich seit ihrer Erschaffung im Nebel der Zeiten fast unverändert erhalten. Die Sprache der Ents ist derart kompliziert, dass niemand fähig ist, sie zu lernen oder schriftlich korrekt festzuhalten. Jeder Ork-Stamm hat seinen eigenen, für den Nachbarstamm gewöhnlich unverständlichen Dialekt. Dies zwingt sie, die Gemeinsame Sprache für ihre Verständigung untereinander zu verwenden, was Frodo und Sam das Überleben in Mordor sehr erleichtert. Sauron versuchte einstmals, unter seinen Dienern seine eigene Sprache – die Schwarze Sprache – zu verbreiten. Zur Zeit des Ringkriegs wird sie außer von den Nazgûl und manchen seiner Kreaturen wie den Olog-hai, den Trollen von Mordor, kaum noch gesprochen.

VON FEANOR ZU MERIADOC BRANDYBOCK

Die Sprachwissenschaftler, welche Auskunft über diese Sprachen erteilen und sogar linguistische Theorien dazu aufstellen, sind für Tolkien ebenso notwendig wie die fiktiven Historiker, die die Geschichte seiner Völker niederschreiben.[2] Er macht die Elben, Ilúvatars Erstgeborene mit ihrem Talent für Künste und Wissenschaften, zu seinen ersten Philologen. Tolkien erläutert, dass ihnen der Hang zum Erfinden von neuen Wörtern angeboren ist. Manche Elben, vor allem aus dem Volk der Noldor, sind besonders erfinderisch und gehen so weit, gezielte lautliche Änderungen vorzuschlagen, um ihre Sprache schöner und harmonischer klingen zu lassen. Die Regeln der menschlichen Linguistik gelten teilweise auch für die Elben. Auch wenn diese nicht im Alter sterben, erfährt ihre Sprache Entwicklungen durch unbeabsichtigte und unvorhersehbare phonetische Abweichungen. Das spornt manche der ersten Sprachforscher in den Unsterblichen Landen der Elben an, sich an die Rekonstruktion ihrer Ursprache zu wagen. Doch ihre Bemühungen sind großenteils vergeblich, da die Möglichkeiten zum Vergleich mit den Sprachen anderer Elbenvölker fehlen.

Beim Kontakt mit den Valar entdeckten die Elben den Gebrauch einer Sprache, die ganz anders als die ihrige war. Wenige von ihnen erlernten sie gründlich, außer dem Historiker Rúmil, der deswegen als erster Elben-Sprachwissenschaftler gilt, dessen Namen überliefert ist. Seine philologischen Anmerkungen haben sich hauptsächlich dank Pengolodhs *Lhammas* erhalten. Der bedeutendste Beitrag Rúmils zur Linguistik ist die Erfindung des ersten Schriftsystems, des Sarati-Alphabets. Es kam jedoch bereits vor der Rückkehr der Noldor nach Mittelerde außer Gebrauch und wurde durch die von Feanor erfundenen Tengwar-Schriftzeichen ersetzt. Sarati wie Tengwar sind als sogenannte Alphasyllabare oder Abugida-Schriften entstanden, also Schriftsysteme, in denen nur die Konsonanten als echte Buchstaben geschrieben werden, während die Vokale durch diakritische Zeichen ausgedrückt werden[3]. Die Tengwar bilden dabei das gediegenere System, denn die Lautbeziehungen zwischen den verschiedenen Buchstaben werden durch regelmäßige Variationen in der Form angezeigt, ausgehend vom Dentallaut [t] als Referenzlaut. Stimmhaftigkeit wird durch eine Verdoppelung des Bogens des entsprechenden Buchstabens ausgedrückt, während eine Änderung des Artikulationsorts durch Hinzufügung eines horizontalen Strichs (Labiallaute) oder spiegelverkehrte Darstellung des Buchstabens (Velarlaute) angezeigt wird:

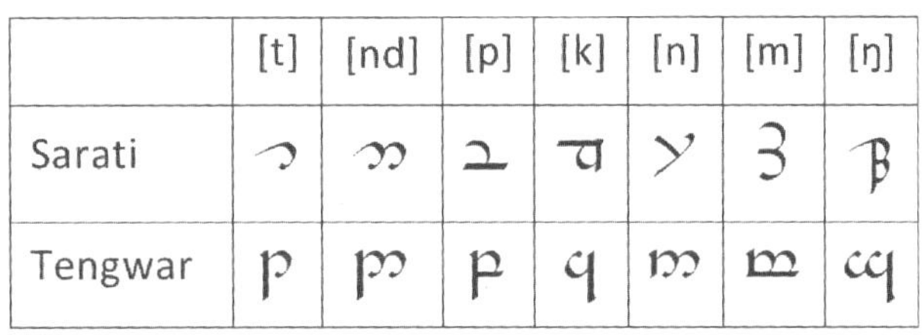

Feanor ist unbestreitbar der berühmteste Elben-Linguist, selbst wenn seine größten Leistungen, zu denen neben der Tengwar-Schrift die Gründung der Lambengolmor-Linguistenschule zählte, bereits in die Zeit seiner Jugend fielen. Dank seiner scharfsinnigen Analysen konnte die Entwicklung des Hochelbischen (Quenya) im Vergleich zum Ur-Elbischen besser eingeordnet werden. Doch Feanor gibt seinen Schülern nicht das ganze Wissen weiter, das die Valar ihm anvertraut haben. Später lässt er die Sprachwissenschaft fallen, um sich voll und ganz der Herstellung der Silmarilli und der Palantíri zu widmen – seine berühmtesten Werke. Einer seiner Söhne, Curufin, erbt einen Teil der Begabungen seines Vaters. Nach Mittelerde zurückgekehrt, ist er einer der wenigen Elben, die Freundschaft mit den Zwergen schließen, wodurch er deren Sprache erlernt. Das spärliche Wissen, welches man über Khuzdul, die Zwergensprache hat, wurde hauptsächlich durch ihn überliefert. Doch der größte elbische Sprachwissenschaftler Mittelerdes bleibt Pengolodh. Er kompilierte das *Lhammas,* eine Geschichte der Elbensprachen, und interessierte sich für die Sprachen der Zwerge und Menschen. Zahlreiche Werke seiner Vorläufer, vor allem die dcs Spielmanns Daeron aus Doriath, wurden durch sein sagenhaftes Gedächtnis vor dem Vergessen gerettet. Die von Daeron entwickelte Runenschrift war vor der Rückkehr der Noldor bei den Grauelben von Beleriand in Gebrauch.

Nach und nach übernahmen die Menschen das Bemühen um die Linguistik, nur war es eher auf die Bewahrung des Wissens als auf neue Forschungen ausgerichtet. König Elendil kommt das Verdienst zu, beim Untergang Númenors Pengolodhs Manuskript *Eldarinwe Leperi are Notessi* gerettet zu haben. Elendils Liebe zu den Sprachen und der Geschichte der Elben war wohlbekannt. Die geretteten Manuskripte zur Sprachwissenschaft – wie etwa *Ondonóre Nómesseron Minapurie,* das Fragment einer Studie eines unbekannten Autors über den Ursprung der Ortsnamen in Gondor – wurden großenteils in Gondor aufbewahrt. Mit dem Niedergang der númenórischen Reiche ging es auch mit der Sprachwissenschaft bergab. Sie erfährt nach dem Ringkrieg eine gewisse Renaissance: Der Hobbit Meriadoc Brandybock verfasst nach dem Beispiel seiner berühmten Vorläufer eine kurze Abhandlung über die Dialektwörter seines Landes mit dem Titel *Alte Wörter und Namen im Auenland.* Wieder einmal ist das Wissen in demutsvolle und diskrete Hände weitergelangt …

EIN VERSUCH ZUR »ÄSTHETISCHEN LINGUISTIK«

Die größte Freude habe er als »reiner Philologe« daran – so Tolkien in einem seiner Briefe –, Sprachen mit passender Phonetik zu erschaffen, deren Sinn und Form harmonieren. Als großer Perfektionist feilte er daran, seinen Elbensprachen ein ebenso formvollendetes wie logisches Konzept zu geben – nicht ohne einige Unregelmäßigkeiten, um sie noch lebensechter wirken zu lassen. Dabei war er fähig, eine komplette Seite lang über die passende Übersetzung des englischen Ausdrucks *try harder* (»streng dich mehr an«) zu dozieren – wie man einen guten idiomatischen Ausdruck fände, ohne das Englische abzukupfern. Manchmal überwältigte ihn der Umfang seiner Schöpfung, und die erwünschte phonetische

Abänderung war mit Form und Sinn gewisser Begriffe nicht vereinbar. Dann sah er sich gezwungen, die komplette Etymologie eines Worts wieder aufzudröseln, und er formte von Neuem alte Komposita und dachte sich Dialektvarianten oder gar eine neue Wortherkunft aus. In gewissen Fällen, wie dem Namen des Bergs Halifirien, erwuchs aus den linguistischen Überlegungen sogar eine Erzählung über ein bedeutendes Ereignis in Mittelerde.

So erstaunt es nicht, dass sich die sprachwissenschaftlichen Erfindungen Tolkiens durch sein ganzes Leben und sein ganzes Werk ziehen, und das in einem Umfang, dass man von »Sprach-Fiction« sprechen könnte. Über 40 Jahre nach seinem Tod veröffentlichen Tolkien-Enthusiasten weiterhin seine linguistischen Manuskripte in den Zeitschriften *Parma Eldalamberon* und *Vinyar Tengwar,* und die Menge unveröffentlichter Dokumente erscheint nach wie vor beträchtlich zu sein. Tolkien-Linguistik ist eine reiche, allerdings zu bescheidener Zurückhaltung verpflichtete Fachdisziplin, da die neuen Publikationen manche seit Langem etablierte Konzepte infrage stellen könnten. Die regelmäßige Erneuerung ist der Popularität von Tolkiens Kunstsprachen nur förderlich. In diversen Sprachen sind eine ganze Reihe von Wörterbüchern und Grammatiken der Elbensprachen erschienen; es finden regelmäßige Kolloquien zum Thema von Tolkiens Spracherfindungen statt, und unzählige Nachwuchsdichter üben sich darin, Vierzeiler in Quenya oder Sindarin zu verfassen. Ein passionierter Tolkien-Liebhaber hat sich sogar die Mühe gemacht, das Neue Testament vollständig in Quenya zu übersetzen, und dort, wo es dafür an Vokabular fehlte, ohne Zögern selbst erfundene Neologismen eingesetzt. In einem seiner Briefe erwähnt Tolkien, er halte Esperanto für eine tote Sprache, da ihr Erfinder niemals eine Legende in Esperanto erfunden habe. Ohne die Zukunft der internationalen Hilfssprachen vorhersagen zu wollen, scheint die aktuelle Popularität der von Tolkien erfundenen Sprachen eine Bestätigung zu sein, dass zwischen Romanfiktion und sprachlicher Fiktion ein wichtiger Zusammenhang besteht.

Anmerkungen

1. Bei Tolkien stehen im *Herrn der Ringe* Westron und die ihm verwandten Sprachen für das Englische und seine germanischen Schwestersprachen. So repräsentiert die Sprache von Rohan das Altenglische und die Sprache von Thal am Fuß des Erebor das Altnordische.
2. Vgl. Kapitel »Geschichte und Historiografie in Mittelerde«, S. 88.
3. Dieses Prinzip kommt in vielen historischen Alphabeten zur Anwendung, zum Beispiel in der altindischen Brahmi-Schrift und ihren Ablegern.

DER HERR DER RINGE, EINE MYTHOLOGIE VON KORRUPTION UND ABHÄNGIGKEIT

THIERRY JANDROK

Macht korrumpiert, absolute Macht korrumpiert absolut.
Große Männer sind fast immer schlechte Männer.
Sir J. E. E. Dalberg-Action, 1. Baron Acton

In Mittelerde haben die im Lauf der Geschichte auftretenden Figuren sowohl symbolischen als auch metaphorischen Charakter. Im Legendenkorpus werden mit jeder von ihnen bestimmte Themen in konzentrierter Form herausgearbeitet.

Von der Geburt dieses mythologischen Universums an werden ihre subjektiven Merkmale und die Dynamik ihrer Persönlichkeit durch musikalische Modalitäten organisiert. Gesänge reihen sich aneinander und sorgen für die Einteilung der Welt und ihrer Einwohner. Misstönend fährt das Diabolische in den Totalitätsanspruch dieser visionär entstehenden, in Freude schwelgenden Welt hinein. Diese Darstellung zieht sich durch alle Geschichten Tolkiens, vom *Silmarillion* über den *Hobbit* und die *Nachrichten aus Mittelerde* bis zum *Herrn der Ringe.* Ob gut oder schlecht, jede der Figuren geht auf eine Melodie der Gesänge des Schöpfergotts Ilúvatar zurück.

VERFÜHRUNGS-GESÄNGE

Tiefe psychische Abhängigkeit kennzeichnet das Verhältnis der diabolischen Figuren Mittelerdes mit ihrem Mentor. Morgoth als Mentorfigur und sein Gefolgsmann Sauron sind dafür das wichtigste Beispiel. Beide sind listenreiche Geister, fähig, ebenso wie die Götter der Ursprünge ihre Gedanken in das Herz aller geringeren Wesen zu schicken. Immer ist Verführung ihr Ziel. Mit verschiedenen Schmeichelgaben versuchen sie in den Augen jener, deren Entfremdung von den eigenen Wünschen sie zu erreichen hoffen, als wohlwollende Instanzen zu erscheinen. In der Mythologie von Mittelerde sind Morgoth und Sauron Repräsentationen des »diabolischen Kindes«, das sich ontologisch verletzt fühlt und darum immer wieder seine Eltern und Geschwister angreift.

Das diabolische Kind, der »Teufelsbraten«, fühlt sich in seinem Wunsch nach Macht gedemütigt, ein Opfer von Ungerechtigkeit seitens der Bezugspersonen oder Geschwister. Gegenüber allen Andersartigen, die seinen Befriedigungsanspruch allein schon durch ihr Dasein bedrohen, sucht es nach einem Mehr an Liebe und unbeschränkter Anerkennung. Das Objekt seines Begehrens gehört seiner Prähistorie an, einer vor den Gesängen seines Vaters liegenden Zeit: Es ist die nun unmögliche Erinnerung an ein Verschmolzensein mit der Mutter und dem All zugleich.

Grundlegend für die Psyche des diabolischen Kindes ist Nächstenhass. Es ist eine Geisel totalitärer Fantasien. Seine konflikthaften Beziehungen sind von symbolischen Artikulationsformen geprägt. Das diabolische Kind ist nicht eins mit seinem Wort und es stellt Genuss und die Erfüllung seiner Fantasien von Kontrolle und Dominanz in den Vordergrund.

ERERBTER HASS

Spießgesellen der Kräfte der Düsternis und deren leiser Verheißung sind die Orks und andere niedere Wesen wie Ratten, Spinnen, Raben und mächtige Drachen (*foul worms,* »böses Gewürm«). Das Gefühl der Demütigung wird bei diesen Missgebildeten durch die Leiden und Diskriminierungen, denen sie ausgesetzt sind, noch geschürt. In der Logik der Knechte des Dämonischen wird Dunkelheit als hell und Licht als brennend empfunden. Rache, Massenmord und Schandtaten gelten als Zeichen des Mutes, Streben nach Frieden hingegen als unsägliche Gewalt. Je größer ihr Scheitern, desto stärker ihre Entschlossenheit. So unterschiedlich die Soldaten des Teufels sind, ähneln sie einander trotzdem. Ihre Haut ist so dunkel wie ihre Seele. In Tolkiens Mythologie fungieren Morgoth und Sauron, die Agenten des Bösen, als ihre Ziehväter. Das Böse infiltriert Mittelerde über eine radikale Infragestellung des familiären Gefüges und die Errichtung einer totalitären Ordnung, deren Grausamkeit kein Pardon kennt.

Für jene, die zu Sklaven des Bösen geworden sind, liegt der einzige Ausweg im Tod.

DIE MELODIE DES EINEN RINGS

All that is gold does not glitter,
Not all those who wander are lost.

J. R. R. Tolkien

Der Ring der Macht ist das »bestechend schöne« Objekt per se. Die unendliche Kreisform erinnert an seine Bestimmung, immer weiter zu kreisen. Dieses Symbol der absoluten Macht hat einen eigenen Willen, es wandert getrieben von den hineingeschmiedeten Impulsen des Begehrens von Hand zu Hand und passt sich jedem Träger geschmeidig an. Tief im Inneren des Schicksalsbergs entstanden, kann der Ring nur in der Glut dieses Jahrtausende alten Vulkans zerstört werden.

Seine Funktion besteht darin, verführbare Geister in die Falle zu locken. Er umgarnt sie, ist Faszinosum und Last zugleich. Im Hauch der Vulkanglut geboren, bleibt er doch kalt wie der Tod. Sein innerer Raum ist vom Wollen seines Schöpfers besetzt. Nach vorn ein Spiegel der Wünsche, bildet er mit seiner unsichtbaren Seite einen Kanal, der sich zum lidlosen Auge Satans öffnet.

Der Ring der Macht ist der Schatten der Wünsche eines jeden Wesens, die Erinnerung an im Nebel der Erziehung und ödipaler Konflikte gescheiterte Kinderträume. Der Verführer bezieht seine Macht daraus, dass er in den Sterblichen Allmachtsfantasien und den Irrglauben weckt, ihrem unvermeidlichen Schicksal entgehen zu können. Im Kontakt mit dem Ring wird man im Nu korrumpiert.

Morgoth, der einst Melkor genannt wurde

Der Ring trennt und spaltet, er zerstört mit der Zeit alle Bindungen des Subjekts mit Seinesgleichen, und da er die Lebensdauer verlängert, agiert er im Schatten des Bewusstseins. Im Lauf der Zeit bleibt dem Träger des Rings keine andere Wahl, als aus seiner Gemeinschaft zu fliehen. Die Unsichtbarkeit, die der Ring verleiht, besteht eher im Übergang in eine alternative Realität. Wer ihn ansteckt, wird auf die andere Seite des Spiegels projiziert, in eine Dimension, in der die Totalität des Meisters erscheint.[1] Ein lidloser Blick durchdringt das Subjekt. Es findet sich in einen Höllengarten projiziert, aus dessen Himmel heraus ein schrecklicher Gott nicht wie in der Genesis fragt: »Wo bist du?«, sondern behauptet: »Ich sehe dich!« Dies ist eine überaus gewaltsame Umkehrung des Mythos. Sauron ist der dialektische Gegensatz zum Ewigen des jüdischen Volkes. Er ist dessen Schattenseite, obszön und schamlos mit seinem entblößten Auge. Alle Träger des Rings haben sich gegen die Dunkle Macht versündigt, da sie deren höchstes Gut entwendet haben, und doch sind sie keine Diebe im eigentlichen Sinn. Der Ring lässt sich nicht stehlen, er geht von Hand zu Hand. Keiner kann beanspruchen, ihn zu behalten, um den Teil, der ihm selbst fehlt, zu ersetzen.

DER TEIL STEHT FÜR DAS GANZE

Letztendlich ist der Ring immer ein bereits verlorener Teil seines Schöpfers. Seine Bestimmung ist es, zu wandern, nur vorübergehend zu bleiben. Angesichts seiner Machtverheißungen ist das einzig Vernünftige, sich abzuwenden. Gandalf und Galadriel, die Königin der Waldelben, haben natürlich durchschaut, dass man sich den Ring nicht aneignen kann – er selbst erwählt seine Besitzer. Der Ring ist kein beherrschbares Objekt, er ist ein Objekt des Verlangens, sich entziehend, heimtückisch, und dabei so mächtig, dass selbst Sauron keine Kontrolle über seine Anwesenheit in der Welt hat. Wie jedes begehrte Objekt verweist der Ring auf das Subjekt zurück, dem er einen Weg zur totalen Befriedigung bietet.

Sauron verliert den Ring, seine Körperausstülpung, durch die Klinge Isildurs, des Königs von Arnor, der sich dann weigert, den Ring zu vernichten. Er lässt später in einem Hinterhalt sein Leben. Ein Hobbit, Déagol, wird den Ring unweit der Schwertelfelder, wo Isildur fiel, im Schlamm des Flusses entdecken. Sofort erfasst die diabolische Aura des Rings seinen Freund Sméagol, der seinen Gefährten angreift und kaltblütig tötet. Seine Zunge wird böse, er stiehlt und raubt, manipuliert und erpresst. Ungeniert nutzt er die Gabe der Unsichtbarkeit aus, die ihm der Ring verleiht, bis seine Dorfgemeinschaft genug davon hat: Sméagol wird verstoßen. Im Lauf seines Herumwanderns verändert sich sein Körper. Bald verträgt er das Licht nicht mehr und verkriecht sich tief in einem Berg. Dort, in der Düsternis seines Steingrabs, schwindet sein Geist (lat. *dementia*). Im Lauf der Jahrhunderte verwandelt sich Sméagol in Gollum[2], sein Spiegel-Ich, seinen Schatten, die Inkarnation seiner schändlichsten Wünsche[3]. Gollum ist die Verkörperung des Wahnsinns, der durch die Macht des Einen Rings destilliert wird. Vom verwöhnten Kind ist Sméagol zum kleinen Teufel geworden, um schließlich in der Nacht der niederen Welten zu versinken. Er entledigt sich des Firnisses der Sozialisierung. Der Berg wird für ihn zur neuen Matrix. In infantiler Abhängigkeit von dem begehrten Objekt verschließt sich Gollum in sich selbst, bis Amnesie eintritt. Er löst sich im archaischen Dunkel seines Verlangens auf, ein Schatten unter Schatten. Getrieben von seinem verhängnisvollen Geschick, wird auch er den Ring verlieren, der seinen Weg fortsetzt und in die Hand Bilbo Beutlins gerät.

Wer den Ring besitzt, kann sich nur im Tod oder durch den Verlust des begehrten Objekts aus der Gefangenschaft seines Verlangens befreien. Nicht Sauron ist der Herr der Ringe, sondern der Eine Ring. Wie es der Text sagt: »Einer dem Dunklen Herrn auf dunklem Thron.« Der Ring ist für den Abscheulichen da, nicht umgekehrt. »Ein Ring, sie zu knechten, sie alle zu finden, ins Dunkel zu treiben, sie alle zu binden, im Lande Mordor, wo die Schatten drohn.«

VERLUST DURCH BESITZ

Lust und Verlangen führen in die Tragödie des Ringkriegs. Der Kern der Legende besagt, dass das schlimmste Schicksal jedes Individuums darin besteht, zur Unsichtbarkeit verurteilt zu sein. Dies ist der Fluch von Saurons Ringen. Die Hobbits kommen einigermaßen gut davon. Von den Menschen aber waren neun in den Bann der Ringe geraten und in Geister verwandelt worden.

Es sind Phantome, Nazgûl oder Schwarze Reiter genannt. Bei den Orks heißen sie wegen ihrer durchdringenden Schreie in Schwarzer Sprache »Kreischer«. Der enge Kontakt mit den Menschenringen ließ sie auf die andere Seite geraten – aufgelöst in einer Restexistenz als lebende Tote oder Untote. Keine von Menschenhand geführte Waffe kann sie treffen, nur Elbenklingen sind fähig, sie zu durchdringen und den Schleier ihrer durchsichtigen Erscheinung zu zerreißen. Sie sind so gefährlich, dass Sterbliche durch ihren Schwarzen Anhauch allein schon in ihrer Nähe vergiftet werden können. Ihre Waffen wirken außerdem interdimensional; Wunden, die sie mit ihren vergifteten Klingen schlagen, entzünden sich und bleiben offen, bis der ganze Körper zum Schatten wird. Die schwarze Farbe der Nazgûl kann ebenso wenig abgewaschen werden, wie es möglich ist, sich der Verlockung des Rings zu entziehen.

Die Schwarzen Reiter sind in den Wünschen ihres Herrn und Meisters aufgegangen, sie sind Funktionäre, keine Priester. Die Diener des Rings sind verwunschen, und kein Zauberspruch kann den Fluch lösen, ausgenommen vielleicht der Hilferuf *Elbereth*. Dieses Wort der Befreiung und Auflösung ist einer der Namen Vardas, der Königin von Arda. Er erscheint wie das mythologische Äquivalent zu dem Siegel *Emeth* (»Wahrheit«) auf der Stirn des Prager Golems[4]. Mythologisch gesehen sind die Nazgûl tatsächlich als Golems vorstellbar: Knechte, die an die Allmacht eines Meisters gebunden sind. Golem ist wie die Ringgeister ein dienstbarer Geist. Und wie er waren die Diener Saurons ursprünglich »Erdmenschen«: ein Name, den die aus Lehm geformten ersten Menschen in der Genesis erhielten. Nun sind die Nazgûl der Hölle zugeordnet, sie sind Höllengeburten.

Gegen die Verlockungen der Allmacht und den auf dem Ring liegenden Fluch helfen nur Liebe und das Einstehen für eingegangene ethische Verpflichtungen. Während Hass für seine Befriedigung ein Gegenüber benötigt, ist Liebe die ewige Antwort auf die Abwesenheit eines solchen. Man bekämpft Bilder der Macht nicht mit Waffen, sondern mit Metaphern, die den symbolischen Wunsch nach Erfüllung verkörpern. So lebt Aragorn, der ferne Nachfahr Isildurs.

DAS LICHT DES VATERS

Der Gute Mensch wird in der Geschichte durch Aragorn repräsentiert, der es nicht hinnimmt, sich in die Knechtschaft des Rings zu begeben oder feige im Land der Elben Exil zu suchen. Stattdessen verpflichtet er sich, sein Erbe zu erobern. Das Kind, das mit leeren Händen auszog, wird erst dadurch zum Mann, dass es sich die Metaphern erobert, durch welche es ohne sein Wissen definiert wird. Die Poesie der Existenz besteht somit darin, das Gedicht ins Leben zu rufen, in das Leben, das in einem angelegt ist. Kein Schicksal ist unabwendbar! Gerade weil sie schwach und verletzlich sind, müssen die Menschen zum Licht wachsen und gegen die Verführungen kämpfen, die sich zwischen sie und den Gedanken der Brüderlichkeit schieben. Nicht im Besitz, sondern im Weitergeben erreicht der Mensch Ganzheit.

Das brüderliche Engagement Aragorns führt ihn zur Königskrone von Gondor. Narsil (»Sonne-Mond«), das Schwert König Elendils, seines Vorfahren, wird eingeschmolzen und neu geschmiedet zu Andúril (»Flamme des Westens«), um den Wünschen desjenigen zu entsprechen, der es sinnvoll gebraucht. Es ist das Schwert eines Monarchen, doch muss sich dieser seiner würdig erweisen. Adel ist nicht in Kriegstaten beschlossen, sondern darin, wie man Wort hält und seine eigenen Geschicke lenkt. Die Funktion des Königs ist, zu befreien, die der Dämonen dagegen, zu fesseln. Die stärkste Waffe des Fürsten war sein Versprechen gewesen; dieses Licht durchbrach die Dunkelheit, welche diabolische Kräfte um Mittelerde gewoben hatten. So bringt Aragorn auf seine Weise das Prinzip aus Goethes Faust zum Ausdruck: »Was du ererbt von deinen Vätern hast, erwirb es, um es zu besitzen. Was man nicht nützt, ist eine schwere Last, nur was der Augenblick erschafft, das kann er nützen!«

Der Herr der Ringe gesellt sich zu Goethes und Marlowes *Faust,* er ist ein britisches Epos, das – weit über Erzählungen von Kämpfen hinaus – vor allem eine Weisheitslektion enthält. Tolkien wollte einen englischen Mythos erschaffen, eine Geschichte, die sich dem Geist seiner Zeitgenossen wie die *Ilias* und die *Odyssee* einprägen würde. Mythen sind ein Produkt der Kultur, der sie entstammen, doch ist ihr Anspruch, über Raum und Zeit hinweg zu gelten und Menschen zu geleiten, über sich selbst, ihre Zweifel und mehr noch ihre Gewissheiten hinauszuwachsen.

Anmerkungen

1. Vgl. das Kapitel »Unsichtbar für Saurons Auge(n)?«, S. 186
2. Vgl. das Kapitel »Gollum: die Metamorphose eines Hobbit«, S. 226.
3. Der Name »Gollum« ist aus den beiden Hauptsilben von Sméagol gebildet. Durch die Umkehrung erhält man »Goleams«, ausgesprochen »Gollûm«, mit der Betonung auf der zweiten Silbe; das »s« – für Sauron – bleibt stumm.
4. Jeden Abend rieb der Rabbi, der den Golem aus Lehm geformt hatte, den ersten Namensbuchstaben von dessen Stirn. In diesem Augenblick erstarrte der Körper des Golems, um dann zu zerfallen, denn das so entstandene Wort lautete meth, auf Hebräisch: »der Tod«.

EIN KOMPLEXES UMFELD

3

LANDSCHAFTEN BEI TOLKIEN
EIN GEOMORPHOLOGISCHER ANSATZ

STEPHEN GINER

Rohan, Mordor, Auenland … Dies sind nur einige dieser anregenden Namen, die in unseren Ohren klingen, als existierten diese Orte wirklich! Sorgfältig widmete sich Tolkien der Geografie seiner Fantasiewelt mit Beschreibungen, Karten und Topografien. Dies stützt seine Geschichten, sodass seine imaginären Orte fantastisch und zugleich real wirken. Was ist im Licht unseres heutigen Wissens dazu zu sagen? Hier werden einige typische Gegenden herausgegriffen, da unmöglich alle behandelt werden können: Willkommen zur Reise ins Tolkien-Land!

DIE UNSTERBLICHEN LANDE

Charakteristisch sind schon einmal die Unsterblichen Lande, Aman, der heilige Kontinent jenseits des Großen Meers Belegaer westlich von Mittelerde. Die Valar, so erzählt *Das Silmarillion,* haben sich hier im Ersten Zeitalter niedergelassen. Den riesigen »Inselkontinent« umgibt ein Kranz von Bergen, darunter das gewaltige Pelóri-Massiv am östlichen Rand (»die höchsten Berge der Welt«). In der realen Welt findet sich Vergleichbares in Australien mit seinen ausgeprägten Randgebirgen wie der Australischen Kordilliere im Osten, dem Kimberley Plateau im Nordwesten und der Hamersley Range im Westen, die allerdings keinen durchgehenden Gebirgszug bilden.

Die Unsterblichen Lande bilden ein Mosaik von Biotopen. Dazu zählen die Wälder von Orome (benannt nach einem Fürsten, der ein großer Jäger und Freund der Elben war). Sie breiten sich als riesiges Waldgebiet im Osten des Kontinents aus, direkt am Rand der südlichen Pelóri-Bergkette. Nun wird aber im Silmarillion erwähnt, dass Ostwind vorherrscht. Strömen Winde über eine Bergkette, tritt dort normalerweise das Phänomen der orografischen Hebung auf: Im Ansteigen trifft die Luft auf kältere Schichten, wodurch es zu Kondensation und starken Niederschlägen an den exponierten Hängen kommt. Hinter dem Gipfel sinken die Luftmassen ab und erwärmen sich wieder, die Wolken lösen sich auf und der Wind trocknet das Land hinter den Bergen aus. Dieser »Föhnwind« (so bezeichnet nach dem trockenen, warmen Fallwind nördlich der Alpen) liegt der Entstehung von sogenannten »Leewüsten« zugrunde.

Dazu zählt die Atacama-Wüste zwischen dem pazifischen Atacama-Ozeangraben und den Anden. Mit Ostwinden, die über das Gebirge in die Unsterblichen Lande einfallen, wäre eine große Wüste im Regenschatten der südlichen Pelóri zutreffender gewesen als eine große Waldregion …

BELERIAND UND DER NORDEN

Das Land Beleriand – ein weiteres interessantes Gebiet in Tolkiens Universum – lag, bevor es unterging, nördlich von Mittelerde. Im Ersten Zeitalter war es der Schauplatz von Kämpfen der Menschen und Elben gegen Morgoth, bevor es großenteils im Meer versank. Eine Karte Belerionds ist im *Silmarillion* zu sehen: Es ist von Gebirgszügen eingefasst (darunter die Ered Luin oder Blauen Berge im Osten), im Westen und Süden öffnet es sich zum Großen Meer Belegaer.

Nordwestlich von Beleriand, ganz den Nordwinden geöffnet, lag die von den Grauelben (Sindar) besiedelte Ebene Hithlum; im Süden, Osten und Westen war sie durch Gebirgszüge begrenzt. Auch in der Realität ist diese Oberflächenform anzutreffen, wie die Westsibirische Tiefebene zeigt, die vom Ural, den Hochgebirgen Kasachstans und der Zentralsibirischen Hochebene eingefasst wird. Der südöstliche Teil Hithlums, Mithrim genannt, war reich an Flüssen, die in den gleichnamigen, zentral gelegenen See mündeten – auch dies ein Fall, der bei von Bergen gesäumten Gebieten häufig vorkommt. Der Ort war eine wichtige Anlaufstelle für die Noldor-Elben aus dem Stamm der Tatyar: Die Berge boten ihnen Schutz und Wasser. Diese Oberflächenform erinnert an viele Seen auf der Erde wie den von Bergen umgebenen Viktoriasee in Afrika.

Seen dieses Typs können sich in instabilen Regionen der Erde ausbilden, wenn durch Bruchzonen Senken entstehen, die von den Gewässern in ihrem Einzugsbereich gefüllt werden. Ein vergleichbarer tektonischer Kontext wird bei Tolkien durch die gegeneinander versetzten Bergzüge Hithlums angezeigt: ein Hinweis auf Scherbrüche – die Geologen sprechen von »Horizontalverschiebung«. Die lokale Tektonik lässt verbunden mit der Erosion die Oberflächengestalt entstehen. Die Kluft in den am Westrand Hithlums gelegenen Echobergen (Ered Lómin), durch die der Fluss Annon-in-Gelyth schießt, ist eine deutliche Erosionserscheinung; es scheint sich um ein Karstgebirge, also Karbonatgestein zu handeln, das zum Teil wasserlöslich ist.

Eine ähnliche Landschaftsform zeigt das Land Nevrast in West-Beleriand mit dem zentralen See Linaewen (See der Vögel), doch die hier vorliegende Dreiecksformation der umgebenden Berge ist geologisch nicht erklärbar. Da Flüsse fehlen, die den sumpfigen See speisen könnten, ist zu vermuten, dass er eine Doline füllt. Diese durch die Ausschwemmung kalkhaltiger Böden entstehenden Senktrichter sind typisch für Karstlandschaften.

Den Norden bildet das eisige Land Dor Daedeloth: Im Süden grenzt es an die Eisenberge, ein gewaltiges Gebirge, in dem die Zwerge im Ersten Zeitalter Eisenerz schürften. An seiner Südseite ragt der dreizackige Vulkangipfel des Thangorodrim empor: das Herz von Morgoths Reich. Vulkane spielen im Werk Tolkiens eine große Rolle[1]. Er beschreibt die »aus Asche und Schlacke […]« bestehenden Vulkane des Thangorodrim als »düstere und grauenerregende Gipfel von unermesslicher Höhe, deren Spitzen schwarzen Rauch und giftige Dämpfe in den Himmel des Nordens spien.« *(Das Silmarillion)*. Dies ist typisch für Stratovulkane (graue Vulkane), die schichtweise aus Asche und Lavaschlacken aufgebaut sind. Der schwarze Rauch lässt an vulkanische Flugasche denken; es könnte sich um sogenannte plinianische Eruptionen handeln. Hat sich Tolkien bei Plinius d. J. inspiriert, der den Vesuv-Ausbruch und die Zerstörung Pompejis im Jahr 79 v. Chr. beschrieb? Allerdings tritt der erwähnte Vulkantypus vorwiegend im Inneren von Bergketten und in den Kollisionszonen tektonischer Platten (wie an der Anden-Kordilliere) auf, nicht aber in den Ausläufern von Bergmassiven. Sehr realitätsnah ist dagegen die Beschreibung der verwüsteten großen Ebene Ard-galen am Fuß des Thangorodrim, die vom Ausbruch eines (oder mehrerer) Vulkane gezeichnet ist: Tolkien erwähnt einen starken Ascheregen und »Ströme von Flammen, die schneller als die Balrogs von Thangorodrim herabkamen«, also heranrasende pyroklastische Ströme (Glutwolken aus Gasen und vulkanischem Lockermaterial). Stand ihm hier der Ausbruch des Mont Pelé vor Augen, der 1902 die Stadt Saint-Pierre auf der Insel Martinique verwüstete? Beschreibt er dann auch noch »Feuerfluten«, die an die Lava hawaiianischer Vulkane erinnern, mischt er nach Belieben verschiedene Vulkanarten, um die Dramatik seines Werks zu steigern.

Im Osten wird Beleriand von den Blauen Bergen abgeschlossen. Ihnen entspringen mehrere Flüsse, die parallel zueinander aus den Bergen in die Ebene abfließen. So etwas kommt häufig am Fuß steiler Bergreliefs vor: Die Wasserströme drängen sich geradlinig durch das bewegliche Sediment, weil die hohe Durchflussmenge die Bildung von Flusswindungen verhindert. So werden beispielsweise die Berge des Vaucluse in der

Provence von geraden Gebirgsbächen entwässert, die in den Cavalon münden. Im Zentrum Beleriands verläuft ein Höhenzug von Nordwest nach Südost, der Andram (Langer Wall). Er scheint, ähnlich den Appalachen in den USA, ein bis auf einen abgerundeten Kamm abgetragenes Faltengebirge zu sein. Beleriand ist offensichtlich eine sogenannte Rumpfebene und der isoliert östlich des Andram stehende Amon Ereb ein »Zeugenberg«. Der Andram wird durchschnitten vom »gewaltigen, vielbesungenen Sirion« *(Das Silmarillion)*, der sich im weiteren Lauf verlangsamt und anastomosiert (sich also in zopfartige Gerinneläufe verzweigt wie z. B. die Durance in den Südalpen). Realitätsnah ist das nicht, da angeblich weiter flussabwärts ein »mächtiger Wasserfall« folgt, oberhalb dessen es niemals zur Stagnation oder Verästelung des Flusslaufs käme … Sehr wohl findet sich in der realen Geografie dagegen ein sumpfiges Delta wie an der Mündung des Sirion, man denke nur an das Rhône-Delta in der Camargue oder das Mississippi-Delta in Louisiana.

NÚMENOR, TOLKIENS GEHEIMNISVOLLE INSEL

Den Schriftstellern von Jules Verne über Hergé bis zu H. G. Wells dienten immer wieder Inseln als Inspirationsquelle. Tolkien lässt am Ende des Ersten Zeitalters Númenor aus dem Meer auftauchen, eine fantastische Insel mit der Form eines fünfzackigen Sterns (Abb. 1).

Dieses »Aufsteigen Númenors aus dem Meer« erinnert an reale Vulkaninseln, die sich zum Teil sehr rasch aus vulkanischem Material aufbauen können. So wurde die Entstehung der Insel Surtsey vor Island um den 10. November 1963 durch eine erste Eruption in einer Meerestiefe von 130 Metern eingeleitet. Am 14. November 1963 erschien sie an der Oberfläche, die weitere Inselbildung dauerte bis 1967 an. Übrigens ähnelt die fünfzackige Form Númenors der Vulkaninsel Sulawesi in Indonesien, und Númenors nördliche Zacke, Forostar, weist wie deren Nordhalbinsel, auf der sich viele aktive Vulkane befinden, vielfältige Reliefformen auf. Númenor gleicht auch der Landzunge mit der Stadt Cadiz vor der andalusischen Küste (Tolkien kannte alte Darstellungen davon).

Im Zentrum Númenors erhebt sich als höchster Gipfel der Insel »ein hoher und steiler Berg«, Meneltarma oder Himmelspfeiler genannt. Offensichtlich handelt es sich um einen Vulkan, denn beim Versuch Saurons, die Insel einzunehmen, hörte man »ein Grollen wie von unterirdischem Donner […] Rauch stieg auf vom Gipfel des Meneltarma.« Die Bergspitze gilt als heiliger und verbotener Ort, wie überhaupt in vielen Legenden Vulkane den Wohnsitz der Götter bilden. Der Meneltarma besteht – ganz korrekt – aus übereinander getürmten Lagen erstarrter Lava, die Geologen sprechen von einem Schicht- oder Stratovulkan. Um ihn herum ziehen sich ausgedehnte vulkanische Plateaus (dem Eindruck nach Basaltgestein). Dieser Landschaftstyp ist zum Beispiel in Frankreich im Zentralmassiv anzutreffen.

Doch Númenor erfährt wie so viele mythische Inseln ein tragisches Ende: Als sein alter König Ar-Pharazôn im Streben nach Unsterblichkeit das Land der Valar zu überfallen versucht, wird die Insel von einer Flut vernichtet und verschlungen. Tolkien gab zu, dass hier der Mythos von Atlantis Pate stand.

MITTELERDE, EIN BUNTES GEMISCH DER LANDSCHAFTSFORMEN

Letztlich ist Mittelerde, wo *Der Hobbit* und *Der Herr der Ringe* spielen, der bestbekannte – nicht unbedingt der bestverstandene – Teil von Tolkiens Welt: Es bildet ein Mosaik von Landschaften.

Nördlich des Auenlandes liegt der ungewöhnliche See Evendim. Er wird nicht von Flüssen gespeist und bildet selbst die Quelle des Flusses Baranduin (den die Hobbits wegen seines bräunlichen Wassers so nennen). Eine Entstehung durch Karstgrundwasser (siehe oben) liegt nahe, ähnlich wie beim Lago Ranco in Chile, dem mehrere Küstenflüsse entspringen.

Zwischen den Nebelbergen und dem Weißen Gebirge liegt die Pforte von Rohan, durch die sich der Isen und der Anduin drängen. Der Durchbruch soll im Lauf der Zeit durch die starke Strömung des Anduin entstanden sein, nachdem sich der Ostteil von Rohan gesenkt hatte. Im algerischen Atlas findet man ein reales Beispiel: Hier verbindet ein Erosionseinschnitt die Schotts El Hodna im Norden und Melghir im Süden. Der Anduin mündet in die Bucht von Belfalas, wo er ein eigenartiges konkaves Delta ausbildet. Deltas sind als Sedimentansammlungen im Meer in der Regel konvex – außer, wenn es zu einer raschen Transgression (Vordringen des Meers ins Binnenland) kam. Hat es in der Geschichte Mittelerdes so einen Anstieg des Meeresspiegels gegeben?

Saurons zeitweiliger Wohnsitz Mordor ist von Bergen umgeben, den Ered Lithui und den Ephel Dúath. Diese Enklave erinnert an die Taklamakan-Wüste in Zentralasien, die wegen der lebensfeindlichen Bedingungen auch »Meer des Todes« genannt wird. Neben Trockengebieten gibt es die aschebedeckte vulkanische Hochebene von Gorgoroth im Nordwesten und die fruchtbare Ebene von Nurn im Süden. Sie wird von Flüssen durchzogen, die das Binnenmeer Núrnen speisen; zudem überwiegen Ostwinde. Damit erinnert sie an ein reales Pendant: das Aralsee-Gebiet der 1960er-Jahre (bevor der See bis auf kleine Überreste austrocknete).

Westlich von Mordor liegt das von König Isildur gegründete Reich Gondor. Er war derjenige, der Sauron den Finger abschnitt, an dem der Eine Ring steckte. Das Gebiet beginnt im Norden am seltsamerweise wie ein Delta geformten Zusammenfluss der Flüsse Onodló und Anduin. Logischer wäre eine Anastomose gewesen, also ein Geflecht von Flussarmen; Deltas bilden sich eigentlich nur an Küsten aus. Weiter flussaufwärts liegt das Bergland Emyn Muil. Frodo und Sam verirren sich auf ihrem Weg nach Mordor in diesem Labyrinth, in welches der Anduin tiefe Schluchten gegraben hat – ein typisches epigenetisches Durchbruchstal (was die oben erwähnte Absenkung Rohans noch einmal bestätigt). Danach stürzen die Wasser des Anduin aus schwindelerregender Höhe in die Rauros-Fälle, unterhalb derer sie in die Totensümpfe münden, eine weite, sumpfige Ebene, die noch von Leichen aus lang vergangenen Schlachten übersät ist. Dies ist von der Flussdynamik her eine ganz unwahrscheinliche Konstellation, da die Fließgeschwindigkeit nach großen Wasserfällen in der Regel sehr hoch ist.

Der Fangorn, ein Waldgebiet, das seit dem Ersten Zeitalter die Zuflucht der Ents ist, liegt am Nebelgebirge – diesmal an der »richtigen«, nämlich der Luv-Seite. Die orografische Hebung (siehe oben) der anströmenden Luft führt zu reichlichem Regen, der einen großen und dichten Wald an dieser Stelle plausibel macht.

Unsere Reise durch den Norden Mittelerdes endet beim Grauen Gebirge (Ered Mithrin), wo sich die Zwerge im Ersten Zeitalter niederließen. Es besteht aus zwei Bergketten, welche die Dürre Ebene, eine Brutstätte von Drachen, einschließen. Tolkien folgt einer Tradition der mittelalterlichen Kartografen, abgelegene und unerforschte Gebiete ihrer *Mappae mundi* mit Drachen zu besiedeln. Diese parallelen Bergzüge erinnern an die kolumbianischen Anden, die tatsächlich drei Hauptketten bilden, die Ost-, die Zentral- und die Westkordilliere – mit dem kleinen Unterschied, dass über diesen keine Drachen kreisen …

Anmerkung

1. Vgl. das Kapitel »Die Vulkane, Quellen von Magie und Legenden«, S. 134

ABBILDUNG 1

Númenor taucht vor Mittelerde aus dem Meer auf: Es ist eine Belohnung der Valar für die Menschen, die sich am Kampf gegen Morgoth beteiligt haben.

N
W
E
S
Sorontil
FOROSTAR
ORROSTAR
Meneltarma
ARANDOR
Tol Uinen
Calmindon
Bay of Rómenna
Rómenna
Noirinan
Armenelos
TALMAR
Siril
Nindamos
HYARROSTAR
NÚMENOR
0 50 100 200
MILES
www.fantasy-map.net

EIN GEOLOGISCHER SPAZIERGANG *IN MITTELERDE*

LOÏC MANGIN

In *Der Hobbit* (oder *Bilbo der Hobbit*), der 1937 in Großbritannien erschien, und in *Der Herr der Ringe* (1954/55) lässt John Ronald Reuel Tolkien eine Unzahl von Figuren auftreten, die Mittelerde kreuz und quer durchwandern. Die Geologie dieser Gebiete lässt eine bewegte erdgeschichtliche Vergangenheit erahnen. Im *Hobbit* macht sich der Hobbit Bilbo gemeinsam mit einem Zauberer und dreizehn Zwergen zum Einsamen Berg (Erebor) auf, einem alten Vulkan, in dem ein Drache einen Schatz hütet. In *Der Herr der Ringe* streben zwei weitere Hobbits, Frodo Beutlin und Samweis Gamdschie, mit Gollum als Führer einem anderen Vulkan zu, dem Schicksalsberg. Dort, mitten im Land Saurons, sollen sie den Einen Ring zerstören, der hier einst geschmiedet wurde.

Die Landschaften, die die Helden der beiden Epen durchqueren, sind präzise und wirklichkeitstreu genug beschrieben, um eine Rekonstruktion der geologischen Geschichte von Mittelerde zu wagen. Tolkiens Zeichnungen – meist handelt es sich um nicht ganz leicht zu entschlüsselnde Skizzen des Autors aus den 1930er-Jahren – und die Karten, die sein Sohn Christopher erstellt hat, sind hierbei eine große Hilfe. Sie sind in *The Shaping of Middle-Earth,* dem 1986 veröffentlichten vierten Band der *History of Middle Earth,* verfügbar. Der geologische Spaziergang in Mittelerde kann beginnen!

UND MITTELERDE WURDE RUND

Vorab sollte geklärt werden, was Mittelerde eigentlich ist. Es handelt sich um alle Gebiete Ardas östlich des Großen Meeres (Belegaer). Über die Geografie von Ur-Arda ist wenig bekannt, außer dass ein großer See existiert hatte, in dessen Mitte sich eine Insel namens Almaren erhob. Sie war der Wohnsitz göttlicher Gestalten, der Valar (der Höchsten unter den Ainur). Zum ersten großen geologischen Umbruch kam es mit der Zerstörung der Insel, als die Zwei Leuchten, die die Welt erhellten, von einem der fünfzehn Valar, Melkor (er ist der erste Dunkle Fürst) umgeworfen wurden. Die erstaunliche Folge dieser Veränderung der Landschaft war die Entstehung des Meers von Helcar im Norden und des Meers von Ringil im Süden.

In jener Epoche wurde Mittelerde im Westen wie im Osten jeweils von einem Ozean eingefasst. Große Bergketten, die alle mit einer Farbe bezeichnet waren, durchzogen es auf einer Nord-Süd-Achse: Blaues Gebirge, Rote Berge, Graues Gebirge und Gelbe Berge. Nach dem Erwachen der Elben griffen die Valar Melkor an, um Mittelerde von ihm zu befreien. Das im Nordwesten gelegene Beleriand wurde zum Kriegsschauplatz. Ein weiterer Krieg zwischen den Valar und Melkor, der inzwischen zu Morgoth geworden war, führte am Ende des Ersten Zeitalters zum Untergang Beleriands, von dem nur der im äußersten Osten gelegene Teil, Lindon, und ein paar Inseln wie Tol Fuin und Himling übrig blieben.

Sprung zum Ende des Zweiten Zeitalters: Die Númenórer versuchen unter der Führung von Ar-Pharazôn, der sich den Thron widerrechtlich angeeignet hat, in Valinor einzumarschieren. Eru oder Ilúvatar (der Schöpfergott, der die Ainur erschuf) lässt sich das nicht gefallen und schlägt zurück, indem er einen Abgrund im Meer des Westens öffnet, von dem die feindliche Flotte verschlungen wird. Die Auswirkungen sind beträchtlich: Die Erde, die am Anfang flach war, wird plötzlich rund (Anhänger der Flat-Earth-Theorie gibt es in Mittelerde übrigens nicht), wobei sich aber die Küstenlinien Mittelerdes nur unwesentlich ändern. Mit diesem Vorwissen wollen wir Mittelerde nun genauer betrachten.

EIN MISSGLÜCKTER ERSTER VERSUCH?

Obgleich Margaret Howes für ihren ersten, gut gemeinten Versuch einer Rekonstruktion der geologischen Vergangenheit Mittelerdes alle dafür notwendigen Informationen aus Tolkiens Werken bezog, ließ die Kritik nicht auf sich warten. 1967 schilderte sie in dem Artikel »The Elder Ages and the Later Glaciation of the Pleistocene Epoch« (»Das Erste Zeitalter und die späteren Glaziale des Pleistozäns«) die Evolution der Geografie von Mittelerde ab dem Ende des Ersten Zeitalters (nach der Niederringung Morgoths) bis zu den letzten Eiszeiten des Pleistozäns, also etwa die Periode von 95.000 bis 65.000 Jahren vor unserer Zeit. Howes wurde vorgeworfen, sich zu weit von Tolkien entfernt zu haben, um das geologische Geschehen in Mittelerde in den Rahmen der realen Erdgeschichte einzupassen.

Mehr Erfolg hatte Robert C. Reynolds. Mit seinen 1974 im Artikel »The Geomorphology of Middle-Earth« (»Die Geomorphologie von Mittelerde«) veröffentlichten Studien blieb er auf lange Zeit maßgeblich. Es war ihm gelungen, die

Plattentektonik von Mittelerde analytisch nachzuvollziehen, wobei er vier Platten unterschied: die Eriador-Platte im Westen, die Rhovanion-Platte im Norden, die Harad-Platte im Süden und die zwischen diesen beiden eingekeilte Mordor-Platte im Osten (siehe Abb. 1). Auf Reynolds' Karte fließt der Anduin in einem Rift – einer Grabenbruchzone – zwischen zwei Verwerfungen. Der Autor interpretierte diese als Transformstörungen, eine Art von Verwerfung, die sich an der Grenze von zwei litosphärischen Platten bildet, wenn diese seitlich aneinander vorbeigleiten. Prominentestes Beispiel auf der Erde: der San-Andreas-Graben in Kalifornien. Südlich des Schluchtenlabyrinths der Emyn Muil, durch welches Frodo und Sam von Gollum gelotst werden, liegt ein Gebiet, das Reynolds' Vermutung nach zusammen mit dem Nordteil des Weißen Gebirges ein tektonisches Einbruchsbecken bildet. Außerdem dürfte Rohan – das Reich des Reitervolks der Rohirrim – nordöstlich von dieser Formation auf einem Kraton liegen: einer dauerhaft stabilen Region, in der es kaum tektonische Bewegungen gibt.

EINE GUTE KARTE

Circa zwanzig Jahre später wurde Reynolds' so stimmig wirkende und überzeugend etablierte Beschreibung infrage gestellt, als William Sarjeant (1935–2002), Professor für Geologie an der University of Saskatchewan in Kanada, 1992 eine neue Geschichte der Geologie von Mittelerde vorstellte. Der Fortschritt im Verständnis plattentektonischer Vorgänge aus fast zwei Jahrzehnten kam ihm bei seiner Fortschreibung von Robert C. Reynolds' Arbeiten zugute. Zur neuen Interpretation gab es eine neue Karte (siehe Abb. 2).

William Sarjeant unterscheidet in Mittelerde sechs Platten, also zwei mehr als Robert C. Reynolds. Die ältesten sind die von Forlindon und Eriador; ihre Kollision führte zur Bildung (man spricht von Orogenese) des Blauen Gebirges. Danach wurde die Platte von Forlindon subduziert, das heißt, sie schob sich unter die andere Platte und wurde von dieser in die Tiefe des »Erd«-Mantels gezogen, die einzigen sichtbaren Überreste sind die Regionen Forlindon und Harlindon im Nordwesten. Die Verschiebung der beiden Platten gegen Norden ließ ein System von Verwerfungen entstehen, in welche sich die Flüsse einschnitten. Der Gesteinsverband ist an solchen Stellen durchtrennt; an der schrägen Verwerfungsfläche findet eine gegenläufige Bewegung von zwei Blöcken unterschiedlichen Krustenmaterials statt, es kommt zur Auf- oder Abschiebung.

Im Süden führte die Kollision der Eriador-Platte mit der Rhovanion- und der Harad-Platte zur Auffaltung des Nebelgebirges und der Weißen Berge. Die drei Platten treffen (bei Reynolds und Sarjeant identisch) im Bereich des Kratons von Rohan zusammen. An einem weiteren Tripelpunkt im Norden, wo Eriador-, Rhovanion- und Forodwaith-Platte zusammenstoßen, entstand ebenfalls ein Bergmassiv, das Graue Gebirge.

Das »jüngste» geologische Ereignis in Mittelerde war die Kollision der Mordor-Platte mit der Harad-Platte im Süden und der Rhovanion-Platte im Norden. Entlang der Plattenränder verlaufen im Norden und Süden Transformbrüche. Die markanteste Folge dieser Bewegungen war die Bildung des Riftgrabens, in dem der Anduin fließt. Diese geologische Formation wird nach Sarjeants These von einfachen Verwerfungen gesäumt und nicht – wie Reynolds vermutete – von Transformbrüchen. Komplexe tektonische Vorgänge führten zum Emporsteigen von drei Gebirgsstöcken aus dem Rift; zwei von ihnen – Emyn Muil und Emyn Arnen – bilden die nördliche und südliche Begrenzung des Nindalf-Sumpfgebiets.

Dass vulkanische Aktivität in der Vergangenheit eine Rolle gespielt haben muss, ist klar, doch zu der Zeit, in der die Handlung von *Der Herr der Ringe* und *Der Hobbit* spielt, ist sie auf die Mordor-Platte begrenzt, durch deren Bewegung zahlreiche Risse entstanden sind, an denen Lava austreten kann. Das Tal von Udûn im Nordwesten Mordors war wahrscheinlich ein Supervulkan, von dem nur eine Caldera geblieben ist. Wahrscheinlich entstand der riesige Einsturzkrater bei einem intensiven Ausbruch ähnlich dem des Krakatau 1883 oder des Tambora 1815.

BRUCHSTABILE ZAHNKRONEN AUS MORIA

Lang ist der Weg, bis das Epos des *Herrn der Ringe* am Schicksalsberg, dem einzigen aktiven Vulkan in dieser Region, zum Abschluss kommt. Die anderen drei Vulkane sind Dol Guldur, Orthanc und der Erebor, zu dem Bilbo & Co. seinerzeit aufbrachen. Die Drachenhöhle im Erebor ist vermutlich ein Lavatunnel. Solche Höhlen entstehen, wenn die Oberfläche eines Lavastroms abkühlt und erstarrt, während sich das geschmolzene Gestein im Inneren noch weiterbewegt. Lavatunnel gibt es auf Hawaii, La Réunion, den Azoren, den Kanarischen Inseln u. a.

ABBILDUNG 1

Die tektonischen Platten von Mittelerde nach Robert C. Reynolds.

ABBILDUNG 2

Die tektonischen Platten von Mittelerde nach William Sarjeant.

Moria ist vor allem wegen seiner Erzvorkommen eine bedeutende Region. Die Lagerstätten finden sich dort, wo die Verwerfungen von Tharbad und Hulsten auf das Nebelgebirge treffen. Vermutlich war es in der Kontaktzone zur Aufschiebung von Erzadern gekommen, die bei hohem Druck und hohen Temperaturen in der Tiefe entstanden waren.

Das wichtigste dieser Elemente war das Metall Mithril; es wurde in den Minen von Moria geschürft. Dieses fiktive Material hatte die Besonderheit, sehr leicht und fest zu sein: Im *Herrn der Ringe* kommt ein von den Elben gewebtes Kettenhemd aus Mithril vor, und im *Hobbit* wird aus Mithril das erstaunliche Material Ithildin gefertigt, das nur im Licht des Mondes und der Sterne sichtbar ist. William Sarjeant zufolge könnte Mithril etwas wie eine Platin-Palladium-Legierung sein. In realen Vorkommen trifft man diese beiden Metalle, die zur selben chemischen Gruppe zählen, häufig vergesellschaftet an, vor allem in Russland und Südafrika (die zusammen 84 % der Weltproduktion stellen). Zudem sind solche Legierungen tatsächlich sehr hart. Manche Fotografen nutzen sie, um besonders kontraststarke und edle Prints zu erhalten. Auch Ihr Zahnarzt bezieht vielleicht Material aus den Bergwerken von Moria für Ihre Zahnkronen …

Tolkien hat sein Universum sehr sorgfältig gestaltet. Genauso wie er ein Dutzend Sprachen erfand, die zur Glaubwürdigkeit des Ganzen beitragen, ist Mittelerde auch vom geologischen Standpunkt her kohärent. Nun sollte noch untersucht werden, ob auch in der Geografie Übereinstimmungen mit der Erde bestehen.

MIT DEN FÜSSEN AUF MUTTER ERDE?

Das Auenland liegt, wie Tolkien im Prolog zum *Herrn der Ringe* schreibt, im »Nordwesten der Alten Welt, östlich des Meeres«. Darf darunter der Nordwesten Europas verstanden werden – da dieses die Alte Welt ist? Nicht unbedingt, denn am 11. September 1955 äußerte der Schriftsteller in einem Brief an Hugh Brogan (der damals 19-jährige Adressat, ein späterer Historiker, korrespondierte bereits seit seinem 12. Lebensjahr mit Tolkien!): »Was die Gestalt der Welt im Dritten Zeitalter angeht, so wurde sie leider eher ›dramatisch‹ als geologisch oder paläontologisch konzipiert.« Drei Jahre später, am 14. Oktober 1958, fügte er in einem Brief an die junge Britin Rhona Beare, die sich später als Tolkien-Forscherin einen Namen machte, hinzu: »[…] wenn dies ›historisch‹ wäre, [dürfte es] schwierig sein, die Länder und Ereignisse (oder ›Kulturen‹) mit den uns bekannten archäologischen und geologischen Befunden zu vereinbaren, die den näheren oder ferneren Teil dessen, was heute Europa heißt, betreffen; allerdings wird zum Beispiel von Auenland ausdrücklich gesagt, dass es in dieser Region gelegen habe. Ich hätte alles auf größere Wahrscheinlichkeit hin zusammensetzen können, hätte sich die Geschichte nicht schon zu weit entwickelt gehabt, bevor sich die Frage für mich überhaupt stellte. Ich bezweifle, ob damit viel gewonnen gewesen wäre.«

1967 führte er in einem Brief an die Autoren Charlotte und Denis Plimmer aus: »Die Handlung der Geschichte spielt im Nordwesten von Mittelerde, was in den Breitengraden etwa den Küstengebieten Europas und den Nordufern des Mittelmeers entspräche. [...] Wenn Hobbingen und Bruchtal (wie beabsichtigt) etwa auf der Breite von Oxford liegen, dann läge Minas Tirith, 600 Meilen [1000 km] südlich, etwa auf der Breite von Florenz. Die Mündungen des Anduin und die alte Stadt Pelargir befinden sich etwa auf der Breite des alten Troja.«

Es sollte erwähnt werden, dass eine der Karten, die Christopher Tolkien in The *Shaping of Middle Earth* (*HoME,* Bd. 4) vorlegte, nachweislich Analogien zu Gebieten der Erde aufweist: Ein großer Kontinent südlich von Beleriand erinnert an Afrika. Weiter nordöstlich grenzen zwei Halbinseln an, deren Umrisse der Arabischen Halbinsel und Indien ähneln. Die Kartografin Karen Wynn Fonstad, deren Spezialgebiet Atlanten fiktiver Welten sind, zog diese Darstellung bei ihrem Versuch heran, Generalkarten von Mittelerde zu erarbeiten – die jedoch mit manchen Texten Tolkiens nicht übereinstimmen.

Tolkien ließ sich also nicht von der Geografie der Erde leiten, vielleicht ist aber das Gegenteil der Fall? Tatsächlich trifft man beim Rockall-Trog, einem Sedimentbecken in der See westlich von Irland, an dessen Rand, dem Rockall-Plateau, auf diverse geologische Unterwasser-Formationen wie Eriador-Berg, Rohan-Berg und Gondor-Berg. Ebenfalls nach Orten aus Tolkiens Werken benannt sind die Fangorn- und die Edoras-Bank, die Lórien-Kuppe und der Isengart-Rücken.

Die Verfilmungen des *Herrn der Ringe* und des *Hobbit* entstanden an Drehorten in Neuseeland. Ob die dortigen Landschaftsformen wohl denjenigen entsprechen, die Tolkien vor seinem inneren Auge gesehen und denen der Geologe William Sarjeant eine Geschichte gegeben hat?

Anmerkung

1. Dieser Beitrag lehnt sich an einen einschlägigen Artikel dieses Autors in der populärwissenschaftlichen Monatszeitschrift Pour la Science, Nr. 423, Dezember 2012, an.

VULKANE
ALS MAGISCHE UND MYTHISCHE ORTE

LAURENT STIELTJES

DAS MOTIV DES VULKANS IN TOLKIENS WERKEN

Spielt der Vulkanismus auch keine zentrale Rolle im Werk Tolkiens, so hat er doch in manchen Geschichten eine nicht unwesentliche oder sogar eine Schlüsselfunktion. Beispiele dafür sind der Schicksalsberg im *Herrn der Ringe,* in den der Meisterring geworfen werden muss, oder das Tal von Tumladen, das die herrliche Stadt Gondolin umschließt. Die Beschreibung dieses Tals im *Silmarillion* weist auf eine Caldera hin, einen kesselförmigen, offenen Krater mit mehreren Kilometern Durchmesser, wie er sich beim Einsturz der Mitte eines Zentralvulkans ausbildet. In *Nachrichten aus Mittelerde* regt sich auf Númenor der schlafende Vulkan Meneltarma. Bei seinem Ausbruch geht die Insel unter. Auch hier entsteht eine Caldera – diesmal unter Wasser. Ebenfalls um einen Vulkan handelt es sich beim Einsamen Berg (Erebor). Hier wohnt der feuerspeiende Drache und bewacht eifersüchtig den Schatz aus Gold und Edelsteinen, den er den Zwergen gestohlen hat *(Der Hobbit).*

Tolkien, der in Südafrika geborene Wissenschaftler für Alte Sprachen, angelsächsische Sprache und Literatur, ein Liebhaber der mittelalterlichen Sprachtraditionen, hat nie in seinem Leben einen Vulkan aus der Nähe gesehen. Dennoch besaß er ein solides angelesenes Wissen über Vulkane, unter anderem aus der nordischen Mythologie und ihren Legenden, denen er entscheidende Motive für seine Beschreibung Mittelerdes entnahm. Dieser Begriff ist von »Midgard« abgeleitet, dem Land der Menschen in der nordischen Mythologie – was exakt mit »Mittelerde« übersetzt wird! Auch seine Kenntnisse der antiken Literatur und Mythologie und sein Wissen über die Vulkanregionen der Erde flossen in sein Werk ein. In erster Linie stützen sich seine Beschreibungen von Vulkanen indes auf die von den Isländern überlieferten Wikingerlegenden. In diesen bergen Vulkane und Eis traditionell enorme Kräfte, und die Gottheiten wissen um ihr unausweichliches Ende: In Ragnarök, der Sage vom Weltuntergang, stirbt Thor, nachdem er die Midgardschlange bezwungen hat. Die Flammen des Feuerriesen Surt lösen den Weltenbrand aus, und die Erde wird vom Meer verschlungen.

GEHEIMNISVOLLE BEBEN, ERDSPALTEN UND VULKANE

Prozesse, bei denen Magma aus den Tiefen der Erdkruste aufsteigt und eruptiv an die Oberfläche drängt, führen aus geologischer Sicht zur Vulkanentstehung. Ihr geht ein Aufbrechen von Rissen und Spalten im Inneren des Gesteins voran – ein Motiv, das im Herrn der Ringe deutlich erkennbar ist und für das die Anregung vermutlich vom Mythos um den unsichtbar machenden Ring des lydischen Hirten Gyges kam, der als Allegorie in Platons *Der Staat* eingeflossen ist: Gyges entdeckt den Ring am Finger eines Toten, der in einer klaffenden Erdspalte liegt, die sich nach einem Beben und einem Gewittersturm aufgetan hat. Der Bezug zwischen einem zaubermächtigen Ring und den tellurischen Kräften ist auch im morgenländischen Märchen über Aladin ersichtlich (das später in die Sammlung *Tausendundeine Nacht* einging): Die Erde bebt und raucht, und Aladin erblickt einen im Felsen steckenden Ring, mit dessen Hilfe er später an die Wunderlampe gelangt. Tolkiens wichtigste Inspirationsquelle waren in dieser Hinsicht jedoch isländische Texte aus dem 13. Jahrhundert wie die *Snorra-Edda* (aus ihr bezog er die Namen der Zwerge und des Zauberers Gandalf) oder die *Völsunga saga,* in der ein Drache vorkommt, der einen Ring der Macht besitzt. Auch zur römischen Mythologie lassen sich Parallelen ziehen: Sauron, bei Tolkien die Verkörperung des Bösen, schmiedet die Ringe der Macht in einem Vulkan, so wie der römische Feuergott Vulcanus in seinen drei Schmieden – dem Ätna, dem Vulcano und dem Stromboli – die Waffen und Attribute der Götter des Olymps fertigt. Der Zyklus von Saurons Ringen endet mit der Vernichtung des Einen Rings in der Glut des Schicksalsbergs, wo er einst entstanden war.

AUSSERGEWÖHNLICHE BERGE

Tolkien vermied es, von «Vulkanen» zu sprechen, er zog fantasievollere oder poetischere Namen wie Schicksalsberg oder Einsamer Berg vor. Damit folgte er einer Tradition, die einen Großteil der Mythen und Legenden aller Vulkanregionen der Welt prägt. In der Antike erschienen Vulkane in der Regel als gewöhnliche Berge, die im Griechischen und Lateinischen folglich mit *oros* bzw. *mons* bezeichnet wurden. Der Hinweis auf ihren vulkanischen Charakter geschah bei den meisten Autoren durch Umschreibungen, die mit Feuer assoziiert waren. So sprachen Plinius und Solinus in Bezug auf den Vesuv und den Ätna von »brennender« Erde (im Sinne »wo der Boden verbrannt zu sein scheint«) – Erde, auf der nichts angebaut werden konnte. »Feuerberg« werden sie im Japanischen *(ka san)* oder Indonesischen (*gunung api)* genannt, »rauchender Berg« in den Sprachen Nahuatl *(popoca-tépetl)* und Afar *(erta ale),* »Gottesberg« bei den Massai *(Ol Doinyo Lengai),* in Vanuatu *(Yasur),* bei den Mayas *(Huelhuel)* oder in Kamerun (*Mongo-mo-Ndemi,* die einheimische Bezeichnung des Kamerunbergs). Der Mythenkenner Tolkien griff auf diese weltweit verbreitete Praxis zurück.

VON MYTHEN UMWOBENE ORTE

Quellen von Mythen und Glaubensvorstellungen waren diese rauchenden oder aus Feuer bestehenden »Berge« seit alters, ob man sie nun von Göttern oder Göttinnen, von Geistern oder von Drachen bewohnt sah. Jeder hatte seinen Ursprung und sein Schicksal. Das Feuer, welches aus ihren übel riechenden Schlünden loderte, erweckte Angst und Faszination, sie galten als Wohnstatt der Toten. Ebenso viele Mythen rankten sich um die Schäden und Verwüstungen, die sie anrichteten. Es ging um böse Omen (wie bei den Inkas oder Azteken), um Heldentaten (wie bei den Mayas und Inkas), und sogar in die Symbolik der monotheistischen Religionen wirkten sie hinein. So nährte und inspirierte das Bild der Unterwelt in der griechischen und später römischen Mythologie mit dem Feuerfluss Phlegethon (»der Flammende«) die Vorstellungen des Judentums, Christentums und Islams von der Hölle. Papst Gregor I. warnte: »Die Schlünde dieser Vulkane [Vulcano und Stromboli] öffnen sich von Tag zu Tag weiter, denn diese Orte der Qualen müssen mit dem Nahen des Endes der Welt bereit sein, die wachsende Zahl der Verdammten aufzunehmen.« Und bei Herbert von Clairvaux verblasst der Ätna im *Liber Miraculorum* (1180) gegenüber dem großen isländischen

Vulkan Hekla: »[…] dieser Kessel wird als kleiner Ofen im Vergleich zu dieser riesigen Hölle beschrieben«. Vermutlich griff dies die Schilderung des Abtes Brendan in *Navigatio sancti Brendani* auf, der berichtete, sich im Nordatlantik einer Feuer und Pech spuckenden schwarzen Insel genähert zu haben, in der er die »offenen Tore zur Hölle und hundert Feuerteufel« erblickte.

DAS WISSEN ÜBER VULKANE IN TOLKIENS ZEIT

Die Vulkanforschung war zwischen 1930 und 1950 noch weit vom heutigen Wissensstand entfernt. Ihr Verständnis, das im Wesentlichen in der Beschreibung eruptiver Phänomene wurzelte, steckte in den Kinderschuhen, von tatsächlicher Vulkanologie konnte noch keine Rede sein. Man betrachtete Vulkane eher als eine Art Akne der Erdoberfläche, und zum Ursprung des Magmas gab es lange Zeit höchstens Hypothesen. Vulkane galten bis ins letzte Drittel des 20. Jahrhunderts als zwar faszinierende, doch wenig bedeutende geologische Objekte. Sie waren in den Geowissenschaften nicht »in Mode«, und diejenigen, die sie erforschten, wurden häufig ignoriert, wenn nicht gar schief angesehen, während Stratigrafie (Schichtenkunde), Paläontologie und historische Geologie als respektable Studienrichtungen galten. Nur in Süditalien, Japan, Niederländisch-Ostindien oder auf Martinique und Hawaii wurden lokal begrenzte Bemühungen unternommen, die seismischen Aktivitäten der bedrohlichen Riesen, die immer nur mit einem Auge schliefen, zu überwachen. Die Theorie der Plattentektonik kam erst einige Jahrzehnte nach Tolkiens Geschichten auf. Mit ihr erhielten die Vulkane ab den 1970er-Jahren ihren heutigen grundlegenden Platz in der globalen Tektonik. Früher lieferten weder Fernseh- noch Filmcrews Bilder der erschreckenden Ausbrüche, denn viele Vulkane liegen in abgelegenen tropischen Urwäldern oder kargen und eisigen Wüsten, die man erst nach langen Schiffs- oder Fußreisen erreichte. Schriftsteller und die breite Öffentlichkeit mussten sich deshalb mit den Erzählungen, Zeichnungen und Skizzen von einigen wenigen Naturforschern, Reisenden und Geologen begnügen, für den Rest waren sie auf ihre rege Fantasie angewiesen.

TOLKIENS INSPIRATIONSQUELLEN

Liest man Tolkien, so erkennt man seine drei wichtigsten Vorbilder bezüglich vulkanischer Erscheinungen in den isländischen Legenden sowie in den gigantischen Ausbrüchen des Krakatau in Indonesien (1883) und des Mont Pelé auf Martinique (1902).

Die isländischen Vulkane bereichern die nordische Mythologie – und damit indirekt Tolkiens Geschichten! Für den Plot des *Herrn der Ringe* spielt der wichtigste aktive Vulkan von Mittelerde, der berühmte Schicksalsberg, eine zentrale Rolle. Seine Beschreibung in *Die Rückkehr des Königs* deutet auf einen typischen aktiven Basaltvulkan hin (die Vulkane Islands sind Paradebeispiele solcher Vulkane):

> *Aus Feuerkesseln [...] drängten Ströme geschmolzenen Gesteins durch Spalten in seinen Flanken. Die krochen flammend durch ihr breites Bett [...], andere wanden sich hinab [...] bis sie erstarrten und dalagen wie verkrümmte Drachen, die die gequälte Erde ausgespien hatte.*

Die Lava tritt also direkt aus den Schicksalsklüften aus. Für den nun folgenden dramatischen Höhepunkt des *Herrn der Ringe* bildet der klaffende Abgrund des Kraters, in den der Ring geworfen werden soll, die Szenerie.

Die riesige Explosion des Krakatau von 1883, gefolgt vom Einsturz seines Zentralkegels und der Bildung einer Caldera, rief eine Flutwelle hervor. Dieser Vulkanausbruch, der berühmteste der zweiten Hälfte des 19. Jahrhunderts, wurde weltweit ausgiebig beschrieben und kommentiert. Er repräsentierte für mehrere Generationen den Modellfall einer explosiven Eruption und prägte das Bild der in sich zusammenstürzenden und im Meer versinkenden Vulkaninsel. Er förderte das Verständnis für die Entstehung von Einsturzkratern und ließ Interpretationen der Eruption auf Santorin gegen 1600 v. Chr. zu, an die sowohl der biblische Bericht vom Rückzug des Roten Meeres, das die Hebräer trockenen Fußes passieren konnten, als auch Platons Atlantis-Mythos anknüpfen. Der Ausbruch des Krakatau ging in die westliche Vorstellungswelt ein und kehrt in deren Fiktionen bis heute häufig wieder. Tolkien machte keine Ausnahme, er ließ sich vom Motiv der ins Meer gestürzten Caldera anregen, als er die Überschwemmung der Insel Númenor beim Erwachen des Vulkans Meneltarma gestaltete. Mit dem Tal von Tumladen griff er ein zweites Mal auf dieses Modell zurück: Die Caldera ist deutlich durch den Kranz der

Umzingelnden Berge markiert, die den Amon Gwareth umgeben – eine dem steilen Kegel des Krakatau ähnelnde zentrale Bergspitze. Ein Jahr vor dem Erscheinen des Herrn der Ringe griff auch Hergé 1953 in seinem Comic-Album *Der Ausbruch des Karamako* auf den Krakatau zurück; bereits der Titel spielte mit dem ähnlichen Namensklang.

Der Ausbruch des Mont Pelé 1902 verblüffte die ganze Welt. Er löschte die Stadt Saint-Pierre aus und kostete fast 30 000 Menschenleben. Der Zirkus Barnum stellte bei einer weltweiten Tour einen der Überlebenden und dessen Brandwunden zur Schau. Tolkien ließ sich für den *Herrn der Ringe* vom Bild der Glutwolken des Pelé inspirieren: »Große, sich ballende Wolken zogen seine Hänge hinab und legten sich über das Land.« Er beschrieb die tristen Landschaften der Ebene von Gorgoroth: Sie war »mit großen Löchern übersät, als ob sie, als sie noch eine Wüstenei aus weichem Schlamm war, von einem Hagel von Pfeilen und Schleudersteinen getroffen worden wäre«. Tolkien ergänzte dies mit Phänomenen, wie sie für explosive Ausbrüche typisch sind: »Es gab eine kurze rote Flamme, die unter den Wolken flackerte, bevor sie verschwand»; »Blitze zuckten unter dem schwarzen Himmel auf«; »die Luft war erfüllt von einem bitteren Gestank, der ihnen den Atem nahm«.

Zusammenfassend gesagt, bilden Vulkane und ihre Glut also ein wichtiges Motiv in Tolkiens Geschichten, die nachhaltig von der nordischen Mythologie mit ihrem Weltuntergangsszenario *Ragnarök* einschließlich Weltenbrand und Untergang im Meer beeinflusst sind. In erster Linie standen ihm die feurigen Erdrisse, Lavaröhren und Lavaströme der isländischen Vulkane vor Augen; der Einsturz des Krakatau und die pyroklastischen Wolken des Mont Pelé kamen ergänzend hinzu. Getreu der Tradition der Vulkanlegenden aus aller Welt verwendete er dabei niemals das Wort »Vulkan«, sondern zog ausdrucksvolle Umschreibungen vor.

Die Katastrophe von Numénor

SUMMER IS COMING
DAS KLIMA IN MITTELERDE*

DAN LUNT

Wir freuen uns, wenn gutes Wetter angesagt wird. Doch wissen wir auch, dass sich hinter dem Wetterbericht leistungsfähige Algorithmen zur Bearbeitung enormer Datenmengen aus der Atmosphäre und den Land- und Ozeanmassen verbergen? Strömungsmechanische, chemische und biologische Parameter fließen in Form mathematischer Gleichungen in hochkomplexe Modelle ein, mit denen sich das Wetter der kommenden Woche vorhersagen oder das Klima in zehn oder hundert Jahren simulieren lässt – der Unsicherheitsfaktor steigt natürlich mit der Langfristigkeit der Vorhersage (man spricht vom »Zuverlässigkeitsindex«). Manche Modelle sind eignen sich gut, um die Klimaverhältnisse früherer Zeitalter, etwa des Jura, zu rekonstruieren.

MITTELERDE IM GITTERNETZ

Charakteristisch für die globalen Klimamodelle ist, dass sie die Erde (genauer gesagt, die Atmosphäre und die Ozeane) mit einem dreidimensionalen numerischen Gitter überziehen, dessen Zellengröße je nach Zone variiert werden kann. Im Anschluss wird der Austausch von Masse und Energie zwischen den Zellen mithilfe von Gleichungen berechnet, die diverse Variablen wie die Erdrotation und die Wärmerückstrahlung seitens der Erde (die durch die Solarstrahlung Energie erhält) einbeziehen. Einen der wichtigsten Ausgangsparameter jedes Modells bildet die physikalische Darstellung des Land- und Tiefenprofils der modellierten Zone in topografischen und bathymetrischen Karten (Gewässerkarten).

In meinem folgenden Experiment einer Berechnung des Klimas von Mittelerde lege ich das vom britischen meteorologischen Dienst (UK Met Office) entwickelte Modell »HadCM3L« *(Hardley Centre Coupled Model, Version 3)* zugrunde, ein sogenanntes »globales Zirkulationsmodell«. Es ist, wie alle Modelle, nicht perfekt, da seine Auflösung (also die Zahl der erfassten »Gitterzellen«) nicht sehr hoch ist. Dafür kann es relativ schnell berechnet werden und erschien mir insofern als geeignet für mein Vorhaben.

Den Ausgangspunkt meiner Untersuchung bildeten die 1954 und 1986 veröffentlichten Karten Mittelerdes (vgl. auch im *Historischen Mittelerde-Atlas* von Karen Fonstad, 1985). Mittelerde liegt in der nördlichen Hälfte Ardas. Es nahm im Zweiten Zeitalter einen recht kleinen Bereich ein. Ich ging für das Dritte Zeitalter – den bestbekannten Zeitraum, in dem *Der Hobbit* und *Der Herr der Ringe* spielen – von der Annahme aus, dass es inzwischen zu keinen größeren Klimaveränderungen gekommen war. Nun begann ich mit der Feststellung der Höhenpunkte für meine Basiskarte, anhand derer ich später ein topografisches und bathymetrisches 3-D-Modell erstellen wollte. Ich setzte die aus der Geomorphologie bekannten Durchschnittshöhen an[1]: 2000 bzw. 4000 Meter für Berge und Hochgebirge, 100 Meter für die Flüsse (in höheren Lagen sind es noch Bergbäche, in tieferen bilden sie Delten aus) und 300 Meter für die Ebenen. Nach dem Zufallsprinzip baute ich leichte Variationen in die Werte ein, um dem Umstand Rechnung zu tragen, dass sich die Natur nicht an runde Zahlen zu halten pflegt. Weiter ging ich von einer progressiven Zunahme der Ozeantiefe mit der Entfernung von der Küste aus und setzte das Maximum bei 4000 Metern Tiefe an. Das Ergebnis ist in Abbildung 1 zu sehen.

Nachdem einmal das Höhen- und Tiefenprofil festgelegt war, bestand der nächste Schritt darin, diese zweidimensionale Karte in eine 3-D-Karte umzuwandeln, wie sie für die Modellbildung nötig ist: Dafür wandte ich eine Standardprojektion mit Gitterquadraten gleicher Länge und Breite und 0,5 Grad Gitterweite an und setzte voraus, dass der Radius von Mittelerde dem des Planeten Erde entspricht. Die nicht vorhandenen Ecken Mittelerdes – das zu Beginn eine Scheibe war – implementierte ich, indem ich dort Ozeane einsetzte. Zudem sollte die Rotation dieses Planeten der Erdumdrehung entsprechen und auch die Sonneneinstrahlung (hier durch den nächstgelegenen Stern) mit der Erde vergleichbar sein.

Entsprechend dem in der Simulation zu erfassenden Zeitraum (und der Kapazität des verfügbaren Hochleistungsrechners) war nun noch der Parameter »Zeit« einzubringen. Ich setzte willkürlich 70 Jahre an. Da die Zusammensetzung der Atmosphäre ein wichtiger Klimafaktor ist, legte ich fest, dass der CO_2-Gehalt in der Luft in den ersten 50 Jahren 280 ppm (parts per million) betragen sollte, vergleichbar der vorindustriellen Zeit auf der Erde. Danach wurde, wie aus der Geschichte Mittelerdes bekannt ist, der Schicksalsberg aktiv. Infolgedessen setzte ich für den Rest der Zeit 1120 ppm, also eine viermal höhere CO_2-Konzentration an.

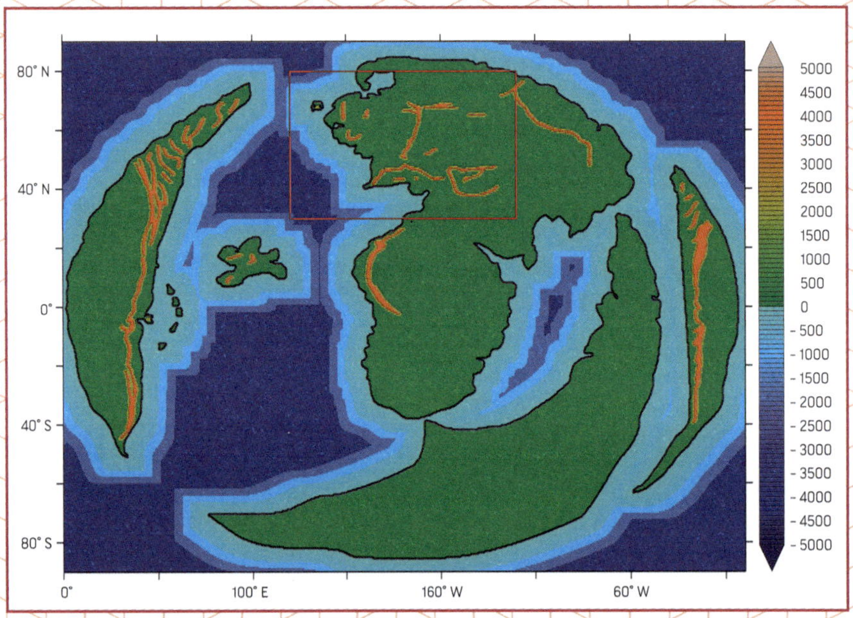

ABBILDUNG 1

Tolkiens Welt im Zweiten Zeitalter von Arda. Topografische und bathymetrische Karte in hoher Auflösung als Grundlage für die Klimamodellierung (rechts die Höhen- und Tiefenskala, Angaben in Meter). Nur die Ergebnisse für Mittelerde (rot eingerahmt) werden hier kommentiert.

TOLKIEN ALS KLIMAGESTALTER

Lehrreiche Einblicke werden mit dieser Modellierung möglich (Abbildung 2 bis 5): Sie zeigt mit kühleren nördlichen Regionen und wärmeren südlichen Breiten eine klare Relation zwischen Temperatur und Breitengrad auf. Zum Beispiel liegt die jährliche Durchschnittstemperatur im Nordteil der Eisregion Forodwaith unter 0 °C, während sie in Harad (Sindarin für »Süden«) über 30 °C beträgt. In dieser Hinsicht ähnelt das Klima von Mittelerde dem in Westeuropa und Nordafrika. Dies ist nicht weiter erstaunlich, denn Tolkiens Land liegt in einer äquatorfernen Zone (die Sonneneinstrahlung findet also unter einem bestimmten Winkel statt) und die Achse des fiktiven Planeten, zu dem es gehört, ist wie bei der Erde leicht geneigt. Somit ist ein Wechsel der Jahreszeiten bemerkbar. Andererseits sind die Bergzüge (wie das Nebelgebirge) kälter als die tiefer gelegenen Gebiete, da die Lufttemperatur üblicherweise mit zunehmender

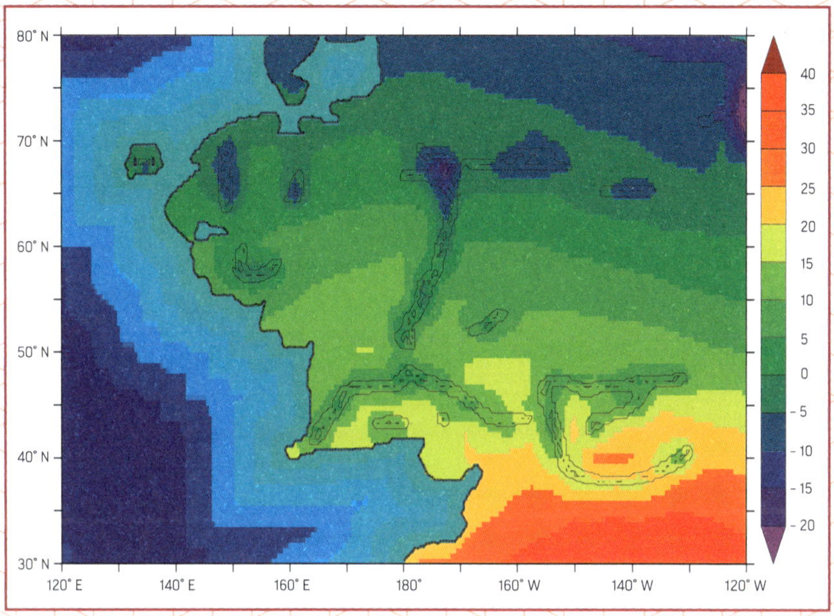

ABBILDUNG 2

Mithilfe des Klimamodells berechnete mittlere Jahrestemperaturen in Mittelerde (Temperaturangaben rechts in °C).

Höhe sinkt. Östlich des Nebelgebirges sind die saisonalen Schwankungen deutlicher ausgeprägt (ähnlich wie in Zentraleuropa, dessen Klima sich durch kältere Winter und heißere Sommer auszeichnet), jedoch besteht eher die Tendenz zu kälteren Wintern als zu wärmeren Sommern, sodass die Jahresmitteltemperaturen mit der Entfernung von den Wassermassen der Ozeane sinken.

Abbildung 3 zeigt die Karte der Niederschlagsmengen (Regen und Schnee). Die meisten Niederschläge fallen im Westen der Bergregionen. Der Regenschatten (oder Lee-Effekt) schützt die Ostseite der Bergzüge (beispielsweise die Osthänge des Nebelgebirges): An den Bergen stauen sich die Meereswinde; die feuchte Luft, die sie vom Westen heranführen, kondensiert zu Wolken, die als Regen oder Schnee über den Westhängen niedergehen. Die auf die Ostseite gelangende Luft ist danach trockener, Niederschläge sind somit seltener. Die südlichen Gebiete von Mittelerde (Harad und der Süden von Mordor) sind wie die Sahara auf der Erde sehr trocken. Mordor, wo es kaum Vegetation gibt, ist infolge seines heißen und trockenen Klimas auch ohne Saurons schädliche Eingriffe eine äußerst unwirtliche Gegend. Für diese südlichen Regionen sind Antizyklone (Hochdruckgebiete) typisch, in denen die Luft von oben nach unten zirkuliert. Sie bilden einen Teil der großen sogenannten »Hadley-Zellen«

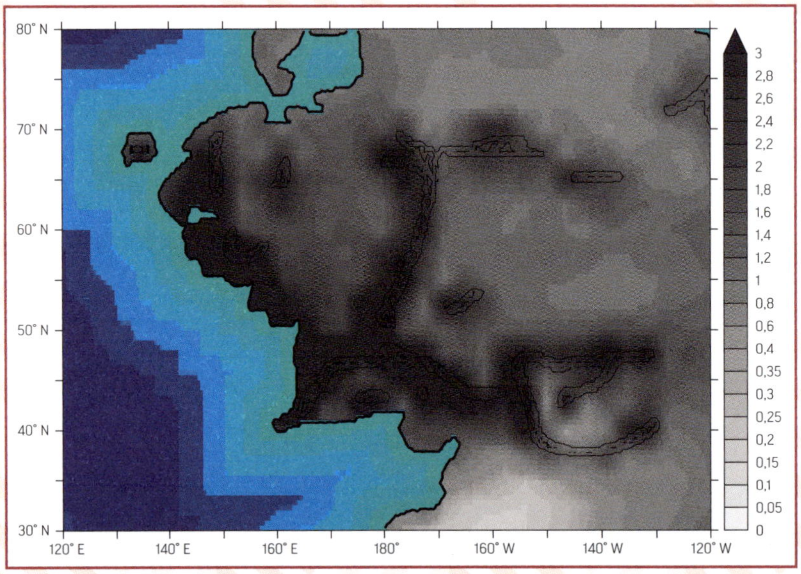

ABBILDUNG 3

Mithilfe des Klimamodells berechnete durchschnittliche Niederschlagsmengen in Mittelerde (Angaben rechts in mm/Tag).

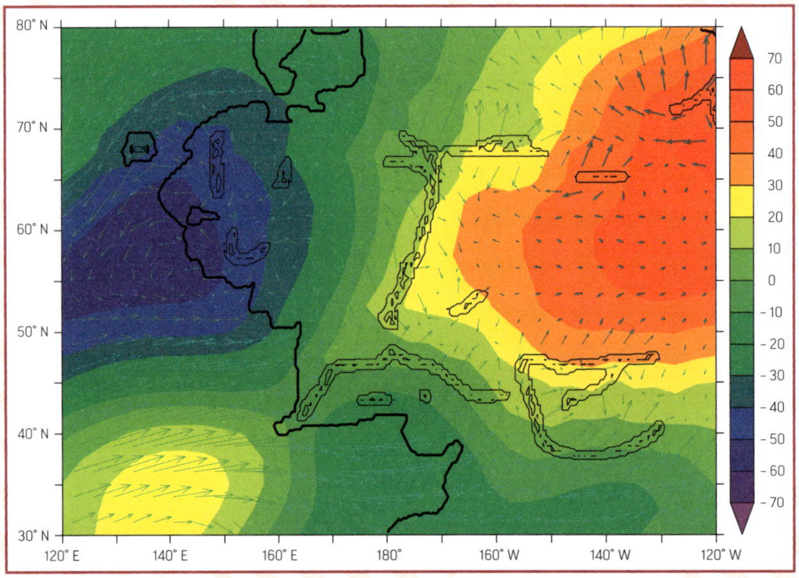

ABBILDUNG 4

Oberflächenwinde (Pfeile) und Luftdruck in Mittelerde gemäß dem Klimamodell (die Skala rechts gibt die geopotenzielle Höhe in Metern für ein Druckniveau von 500 hPa an).

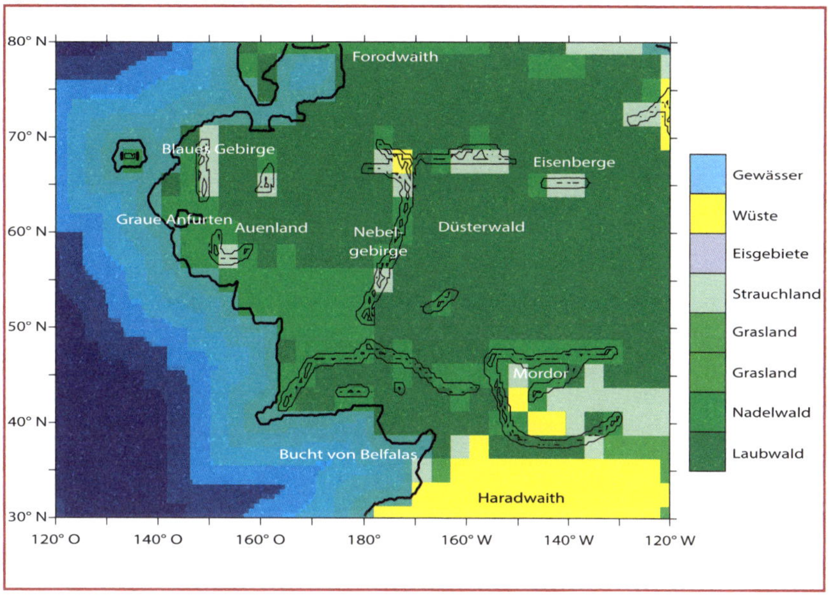

ABBILDUNG 5

Vegetationszonen in Mittelerde
(berechnet mithilfe des Klimamodells).

(nach dem Namen des Astronomen, der dieses Modell entwickelt hat): In der Nähe des Äquators, wo die Sonnenstrahlung im steilsten Winkel auftrifft, steigt die erwärmte Luft empor, strömt durch die Tropen beiderseits ab, wobei sie sich abkühlt, und sinkt über den Subtropen unter Ausbildung von Hochdruckgebieten wieder ab.

Die auf Abbildung 4 dargestellte Windkarte zeigt das Vorhandensein kräftiger Westwinde vom Meer in den südlichen Küstengebieten an, vor allem in der Bucht von Belfalas. Diese Strömungen kontrastieren mit den Ostwinden der nördlicheren Gebiete von Mittelerde. Dies erklärt, warum die nach Westen in die Unsterblichen Lande segelnden Schiffe der Elben von den Grauen Anfurten aus in See stechen, da in dieser Region ablandige Ostwinde wehen und die Navigation begünstigen.

Des Weiteren habe ich meine Hypothesen zur Vegetationsdecke in Mittelerde[2] mit dem Klimamodell getestet, wobei in diesem Modell mögliche wesentliche Veränderungen der Pflanzendecke nicht berücksichtigt wurden, wie etwa durch

Waldbrände, die (mit oder ohne Absicht) durch Drachen verursacht wurden, den Raubbau am Wald durch Sarumans Heere in Isengart oder den mehr oder weniger extensiven Pfeifenkraut-Anbau der Hobbits. (Dies entspricht realen Modellen für die Erde, in denen Faktoren wie die Waldvernichtung im Amazonasgebiet ebenfalls nicht einbezogen werden.) Die berechnete Vegetation gemäß Abbildung 5 ist stark niederschlags- und temperaturabhängig: In Mordor nimmt sie die Form eines buschigen Bewuchses an, während ein solcher in den Wüsten des Südens fehlt. Strauchvegetation bedeckt die Gipfel des Nebelgebirges, die Eisenberge (im Norden) und das Blaue Gebirge (im Westen). Der Rest von Mittelerde ist eher mit unterschiedlichen Baumarten bewaldet. Dies stimmt mit den Schriften Elronds überein, in denen erwähnt wird, dass Eichhörnchen Mittelerde von Auenland bis Isengart durchqueren können, ohne ein einziges Mal den Erdboden zu berühren.

ENTSPRECHUNGEN AUF DER ERDE

Das errechnete Modell gibt ein gutes Bild von Mittelelerde. Inwiefern ein Vergleich mit den realen Verhältnissen an bestimmten Orten der Erde möglich ist, soll zunächst am Beispiel Auenlands untersucht werden: Für die Heimat der Hobbits gibt das Modell eine Jahresmitteltemperatur von 7 °C und eine jährliche mittlere Niederschlagsmenge von 610 mm an. (Zum Vergleich: Die Durchschnittswerte für London betragen 11 °C und 600 mm, die für Paris 12 °C und 610 mm.) Anhand dieser Werte ist ersichtlich, dass es in Osteuropa und dort insbesondere in Belarus die meisten Landstriche gibt, die eine klimatische Ähnlichkeit mit Auenland aufweisen. In Großbritannien kommen Lincolnshire und Leicestershire in Mittelengland am nächsten, in Neuseeland dürfte es das Gebiet nördlich der Stadt Dunedin auf der Südinsel sein – welches sich in puncto Klima hervorragend eignet, sollten in Zukunft weitere Verfilmungen angedacht sein.

Wie steht es mit Mordor? Klimatisch kommen zwei Gebiete der USA Saurons Reich am nächsten: die Region um Los Angeles und der Westen von Texas. In Australien liegen die Jahresmittelwerte in einem Großteil des Bundesstaats New South Wales und in der Stadt Alice Springs (im Zentrum des Landes) den Werten von Mordor sehr nahe. Sie sind typisch für Wüstengebiete.

DIFFERENZIERTERE BERECHNUNGEN

Chancen für den Erhalt stärker ausdifferenzierter Klimaszenarien bestehen nur beim Einsatz erweiterter Modelle. Das hier angewandte hat, wie schon erwähnt, den Vorzug, relativ wenig Rechenzeit zu erfordern, doch sein Nachteil liegt in der sehr groben Auflösung: Die untersuchte Zone wird in relativ große Gitterzellen geschnitten. Als weiteres Vorgehen kann eine Vergleichsuntersuchung erwogen werden (Testen verschiedener Modelle auf der Grundlage der vorliegenden 3-D-Ausgangskarte), oder aber das Modell wird nach dem gewohnten Verfahren eingesetzt, dabei werden in einem »Störparameterversuch« allerdings Parameter in der Ausgangskarte wie zum Beispiel die Höhe der Berge, der CO_2-Gehalt der Luft oder der Vegetationstyp verändert. Mithilfe dieser beiden Ansätze ließe sich anstelle eines Einzelergebnisses eine Gesamtheit von Ergebnissen erzielen, was differenziertere Simulationen erlaubt. Zu bedenken ist dabei jedoch, dass diese Simulationen stark von Variablen abhängig sind, denn die Atmosphäre ist ein chaotisches Phänomen. Wie lautete doch ein alter Spruch der Elben? »Sogar ganz ohne Magie kann der Flügelschlag eines Schmetterlings in Bruchtal einen Tornado in Mordor auslösen.«

Anmerkungen

* Der englische Originaltext wurde von Sébastien Steyer ins Französische übersetzt; er wurde gekürzt und dabei offensichtlich umfangreich redigiert (vgl. die englische Version dieses Buches). Die deutsche Übersetzung erfolgte anhand des französischen Texts. [Anm. d. Übers.]

1. Vgl. das Kapitel »Landschaften bei Tolkien: Ein geomorphologischer Ansatz«, S. 118.f
2. Vgl. das Kapitel »Pflanzen und Landschaften in Mittelerde«, S. 152.

GROSSARTIGE LEBENSWELTEN

4

PFLANZEN UND LANDSCHAFTEN *IN MITTELERDE*

JEAN-YVES DUBUISSON / ÉLODIE BOUCHERON-DUBUISSON

Tolkiens Werk enthält eine Fülle an interessanten Pflanzen, die häufig auch über magische Eigenschaften verfügen. Beispiele sind die von den Valar erschaffenen Weißen Bäume (Aragorn erbt einen davon in Minas Tirith), das Heilkraut Athelas (mit dessen Hilfe der von einem Nazgûl verletzte Frodo wieder auf die Beine gebracht wird) oder diverse Kulturpflanzen wie das Pfeifenkraut (vor allem die Auenland-Sorten Langgrundblatt, Alter Tobi und Südstern). Ihre Beschreibung würde ein ganzes Buch füllen. Wir beschränken uns hier jedoch darauf, zu rekonstruieren, welche Vegetation sich im Dritten Zeitalter unter den Standortbedingungen Mittelerdes entfalten konnte, um damit zu demonstrieren, mit welchen wissenschaftlichen Methoden Botaniker arbeiten. Die großen Vegetationszonen der Erde werden (mit Ausnahme der Eis- und Trockenwüsten) über die dort dominierenden Pflanzenarten beschrieben. Diese wiederum sind von den lokalen Klimafaktoren abhängig, was auch für Mittelerde gilt. Tolkien macht kaum Angaben zu den Klimazonen seines Universums, doch die Karte von Mittelerde weist eine interessante Breitenzonierung auf, die von der eisigen Ödnis (Forodwaith) nördlich des Flusses Arnor bis zu den ausgedehnten Wüstenflächen von Harad südlich des Flusses Poros reicht. Dies lässt ein sehr kaltes und raues Klima im Norden vermuten, ein heißes Trockenklima im Süden und dazwischen eine große gemäßigte Zone mit mildem Meeresklima im Westen, wo Mittelerde an das Große Meer (Belegaer) grenzt; nach Osten nimmt hingegen die kontinentale Prägung zu. Damit entspricht es dem Klima im heutigen Europa.[1]

LINDON, AUENLAND UND ERIADOR: LIEBLICHE LANDSCHAFTEN

Legendäre Heimat von Bilbo und Frodo und Ausgangspunkt ihrer Abenteuer ist Auenland. Mit seinen von Hecken, Bächen und verstreuten Wäldchen durchzogenen grünen Hügeln wirkt es ausgesprochen idyllisch und erinnert an die liebliche Landschaft

Englands. Das Gebiet grenzt im Westen an das Große Meer (Belegaer). Vermutlich herrscht also gemäßigtes und mildes, maritim beeinflusstes Klima (milde und feuchte Sommer und Winter), das zum Nebelgebirge hin kontinentaler wird (kalte und feuchte Winter, trockenere und heiße Sommer). Dieses ansprechende Land gehört zu einer größeren geografischen Zone, die Eriador genannt wird. Da der Wind vorwiegend aus westlicher Richtung vom Meer kommt, kann man davon ausgehen, dass Eriador ausreichend Niederschläge erhält und weder Hitze- noch ausgeprägten Dürreperioden ausgesetzt ist. Man trifft die typischen Laubwälder der gemäßigten Breiten an, die im Herbst ihr Laub abwerfen. Nur gelegentlich sind sie mit Nadelbäumen vermischt, es dominieren Eichen, Buchen, Ulmen und in den Feuchttälern Eschen, Erlen und Weiden, dazu im Unterholz viele Farnarten – mit anderen Worten, nichts, was für einen jungen britischen Leser sehr exotisch wäre. Folgt man den Spuren Bilbos und später Frodos und seiner Gefährten nach Osten, wird die Natur urwüchsiger. Wälder wie der Alte Wald an der Ostgrenze Bocklands und die Trollwälder westlich von Bruchtal wechseln sich mit Heideland ab.

DER NORDEN UND DIE BERGREGIONEN: DIE NADELWALDZONE

Europas Laubwälder weichen, je weiter man nach dem Norden und Osten mit seinen frostigen Wintern vordringt, zunächst Mischwald und dann reinem Nadelwald, der Taiga. Hier dominieren Tannen, Fichten und Lärchen. Die Pflanzendecke ändert sich nicht nur in Abhängigkeit von der Breitenlage, sondern auch von den Höhenstufen, die von der kollinen Stufe über die baumlose Vegetation der alpinen Stufe bis zur nivalen Stufe reichen, wo der Schnee das ganze Jahr liegen bleibt. Entsprechend findet ein Übergang von Mischwald (montane Stufe) zu Nadelwald (subalpine Stufe) statt, welcher der Taiga in der Ebene vergleichbar ist. In Bruchtal, das in einem Talkessel am Fuß des Nebelgebirges liegt, liegt eine Mischvegetation aus Laub- und Nadelholzarten vor. Dies entspricht der montanen Stufe.

Während in Kontinentaleuropa der in Skandinavien vorherrschende boreale Nadelwald nach Süden zu mehr und mehr dem Laubwald weicht, scheint dies im Norden Eriadors und Arnors sowie im nördlichen Arthedain und an der Grenze zu

- Polares Klima – Tundra und Eiswüste
- Kaltes Trockenklima – Kaltsteppe und Heide
- Alpines Klima (montan bis nival) – Mischwald, borealer Nadelwald, alpine Matten
- Gemäßigtes Ozeanklima – sommergrüner Laubwald
- Gemäßigtes Kontinentalklima – Laub- und Nadelwälder
- Gemäßigtes Trockenklima – gemäßigte Grassteppen
- Mediterranes Klima – Hartlaubgehölze
- Heißes Trockenklima – Halbwüste und Wüste
- Klima und Vegetation durch Magie verändert

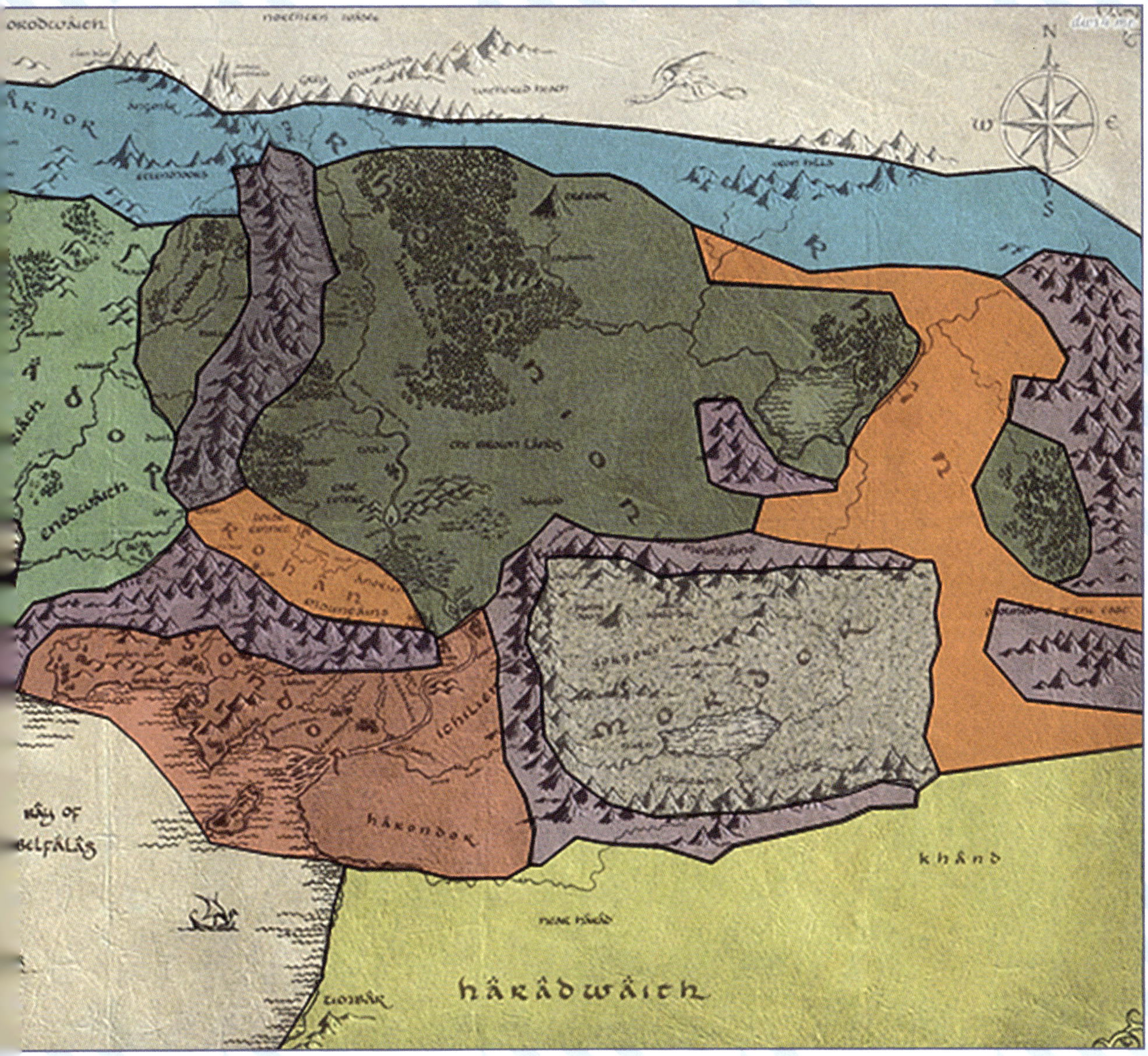

ABBILDUNG 1

Klima- und Vegetationszonen in Mittelerde

Angmar nicht der Fall zu sein; dort trifft man hauptsächlich heideartigen Wildwuchs und Ödland wie die Ettenöden an – das Land der Trolle. Die Vermutung liegt nahe, dass starker Holzeinschlag oder magische Eingriffe (durch den Hexenkönig von Angmar?) für das Fehlen einer Taiga verantwortlich sind – die den Trollen, deren Vorliebe für große Nadelwälder aus den skandinavischen Sagen bekannt ist, sicher zugesagt hätte. Auf ihrem Weg durchs Nebelgebirge durchqueren Bilbo, Frodo und ihre Gefährten subalpine Nadelwälder, bevor sie die schneebedeckten Gipfel erreichen. In der Region, die sie nach dem Aufenthalt in Lothlórien auf dem Weg nach Süden zu den Emyn Muil durchwandern, sind Kiefern und Tannen (diese vor allem im Kammbereich), Laubbaumarten (bis hin zu Birken) und Heidelbeersträucher im Unterholz vergemeinschaftet. Dies zeigt ein stärker kontinentales Klima als in der Zone westlich des Nebelgebirges an. Zum Teil liegt auch eine Mischvegetation mit montaner Tendenz vor.

RHOVANIONS GROSSE WÄLDER UND IHRE EICHEN

Eichen sind im heutigen Westeuropa die dominante waldbildende Baumart des Flachlands (planare Stufe). Der zweitwichtigste Baum ist die Buche. Da diese empfindlich gegen Trockenheit ist, bevorzugt sie besonders die Regionen mit stärkerer Bewölkung und den Mischwaldbereich der montanen Höhenstufe (Bergwaldstufe). Die Eiche kommt mit geringeren Niederschlagsmengen und stärkerer Sonneneinstrahlung besser zurecht. Auf sandigen und leicht sauren Böden überwiegt stellenweise die Kastanie. Zu Eichen und Rotbuchen als Hauptarten gesellen sich Hainbuchen, an den Waldrändern wachsen auch Ulmen, Ebereschen, Pfaffenhütchen, Kornelkirschen, Schneeballsträucher, Liguster, Weiß- und Schlehdorn, Heckenrosen, Haferpflaume und Ahorn. In der gemäßigten Zone sind im Unterwuchs und an den Waldrändern die Stechpalme und einige Kletterpflanzen wie Efeu, Clematis und Geißblatt heimisch. Die letzteren drei sind auch bei Tolkien erwähnt, Geißblatt allerdings nur als der Name eines Mannes aus Bree (Heinrich Geißblatt), der in die von Saruman angestifteten Unruhen verwickelt ist, welche Auenland vor Frodos Rückkehr erschüttern. In feuchten Tälern und an den Ufern von Bächen, Flüssen, Teichen und Seen herrschen Eschen und Erlen vor, natürlich auch zahlreiche Weidenarten. Doch die typische Baumart ist auch hier die Eiche – und so nutzt Thorin Eichenschild (daher sein Name) den Ast einer Eiche, um sich vor Azog dem Schänder zu schützen.

In den Wäldern Eriadors trifft man die oben beschriebenen, für gemäßigte Zonen typischen Pflanzenarten an. Kommt man nach Rhovanion, trifft man auf drei riesige Wälder: den Düsterwald, den bewaldeten Teil Lothlóriens und den Fangorn. In zwei von ihnen leben Waldelben, und alle beherbergen sie zahlreiche fantastische Geschöpfe und bilden den Schauplatz einiger Schlüsselereignisse von Tolkiens Universum. Wie die Laubwälder des heutigen Europas sind sie von Eichen geprägt, dazu kommen in Lothlórien rätselhafte fantastische Bäume, Mellyrn genannt (die am ehesten Buchen ähneln und einen engen Bezug zum Reich des Elbenpaars Celeborn und Galadriel haben). Auch Buchen und Ulmen zählen zur Baumgemeinschaft; in den höheren Lagen finden sich Fichten, Tannen und Birken, was auf eine kontinentale Tendenz hinweist. Dazu kommen einige Begleitarten wie die Eberesche.

Fangorn ist der sehr alte, durch eine große Vielfalt von Arten gekennzeichnete Wald im Süden, die Heimat der Ents oder Baumhirten. Ihr Ältester trägt den Namen Baumbart. Der Fangornwald gilt als Überrest der großen Wälder, die sich im Ersten Zeitalter von den Ebenen bis hin zur Bergwaldstufe über die ganze westliche gemäßigte Zone ausdehnten, zu der auch Eriador zählte. Als Baumbart Merry und Pippin zur Versammlung der Ents mitnimmt, fällt den beiden Hobbits auf, dass jedes dieser Wesen einer ganz bestimmten Baumart ähnelt, also etwa einer Eiche, Buche, Esche, Pappel, Kastanie, Eberesche, Birke oder Tanne. Der Fangornwald umfasst mit anderen Worten die ganze Biodiversität der heutigen europäischen Wälder von der Ebene bis zur Bergwaldstufe. Hier sei erwähnt, dass Baumbarts Aussehen mit dem einer alten Eiche oder Buche verglichen wird, während der Ent Bregalad (Flinkbaum) einer Eberesche ähnlich sieht. Diese Baumart ist bei Tolkien auch außerhalb des Fangorn überaus häufig anzutreffen. Da die Eberesche oder Vogelbeere *(Sorbus aucuparia)* häufig in Gärten oder Parks gepflanzt wird, kann man sie als die bekannteste Art aus der Gattung der Mehlbeeren (Sorbus) ansehen, welche mehrere Arten von kleinen Bäumen und Büschen umfasst. Diese sind in den Laubwäldern der gemäßigten Regionen zwar nicht stärker verbreitet als andere Begleitarten, doch verwendet man die Beeren der Eberesche in England als traditionellen Bestandteil der typischen Gelees bzw. Wackelpuddings *(Jellies)* oder verarbeitet sie zu Konfitüren, wenn nicht gar zu Likör. Dies mag erklären, warum Tolkien dieser Pflanze einen so wichtigen Platz einräumt.

Südlich von Rhovanion, in Ithilien, wird das Klima milder. Nach einer mit Heidekraut und Ginster bewachsenen Zone begegnet man Pflanzen wie Zypressen und Zedern, die im Auenland unbekannt sind. In unserer Welt sind sie in den Bergen rund ums Mittelmeer anzutreffen. Bis hin zur Mündung des Anduin schildert Tolkien eine typisch mediterrane Vegetation mit Olivenbäumen, Myrten, Lorbeerbäumen und Terebinthen.

> *Viele große Bäume wuchsen dort, vor langer Zeit gepflanzt, doch ungepflegt im Alter inmitten eines Gewirrs sorglos wuchernder Abkömmlinge; und Haine und dichte Gebüsche gab es mit Tamarisken und scharfen Terpentinpistazien, mit Oliven und Lorbeer, und es gab Wacholder und Myrten; und Thymian, der in Büschen wuchs, oder mit seinen holzigen, kriechenden Trieben verborgene Steine mit dunklen Teppichen überzog; Salbeien vieler Arten trugen blaue, oder rote, oder blassgrüne Blüten; und Majoran und frisch sprießende Petersilie und viele Kräuter, deren Formen und Gerüche Sams Gartenkunde überstiegen.*
>
> Der Herr der Ringe, *IV, 4*

Der hier genannte Wacholder gilt im heutigen Europa – wo man aus seinen Beeren vor allem in Großbritannien Gin herstellt – eher als Pflanze der kühleren gemäßigten Zonen, selbst wenn er vorzugsweise auf gut besonntem Wiesenland wächst (übrigens der einzige Nadelbaum, der in den westeuropäischen Ebenen von Natur aus vorkommt). Oregano, Thymian und Wiesenkerbel sind in Hülle und Fülle vorhanden. Sie werden von Frodo und Sam als Würzkräuter für Kaninchenpfeffer geschätzt. Gollum denkt darüber anders …

> *»Gollum«, rief er leise. »Aller guten Dinge sind drei. Ich brauche ein paar Kräuter.« Gollum streckte den Kopf aus dem Farn, aber sein Ausdruck war weder hilfsbereit noch freundlich. »Ein paar Lorbeerblätter, etwas Thymian und Salbei können rein, bevor das Wasser kocht«, sagte Sam. »Nein!«, sagte Gollum. »Sméagol ist nicht erfreut. Und Sméagol mag riechende Blätter nicht. Er isst kein Gras oder Wurzeln, nein, Schatz, nicht ehe er verhungert oder sehr krank ist, armer Sméagol.«*
>
> Der Herr der Ringe, *IV, 4*

Im heutigen Mittelmeerraum wechseln sich immergrüne, also ihre Blätter nicht abwerfende Steineichenwälder – man nennt sie auch Hartlaubwälder – mit einer offenen Strauchheidenformation ab. Diese wird Garrigue genannt, was eine Waldformation bezeichnet, deren Pflanzenbestand entweder aufgrund der Bodenbeschaffenheit reduziert oder durch menschliche Einwirkung, insbesondere Beweidung, gestört ist. Der Süden Rhovanions passt in dieses Bild: Die hier beschriebenen Steineichen und

Buchsbäume bilden dichte Waldformationen, die sich mit offeneren Formationen abwechseln.

DIE STEPPEN VON ROHAN: GRAS, SO WEIT DAS AUGE REICHT

Landschaftlich gesehen präsentiert sich das im Süden bis zum Weißen Gebirge reichende Königreich Rohan, durch welches König Théodens Reitersoldaten während des Ringkriegs preschen, als weites Steppengebiet. Tolkien spricht von »Prärie«. Bildet sich in der gemäßigten Zone (für die sommergrüne Laubwälder typisch wären) eine Steppe aus, also eine offene Vegetationsform, so sind dafür entweder die Bodenbedingungen (ein zu stark drainierter Boden, in dem das Wasser zu schnell abfließt) oder ganz einfach eine lokale Klimabesonderheit verantwortlich. Möglicherweise erhält die Region infolge ihrer abgeschotteten Lage deutlich weniger Regen als der Nord- und Mittelteil von Rhovanion: Nördlich liegt das Nebelgebirge, und im Süden prallen die vom Meer anströmenden feuchten Luftmassen gegen das Weiße Gebirge und trocknen auf ihrem weiteren Weg nach Norden durch den Föhn-Effekt aus.[2] Dies könnte der Entwicklung eines dichten Waldes entgegenstehen und die Ausbildung einer mehrjährigen Krautvegetation begünstigen. Ebenfalls waldlos ist das westlich von Rohan gelegene Isengart – hier fielen die Bäume Sarumans Rüstungsindustrie zum Opfer. Die massive Abholzung und die immer häufigeren Übergriffe der Orks auf den Fangorn-Wald erregen schließlich den Zorn der Ents, so dass sie einen Angriff auf den Orthanc-Turm, Sarumans Hochburg, starten.

ANDERE VEGETATIONSFORMEN

In Mordor, wo Frodos und Sams Reise endet, ist die Umweltzerstörung durch die üblen Umtriebe Saurons und seiner Kreaturen so tiefgreifend, dass eine umfassende Beschreibung der Vegetation nicht möglich ist. Alte, mit stacheligen Ranken durchzogene Wälder mit düsterem Unterholz, in denen neben Wölfen und anderen Raubtieren zahllose fantastische

Wesen hausen, erscheinen in der Bildwelt der Volksliteratur und -kunst furchterregend und bösartig, nebelverhangene Sümpfe ebenso. Doch Tolkien schuf neben dem von Dol Guldur aus beherrschten Düsterwald, in dem Riesenspinnen lauern, auch den Fangornwald und Tom Bombadils Alten Wald – zwei nicht minder geheimnisvolle Waldumgebungen, die jedoch eher Ehrfurcht als Furcht erwecken. Anders verhält es sich mit Sümpfen und Mooren wie den Totensümpfen im Norden Mordors, die Frodo und Sam in Gollums Begleitung durchqueren. Hier lagern im fauligen Wasser noch die Gefallenen einer alten Schlacht; es gedeihen nur einige kümmerliche Holzgewächse (Weiden?) und zahlreiche krautige Pflanzen (verschiedene Süßgräser, Seggen und Binsen).

Im Gegensatz zu Mittelerde, wo die Legenden um Bilbo und den Ringkrieg spielen, werden die außerhalb davon liegenden Gebiete kaum oder nur sehr knapp geschildert. Vermutlich breitet sich am Rand der eisigen Ödnis Forodwaith im Norden und an der Eisbucht von Forochel eine niedrige und spärliche Tundravegetation aus. Das große Land Rhûn östlich von Rhovanion soll von Nomaden bewohnt sein, was an die Hunnen erinnert, die im ersten Jahrtausend aus den Steppen Zentralasiens nach Mitteleuropa einfielen. Bei seiner Vision auf dem Amon Hen (dem Berg des Auges) nimmt Frodo dort weite Ebenen (Steppen?) und unberührte Wälder wahr. Harad im äußersten Süden Mittelerdes wird als Wüstengebiet beschrieben; es hat sein reales Gegenstück in der Sahara und den Wüsten und Halbwüsten des Nahen und Mittleren Ostens. Hier wohnen die Haradrim, die sich im Ringkrieg mit Sauron verbünden. Ihre Reittiere sind die furchterregenden Mûmakil oder Olifanten. Diese riesigen Dickhäuter kommen natürlich nicht aus Wüsten, sondern leben in der Savanne oder in Tropenwäldern, was eine entsprechende Vegetation im Süden Harads nahelegt.

Abgesehen von diesen wenigen Randgebieten, deren vermutliche Vegetation nur anhand von Vergleichsbeispielen extrapoliert werden kann, entsprechen die Pflanzenformationen in Mittelerde denjenigen, die man im heutigen Europa von den Britischen Inseln bis zum Rand des Urals und bis hinunter zur Mittelmeerküste antrifft. Somit bewegt sich ein junger westlicher Leser, wenn er sich von Mythos und Fantasy in diese bunte und außergewöhnliche Welt entführen lässt, wie Bilbo, Frodo und ihre Gefährten weiterhin in Naturlandschaften, welche ihm vertraut sind.

Anmerkungen

1. Vgl. das Kapitel »*Summer is coming*. Das Klima in Mittelerde«, S. 142.
2. Vgl. das Kapitel »Landschaften bei Tolkien: Ein geomorphologischer Ansatz«, S. 118.

SYLVIE DELAIRE

TOLKIENS UNTERIRDISCHE WELTEN

GROTTEN, HÖHLEN UND MINEN

»Dennoch hat er [der Abgrund] einen Grund, jenseits von Licht und Wissen […] Dorthin kam ich zuletzt, zum äußersten Grund des Gesteins […] Weit, weit unter den tiefsten Grabungen der Zwerge nagen namenlose Wesen an der Welt. Selbst Sauron kennt sie nicht. Sie sind älter als er.«

Gandalf in Der Herr der Ringe, *III, 5*

Tolkiens unterirdische Welten sind großartig und geben seinen Geschichten echte Tiefe. Von natürlich entstandenen Grotten und Orkhöhlen bis hin zu den von Zwergen geschaffenen Minen von Moria wollen wir nun diese gefahrvollen und geheimnisumwobenen Welten erkunden …

NATÜRLICHE HÖHLEN ODER »GROTTEN«

Erosion unter der Einwirkung von Wasser führt in der Regel zur Ausbildung von Hohlräumen im massiven Gestein, da Karbonatgesteine (z.B. Kalkstein und Dolomit) wasserlöslich sind. Auch mechanische Einwirkungen wie tektonische Bewegungen und der Frost-Tau-Wechsel tragen zu dem Prozess bei, indem sie das Felsgestein aufsprengen, es zerbröckeln lassen und angreifbar machen. Diese natürlichen Phänomene verleihen Tolkiens Welt eine geologische und tellurische Dimension, die zeitlos, aber sehr real ist. Die daraus entstehenden unerforschten und dunklen Räume bilden wahre dreidimensionale Labyrinthe, in denen ein Teil der Geschichte spielt.

In *Der Hobbit* gehört die riesige Orkhöhle unter dem Nebelgebirge zu einem weitläufigen Karstnetz – einem durch Erosion im Kalkgebirge entstandenen Höhlensystem, dessen Gänge von einem ehemaligen unterirdischen Wasserlauf zeugen: Über Kluftspalten oder Verwerfungsfugen (wie in der Eingangshalle) sickert Oberflächenwasser ein und erodiert das umgebende Gestein. Goblins (auch

Ein Mithril-Bergwerk in Moria

Bilwisse oder Höhlen-Orks genannt) haben hier alte Höhlen und trockengefallene Gänge umgestaltet und eine ganze unterirdische Stadt – Orkstadt – angelegt. Das Hauptbett des unterirdischen Flusses mündet später in eine größere Hauptrinne und speist die Karstwasserschicht an der Bergsohle, wo sich ein Höhlensee befindet (kein Fluss, wie Bilbo, der hier auf Gollum trifft, bemerkt). Von oben tröpfelt es aus der Höhlendecke; wegen der undurchlässigen Lehmschicht direkt unter dem See kann dieser nicht ablaufen. In solchen Räumen, wo Sickerwasser durch die Decke kommt, können sich wunderbare Speläotheme (Höhlenminerale) bilden: Je nach Kalzitgehalt, Breite der Konkremente usw. sind die Karstnetze mit Stalaktiten, Stalagmiten, Säulen, Tropfsteinröhrchen (dünne Kalzitröhren) oder Draperien geschmückt. Bei leicht saurem ph-Wert des Wassers wird Kalziumkarbonat aus dem Kalkstein gelöst und mitgeführt; beim Eintritt in Hohlräume kommt es durch den Druckabfall zu verstärkter Verdunstung, wobei Kohlendioxid entweicht und das Kalziumkarbonat in Form von Kalzitkristallen wieder ausfällt.

Wesentlich gediegener als Orkstadt wirkt der unterirdische Palast des Elbenkönigs Thranduil an der Sohle der Berge des Düsterwaldes, doch auch er geht auf eine Abfolge von natürlichen, trockengefallenen Höhlen zurück. Die Grauelben haben das vom Wasser geschaffene Grottengeflecht zu großen Empfangshallen, Ruheräumen, aber auch Kerkern umfunktioniert – hier sperren sie Bilbos Zwergenfreunde ein. Beim Versuch, die Kameraden zu befreien, entdeckt Bilbo einen reißenden unterirdischen Fluss. Dieser hat unter dem Palast einen Tunnel gegraben, welchen die Elben zum Transport von Waren nutzen. Nach seinem Austritt am Fuß des Berges mündet er in den Waldfluss. Auf diese Weise gelangen die Fässer, in denen sich die Zwerge verstecken, schließlich nach Seestadt (Esgaroth).

Die Trollhöhle am Berghang in *Der Hobbit* ist ein einfacher, offener, durch einen Überhang geschützter Hohlraum. Solche Unterstände sind in der Regel als Verwitterungshohlformen durch die Erosion des empfindlichsten Gesteins entstanden.

Die Topografie von Tolkiens Untergrundwelten zeigt häufig Trockenhöhlen, zu denen auch Menegroth (»Tausend Grotten«, der unterirdische Palast des Elbenkönigs Thingol in *Das Silmarillion*) oder Kankras Höhle in *Der Herr der Ringe* zählen. In der Realität spricht man hier von »fossilem Karst«. Das Fließwasser hat dort atemberaubende Reliefs geformt, bald scharfkantig und spitz, bald glatt und poliert wie im Fall der »Sinterstufen« – Barrieren aus Karbonatablagerungen mit Mulden stehenden Wassers. Im Gegensatz dazu kann es im »aktiven Karst« je nach den Witterungsbedingungen an der Oberfläche zu plötzlichen unterirdischen Wasseranstiegen und einer drastischen Veränderung der hydrologischen Gegebenheiten kommen. Dann können verschlammte Wasserfälle, mächtige unterirdische Flüsse (mit einem Durchfluss bis zu 20 m^3/s) und gefährliche, mit Wasser volllaufende Siphons eine bisher ruhige Umgebung zum Schauplatz tosender Gewalten machen. Eine weitere Gefahr, vor der sich Speläologen hüten müssen, seien es nun echte Höhlenforscher oder Tolkiens fiktive Charaktere, besteht in unterirdischen CO_2-Ansammlungen, die an gewissen Stellen entstehen. Dass Bilbo und den Zwergen das Atmen in der Orkhöhle schwerfällt, liegt wahrscheinlich daran, dass sie durch eine schlecht belüftete Zone laufen. Vermutlich hat sich eine Kohlendioxid-Blase gebildet, und der Sauerstoffgehalt der Luft ist vermindert.

TOLKIENS FLEDERMÄUSE

Obgleich man diese ungastlichen unterirdischen Welten für unbewohnt halten könnte, mahnt Gandalf im Hobbit nicht umsonst zur Vorsicht: »Das ist natürlich das Bedenkliche an Höhlen: Man weiß manchmal nicht, wie tief sie in den Berg hineinreichen, ob dahinter ein Durchgang ist oder was einen im Inneren erwartet.« Nicht nur bei Tolkien, sondern auch in Wirklichkeit sind Höhlen ein Biotop ganz eigener Arten, angefangen bei den Fledermäusen oder Handflüglern.[1] Bilbo trifft bei seiner Unterquerung des Nebelgebirges und des Einsamen Berges tatsächlich auf viele Fledermäuse:

> *Immer weiter ging er, immer weiter bergab, und noch immer hörte er keinen Laut, nur hin und wieder das Schwirren einer Fledermaus dicht an seinen Ohren, was ihn zuerst erschreckte, dann aber nicht mehr kümmerte, weil es zu oft geschah.*
>
> Der Hobbit

Zu einer tatsächlichen Berührung kommt es jedoch nur selten, da sich Fledermäuse mithilfe von Echoortung orientieren, indem sie durch Maul oder Nasenlöcher Ultraschallsignale aussenden – ein Sinnessystem, das ihnen erlaubt, im Dunkeln zu »sehen«. Die Fledermäuse in Mittelerde könnten zur Familie der Hufeisennasen gehören. Diese gehören in Europa zu den Arten, die typischerweise wie Tolkiens Fledermäuse in Höhlen siedeln und relativ störungsempfindlich sind. Dass die Figuren im Hobbit so häufig von Fledermäusen umflattert werden, lässt übrigens vermuten, dass keine Winterschlafzeit ist (also an der Oberfläche milde Wetterbedingungen herrschen). In der Realität sind Handflügler im Sommer aktiver als im Winter; während ihres Winterschlafs klammern sie sich an Ritzen oder Spalten fest und lösen sich nur von Zeit zu Zeit aus ihrer Starre, um zum Beispiel Kondenswassertröpfchen zu trinken, die sich auf ihrem Fell niedergeschlagen haben.

MORIA, EINE LAGERSTÄTTE GEOLOGISCHEN WISSENS

Ohne unterirdische Schauplätze würde in Tolkiens Werk etwas fehlen. Es gibt die von Durins Zwergen betriebenen Bergwerke in den Eisenbergen östlich des Einsamen Berges oder die Minen im Grauen Gebirge nördlich des Düsterwaldes sowie die weitläufigen Minen von Moria im Nebelgebirge (in der Zwergensprache heißen sie Khazad-dûm, »Heimstatt der Zwerge«). Letztere ziehen sich unter drei hohen Bergen durch das Innere der Erde. Einer davon, der Celebdil, ist dem 3695 Meter hohen Silberhorn nachempfunden, an dessen Fuß Tolkien 1911 bei einer Wanderung durch die Schweizer Alpen biwakierte. Diese fiktive Geländestruktur erscheint günstig für die Ausbildung eines umfangreichen Systems wassergeschützter Stollen. Auch im Flachlandbereich ist die Anlage von Bergwerken möglich; dies erfordert aber eine kompliziertere Infrastruktur zur Abpumpung des Grundwassers, Grubenbelüftung und Erzförderung.

Die Minen von Moria (Sindarin für »Schwarzer Abgrund«) bilden ein stockdunkles und lebensfeindliches Labyrinth: »[…] alle anderen wurden von Schrecken gepackt, als der Name fiel. Selbst bei den Hobbits erweckte er eine unbestimmte Furcht. [...] Es ist ein Name von böser Vorbedeutung, sagte Boromir.« (*HdR*, II, 4). Dort lagern Eisenerz, Gold und Mithril, ein sehr leichtes und ultrahochfestes Edelmetall. Ins Innere gelangt, kommen die Ringgefährten trotz der schwachen Beleuchtung, für die Gandalf sorgt, nur langsam und zögernd voran, halb erstickt von der lastenden, undurchdringlichen Dunkelheit. Nur der an häufige Aufenthalte unter Tage gewöhnte Zwerg Gimli passt sich rasch an. Den Protagonisten – und mit ihnen den Lesern – kommt das Zeitgefühl abhanden. Die tiefe Dunkelheit erinnert an die tiefschwarzen Bergstollen in Eisen und Magnesium führenden Schichten (»mafische« Minerale sind von Natur aus sehr dunkel). Geologisch gesehen besteht ein Teil von Moria also aus alten Erzlagerstätten. Vermutlich resultieren diese aus einer Gesteinsumformung, die beim Entstehen des Nebelgebirges unter großem Druck und hohen Temperaturen stattfand – die Geologen sprechen von orogener Metamorphose. Und tatsächlich: Es gibt dort Mafit-Flöze, während Mithril eher in Form von Adern vorliegt, die auf die Auffüllung von Brüchen zurückgehen, welche bei der Metamorphose im umgebenden Gestein entstanden sind (sogenannte sekundäre Rekristallisation). »Die Adern erstrecken sich weit nach Norden […] und hinab in die Dunkelheit.« In ihrer Gier, sie auszubeuten, haben die Zwerge zu tief gegraben und damit den schrecklichen Balrog, auch Durins Fluch genannt, aufgestört.

GESCHICHTE UND TECHNIKEN DES BERGBAUS

Die Zwerge gelten in Tolkiens Welt als Meister in Fragen des Bergbaus – ähnlich einer anderen Art kleiner Wesen, die in nordischen Bergmannslegenden vorkommen, den Kobolden. Die Gemeinschaft des Rings entdeckt auf ihrem Weg durch Moria verschiedenartige Bauformen: Es gibt Stollen, verwinkelte Gänge, Treppen (die große am Westtor zählt 200 Stufen), Tunnel, aber auch weite gewölbte Hallen, die von den unterschiedlichen Epochen und Bergbautechniken der Zwerge zeugen.

Die sich durch den Berg schlängelnden und manchmal überschneidenden Gänge weisen auf eine alte Fördermethode hin: Wahrscheinlich nutzten die Zwerge Pickel, Vorschlaghämmer und Meißel, um das Erz aus dem Fels zu lösen, und transportierten dieses in Tragkörben (wahrscheinlich auf dem Rücken) aus der Förderzone hinaus. Tatsächlich war diese alte Technik in Europa bis zum Beginn des 19. Jahrhunderts gebräuchlich. Sie umfasste auch das »Feuersetzen« an der Abschlagstelle zur Aufsprengung des Gesteins, um Brocken abschlagen zu können: Die Bergleute machten vor der Grubenwand Feuer und schreckten den erhitzten Fels dann mit kaltem Wasser ab. War dies wohl auch die Schürftechnik der Zwerge?

Anders als im Berg Erebor in Peter Jacksons Hobbit-Verfilmung sind in Moria keinerlei Schienen oder Wagen zu sehen (in der Bergmannssprache heißen sie »Loren«). Doch manche Räume, wie etwa die majestätische, kathedralenartige Halle, in der die Ringgefährten auf den Balrog stoßen, sind so groß und geometrisch, dass sie auf eine Zeit, in der Grubenbahnen im Einsatz waren, rückschließen lassen. In Europa wurde der Bergbau ab dem 19. Jahrhundert mechanisiert. Die Loren wurden auf den Schienen zunächst von Hand geschoben, später kamen Grubenloks auf. Dies war nur in symmetrischen, parallelen Gängen möglich, weshalb aus dieser Zeit stammende

Stollen geradliniger, höher und breiter sind. In Moria gibt es einige davon, zum Teil als »Querschläge«, über die das Erz aus der Abbauzone zu den Verarbeitungsanlagen über Tage abtransportiert wurde – offensichtlich haben die Zwerge das Erz direkt vor Ort verwertet. Da weder Motoren (Tolkiens Fantasy-Welt ist mittelalterlich geprägt) noch Sprengstoffe existieren (die Saruman vorbehalten sind), kann man sich vorstellen, wie eine Unzahl von Grubenpferden oder Zwergen riesige Gesteinsmengen schleppten, um solche gewaltigen unterirdischen Räume zu schaffen. Möglicherweise wurden diese aber auch mithilfe von Gerüsten von oben her abgeteuft und durch Steingewölbe und andere Bögen gestützt, wie jene, unter denen die Gefährten hindurchgehen, als sie in die Mine eintreten.

In der Halle des Balrog fallen massive, aus Stein gemeißelte Säulen auf: Die Zwerge haben also einen Teil des Felsgesteins an Ort und Stelle belassen – eine Methode, die eine natürliche Abstützung von Hohlräumen erlaubt. Das Verhältnis zwischen dem abgebauten und dem als Säulen belassenen Gesteinsvolumen wird in der Bergmannssprache als »Streifenverhältnis« bezeichnet; je labiler das Gestein ist, desto niedriger muss der Wert sein. Die Halle in Peter Jacksons Verfilmung des *Herrn der Ringe* ist riesig, hat sehr massive und dicht stehende Säulen, was auf sehr instabiles Gestein hindeutet. Unter realen Bedingungen hätten die Betreiber des Bergwerks zu dessen Absicherung den Hohlraum mit taubem Gestein verfüllt oder sich für ein planmäßiges »Zubruchwerfen« (durch Sprengung) entschieden. Immerhin hatten die Zwerge Sicherheitsvorkehrungen durch die Anlage breiter seitlicher Treppen im östlichen Teil getroffen: So konnten sie auf unterschiedliche Ebenen gelangen, ohne dass Schrägstollen nötig waren, in denen bei einem Felssturz oder Gesteinsrutsch immer große Gefahr besteht. Zahlreiche Schächte, die auf allen Etagen zu sehen sind, ermöglichten die Beleuchtung von Teilen des Bergwerks, den Abtransport des Erzes und die Abfuhr giftiger Gase, wie sie bei der Zersetzung organischen Materials oder durch Gasaustritt aus dem Gestein entstehen. Der riesige, von Durins Brücke überspannte Abgrund (Gandalf zerstörte sie bei seinem Kampf mit dem Balrog) bot den Zwergen Schutz für den Fall, dass Eindringlinge über das Osttor hereingelangten.

Moria verfügt auch über zahlreiche bewohnbare Räume, wie die Kammer von Mazarbul (mit Balins Grab) oder die Halle von Alt-Moria, die Zeugnis von einer hochentwickelten Lebenskultur ablegen. Heutzutage handelt es sich bei Räumlichkeiten unter Tage entweder um Zweckräume, die von Bergleuten (Pausenräume für die Arbeiter, Büros, Werkstätten, Umkleideräume …) oder Soldaten, Aufständischen und Flüchtlingen genutzt werden (Katakomben, in den Fels gemauerte Kasematten, umfunktionierte Steinbrüche, unterirdische Schutzräume oder Erdhöhlen und andere

Unterschlupfe). Tolkien hatte von Juni bis November 1916 als Fernmeldeoffizier im 11. Bataillon des britischen Expeditionskorps am Grabenkrieg in Frankreich teilgenommen, sodass einige seiner Schilderungen vermutlich von seinen Kriegserlebnissen beeinflusst sind.

Bergwerke bieten, wie zu sehen war, zwar andere Umgebungsbedingungen als natürliche Karstsysteme, doch sind auch sie häufig von unterirdischen Wasserläufen durchzogen. In Moria warnt Gandalf seine Gefährten, das Wasser könne durch den Bergwerksbetrieb verschmutzt und sicher auch von gefährlichen Wesen bewohnt sein: »Es gibt viele Bäche und Quellen in den Minen, aber sie sollten nicht angerührt werden.« Das Wasser im unterirdischen Reich unter dem Erebor ist von größerer Reinheit. Es bildet die Quelle des Flusses Eilend (Celduin), der Thal (oder Dal, die ehemalige Stadt am Fuß des Erebor) mit Trinkwasser versorgte; nach wie vor speist er Seestadt (Esgaroth) mit frischem Wasser. Die Zwerge veränderten im Zuge ihrer Arbeiten unter Tage das Bett dieses Flusses, sodass er nun in einem mit Steinen ausgemauerten Kanal bis zum Haupttor am Erebor fließt. Diese Flussregulierung hat Ähnlichkeit mit den Rinnen, über die das Grubenwasser in der Realität zu Sumpfstrecken geführt wird – Sammelleitungen, aus denen es mit Wasserhaltungsmaschinen abgepumpt wird. Die Zwerge waren also nicht nur Bergwerksingenieure, sondern darüber hinaus gute Hydrogeologen! Alles in allem sind Tolkiens unterirdische Welten weit mehr als eine einfache Kulisse: Ihre präzise Beschreibung offenbart ausgezeichnete Kenntnisse der Höhlenkunde und des Bergbaus. Es sind außergewöhnliche unterirdische Umgebungen, die uns Tolkien vor Augen führt: Zur Symbolik der Tiefen, die er mit Sicherheit aus den Mythen schöpfte, welche er studierte, fügt sich bei ihm eine gleichermaßen realistische wie traumhafte Darstellung dieser besonderen Welt. Zwar wird Tolkien, dieser britische Autor, Sprachwissenschaftler, Schriftsteller und Liebhaber abenteuerlicher fiktiver Reisen, gerne mit einem Hobbit verglichen (auch Bilbo betätigte sich ja als Schriftsteller), doch seine fundierte Kenntnis der unterirdischen Welten verschafft ihm zweifellos einen ebenso würdigen Platz unter den Zwergen.

Anmerkung

1. Mehr über Ungeheuer und andere Fantasiewesen ist im Teil 6 »Ein fantastisches Bestiarium«, S. 274–362 zu erfahren.

EDELSTEINE UND ANDERE JUWELEN *IN MITTELERDE*

ERIK GONTHIER /
CÉCILE MICHAUX

Diamanten, Saphire, Rubine und Smaragde: Edelsteine (auch »Schmucksteine« genannt) sind seltene und ästhetisch reizvolle Minerale, die in der Erdkruste entstanden sind. Diese meist monokristallinen (aus einem Einkristall oder Polyeder bestehenden) Gebilde variieren in Form, Farbe und Größe, je nach den Entstehungsbedingungen (Temperatur, Druck). Begehrt seit Anbeginn der Zeiten werden Edelsteine entweder direkt am Entstehungsort (in situ) geschürft oder aber aus alluvialen Seifenlagerstätten (sogenannten placers) gewonnen, wie man die von Flüssen angeschwemmten Sedimente bezeichnet.

Im Volksglauben haben die Edelsteine und andere Schmucksteine über ihre Schönheit, ihr Funkeln und andere optische Effekte hinaus eine symbolische Zugehörigkeit zu den unterirdischen Welten, und man spricht ihnen verschiedene Fähigkeiten wie Heilkraft, Hellsichtigkeit oder Schutz zu. Pseudowissenschaftliche Theorien ranken sich um sie, wie die von einer hohlen Erde, in deren Innern eine verborgene und häufig böse Welt verborgen sein soll. Traditionell befand sich hier die Unterwelt oder Hölle der griechischen Mythologie und des Christentums, das Svartalfheim der nordischen Mythologie, der Scheol des Judentums … In dieser mystischen Betrachtungsweise gelten Edelsteine mit ihren magischen Eigenschaften als eine Brücke zwischen der sichtbaren und der unsichtbaren Welt.[1]

Palantír, Arkenstein, Elessar (Elbenstein) und Silmaril sind nur einige Beispiele für die Edelsteine und andere fantastische Juwelen, die Tolkien für sein Mittelerde ersonnen und zum Teil prominent in Szene gesetzt hat. Wir wollen nun einige von ihnen im Licht des heutigen Wissens untersuchen. Zunächst sei kurz auf das Zwergenvolk eingegangen, welches diese Edelsteine aus der Erde geholt hat. Tolkien nahm dafür Anleihen bei zahlreichen nordischen und germanischen Mythen und Legenden.

MEISTER DES EDELSTEINSCHÜRFENS

Ob Gimli im *Herrn der Ringe* oder Thorin Eichenschild und seine Gefährten in *Der Hobbit:* Zwerge haben im Werk Tolkiens einen wichtigen Platz. Die Chronik von Mittelerde berichtet, dass sich die Zwerge im Ersten Zeitalter nach dem Erwachen der Elben im Bergbau zu betätigen begannen: Sie gruben beeindruckende unterirdische Stätten wie Moria, wo sie ein Edelmetall, das Mithril, gewannen. Zwar sind sie bei Tolkien auch robuste Kämpfer, doch blieb er insgesamt in seiner Beschreibung der Zwerge den Vorbildern aus der nordischen und germanischen Mythologie weitgehend treu: Sie sind geübte Bergleute und geschickte Schmiede, die in unterirdischen Wohnstätten im Gebirge leben, Waffen für die Götter herstellen und manchmal über magische Kräfte verfügen. In der skandinavischen Mythologie haben die Zwerge wegen ihrer unterirdischen Lebensweise fern von der Sonne einen schlechten Ruf und sollten sogar in Bezug zum Totenkult stehen. Trotz ihres manchmal düsteren Charakters und knurrigen Temperaments sind Tolkiens Zwerge weder bösartig noch zaubermächtig: Es handelt sich um eine arbeitsame und materialistische, stark den Reichtürmern unter Tage zugewandte Zivilisation. Die Zwerge sind Geologen, Bergleute und Gemmologen (auf Edel- und Schmucksteine spezialisierte Mineralogen); sie haben einen unwiderstehlichen Hang zu den ästhetischen Mineralien, als seien sie diesen aufs Engste verbunden. Thorin offenbart wie seine Vorfahren eine regelrechte Sucht nach einem seltenen Juwel, dem Arkenstein.

DAS ARKENJUWEL, EINE MINERALOGISCHE CHIMÄRE

Leuchten strahlt aus dem Innern dieses Edelsteins, den Tolkien sich ausgedacht hat. Der Arkenstein wurde einst von Zwergenkönig Thráin I. entdeckt. Der Besitz des faszinierend schönen Juwels verschaffte dem Haus Durin eine Vormachtstellung in ganz Mittelerde – bis der Drache Smaug die Zwerge im Jahr 2770 des Dritten Zeitalters aus ihrem Königreich unter der Erde vertrieb. Dieses Juwel gehört zum zentralen Thema der *Hobbit*-Erzählung, denn es ist das Prunkstück des alten Zwergenschatzes, den Thorin und seine Gefährten zurückerobern wollen, und bildet somit das Gegenstück zum Einen Ring im *Herrn der Ringe:* ein Objekt der Begierde, welches fähig ist, Gier, Neid und andere dunkle Neigungen zu erwecken.[2]

Der auch »Das Herz des Bergs« genannte Arkenstein stammt aus den Tiefen Erebors, des Einsamen Bergs im Nordosten von Mittelerde. Etymologisch leitet sich der Name Arkenstein – auf Englisch Arkenstone – vom altenglischen *eorcen-stán* oder altnordischen *jarkna-steinn* ab; all diese Begriffe bedeuten »Edelstein«. Die Seltenheit dieses einzigartigen Steins und das ihm innewohnende »Geheimnis« schwingen auch im Anklang seines Namens an das Arkanum der Alchemie mit. Wie all seinen Kreationen hat der Philologe Tolkien auch diesem Juwel eine große semantische Tiefe mitgegeben. Doch auch mit mineralogischen Definitionen geizt er nicht:

> *Die ganze Zeit schon hatte dieser weiße Schein vor Bilbo geleuchtet […] Langsam wurde er zu einer kleinen, bleich leuchtenden Kugel. Und jetzt, da er näher kam, brach sich das schwankende Licht seiner Fackel in dieser Kugel, die in mannigfaltigen Farben aufblitzend funkelte. […] Vor seinen Füßen leuchtete der große Edelstein im eigenen inneren Licht. Und doch nahm das Juwel, der von den Zwergen […] geschnitten und geschliffen worden war, jeden Strahl auf, der auf ihn fiel, und verwandelte ihn in zehntausend Funken weißen Glanzes, durchsetzt mit regenbogenfarbigem Glitzern. […] Seine kleine Hand konnte es nicht umschließen. Es war ein großes und schweres Juwel.*
>
> Der Hobbit

In geologischer Hinsicht ist der runde, weißliche, von innen her leuchtende Arkenstein eine faszinierende Kostbarkeit: Er wurde von den Zwergen so geschliffen, dass sich sein Funkeln vervielfachte – eine in der Realität beim klassischen Facettenschliff angewandte Methode. Seine Faszination beruht weder auf Magie noch auf bösen Kräften; sie ist natürlichen Ursprungs und im Mineral selbst angelegt. Mit seiner extremen Reinheit (denn der Kristall ist vollkommen frei von Einschlüssen) erinnert er an manche seltenen Diamanten; die hohe Dichte hat er mit (dem kupfer- bzw. bleisulfidhaltigen) Pyrit oder Bleiglanz gemeinsam; sein Irisieren in allen Regenbogenfarben wiederum erinnert an einen Effekt, den zum Beispiel Kalkspat-Kristalle aufweisen (die in der Natur insgesamt gar nicht selten vorkommen): die Doppelbrechung. Außerdem dürfte der Arkenstein, da der Einsame Berg ein Vulkan ist, wie viele Edelsteine magmatischen Ursprungs sein: Der in sehr großer Tiefe gebildete Rohstein entstand vermutlich unter

»Ich werde dich finden, mieser kleiner Dieb!«

extremen Druck- und Temperaturbedingungen im mehr oder weniger langsamen Abkühlungsprozess der Lava. Mit all diesen Eigenschaften repräsentiert der Arkenstein eine erstaunliche und einzigartige chemische Kombination – mit anderen Worten, er stellt eine mineralogische Chimäre dar.

VARIATIONEN RUND UM ELESSAR

Ein großer Stein von klarem Grün […], in einer silbernen Brosche gefasst, die die Form eines Adlers mit ausgebreiteten Schwingen hatte; und als sie sie hochhob, funkelte der Edelstein wie Sonne, die durch die Blätter des Frühlings scheint.

Der Herr der Ringe, *II, 8*

Sowohl in den Nachrichten aus Mittelerde wie auch in *Der Herr der Ringe* sind zwei Elbensteine erwähnt, die »Elessar« genannt wurden. Wie sie gefördert, gestaltet (im Sinn von geschliffen) und innerhalb der Elbenfamilien weitergegeben wurden, bleibt etwas vage. Jedenfalls übergab Elronds Tochter Arwen einen solchen Stein an Aragorn, den letzten Erben des Throns von Arnor und Gondor, der nach dem Ringkrieg seine Herrschaft antrat und den Beinamen Elessar erhielt.

Ein Bestimmungsversuch: Tolkien spricht eindeutig von einem großen Stein von hellem Grün, bei dem es sich um einen Smaragd handeln könnte. (Dunkelgrün wäre dagegen eher für Uvarovit typisch, einen seltenen, chromhaltigen Granat.) In mineralogischer Hinsicht zählt der Smaragd zur großen Mineralklasse der Silikate, seine Farbe entsteht durch Spuren von Chrom in seiner chemischen Zusammensetzung. Der in eine Silberbrosche in Adlerform eingefasste Elessar verlieh seinem Träger Schutz und hatte eine heilende Wirkung. Die Verfilmung des *Herrn der Ringe* kontrastiert mit Tolkiens Beschreibungen: Peter Jackson zeigt einen farblosen und stark funkelnden Stein, was eher an einen grünen Diamanten denken lässt. Geschah dies, um das Strahlen des Steins hervorzuheben? Die Abwesenheit von Farbe scheint die Symbolik der Ewigkeit, welche jedem Kristall innewohnt, zu verstärken. War dies ein gewollter Kunstgriff des Regisseurs, um zu verdeutlichen, dass die Elben quasi unsterblich sind?

DIE SILMARIL, EDELSTEINE AUS MYTHOLOGISCHER ZEIT

Im Silmarillion werden die Silmarilli folgendermaßen beschrieben: *Wie drei große Edelsteine schienen sie von Gestalt. [Doch niemand] wird […] wissen, von welchem Stoff sie geschaffen waren. Wie der Kristall der Diamanten schien er zu sein, und doch härter als Adamant, sodass keine Gewalt […] ihn beschädigen oder brechen konnte. Doch war dieser Kristall […] nur wie […] das Haus des inneren Feuers […]. [Die Silmaril] leuchteten wie Vardas Sterne und […] da sie in Wahrheit Dinge von eigenem Leben waren, erfreuten sie sich am Lichte und nahmen es auf und gaben es in herrlicheren Farben zurück […]. Kein sterblicher Leib noch unreine Hand noch irgendetwas von bösem Willen konnte sie berühren, sondern verbrannte und verdorrte. […] die Geschicke von Arda, von Land, Meer und Luft [lagen] in ihnen beschlossen.*

Das Silmarillion

Silmaril bedeutet auf Quenya oder Hochelbisch »Glanz reinen Lichts« (oder »Silberglitzern«). Die Silmarilli, »lebendige« Juwelen, kommen im *Herrn der Ringe* und im Silmarillion vor. Sie sind die wertvollsten Edelsteine in Tolkiens Welt, an deren Entstehung und Entwicklung sie einen wesentlichen Anteil haben: Der Elb Feanor aus dem Geschlecht der Noldor, so erzählt das Silmarillion, schuf sie im Ersten Zeitalter und schloss das Licht der Zwei Bäume von Valinor in sie ein. Sie hatten die Form durchsichtiger Kugeln; außerdem verlieh ihnen Varda, die Königin der Valar, magische Eigenschaften. Diese fast kosmische Schöpfung verstärkt die mythologische und symbolische Dimension der Silmaril. Mit ihren phänomenalen Kräften erinnern sie ein wenig an die Infinity-Steine aus der Science-Fiction-Welt des Marvel-Universums, kosmische Steine, die jenen, die fähig sind, sie zu beherrschen, enorme Macht verleihen.

Tolkien zog vor, es bei Andeutungen zu belassen, und hütete sich, die mineralogische Zusammensetzung der Silmarilli genau anzugeben: Er schilderte weniger das Juwel an sich als vielmehr die Empfindungen eines hypothetischen Betrachters. Immerhin gibt er an, dass die Härte der Silmarilli die von Diamant übertrifft! In der Geologie bildet die Härte eine wichtige Eigenschaft von Gesteinen bzw. den Mineralen, aus denen sie bestehen. Der deutsche Mineraloge Friedrich Mohs (1773–1839) entwickelte die nach ihm benannte und bis heute gebräuchliche Härteskala mit einer Abstufung von 1 bis 10: Talk hat mit 1 die geringste Mohshärte, Diamant mit 10 die höchste.

Einige Werkstoffe sind härter als Diamant, beispielsweise Q-Karbon (abgeschreckter Kohlenstoff), doch werden sie synthetisch im Labor hergestellt. Dass in der Natur kein Mineral bekannt ist, das härter als Diamant wäre, verstärkt die übernatürliche Wirkung der Silmarilli. Wenn Tolkien von »innerem Feuer« spricht, lässt dies hingegen eher an eine wärmere Färbung und veränderliche Lichtreflexe denken. Solche Charakteristika finden sich bei Silikatmineralen (ihre chemische Basisformel ist SiO_2). Dazu zählen Eisenkiesel (der seine Farbe Einschlüssen von Hämatit, einem Eisenoxid, verdankt) oder Feuerachat (ein Halbedelstein, dessen irisierende Farbnuancen an das Spiel von Flammen erinnern).

DIE DREI RINGE DER ELBEN

Neben dem allbekannten Einen Ring, den Frodo in *Der Herr der Ringe* zerstören muss, gibt es die weniger bekannten, aber sehr mächtigen drei Elbenringe, von denen jeder mit einem Edelstein besetzt ist. In *Nachrichten aus Mittelerde* wird erzählt, dass sie von dem Elben Celebrimbor (Sindarin für »Silberhand«), einem großen Kunstschmied, geschaffen wurden. Celebrimbor fand ein tragisches Ende: Er fiel in die Hand des Dunklen Herrschers (Sauron), wurde von diesem gefoltert und getötet. Doch zuvor war es ihm gelungen, die Ringe in den Gewahrsam von drei Elben zu geben: Narya, den Ring des Feuers, an Círdan, den »Schiffbauer«; Vilya, den Ring der Luft, an Gil-galad, den Hohen König der Noldor (dieser war später ein Heerführer im Letzten Bündnis, das die Elben und Menschen gegen Sauron vereinigte); Nenya, den Ring des Wassers, an Galadriel.

Narya ist aus Gold und mit einem Rubin besetzt. Círdan gab ihn um 1500 im Dritten Zeitalter an Gandalf weiter. Vilya, ebenfalls ein Goldring, trägt einen Saphir; er gelangt schließlich an Elrond. Nenya, ein diamantbesetzter Ring aus Mithril, ist im Besitz von Galadriel verblieben. Dass jeder von ihnen einen eigenen Namen hat, verleiht diesen Ringen eine Dimension, mit der sie im Rang den Figuren der Geschichte gleichgesetzt sind. Die Kräfte, die sie bei Tolkien repräsentieren, wohnen den Edelsteinen inne, mit denen sie besetzt sind: Narya mit seinem Rubin stärkt seinen Träger gegen Beklemmung und Verzweiflung. Der Rubin, ein Chromaluminiumoxid von roter Farbe, erinnert in der Tat an Feuer. Nenya mit seinem Diamanten schützt gegen das Böse (und somit vor Saurons Einfluss). Mit Sicherheit hat die große Härte von Rubin und Diamant (9 bzw. 10 auf der Mohs-Skala, womit sie zu den härtesten

Mineralen der Erde zählen) die Idee inspiriert, ihnen eine Schutzwirkung zuzuschreiben. Auch bringt der ausschließlich aus Kohlenstoff bestehende Diamant, dessen Kristallsystem – also seine geometrische Grundform – kubisch ist, die Reinheit und Integrität von Galadriels Persönlichkeit gut zum Ausdruck. (Die Kristallstruktur von Graphit – ebenfalls reiner Kohlenstoff – ist dagegen hexagonal.) Die Kräfte des saphirgeschmückten Rings Vilya werden nicht klar benannt; womöglich verleiht er Macht über das Wasser, da Elrond den Nazgûl einen vernichtenden Schlag beibringt, indem er das Anschwellen eines Flusses heraufbeschwört. Saphire (Mohshärte 9, wie die Rubine zählen sie zur Gruppe der Korunde) sind Aluminiumoxide von bläulicher Farbe, was tatsächlich an die aquatische Umwelt erinnert. Schutz, Manipulation der Elemente: Tolkien greift hier auf populäre Auffassungen über magische Kräfte der Edel- und Halbedelsteine zurück, die auch als Manifestation der Perfektion der Welt betrachtet werden. Seine edelsteinverzierten Ringe heben sich tatsächlich deutlich von den »nur« aus Edelmetall bestehenden Ringen[3] ab, die im *Herrn der Ringe* oft mit den Kräften des Bösen in Verbindung stehen und in ihren Trägern Gier und Sucht entstehen lassen.

DER RING VON BARAHIR

Dieser Ring glich zwei Schlangen, deren Augen Smaragde waren, und deren Köpfe sich unter einer Krone goldener Blumen trafen, welche von der einen Schlange gehalten und von der anderen verschlungen wurde.

Das Silmarillion

Wissenschaftlich gesehen sind manche Edelsteine, die sich Tolkien ausgedacht hat, nicht endgültig identifizierbar – was kein Vorwurf sein soll. Dazu zählt der »Stern des Nordens«, auch »Juwel von Elendil« genannt, ein rätselhafter, aber sehr kraftvoller weißer Kristall. Er schmückt Elendilmir, die aus Gold und Mithril gefertigte Krone der Könige von Arnor (siehe *Nachrichten aus Mittelerde* und *Der Herr der Ringe*). Auch die bereits genannten Silmarilli spezifiziert Tolkien weniger in mineralogischer Hinsicht, als dass er Empfindungen beim Anblick dieser Kristalle beschreibt. Andere Steine wiederum sind klar benannt, wie etwa die Smaragde im Ring von Barahir, der zwar keine magischen Kräfte hat, aber in gleichem Maße wie der Eine Ring auf eine komplexe Geschichte zurückblicken kann: Noldor-Elben haben ihn in Valinor geschmiedet. Barahir, ein Edler aus dem Hause Bëor, der dem Elbenkönig Finrod Felagund in einer furchtbaren Schlacht beigesprungen ist, erhält ihn von diesem als Dankesgeschenk. Nach Barahirs Tod wechselt der Ring vielmals den Besitzer – Isildur, Elrond und später Aragorn gehörten dazu. Dieser schenkt ihn zuletzt seiner Braut Arwen, als die beiden am Ende des Dritten Zeitalters heiraten. Wie bereits erwähnt, ist Smaragd ein sehr seltenes Mineral aus der Mineralklasse der Silikate. Er kristallisiert im hexagonalen Kristallsystem. Der Begriff »Smaragd« kam als Lehnwort aus dem Griechischen in der Form smaragdus ins Lateinische; dem Philologen Tolkien mögen Vermutungen zur Etymologie des Worts bekannt gewesen sein, die es als »Herz des Steins« interpretieren, doch hat er dieses Bild nicht auf diesen Edelstein, sondern den Arkenstein angewandt. In Tolkiens Werken kommen noch mehr Smaragde vor, zum Beispiel in *Der Hobbit,* wo Bard, genannt »der Bogenschütze« (er ist derjenige, der schließlich den Drachen Smaug erlegt), dem Elbenkönig nach der Schlacht der Fünf Heere den Halsschmuck seines Vorfahren Girion aus 500 Smaragden gibt, »die Edelsteine, die er am höchsten schätzte«. Zum Abschluss soll nicht unerwähnt bleiben, dass Smaragd innerhalb der Mineralklasse der Silikate zur Mineralgruppe der Berylle und überdies zur Abteilung der Ringsilikate gehört, was bedeutet, dass dieser Edelstein aus Tetraedern aufgebaut ist, deren Spitzen jeweils von vier Sauerstoff-Atomen gebildet werden und als Ring angeordnet sind: Mit dieser Konfiguration »in Ringform« fügt er sich ausgenommen harmonisch in Tolkiens Universum ein!

Anmerkungen

1. Vgl. das Kapitel »Unsichtbar für Saurons Auge(n)?«, S. 186.
2. Vgl. das Kapitel »*Der Herr der Ringe,* eine Mythologie von Korruption und Abhängigkeit«, S. 108.
3. Vgl. das Kapitel »Variationen zur Chemie des Einen Rings«, S. 193.

JEAN-MARC JOUBERT / JEAN-CLAUDE CRIVELLO

MITTELALTERLICHES HÜTTENWESEN *IN EINER FANTASIEWELT*

Von Achilles Schild bei Homer bis zum Adamantium des Superhelden Wolverine – die Literatur kennt viele fantastische Metalle oder Legierungen. Die einen schützen, die anderen töten, oft verfügen sie über außergewöhnliche Wirkungen, wenn nicht gar Zauberkräfte. Bei Tolkien werden sagenhafte Waffen wie das Schwert Andúril mit den schlimmsten Feinden fertig, und Mithril ist ein wertvolles, ultraresistentes, leichtes und gleichzeitig schönes Metall. Die Ringe der Macht, welche mächtige Gaben wie Unsterblichkeit oder Unsichtbarkeit verleihen, bilden sogar die Grundlage seiner Werke. Diese Fülle metallischer Gegenstände ruft ebenso wie deren Bedeutung in Tolkiens Geschichten dazu auf, sein Werk unter dem Gesichtspunkt der Metallurgie (Gewinnung und Verarbeitung von Metall) zu betrachten. Welchen Platz nimmt sie dort ein? In den Mythen und Legenden, die er untersuchte, ist das Symbol der Schmiede häufig anzutreffen. Darüber hinaus hatte er ein wissenschaftliches Interesse an Metallgegenständen und den Techniken ihrer Herstellung und Bearbeitung. Wie groß sind seine Kenntnisse? Gehen sie über die reine Verwendung der Terminologie und der Konzepte einer Metallurgie hinaus, die bei ihm gleichermaßen mittelalterliche und fantastische Züge trägt?

ALTE TRADITION DER SCHMIEDEKUNST

Die Schmiedekunst hat in Tolkiens Universum schon im Ersten Zeitalter erstrangige Bedeutung. Früh werden für den ersten Krieg gegen Melkor/Morgoth Waffen benötigt: die Geburtsstunde der Metallurgie. Die Valar-Gottheit Aule – ein Äquivalent zu Hephaistos, dem griechischen Gott des Feuers und der Schmiedekunst – erschafft die ersten Zwerge und übermittelt ihnen sein Wissen. Berühmt ist seine geschmiedete Kette Angainor (von anga – Quenya für »Eisen«), mit der Melkor (und später Morgoth) gefesselt wird. Aule steht auch den Elben, besonders dem großen Schmied Mahtan beiseite. Dieser vermittelt sein Wissen an Feanor, welcher im Geheimen die Silmaril gestaltet. Um diese Juwelen wird es noch viele Konflikte geben …

DAS ZERBROCHENE SCHWERT

Narsil ist der Name eines im Ersten Zeitalter vom Zwerg Telchar in Nogrod geschmiedeten Schwerts. Zuerst in der Hand der Elben, wurde es im Zweiten Zeitalter an die Könige von Númenor übergeben. Später symbolisierte es die Macht der Könige von Arnor und Gondor. Es kam als Erbe an Elendil, und als dieser im Zweikampf mit Sauron fiel, zerbrach es in zwei Teile. Einen davon nahm sein Sohn Isildur und schnitt Sauron damit den Finger ab, an dem der Eine Ring steckte. Isildurs Schildknappe Ohtar brachte nach dem Tod seines Herrn auf den Schwertelfeldern die Bruchstücke nach Imladris. Damit endete das Zweite Zeitalter. Gandalf gibt Elronds Prophezeiung wieder, das Schwert werde neu geschmiedet werden (»Heil wird geborstenes Schwert. Und König, der die Krone verlor.«, *HdR*, I, 10), ohne dabei Aragorn namentlich zu erwähnen. Und tatsächlich schmieden die Elben in Bruchtal das Schwert neu. Aragorn nennt es Andúril, »Flamme des Westens«, im Andenken an Númenor. »Seine Schneide war hart und scharf.« Galadriel fertigt dazu eine Scheide, »überzogen mit Flechtwerk aus goldenen Blüten und Blättern«, und kündet an: »Die Klinge, die aus dieser Scheide gezogen wird, soll nicht befleckt werden und nicht bersten, selbst bei der Niederlage«. (*HdR*, II, 8) Mit Ausnahme des Erben Elendils, der das Schwert als Einziger handhaben kann, ereilt jeden, der es zieht, der Tod. Bereits sein Anblick versetzt die Orks in Schrecken. In vielen Aspekten (vor allem, dass es seinen Träger als König erkennt) erinnert es an Excalibur.

Trotz des engen Bezugs zu Aule sind die Zwerge (anders als die Elben) irdische Charaktere, die »lieber in Eisen und Kupfer als in Silber und Gold« arbeiten *(Das Silmarillion)*. Ihre Stadtgründung Nogrod in einer Mine in den Blauen Bergen bringt große Handwerker wie Telchar hervor. Dieser schmiedet nicht nur Elendils Schwert Narsil (siehe Kasten oben), sondern auch Angrist – jenes Messer aus gehärtetem Metall, mit dem später ein Silmaril aus Morgoths Krone geschnitten wird; seine Klinge ist so scharf, dass man es nicht in einer Scheide mit sich führen kann. Die Zwerge erfinden auch die Kettenhaube.

Die Elben, darunter die in der verborgenen Stadt Gondolin lebenden Noldor, schmieden ebenfalls viele Waffen. Eine davon ist der Dolch Stich, den Bilbo im Dritten Zeitalter in der Trollhöhle findet (später bekommt ihn Frodo). Wie Gandalfs Schwert Glamring und dessen »Schwesterschwert« Orcrist (auch »Orkspalter« oder »Beißer« genannt), das mit Thorin beigesetzt wird, besitzt er die Fähigkeit, bläulich aufzuleuchten, wenn sich Orks oder Bilwisse nähern. Dass diese Waffen Namen, Verwandte und eine Geschichte haben, zeigt die wichtige Rolle der Schmiedeerzeugnisse bei Tolkien.

Der Schmied Eol (auch Dunkelelb genannt), der sein Wissen in den Schmiedewerkstätten der Zwerge von Nogrod erhielt, wird aus Eisen, »das wie ein flammender Stern vom Himmel gefallen war«, ein schwarzes Metall entwickeln, das er Galvorn (Sindarin für »Schwarzglanz«) nennt *(Das Silmarillion)*. Hierin klingt Tolkiens Faszination für Meteoriten an, die in vielen Mythen und antiken Glaubensvorstellungen als heilige Objekte gelten. Fragwürdig ist jedoch die Beschreibung, das geheimnisvolle Metall sei »so geschmeidig, dass er es dünn und leicht walzen konnte wie Seide, und immer noch widerstand es allen Klingen und Pfeilen«. Auch mit viel Fantasie ist schwer vorstellbar, wie Härte und Geschmeidigkeit zusammenpassen sollen. Wie dem auch sei, Eol schmiedet daraus zwei Zwillingsschwerter, Anguirel und Anglachel. Es sind unheilbringende Klingen, »da noch Eols dunkler Geist in ihnen wohnte.« Anglachels stumpf gewordene Klinge erhält später unter Túrin einen Neuschliff, ab da nennt er es Gurthang – Todeseisen. Er wird sich hineinstürzen, doch zuvor kommt es zu folgendem Dialog: »›Gegrüßest seist du, Gurthang! Keinen Herrn kennst du und keine Treue, nur gegen die Hand, die dich regt. Kein Blut verschmähst du [...] Wirst du mir ein rasches Ende machen?‹ Und aus der Klinge sprach eine kalte Stimme, die ihm Antwort gab: ›Fürwahr, freudig trinken will ich dein Blut.[...] Ich will dich rasch töten.‹« *(Das Silmarillion)* Bei Tolkien agieren magische Gegenstände – vor allem metallische – wie eigenständige Figuren.

MITHRIL

»[...] Sein Wert [...] ist jetzt unermesslich; denn oberirdisch ist wenig davon übrig [...]. Man konnte es wie Kupfer hämmern und wie Glas glätten, und die Zwerge wussten ein Metall daraus zu machen, leicht und trotzdem härter als vergüteter Stahl. Seine Schönheit glich der des gewöhnlichen Silbers.«

Gandalf, *Der Herr der Ringe*, II, 4.

Mithril (Sindarin für »grauer Schimmer«), das auch »Wahrsilber« oder »Moria-Silber« genannt wird, ist ein fiktives Erz, für das Elben und Zwerge eine grenzenlose Leidenschaft hegen. (Mithril ist übrigens ein Elbenwort, während die Zwerge einen geheimen Namen verwenden, den sie nicht preisgeben). Dass sein Abbau mit der Zerstörung Morias im Dritten Zeitalter zum Erliegen kommt, macht es nur noch begehrter (und teurer). Bilbos Kettenhemd, ein Geschenk Thorins, das schließlich an Frodo weitergeht, ist deshalb »mehr wert als das ganze Auenland und alles darinnen«, wie Gandalf erklärt (*HdR*, II, 4). Vergleicht man es mit anderen Metallen im Periodensystem, so hat Mithril die Verformbarkeit von Kupfer, die thermische Leitfähigkeit von Silber, die Härte hochwertigen Eisenstahls, das niedrige Gewicht von Titan oder Aluminium, die Schönheit von Platin und den Preis von Osmium oder Lutetium ... Kurz, die Merkmale all dieser Elemente sind in Mithril vereint, ohne dass in der Realität etwas Analoges bestehen würde – auch wenn Mithril von der American Chemical Society als Yttrium-Silber-Legierung definiert wurde.

Die Zwerge gewannen Mithril in den Minen von Moria. Aus Gier folgten sie der entdeckten Hauptader in immer größere Tiefe, bis ihre Grabungen einen Balrog aufweckten, der ihr Reich vernichtete. Weitere Vorkommen soll es an der Ostküste Amans (in Valinor) und auf Númenor gegeben haben. Die Elben von Eregion stellten aus Mithril Ithildin her. Aus dieser Legierung bestand die nur im Mond- oder Sternenlicht sichtbare Inschrift auf dem Westtor Morias (auf Sindarin bedeutet Ithildin »Sternenmond«). Weitere bekannte Objekte aus Mithril sind der mit einem Diamanten besetzte Elbenring Nenya und die Helme der Wachen von Gondor.

DER EINE RING

Das Silmarillion erzählt, wie die Ringe der Macht, zu denen der Eine Ring gehört, entstanden: »Nun schmiedeten die Elben viele Ringe; heimlich aber schmiedete Sauron den Einen Ring, der alle anderen beherrschte. [...] Und von Saurons Kraft und Willen ging ein großer Teil in diesen Ring ein, denn auch die Elbenringe waren sehr mächtig, und jener, der sie beherrschen wollte, musste von überwältigender Kraft sein.« Dieser Meisterring ist aus Gold, kann aber nicht geschmolzen werden und wird nur durch die Flammen im Inneren des Schicksalsbergs, wo er geschmiedet wurde, zerstört. Herkömmliches Feuer lässt, statt ihn zu erhitzen, auf seiner Oberfläche eine Inschrift in Schwarzer Sprache erscheinen: »Ein Ring sie zu knechten, sie alle zu finden, ins Dunkel zu treiben und ewig zu binden.« Er macht unsichtbar, lässt seinen Träger jede Sprache verstehen, verlängert dessen Leben, gewinnt aber auch Macht über seinen Geist. Dieser Ring »lebt«, er agiert wie ein Wesen, und immer will er zu seinem Meister Sauron zurückkehren: So rutscht er von Isildurs Finger, und Deagol, der ihn entdeckt, wird von seinem Freund Sméagol getötet (dieser wird zu Gollum); später gleitet er im Gasthaus *Zum tänzelnden Pony* spontan auf Frodos Finger.

Im Zweiten Zeitalter – es beginnt nach dem Untergang Beleriands, bei dem die Stadt Nogrod zerstört wird – entdecken die Zwerge Mithril (siehe Kasten S. 181) in den Bergwerken von Moria unter dem Nebelgebirge. Dieser Fund bringt sie in engeren Kontakt mit den Elben aus dem Haus Feanors, die sich in der Ebene von Eregion nahe dem Westtor von Moria niedergelassen haben, um Handel zu treiben. Sauron, der sich als Gesandter der Valar und Berater für Metallurgie und Magie ausgibt, ist bei der Fertigung der Ringe der Macht anwesend. Dadurch ausreichend in der Schmiedetechnik bewandert, fertigt er insgeheim den Einen Ring (siehe Kasten oben). Doch Celebrimbor, das Oberhaupt der Gilde der Juwelenschmiede von Eregion (in Sindarin: Gwaith-i-Mírdain), durchschaut ihn und fertigt in Alleinregie die Drei Elbenringe der Macht, die vom verderbten Geist unbefleckt sind.

Nach diesen großen Schöpfungen des Ersten und Zweiten Zeitalters macht sich bei den verschiedenen Arten oder Rassen, die Mittelerde bevölkern, ein Rückgang der metallurgischen Aktivitäten bemerkbar: »[...] Doch in Metallarbeiten können wir es mit unseren Vätern nicht aufnehmen, denn viele ihrer Geheimnisse sind verlorengegangen. Wir machen gute Waffen und scharfe Schwerter, doch gelingt es uns noch nicht wieder, Kettenpanzer oder Klingen herzustellen, die denen gleichkämen, die vor der Ankunft des Drachens gemacht wurden«, erklärt der Zwerg Glóin Frodo (*HdR*, II, 1). Die im Dritten Zeitalter spielenden Geschichten enthalten weniger Details zu Metallen und ihrer Bearbeitung: Man erfährt nur, dass die Elben in Bruchtal das Schwert Narsil neu schmieden und dass (im Hobbit) die Zwerge aus ihren Minen in den Eisenbergen heraneilen, um ihren Brüdern in der Schlacht der Fünf Heere beizuspringen. Fähigkeiten in der Metallbearbeitung bei Menschen sind nur aus Westernis bekannt, was Tom Bombadil erwähnt, als er seinen Besuchern Messer schenkt: »Alte Messer sind lang genug als Schwerter für Hobbits. [...] Scharfe Klingen zu haben ist gut ...« (*HdR*, I, 8).

Was die Hobbits betrifft, so wird im Auenland weder eine Schmiede noch eine vor Ort hergestellte Waffe erwähnt (es ist offenbar frei von jedem handwerklichen Gewerbe und Industrie). Das Einzige ist das hässliche Metallgeräusch eines Gittertors an der Grenze zum Bockland: »[Der Tunnel] war durch ein Tor aus dicken Eisenstangen versperrt. […] Es fiel klirrend zu, und das Schloss schnappte ein. Das Geräusch war unheimlich.« (*HdR,* I, 6).

DIE METALLURGIE UND DIE KRÄFTE DES BÖSEN

Charakteristischerweise werden die Kräfte des Bösen in Science-Fiction-Werken häufig mit der Metallurgie in Bezug gesetzt. Auch bei Tolkien tritt Metall als Symbol für Härte und bösartige, kalte Macht auf: »Unermesslich stark, ein Berg aus Eisen, ein Tor aus Stahl […] So sah er Barad-dûr, Saurons Festung.« (*HdR,* II, 10). Und die Schmiede, wo Hitze, Feuer und glühendes Metall kombiniert sind, präsentiert sich als eine Art Hölle. Die Schmieden von Isengart sind in der Tat furchterregend: »Dort hatte Saruman […] Waffenkammern, Schmieden und große Schmelzöfen. Eiserne Räder drehten sich dort ununterbrochen und Hämmer dröhnten. Dampfwolken, auf die von unten rotes, blaues oder giftgrünes Licht fiel, strömten des Nachts aus den Schloten.« (*HdR,* III, 8). Peter Jacksons Verfilmung spielt ebenfalls mit der Symbolik der »Industriehölle«. Man könnte sagen, dass ToIkien lange vor der Zeit einen Umweltroman geschrieben hat, denn in Der Herr der Ringe werden Umweltschäden, welche die Industriegesellschaft der Schwarzmagier anrichtet – die Abholzung des Fangorn-Waldes, um die Schmieden zu befeuern, die Luftverschmutzung durch schwarzen Rauch usw. – in Kontrast zur beschaulichen, ländlich-idyllischen Natur des Auenlands gestellt.

Das Feuer heizt die Schmiede, diese treibt die Mechanisierung und Waffenproduktion voran, und diese wiederum schafft Übel. Diese Formel funktioniert umso besser, wenn sich noch etwas dazugesellt, zum Beispiel blinder Fortschrittsglaube (»[ihre] Wissbegierde, wodurch Sauron sie umgarnte«, schreibt Tolkien über die Elbenschmiede von Eregion, (*HdR,* II, 2), Überheblichkeit und Arroganz der Wissenden (Feanor), Eifersucht (»Melkor war eifersüchtig auf ihn, denn ganz wie er selbst war Aule in Gedanken und Kräften; und lange währte zwischen den beiden der Streit«, liest man im *Silmarillion*), und Gier oder Verlangen nach Reichtümern (wie bei Maeglin oder den Zwergen in Moria).

METALLURGIE: WISSENSCHAFT UND VERFAHRENSTECHNIK

Die Einteilung der Metalle in Tolkiens Universum folgt der Realität: Neben den klassischen Metallen (Eisen, Kupfer, Silber und Gold, die in unserer Welt seit Jahrtausenden in Gebrauch sind) gibt es hochfeste Legierungen (Angband oder Minas Morgul haben bronzene Tore, die Silmarilli sind in einer Stahlkammer eingeschlossen), aber auch märchenhafte Metalle wie das bereits erwähnte Mithril und Galvorn oder fantastische Legierungen wie Ithildin (auf der Basis von Mithril) oder Tilkal, dessen Name aus den Anfangsbuchstaben der enthaltenen Metalle gebildet ist (ein auch bei modernen Legierungen gebräuchliches Vorgehen): Tambe, Ilsa, Latúken, Kanu, Anga und Laure (Sindarin für Kupfer, Silber, Zinn, Blei, Eisen, Gold). Falls die sechs Metalle in gleichen Teilen enthalten sind, wäre Tilkal das, was die Chemiker heute als »Hochentropie-Legierung« bezeichnen, also Metalle, in denen sich Elemente in jeweils ähnlichen Anteilen atomar verbunden haben; das Ziel ist, die besten Eigenschaften all dieser Bestandteile zu vereinen. Diese Legierungsart unterscheidet sich von klassischen Legierungen wie Eisenstahl, Duraluminium oder Zirkaloy, bei denen nur kleine Beimischungen anderer Elemente das dominante Metall verbessern. In dieser Hinsicht ist Tilkal die originellste Schöpfung von Tolkien im Bereich der Metallurgie.

Doch auch mit dem Symbolgehalt von Metallen spielt Tolkien, wenn er mehrere Metalle oder Stoffe zusammenführt, um deren Aussagekraft zu verstärken. So werden Edelmetalle, die häufig den Kräften des Guten vorbehalten sind, zum konzentrierten Ausdruck von Reichtum und Macht: Aragorns Krone ist aus Mithril und Gold, und in der Zeit seiner Herrschaft sind die Tore von Minas Tirith aus Mithril und Stahl. Die unedlen Metalle sind eher den Mächten des Bösen vorbehalten: Morgoth schmiedet sich eine große Eisenkrone, und Barad-dûr – Saurons Dunkler Turm – besteht ebenfalls aus Eisen. Doch begehrt sind Edelmetalle bei allen – Sauron inbegriffen, der eine Leidenschaft für Mithril hat. Die Reinheit und Schönheit von Gold ist manchmal also auch mit bösem Zauber kombiniert wie im Einen Ring.

Nur gelegentlich kommen bei Tolkien Verfahren zur Erzförderung oder Schmelzreduktion vor, häufiger Verformungstechniken, und hier ist es meist das Schmieden, das als fast magisches Vorgehen zur Erzeugung von Waffen oder Schmuckstücken erscheint (Silmaril, Ringe der Macht). Der Autor erwähnt auch das Gießen (»Aulë […] goss geschmolzenes Metall in eine Form«, *Das Silmarillion*), das Abschrecken zum Härten des Stahls sowie das Damaszieren (Tauschieren), eine dekorative Technik. Hier werden – wie bei den Kurzschwertern, welche Tom Bombadil den Hobbits schenkt, Gold- oder Kupferfäden in eine Klinge eingetrieben (*HdR,* I, 8). Tolkien beweist also eine gewisse Bildung hinsichtlich der Verfahren – trotz seiner gegenteiligen Behauptung in einem Brief, in dem er seinen Wunsch äußert, einen Zusatzband mit Informationen, z. B. zur Metallbearbeitung, zu verfassen.

EINE MITTELALTERLICHE UND FANTASTISCHE METALLURGIE

Letzendlich ist Tolkiens Metallurgie mittelalterlich (hinsichtlich der realistischen Verfahren) und fantastisch zugleich (weil unbekannte Werkstoffe mit außergewöhnlichen Eigenschaften vorkommen). Dieser Bereich der Wissenschaft spielt in seinem Werk eine bedeutende Rolle, insofern als ständig metallische Objekte wie Ringe, Kronen und Schwerter verwendet werden und das Thema des Schmiedens häufig wiederkehrt.

Das für Tolkien als ehemaligen Universitätsprofessor wichtige Motiv der Weitergabe des Wissens hat über das Schmiedehandwark eine hohe Präsenz. Es lässt eine starke psychologische Bindung zwischen Gottheiten und Erdenwesen entstehen und durchzieht die Geschichte des Legendariums: Aule unterweist Mahtan, dieser lehrt Feanor. Die Zwerge schulen Eol, von dem das Wissen an Maeglin und weiter an dessen Schüler übermittelt wird. Dank Tolkien zeigt sich die Metallbearbeitung, ein Fachgebiet, das man sich nicht im Alleingang erschließen kann, auch als Kunst, in welcher der Schüler vom Meister in technischen und magischen Fertigkeiten unterwiesen wird.

All dies belegt, dass Tolkien von Metallen und ihrer Bearbeitung angetan, wenn nicht gar fasziniert war. Seine Novelle *Smith of Wootton Major* (dt. *Der Schmied von Großholzingen*) über die Erlebnisse eines sympathischen Schmiedesohns, der einen Feen- oder Elbenstern auf der Stirn trägt und das Feenland frei besuchen und dort lernen kann, endet damit, dass er später auf den Stern verzichtet. Diesen erhält von Neuem ein Kind, während er selbst »zu Hammer und Schmiedezange« zurückkehrt und seinen Sohn unterweist. Diese doppelte Bekräftigung der Wichtigkeit einer Weitergabe der Gegenstände und des Wissens von Generation zu Generation in seinem letzten Werk ist bezeichnend.

UNSICHTBAR *FÜR SAURONS AUGE(N)?*

JEAN-SÉBASTIEN STEYER / ROLAND LEHOUCQ

In Tolkiens Werk existieren zwei Welten nebeneinander: Das »Sichtbare« ist real und materiell, das »Unsichtbare« dagegen eine verborgene Welt, die sich zu parallelen Dimensionen öffnet: Tote finden sich hier Seite an Seite mit Geistern und anderen finsteren oder freundlichen übernatürlichen Wesen. Manche, zum Beispiel die Elben, haben Zugang zu ihr, wie Gandalf Frodo erklärt: »Die Herren von Eldar […] fürchten die Ringgeister nicht, denn [sie] leben in beiden Welten zugleich, und sowohl den Sichtbaren wie den Unsichtbaren gegenüber haben sie große Macht.« (*HdR,* II, 1) In der Literatur korrespondiert die unsichtbare Welt oft mit der Magie, wie in J. K. Rowlings Harry-Potter-Geschichten, in deren erweiterter Realität die Magie ihre Quelle in einer Parallelwelt hat, die der menschlichen gegenübersteht. Bei Tolkien ist das Unsichtbare komplexer und beschränkt sich nicht auf eine einfache magische Paralleldimension. In Mittelerde gibt es eine Vielzahl an unsichtbaren Dingen und Wesen, so als gebe es mehrere Ebenen der Unsichtbarkeit.

HOBBITS: DIE DISKRETHEIT IN PERSON

Tatsächlich, du hast gute Manieren für einen Dieb, sagte der Drache. […] Wer bist du und woher kommst du […] ? – […] Ich komme von Unterm Bühl, und mein Weg hat mich auch untern Berg und übern Berg geführt. […] Ich bin der wandelnde Unsichtbare.«

Der Hobbit

Die Hobbits sind kleine menschenähnliche Wesen, die sich auf ihren großen behaarten Füßen lautlos fortbewegen können. In Mittelerde sind sie dafür berühmt. Deshalb wählt Gandalf Bilbo als »Meisterdieb« aus, um dem Zwergenkönig Thorin zu helfen, seinen Schatz den Klauen des Drachen Smaug zu entreißen. Es heißt, die Hobbits verdankten diese Fähigkeit ihren Plattfüßen (sie haben kein oder nur ein flaches Fußgewölbe). Zudem sind ihre Füße – genauer gesagt, ihre Mittelfußknochen – sehr lang.[1] Die Berührungsfläche mit dem Boden ist deutlich vergrößert, und das Körpergewicht wird auf die gesamte Sohle und nicht nur wie bei uns auf einige bestimmte Punkte (Ferse, Vorderfuß und Zehen) verteilt. Dadurch verringert sich der Druck des Fußes auf den

Boden (Quotient von Gewicht und Kontaktfläche) und damit die Gefahr, dass sie bei der Fortbewegung Geräusche verursachen. Unter den Füßen des »unsichtbar Wandelnden« knackt im Wald kein Ast und klirrt vor Smaugs Nase kein Goldstück.

GEHEIMRUNEN

Chiffren, Runen und alte Inschriften in Mittelerde … Manche sind nur unter bestimmten Voraussetzungen sichtbar, wie die Inschrift am Tor von Moria. Der große Elbenschmied Celebrimbor brachte einst Buchstaben aus Ithildin dort an, einem Metall, »das nur Sternen- und Mondlicht widerspiegelt und schläft, bis es von jemandem berührt wird, der Worte spricht, die in Mittelerde längst vergessen sind.« (*HdR,* II, 4).

Dieses Phänomen erinnert an die »magischen« Spiegel aus China und Japan. Die ältesten dieser Bronzespiegel datieren aus der Han-Dynastie (206 v. Chr. – 220 n. Chr.). Es sind auf den ersten Blick gewöhnliche Spiegel. Doch sobald ein starker Lichtstrahl darauf fällt und auf eine Wand zurückgeworfen wird, sind in der Projektion Formen erkennbar, die in die Spiegelrückseite eingraviert sind. Erst viel später begriff man, dass diese Spiegel in einem komplizierten Verfahren so poliert wurden, dass winzige, mit bloßem Auge unsichtbare Veränderungen der Spiegeloberfläche entstehen, welche die Form der Rückseite perfekt aufnehmen. In der Projektion kommen diese Änderungen bei entsprechender Beleuchtung zum Vorschein. Man kann sich ausmalen, dass die Schmiede des Zwergenvolks für das Ithildin eine vergleichbare Technik entwickelt haben könnten.

Bei Tolkien finden sich nicht nur in Stein eingelassene Runen. Auch manches Pergament wie die Karte, die den geheimen Eingang zum Erebor verrät (dem Einsamen Berg, in dem die Zwerge einst wohnten) ist damit beschrieben. Sie wurde von Thror, dem Großvater des Zwergenkönigs Thorin, gezeichnet, und als Gandalf sie Thorin für die Schatzsuche anvertraut, entdeckt der Elb Elrond Runen auf ihr: »Mondbuchstaben sind Runenzeichen, aber man […] sieht sie nur, wenn man sie gegen den Mond hält, und manche sind noch raffinierter. Da muss es gleichzeitig ein Mond in gleicher Form und Phase sein wie an dem Tag, als sie geschrieben wurden. Die Zwerge haben dies erfunden […].« *(Der Hobbit)* Im Gegensatz zu den weiter oben beschriebenen Runen, die unspezifischer sind, werden die Mondbuchstaben nur unter ganz besonderen Voraussetzungen sichtbar: Licht allein genügt nicht mehr, es muss Mondlicht sein und die Mondphase genau mit der des Entstehungszeitpunkts übereinstimmen. Eine nur bei einer spezifischen Lichtstärke sichtbare Schrift bildet in wissenschaftlicher Hinsicht ein Rätsel. Denkbar sind dagegen Runen, die nur dann aufscheinen, wenn Licht einer exakten Wellenlänge auf sie trifft. Das geschieht bei der Fluoreszenz, einer speziellen Materialeigenschaft, die darauf beruht, dass Moleküle die Lichtenergie absorbieren und als Lichtemission rasch wieder abgeben. So kann Tinte hergestellt werden, die nur sichtbar ist, wenn ultraviolettes Licht auf sie fällt. In der biomedizinischen Forschung ist die Markierung bestimmter Biomoleküle mit fluoreszenten Molekülen sehr geläufig. Die Runen lassen auch an die »Geheimtinten« aus der Frühzeit der Geheimdienste denken, die bei Erwärmung sichtbar wurden. Das Verfahren ist eher chemischer als optischer Natur: Die Tinte oxidiert beim Erwärmen und wechselt die Farbe, sodass sie sich vom Untergrund abzuheben beginnt. Am bekanntesten ist Geheimtinte aus Zitronensaft, die bei Hitze bräunlich wird.

Im Oktober 2006 gelang es Forschern der Duke University in North Carolina, ein Objekt gegen Mikrowellen abzuschirmen, was vielleicht weniger leicht nachvollziehbar, aber absolut beeindruckend ist. Tarnkappenflugzeuge absorbieren in der Regel die einfallende Radarstrahlung oder lenken die elektromagnetischen Wellen dank ihrer Rumpfform in genau definierten Richtungen ab. Doch dieses Team entwickelte ein Verfahren, das Lichtstrahlen dazu brachte, ein Objekt zu umgehen (so, wie Wasser um einen Stein herumfließt). Da sie von ihm weder absorbiert noch reflektiert werden, wird es unsichtbar. Dies wurde durch den Einsatz künstlicher Werkstoffe möglich, die optische Eigenschaften besitzen, wie sie in der Natur nicht vorkommen. Anders als konventionelle Werkstoffe haben sie einen negativen Brechungsindex, das heißt, sie können Licht in die »falsche« Richtung zu negativen Winkeln hin brechen. Die ersten »Metamaterialien« waren Komposite aus mehreren Schichten eines Glasfasersubstrats mit dazwischen eingelagerten Drahtschleifen. Beim Auftreffen elektromagnetischer Wellen einer bestimmten Frequenz wird im Metamaterial ein elektromagnetisches Feld induziert, welches die einfallende Strahlung ablenkt und um das Objekt herumsteuert. Damit dies funktioniert, müssen die hergestellten Strukturen kleiner als die einfallende Wellenlänge sein. Das amerikanische Forscherteam musste sich unter den gegebenen Herstellungsbedingungen mit einer Strukturgröße im Millimeterbereich begnügen, weshalb sie mit Mikrowellenstrahlung experimentierten. Doch im Prinzip ist das, was ihnen im Mikrowellenbereich gelang, auch im sichtbaren Spektralbereich erreichbar, denn die beteiligten Phänomene sind gleichartiger Natur. Der einschränkende Faktor liegt nur im verfahrenstechnischen Bereich, da die Elemente weitaus kleiner – im Bereich von einigen Hunderstel Nanometern ($1 \text{ nm} = 10^{-9} \text{ m}$) – und dabei komplexer sein müssen. Im Januar 2007 hat ein Team an der Universität Karlsruhe eine Schablone mit Strukturgrößen von etwa 100 Nanometern in Schichten von Silber- und Magnesiumfluorid auf einem Glassubstrat realisiert. Dieses Metamaterial funktioniert am infraroten Ende des sichtbaren Lichtspektrums (Wellenlänge 780 nm). Nun wird an der Fertigung von Werkstoffen geforscht, die auch bei Wellenlängen des sichtbaren Lichtspektrums unsichtbar sind …

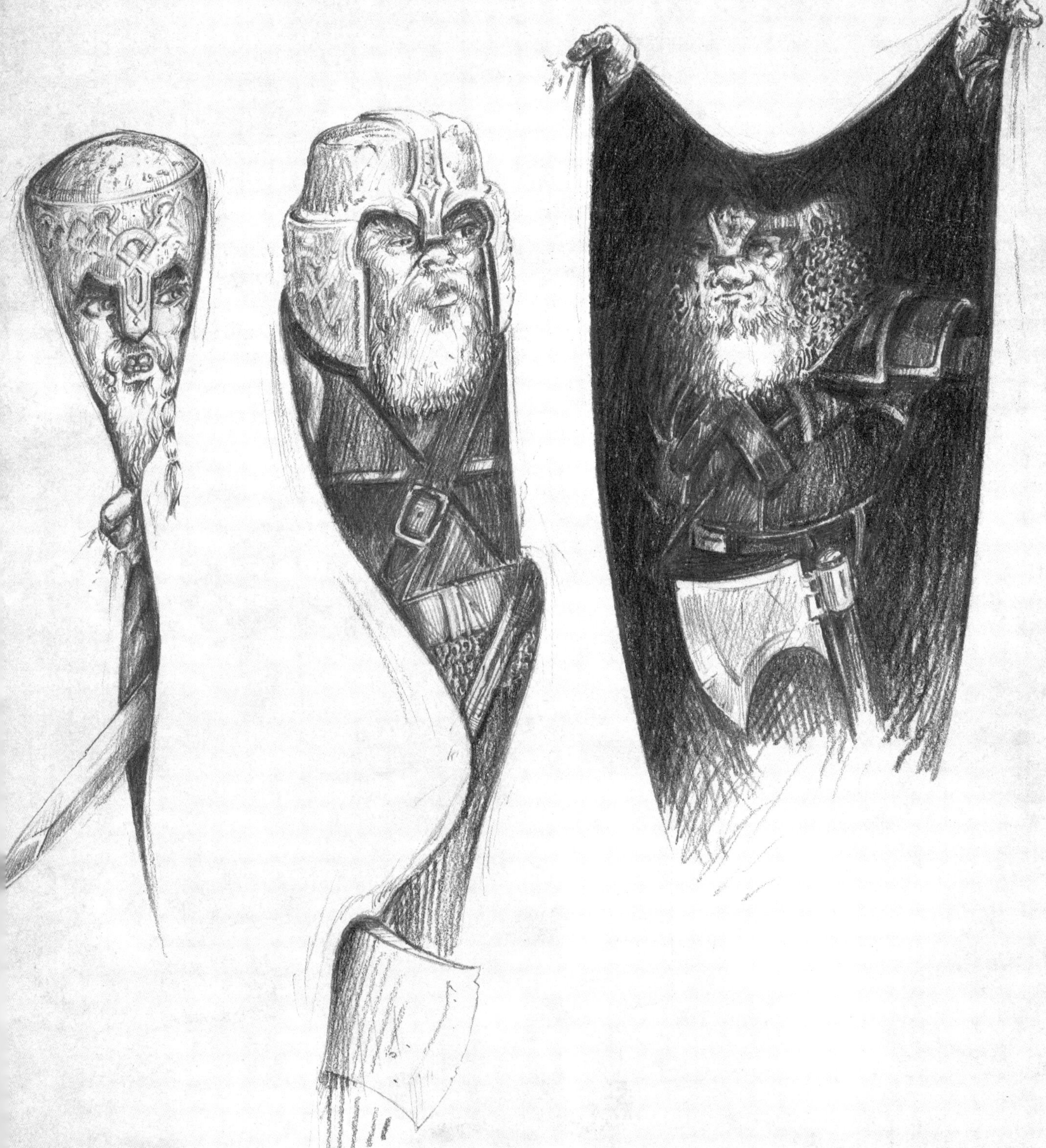

»Lieber nicht gesehen werden!«

UNSICHTBARE KÖRPER

Tolkiens Figuren (vor allem Bilbo und dessen Neffe Frodo) sind auch fähig, vollständig zu verschwinden. Unsichtbar sein – das weckt Fantasien, wie man ohne Eintrittskarte ins Kino kommen oder einen Banksafe ausräumen könnte … Tatsächlich scheint es schwierig zu sein, ehrlich und integer zu bleiben, wenn man erst einmal unsichtbar ist, denn mit der Sichtbarkeit verschwinden die moralischen Zwänge. Schon Platon erläuterte in der Allegorie vom Ring des Gyges die Frage, was einen unsichtbar gewordenen Menschen verpflichten könnte, moralisch zu handeln, und H. G. Wells erzählt davon in seinem Roman *Der Unsichtbare* (1897), in dem der Chemiker Griffin ein Unsichtbarkeitsserum an sich selbst testet. Er begeht Diebstähle, wird zum Mörder – eine Abwärtsspirale, die ihn am Ende in den Tod führt. Das sozial und ethisch nicht mehr existente unsichtbare Individuum kann all seinen Trieben und Fantasien folgen, wie in Milo Manaras Erotik-Comic *Der Duft des Unsichtbaren* (1986). Die Methoden, sich unsichtbar zu machen, variieren je nach Genre. In der Fantasy liegt der klare Vorzug bei der Magie, während die Science-Fiction eher auf physikalische und chemische Verfahren zurückgreift. So kann sich Susan Storm, eine der *Fantastischen Vier* (Marvel Comics, 1961), nach Belieben unsichtbar machen, nachdem sie bei einer Weltraumexpedition versehentlich mit kosmischer Strahlung kontaminiert wurde. In der US-Fernsehserie *Der Unsichtbare* (1975) erfindet ein Wissenschaftler ein Gerät, das Objekte »durch Strahlen« unsichtbar macht. und wendet es im Selbstversuch an. Bei Tolkien hüllen sich die Figuren in Elbenmäntel oder stecken den Einen Ring an den Finger, um sich unsichtbar zu machen.

DER ELBENMANTEL

Lóriens Elbenkönigin Galadriel überreicht den Ringgefährten, als sie ihr Land verlassen, mehrere Geschenke, wozu auch Tarnmäntel gehören:

Für jeden hatten sie [die Elben] einen Mantel und eine Kapuze, seiner Körpergröße entsprechend, aus dem leichten, aber warmen Seidenstoff […]. Welche Farbe sie hatten, war schwer zu sagen: Grau schienen sie im Zwielicht unter den Bäumen zu sein, doch wenn man sie hin und her bewegte oder in eine andere Beleuchtung brachte, dann erschienen sie grün wie schattige Blätter oder braun wie Brachfelder bei Nacht, silbrig dunkel wie Wasser unter den Sternen.

Der Herr der Ringe, *II, 8*

Dies erinnert an Tarnfarben und Mimese. In der Realität machen sich eine Reihe von Tieren – Kopffüßer, Gliederfüßer, Chamäleons – durch Anpassung an die Umgebung unsichtbar, um Fressfeinden oder Beutetieren nicht aufzufallen. Ihre Tarnstrategien, die sich durch die natürliche Selektion durchgesetzt haben, werden durch Pigmentzellen (Chromatophoren und Iridophoren) in der Haut ermöglicht, die fähig sind, Licht durch Veränderung ihres Zustands unterschiedlich zu reflektieren. Doch Elbenmäntel sind keine »lebende« Materie. Sie stehen für keinen mimetischen Organismus, der die Helden im Notfall tarnt. Wie der Führer der Elben erklärt, handelt es sich um textiles Gewebe:

Es sind schöne Mäntel, und das Gewebe ist gut, denn es ist in diesem Land hergestellt worden. […] Blatt und Zweig, Wasser und Stein: Sie haben den Farbton und die Schönheit all dieser Dinge unter dem Zwielicht von Lórien, das wir lieben. Denn bei allem, was wir herstellen, denken wir an all das, was wir lieben. Indes sind es Kleidungsstücke, keine Panzer, und sie werden weder Speer noch Klinge abwehren. Doch sollten sie euch gute Dienste leisten: Sie sind leicht im Tragen und warm oder kühl genug, je nach Bedarf. Und ihr werdet finden, dass sie eine große Hilfe sind, wenn ihr euch dem Blick unfreundlicher Augen entziehen wollt, ob ihr nun zwischen den Steinen oder unter Bäumen geht.

Der Herr der Ringe, *II, 8*

In derselben Richtung forschen Teams, die oft vom Militär finanziert werden, an Hightech-Beschichtungen, welche die Umgebung imitieren und sich deren Veränderungen anpassen. 2014 gab eine amerikanisch-chinesische Gruppe technische Details zu einer »Haut« bekannt, die als Empfänger das Aussehen des Hintergrunds »kopiert« und zugleich als Sender dieses Bild nach vorn optisch darstellt. Dafür sind fünf Schichten unterschiedlicher Materialien notwendig, die ähnliche Funktionen erfüllen, wie man sie bei den Pigmentzellen der Tintenfische festgestellt hat. Noch erscheinen auf dem Material nur Schwarz-Weiß-Bilder, aber es ist anpassungsfähig und reagiert rasch auf Veränderungen der Umgebung. Im selben Jahr stellte ein Team der Französischen Behörde für Rüstungsbeschaffung (DGA) das Projekt »Chamäleon« vor. Es deckt einen größeren Wellenlängenbereich vom sichtbaren bis ins infrarote Lichtspektrum hinein ab, was für die Tarnung vor Nachtsichtgeräten Bedeutung hat. Wenn auch zu bezweifeln ist, dass die Elbenmäntel dank dieser Technologie funktionieren, bleiben sie dennoch genauso geheim wie ihre militärischen Pendants.

DER EINE RING

Primär aber ist der Eine Ring, das große Objekt der Begierde, das Mittel der Wahl, um sich unsichtbar zu machen. Doch dies bleibt nicht ohne Konsequenzen, denn er verändert sowohl das Äußere als auch den Geist des Trägers – Sméagol könnte ein Lied davon singen[2]. Sind solche Kräfte wahrscheinlich? Betrachten wir die Histologie: Bei der Untersuchung organischer Gewebe ist es möglich, bestimmte Teile transparent zu machen, um andere besser hervortreten zu lassen. Das Verfahren besteht darin, die Gewebeprobe in verschiedene enzym-, alkohol- und vor allem farbstoffhaltige Lösungen einzubringen, um zum Beispiel die Sehnen- und Knochenstrukturen, die man untersuchen möchte, spezifisch anzufärben, während das Fleisch unsichtbar wird. Ein Herauspräparieren wird dadurch unnötig. Wissenschaftlern der Stanford University gelang es, das Gehirn einer Labormaus durchsichtig zu machen. Man arbeitete mit einem Hydrogel (ähnlich der Substanz, aus der Kontaktlinsen bestehen), dessen Moleküle das Gewebe durchdringen und dort ein biegsames und transparentes Gerüst ausbilden. Daraufhin wurden die Lipide eliminiert, welche die Zellwände undurchsichtig machen. Mit diesem Verfahren ließen sich sehr präzise Bilder der molekularen Architektur des Gehirns erzielen. Könnte Saurons Ring – ähnlich einem James-Bond-Gadget – Substanzen enthalten, die unsichtbar machen, sobald man ihn überstreift? Nein, denn er macht seinen Träger zwar für die Augen seiner Umgebung unsichtbar, dieser wird aber für Sauron und seine Schergen, die Nazgûl oder »Ringgeister«, sichtbar. Sie spüren und erkennen die Anwesenheit des Rings, zumal sie mit ihm eng verbunden sind, wie Gandalf Frodo erklärt: »Du warst in höchster Gefahr, solange du den Ring trugst, denn dann warst du selbst halb in der Geisterwelt, und sie hätten dich ergreifen können. Du konntest sie sehen, und sie konnten dich sehen.« (*HdR,* II, 1). Gandalf hat recht, denn in der Physik gilt das Gesetz der Umkehrbarkeit des Lichtwegs. Nach diesem Gesetz ist ein tatsächlich unsichtbarer Mensch dann allerdings auch blind! Es wäre schwierig, den *Herrn der Ringe* unter solchen Voraussetzungen neu zu schreiben …

Anmerkungen

1. Vgl. das Kapitel »Warum haben Hobbits große behaarte Füße?«, S. 210.
2. Vgl. das Kapitel »Gollum: die Metamorphose eines Hobbits«, S. 226.

STÉPHANE
SARRADE

VARIATIONEN ZUR CHEMIE *DES EINEN RINGS*

Wurde nicht schon alles über den Einen Ring geschrieben? – Nein, noch schwebt ein Rätsel über seiner chemischen Natur. Aus Gold soll er bestehen, dem seltenen Edelmetall und klassischen Rohstoff für Preziosen. Und weiter? Gibt es andere Materialien, die in Bezug zu den realen oder magischen Eigenschaften des unheilvollen Rings stehen könnten? Seine chemische Zusammensetzung wird uns zu Fragestellungen über die Geologie Mordors führen – seine Metalllagerstätten, deren Genese, potenzielle Goldminen … Lässt sich anhand chemischer Parameter eine gedankliche Verbindung zu den seltsamen Kräften des Rings herstellen?

EIN RING, SIE ZU KNECHTEN

Tragen wir zusammen, was über den Einen Ring bekannt ist: Im Hobbit ist es ein einfacher, vom Dunklen Herrscher Sauron geschmiedeter Zauberring, der seinen Träger unsichtbar macht (bis auf den Schatten, der im Sonnenlicht sichtbar bleibt). Im *Herrn der Ringe* erfahren wir, dass Sauron, getrieben vom Wunsch, alles Lebendige zu manipulieren und zu versklaven, um 1600 des Zweiten Zeitalters in den Tiefen des Schicksalsbergs (Orodruin) heimlich den Einen Ring schuf, mit dem er die anderen Ringe der Macht beherrschen und so seine Machtfülle bewahren konnte. Zu Beginn des Dritten Zeitalters stiehlt Isildur den Ring, verliert ihn aber im Fluss Anduin; der Hobbit Déagol fischt ihn zufällig heraus und wird sogleich von Sméagol ermordet. Dieser verbirgt sich tief unter dem Nebelgebirge und wird zu Gollum. Bilbo stibitzt ihm den Ring. Im Auenland gibt er ihn später an seinen Neffen Frodo weiter. Dessen Auftrag lautet, den Meisterring auf keinen Fall in Saurons Hände fallen zu lassen, sondern ihn zu vernichten. Nur am Ort seines Entstehens, in den Klüften des Orodruin, ist dies möglich. Um diese Reise dreht sich *Der Herr der Ringe;* sie endet mit der Vernichtung des Rings und der Krönung Aragorns am Ende des Dritten Zeitalters. Mittelerde ist von Saurons destruktiver Energie befreit; 3021 beginnt ein dauerhafter Friede.

Eine böse Macht wohnt dem Tolkiens Fantasie entsprungenen Ring inne. Dieses Wertobjekt ist konzentrierte Verführung: Ob Elben, Zwerge oder Menschen – sie sind zu allem bereit, um ihn zu besitzen. Und geraten damit in seine Gewalt.

VERKOMMENE MENSCHEN MIT ÜBERMENSCHLICHEN FÄHIGKEITEN?

Eine weitere Gabe verleiht der Eine Ring: Die für gewöhnliche Sterbliche unsichtbare Welt der Geister (mitsamt der Ringgeister) steht seinen Trägern offen. Doch der Preis dafür ist, dass sich bei Letzteren eine verhängnisvolle Hörigkeit ausbildet: Sie entwickeln üble Neigungen (Sméagol wird zum Mörder und Bilbo zum Dieb), und je tiefer sie in die unsichtbaren Welten eindringen, desto mehr verlieren sie den Halt in der Realität bis hin zum Verlust des Menschlichen (wie bei Sméagol, der sich in Gollum verwandelt). Am Ende steht die Gefahr, für immer in die Welt der Schatten einzugehen wie die Nazgûl.

So sind die Träger dazu bestimmt, neue Saurons zu werden. Um den Dominanzwillen noch zu stärken, verleiht der Ring übernatürliche Langlebigkeit und verschärfte Sinneswahrnehmungen (ähnlich den Wirkungen der Drogen und Gifte, wie sie in der Science-Fiction und Heroic Fantasy beliebt sind). Nur einige außergewöhnliche Wesen wie Tom Bombadil oder Gandalf, die vom Streben nach Macht und Besitz vollkommen frei sind, sind für die Wirkung des Rings nicht anfällig und widerstehen Saurons Einfluss. Neben seinen physikalischen Eigenschaften als greifbarer Metallgegenstand »verhält sich« der Ring wie ein Lebewesen, und zwar wie ein Parasit: Seine außerordentliche Anziehungskraft weckt das Interesse seiner »Wirte«, und zudem scheint er über einen eigenen Willen zu verfügen, welcher Strategien entwickelt, um seinen Meister wiederzufinden. Er wechselt den Wirt je nach Bedarf, und je ausgeprägter dessen negative Charakterzüge sind, desto effizienter kann er auf ihn einwirken und ihn korrumpieren. Nötigenfalls verleiht er seinem Träger die Fähigkeit, andere Sprachen zu verstehen; bei Bilbo im *Hobbit* ist es zum Beispiel die Sprache der Spinnen. Der Ring übernimmt also, um seine Ziele zu erreichen, im Rahmen einer planvollen Strategie die Kontrolle über den Geist seines Trägers.

DIE PHYSIKALISCHEN UND CHEMISCHEN EIGENSCHAFTEN DES EINEN RINGS

In Tolkiens Romanen ist er rund, glatt und glänzend (denn er soll aus Gold sein); manchmal ist er glühend heiß, manchmal kalt. Bei Normaltemperatur liegt er schwer in der Hand, ein andermal wirkt er leichter, und das bei unveränderter Größe, was auf eine veränderliche Volumenmasse bzw. Rohdichte hinweist. Wird er erhitzt, so erscheint eine Inschrift in der Sprache von Mordor, in der Saurons Absichten zusammengefasst sind:

Ein Ring, sie zu knechten
Sie alle zu finden
Ins Dunkel zu treiben
Und ewig zu binden
Im Lande Mordor, wo die Schatten drohn.

Die speziellen optischen Eigenschaften der außenliegenden Schicht weisen darauf hin, dass der Ring einer raffinierten Oberflächenbearbeitung unterzogen wurde, wozu die Einlagerung von Atomen eines anderen Materials in das goldhaltige Metallgitter der obersten, *a priori* aus Gold bestehenden Schicht zählt. Bei richtiger Auswahl (es darf im Periodensystem nicht zu weit entfernt von Gold stehen) wird das Element bei Raumtemperatur Eigenschaften zeigen, die denen von Gold verwandt sind, sodass sein Vorhandensein mit bloßem Auge nicht zu entdecken ist. Bei Erhöhung der Temperatur entsteht durch die unterschiedliche Wärmedehnung Heterogenität im Kristallgitter. Entsprechen diese mikroskopischen Gitterdefekte einer zusammenhängenden Schrift, können sie makroskopisch Buchstaben und Sätze bilden. Sauron hätte dann im Schicksalsberg über ein Verfahren verfügt, das der Lasergravur mit Ultrakurzpulslasern gleichkäme, wie sie in der Realität im Schichtaufbauverfahren eingesetzt werden. Theoretisch wäre dies möglich, doch in der Praxis bliebe die Umsetzung kompliziert. Besteht der Ring dagegen nicht aus purem Gold, sondern aus einer Legierung mit anderen Metallen, sind einfachere Verfahren ausreichend, da sich ein heterogenes Oberflächenmetall bereits durch eine rein elektrochemische Bearbeitung erzielen lässt.

Weiterhin ist zu bedenken, dass der Eine Ring – wie alle Ringe der Macht – praktisch unzerstörbar ist. Gandalf erläutert, dass nicht einmal der stärkste Schmelzofen der Zwerge oder Drachenfeuer ihn zum Schmelzen brächte: Nur das Feuer in den Schicksalsklüften kann ihn vernichten. Eine solche Unveränderlichkeit ist bei einem einfachen Goldring nicht gegeben, was die These erhärtet, dass eine raffinierte Legierung vorliegen muss. Werfen wir darum einen Blick auf Saurons Kompetenzen in der Metallherstellung und -verarbeitung.

SAURON, EIN GENIALER INGENIEUR?

Sauron war ursprünglich einer der Maiar – unsterblichen göttlichen Wesen, die der höherstehenden Kaste der Valar dienstbar waren. Einst diente er dem Vala Aule, einem Schmied. Später wird er zum ersten Heerführer des schrecklichen Morgoth. Früh meistert Sauron die Magie (da er göttlicher Herkunft ist) und die Metallurgie, deren Verfahren er erlernt, indem er sich die Elbenschmiede gewogen macht. Er ist ein Meister der geistigen Manipulation und kann sein Aussehen nach Belieben wechseln; bisweilen hat er ein sehr gewinnendes Auftreten. Darin finden wir genau die magischen Eigenschaften des Einen Rings wieder, der im Endeffekt nichts anderes ist als eine Verlängerung der Persönlichkeit Saurons!

In der Alchemie vermischen sich Magie und Metallurgie. Die Alchimisten des Mittelalters hatten den Ehrgeiz, Herrschaft über die Materie zu erhalten und diese umzuwandeln. Das Endziel lag in der Verwandlung von Blei in Gold mithilfe des Steins der Weisen – einem fiktiven »Katalysator« und Elixier des ewigen Lebens. Heute kennt man die Atomstruktur der chemischen Elemente, deren Protonen und Neutronen den Kern bilden, um den die Elektronen kreisen. In Mendelejews Periodensystem sind die chemischen Elemente nach der Anzahl ihrer Protonen geordnet (diese ist gleich der Ordnungszahl Z). Die Zahl der Neutronen eines Elements kann– bei gleichbleibendem Z – variieren, sodass es in unterschiedlichen Isotopen vorliegt, von denen manche radioaktiv und somit instabil sind: Sie strahlen über die Zeit hinweg Teilchen ab, um wieder stabile Isotope auszubilden (diese sind der Regelfall). Gold (Au) hat im Periodensystem die Ordnungszahl 79. Rechts von ihm stehen Quecksilber mit 80, Thallium mit 81 und Blei mit 82 Protonen, links von ihm Platin und Iridium mit 78 bzw. 77 Protonen. Durch Bestrahlung von Platin oder Quecksilber mit Neutronen lässt sich prinzipiell Gold herstellen (das Phänomen ist als »Kernreaktion« bekannt). 1941 gelang diese Umwandlung in einem Kernreaktor (der als Quelle schneller Neutronen fungierte), das erhaltene Gold war radioaktiv. Zur

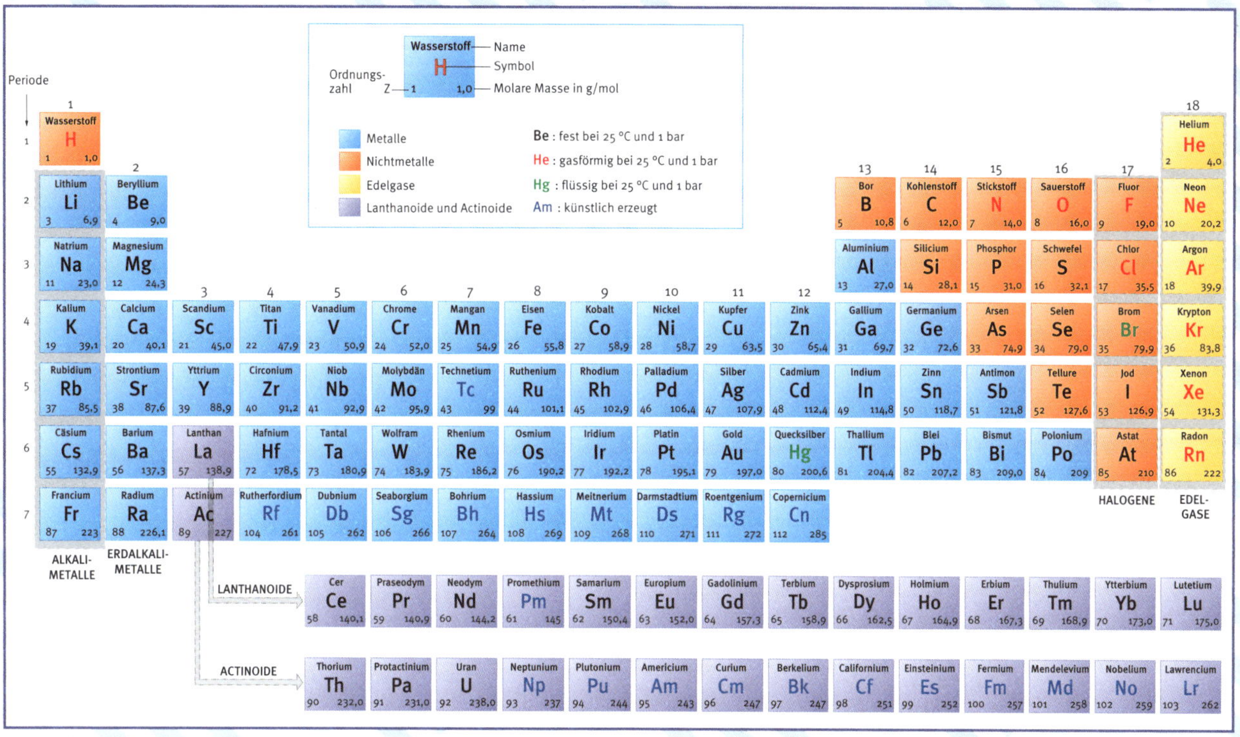

ABB. 2

Das Periodensystem der Elemente

Erinnerung: ^{197}Au (mit 79 Protonen und 118 Neutronen) ist ein stabiles Goldisotop, weitere Isotope sind ^{195}Au, ^{196}Au, ^{198}Au und ^{199}Au. Die beiden Letzteren sind radioaktiv und haben eine Halbwertszeit von zwei bis drei Tagen, beim spontanen Zerfall entsteht Quecksilber ^{198}Hg und ^{199}Hg. Ausgehend davon lässt sich vermuten, dass in Mordor eine starke Radioaktivität vorliegt. Dies würde zu der Trostlosigkeit seiner Landschaft passen, wie sie Tolkien beschreibt. Vermutlich sind unter dem Gebirgsstock des Schicksalsbergs reichhaltige Goldadern und ultrabasisches Gestein mit Einschlüssen von Gold vorhanden.

Da Sauron wohl keinen Teilchenbeschleuniger besitzt, um die Kernumwandlung einzuleiten, dürfte er über eine geologische – also natürliche – radioaktive Quelle verfügen. Eine solche existiert in Gabun, wo 1972 in der Region Oklo ein Naturreaktor entdeckt wurde. Dort wird in Sandstein eingebettetes Uranerz auf einem Granitstock bei Kontakt mit Wasser (das als Moderator die schnellen Neutronen abbremst) spontan radioaktiv. Die spezifischen Klüfte im Untergrund des Schicksalsbergs wie auch der Umstand, dass die Herstellung und Zerstörung des Einen Rings einzig und allein an diesem Ort möglich ist, sprechen für das Vorhandensein eines Naturreaktors in Mordor, der eine ungeheure Energie kontinuierlich bereitstellt (in Oklo liegt sie zwischen 500 und 1000 MW). Sauron war folglich ein in der Nukleartechnologie bewanderter Alchemist, und seine schwere Rüstung bestand vermutlich aus Blei und war eine massive Schutzkleidung gegen radioaktive Strahlung! Chemisch gesehen war eine Umwandlung des im goldhaltigen Gestein des Schicksalsbergs von Natur aus vorhandenen Quecksilbers und Platins in Gold möglich; auch Iridium und Platin (die für ihre Härte bekannt sind) konnten entstehen. Als weitere Komponenten des Rings würden sie dessen hohe mechanische Festigkeit erklären.

Der Eine Ring bestünde also aus einem Material, das durch Neutronenbeschuss von goldhaltigem Muttergestein oder Goldflözen gewonnen wurde: eine (in der Realität unwahrscheinliche) Legierung radioaktiver Isotope von Gold, Quecksilber, Platin und Iridium. Diese hochgradig instabile Verbindung wäre eine plausible Ursache für den unvermittelten Temperaturanstieg des Rings beim Kontakt mit bestimmten Milieus und für seine Dichteschwankungen. Die hohe radioaktive Strahlung der Spaltprodukte würde die Mutation des armen Sméagol zum abstoßenden Gollum erklären, während Sauron und Bilbo als Ringträger durch einen Harnisch aus Blei beziehungsweise Mithril geschützt sind. Sogar die Fähigkeit des Rings, unsichtbar zu machen, ließe sich auf dessen Radioaktivität zurückführen. Dies lässt sich gut anhand der Wawilow-Tscherenkow-Strahlung demonstrieren. So wird in der Atomphysik der Lichteffekt bezeichnet, welcher auftritt, wenn sich ein geladenes Teilchen schneller als mit Lichtgeschwindigkeit durch ein dielektrisches (isolierendes) Medium bewegt. Die Strahlung verbreitet sich wie eine Schockwelle und lässt das Wasser in der Umgebung des Reaktorkerns blau leuchten. Stellen wir uns einen Moment lang vor, dass ein vergleichbarer Effekt eintritt, wenn der Ring über den Finger gestreift wird: Durch den Kontakt mit den Zellen der Oberhaut erhält er eine Energiequelle, um hochbeschleunigte Teilchen abzustrahlen, wodurch sich die Lichtreflexion oder -brechung verändern kann. So ließe sich das Bild des Ringträgers mittels einer ausgeklügelten und raffinierten Modifikation der ausgesandten Strahlung abschwächen oder kaschieren. Doch dabei muss der Träger einen Großteil der benötigten Energie liefern. Dies könnte eine Erklärung für Frodos extreme Müdigkeit oder den körperlichen Verfall der anderen Ringträger sein …

SAURON, EIN EXPERTE FÜR BIOTECHNOLOGIE?

Larven der Saitenwürmer *(Nematomorpha)* besiedeln als Parasiten Grillen und Heuschrecken. Reifen sie zum Erwachsenenstadium heran, werden sie größer als ihre Wirte und müssen sie verlassen, um zur Eiablage ins Wasser zu gelangen. Es handelt sich bei ihnen um »manipulierende« Parasiten, denn sie treiben, um ihren Fortpflanzungszyklus aufrechtzuerhalten, ihr Wirtsinsekt zum »Selbstmord«, indem es ins Wasser springt. Dies erreichen sie, indem sie neuroaktive mimetische Moleküle, die strukturell mit jenen vergleichbar sind, welche die Insekten selbst produzieren, direkt ins zentrale Nervensystem des Wirts abgeben und so de facto indirekt die Kontrolle über den befallenen Organismus übernehmen. In welchem Bezug steht dies zu Saurons Ring?

Wenn der Ring getragen wird, befindet er sich in realem Kontakt mit der Haut. Stellen wir uns nun vor, radioaktive Nanoteilchen würden aus dem Ring durch die Haut des Trägers und sein Blut bis in sein zentrales Nervensystem vordringen – Partikel, welche wie Drogen wirken und fähig sind, den Bewusstseinszustand des Wirts auf diversen Ebenen zu verändern oder zu stimulieren. Sie wären darüber hinaus in der Lage, sein Leben zu verlängern, doch zu dem Preis, dass sich seine Zellen wie bei einer Strahlentherapie verändern. Diese Nanopartikel würden damit den neuroaktiven Molekülen gleichkommen, welche von den manipulierenden Parasiten abgesondert werden. Sauron, der sie geschaffen hat, wäre dann auch ein Experte in Biotechnologie!

Als Fazit lässt sich sagen, dass Saurons Ring den obigen Hypothesen zufolge nicht aus reinem Gold besteht, sondern aus einer instabilen Legierung radioaktiver, in einem Naturreaktor unter dem Schicksalsberg gewonnener Isotope. An diesem Ort hoher Energie sind die Voraussetzungen für die Erschaffung des Rings sowie seine Vernichtung durch eine ultimative Umwandlung der Atomkernstruktur vorhanden. Der Ring entzieht dem Träger beim Kontakt mit ihm Energie und sendet hochbeschleunigte Teilchen aus, die einen Effekt erzeugen, der Unsichtbarkeit bewirkt. Doch wird der Träger auch mit gefährlichen neuroaktiven Nanopartikeln infiziert, die sein Verhalten und seinen Stoffwechsel für immer verändern. Sauron, der Herr des Krieges, der große Schmied und erfahrene Alchemist, wäre darüber hinaus also auch Nuklear- und Biotechnologie-Experte: ein entschieden multidisziplinär aufgestellter Bösewicht!

ERSTAUNLICHE CHARAKTERE

5

BERICHT EINES JUNGEN ARZTES *AUS MITTELERDE*

LUC PERINO

Ärzte, Krankenschwestern und -pfleger, Geburtshelfer, Psychologen und andere Gesundheitsberufe waren in Mittelerde wenig gefragt. Ganz generell haben sie in der Fantasy einen schweren Stand. Womöglich würdigt es die Helden herab, wenn man sich um ihre Körper kümmern muss, und zur Stimmung trägt es auch nicht bei. Verletzlich dürfen die Romancharaktere zwar sein – darin liegt ihr Charme –, doch liegt das eher im affektiven, emotionalen oder geistigen, nicht im biologisch-medizinischen Bereich. Indessen hat die schwache medizinische Versorgung Mittelerdes auch mit Tolkien selbst und seinen Figuren zu tun.

DIE HAND DES KÖNIGS UND DIE HAND DES AUTORS

Tolkien dürfte über eine ausgezeichnete, robuste Gesundheit verfügt haben, wenn sein Körper über acht Jahrzehnte lang fähig war, den Blutdruck und die Flut an Neurotransmittern bereitzustellen, die nötig waren, um ein so geistsprühendes Gehirn am Funktionieren zu halten ...

Die große Inspiration kam für ihn aus der Epoche des Mittelalters, einer Zeit, die reich an ritterlichen, nicht aber an medizinischen Heldentaten war, eher von Mystizismus durchdrungen als mit klinischem Wissen gesegnet. Ihre Ärzte standen Krankheiten des Körpers ebenso unwissend gegenüber wie psychischen Traumata. Ein paar hat Tolkien eingebaut, doch mit reichlich Spott über ihre Unfähigkeit und Feigheit angesichts der Pest und sonstiger Epidemien, die noch wesentlich tödlicher waren als die Orks.

Die mittelalterliche Prägung der Medizin ist allenthalben anzutreffen. Der schwarze Anhauch, den die Nazgûl verbreiten, ist eine explizite Anspielung auf die Pest. Heutzutage kann man sich eine Epidemie, die innerhalb von drei Jahren 35 % der Einwohner Europas hinwegrafft, nicht mehr vorstellen; an Aids – auch wenn der Vergleich hinkt – starben in 30 Jahren gerade einmal 0,5 % der Weltbevölkerung. Verständlich, dass von den Nazgûl ein lähmender Schrecken ausging, schon bevor sie überhaupt zuschlugen.

Der Kräutermeister von Minas Tirith

Die einzigen aus dem Mittelalter überlieferten Therapiemethoden waren kräuterkundlicher Art – und so wirkt auch in Gondor ein Kräutermeister in den Häusern der Heilung. Bei kleinen Unpässlichkeiten wurden Kräuter und Wurzeln aus den im 9. Jahrhundert entstandenen klösterlichen »Apothekergärten« (Gärten mit Medizinalkräutern) eingesetzt; starke Placeboeffekte und Mystik potenzierten die Heilwirkung. Deutliche Parallelen dazu zeigt die Passage, in der Aragorn das »Königskraut« Athelas zur Behandlung von Frodo, Éowyn, Faramir und Merry verwendet. Doch die eigentliche Heilergabe des vielseitigen Helden liegt im Bereich der Beschwörungen und des Schamanismus oder Exorzismus, nicht so sehr im Apothekerwissen. Wichtiger als das Kraut sind Aragorns Hände, und wenn Loreth dabei an die Heilkraft der Hände der Könige denken muss (an ihr konnte man »erkennen, wer der rechtmäßige König war«), verweist auch dies auf ein mittelalterliches Vorbild, den »King's Touch«: Bei diesem Ritual berührte der König die Skrofeln der TBC-Kranken (eine bei chronischer Halslymphknotentuberkulose auftretende Halsgeschwulst), um sie zu heilen.

Dies fällt in der Verfilmung ebenso flach wie Éowyns zweifache Genesung von Kampfverletzungen und Liebeskummer in den Häusern der Heilung. Schade, es wäre nach all den Kriegsszenen erholsam gewesen, aber die Fantasy bietet wohl nicht einmal Platz für Schamanismus und Psychiatrie! Nur die im Mittelalter verständlicherweise stark gefragte Kriegschirurgie taucht hie und da auf, doch über das klassische Herausziehen von Klingen und Pfeilen gehen Gandalfs und Elronds Operationen nicht hinaus.

GESUNDE UND WENIGER GESUNDE FIGUREN

Quasi auf verlorenem Posten stehen Ärzte in einer Gesellschaft, die sie nicht in Anspruch nimmt und nicht auf ihren Rat hört. Den Hobbits kam es gar nicht in den Sinn, dass man einen Arzt, eine Krankenschwester oder einen Pfleger brauchen könnte. Ihr Gemeinschaftszusammenhalt schien ihnen wohl Schutz genug zu sein. Natürlich empfanden auch sie Schmerz und wurden krank, doch eine Bitte um Hilfe und Unterstützung war Katastrophensituationen vorbehalten, und in diesen Fällen wandte man sich an den Zauberer. Es waren zwar auch böse Zauberer darunter, aber die Hobbits vertrauten auf ihre Intuition, um einen guten zu finden. Wer dabei nicht clever genug war, musste eben aus Schaden klug werden. Kurz und gut, zwischen Enthaltung und

Magie war kein Platz für die Medizin, und das Risiko, definitiv ins Abseits der Gesellschaft zu geraten, hielt junge Hobbits davon ab, sich für ein Medizinstudium zu entscheiden. Bei den Zwergen könnte es ein, zwei Ärzte gegeben haben – was aber unter Umständen nur eine unter Zechkumpanen entstandene Legende war, um über Zeitgenossen zu spotten, die sich angeblich zum Arzt gewagt hatten. Auch bei den Menschen (sie galten als anfälliger) waren die Arztgeher spärlich gesät. Die Statistik ist unklar; am passendsten erscheint mir eine Einteilung in drei Gruppen gemäß der Reaktion auf Erkrankungen: 80 % ignorierten sie, 15 % setzten auf den Zauberer und 5 % auf ärztliche Behandlung. Orks können nicht krank werden – sie sind es schon. Die Symptomatik reicht von Pusteln, nässenden, juckenden und eiternden Stellen, Dekubitus und Blutungen bis zu Krebs und Missbildungen. Ihnen fehlt die Widerstandskraft, und der kleinste Schwerthieb ist ihr Tod. Wobei eingeflochten werden sollte: Nicht die Krankheit als Objekt ist zu behandeln; was behandelt wird, ist immer das Subjekt! Zur Unsterblichkeit der Elben, die vor Krankheiten und Alterung gefeit waren, folgt im Anschluss eine eingehendere klinische Betrachtung.

Mangels Therapiemethoden und einem Patientenstamm konnte in Mittelerde also nur eine Hälfte der ärztlichen Kunst, nämlich die Diagnostik, praktiziert werden. Im Folgenden werden darum einige klinische Fälle unter Tolkiens Figuren dargestellt, ohne auf deren Behandlung einzugehen.

DIE LEIDIGE UNSTERBLICHKEIT DER ELBEN

Chemisch-biologische oder ganz allgemein physiologische Prozesse, infolge derer sich ein Individuum verändert und die man in ihrer Gesamtheit als Alterung bezeichnet, gab es bei den Elben nicht. In ähnlicher Weise erkennt übrigens auch die Medizin die Alterung an sich nicht an, was dem Umgang der Ärzte mit dem Tod manchmal groteske Aspekte verleiht. Aus medizinischer Sicht stirbt man an den Folgen einer Krankheit, nicht aber, weil die Lebensdauer des Homo sapiens eine Obergrenze hat. Mit den unbestreitbaren Erfolgen der Medizin über den vorzeitigen Tod entstand eine Nachfrage nach Behandlungen, um den Tod bis ins hohe Alter hinauszuschieben, und ein entsprechendes Angebot – ein uneingestandenes und unlösbares Paradoxon, über das sich beide Seiten, Arzt wie Patient, insgeheim im Klaren sind. Dies führt zu einem spannenden dialektischen und klinischen Tauziehen – dessen sich vermutlich auch ein Elbenarzt bedient hätte. Die Elben waren bekanntlich unsterblich, konnten sich aber freiwillig für die Sterblichkeit entscheiden. Sie plagten sich mit der Qual der Wahl, wie auch wir es getan hätten. Optierten sie für die Unsterblichkeit, waren sofort alle anderen Lebensentwürfe durchkreuzt, woraus ein unendlicher Überdruss entstand, der leidvoller als jede Depression war. Zudem bezogen die Elben ihre größte Freude aus der Gesellschaft von Menschen und Zwergen, doch dies waren sterbliche Arten, und so drohte immer eines Tages das Ende. Man stelle sich die unendliche kollektive Melancholie dieses unsterblichen Volkes vor!

Die Aufgabe eines Elbenarztes bestünde also darin, seine Patienten zur Sterblichkeit zu bewegen, und sicher würde sich sein Können nach der Zahl derer bemessen, bei denen ihm das gelingt. Im Gegensatz zum Transhumanismus der heutigen Zeit, der gegen viel Geld eine künstliche Lebensverlängerung verspricht, die nichts als eine qualvoll-obsessive Fixierung auf das Weiterleben bewirkt, wäre der Elbenarzt ein Experte, der die mühelos und unentgeltlich zu erlangenden Selbstheilungskräfte anspricht, die in der Sterblichkeit liegen. So »beriet« Tolkien auch Arwen, aus Liebe zu Aragorn sterblich zu werden.

FRAGWÜRDIGE THERAPIEN IN BRUCHTAL

Chirurg und Heiler in einer Person ist der Halbelb Elrond, der in Bruchtal (in Elbensprache: Imladris) das Hausrecht hat, einer Oase des Friedens, die vom ausgezeichneten Verhältnis der Elben und Menschen zeugt. Elrond zieht Frodo die Klinge aus der Schulter. Die klinische Beobachtung lässt vermuten, dass seine Talente nicht allein auf Magie beruhen: Er setzt wohl auch eine Droge ein, die Betäubungsmittel und psychotrope Substanz in einem ist.

Im Lauf der Geschichte bietet Gandalf seinen verletzten oder erschöpften Gefährten mehrmals einen Schluck von einem kostbaren Gebräu aus einer Lederflasche an, die ihm zufolge von Elrond stammt. Bei diesem würzigen Likör, so erklärt er, handele es sich um »miruvor, den Heiltrank von Imladris«. Das lässt an Theriak denken, einen Arzneitrank im Mittelalter, dessen Rezeptur leicht mit der Fantasie eines Tolkien mithalten konnte: Sie umfasste unter anderem Vipernfleisch, Blaustern, Virginische Schlangenwurzel, Bitumen judaicum und Bibergeil (ein stark riechendes Sekret aus den Castorbeuteln des Bibers) sowie über 100 weitere Substanzen. Vor allem aber war Opium enthalten, dem Theriak vermutlich seinen Ruf als Allheilmittel verdankte! Die Glücksgefühle bei den Besuchen in Imladris, die zahlreichen Freuden und die Geselligkeit, die man dort genoss, hatten wohl nicht nur mit Elronds Gastfreundschaft zu tun, sondern auch mit den Vorzügen des Opiums oder anderer psychedelischer Drogen, die der Autor hier vorsichtig andeutet …

DIE KARIKATUR EINES PSYCHOSOMATIKERS

Frodo, die Schlüsselfigur der Geschichte, trägt als klinischer Fall karikaturhafte Züge. Dieser junge, Bilbo ergebene und von Gandalf faszinierte Hobbit wird von allen Zweifeln der Welt geplagt, verhält sich abwechselnd als Held oder Feigling, als Freund oder Verräter und ist leicht beeinflussbar. Amüsanterweise hat Tolkien Aragorn mit dem für einen Superhelden ungewöhnlichen Talent ausgestattet, durch Suggestion zu heilen, während er Frodo als Antihelden zeigt, den seine Beeinflussbarkeit ständig krank macht. Frodo hat Ohnmachtsanfälle, ist ein paarmal kurz vor dem Ertrinken, lässt sich hypnotisieren und laboriert lange an all seinen Wunden. Die meisten seiner Symptome und Krankheiten sind psychosomatischer Natur.

Ich muss meine Worte abwägen, um Frodos Fans nicht zu verprellen. Als Hobbit ist er mit Sicherheit weder ein Hypochonder, der sich von Krankheiten befallen glaubt, die für keinen Arzt feststellbar oder behandelbar sind, noch ein Nosophobiker, den die Furcht vor Krankheiten plagt. Er ist auch kein Normopath, was Patienten bezeichnet, die erstaunlich gefügig alle reellen oder vermuteten Krankheitsbilder annehmen, die ihnen von Ärzten zugeschrieben werden, und hat nichts von einem Hysteriker an sich, der seine Symptome aufbauscht, oder einem Histrioniker, der sie groß in Szene setzt. Nein, er zeigt isolierte psychosomatische Störungen, die seiner schweren Mission, seinen Zweifeln und seinem Mangel an Vertrauen und Gespür für seinen Körper geschuldet sind. Liefert man ihm eine geeignete Erklärung, so verschwindet sein Symptom, was ein exklusives Merkmal dieser Art von Störungen ist. Deshalb hat ihm Tolkien Sam zur Seite gestellt, der mit seinem biologisch tief verankerten Pragmatismus der genaue Gegensatz zu Frodo ist. Seine urwüchsige und überbordende Vitalität machen ihn gegen alle geistigen oder körperlichen Krankheiten immun.

GOLLUM, DER SCHIZOPHRENE

In Gollum schlicht den Gegensatz zwischen Gut und Böse verdeutlicht zu sehen, greift zu kurz, denn dies gilt für alle Charaktere, die den Ring besessen haben oder ihm nahe kamen. Für den Arzt ist hier viel mehr ersichtlich – und es schadet nicht, etwas mehr Medizin in diese Saga einzubringen, der es so stark daran fehlt!

Hat Gollum, als er noch Sméagol war, seinen Freund, der den Ring fand, aus reiner Begehrlichkeit oder aus Neid ermordet? Bei einem Hobbit würde mich das wundern. Hat er dieses Verbrechen nicht eher unter dem Einfluss von Stimmen begangen, deren Befehlen er sich nicht entziehen konnte?

Imperative Stimmen und der Eindruck, unter ständiger Beobachtung zu stehen (oder dass jemand den eigenen Geist manipuliert), zählen zu den Facetten einer zentralen und permanenten Symptomatik, die auf Schizophrenie hinweist, ein Krankheitsbild mit sehr unterschiedlichen Ausprägungen, welches viele weitere, weniger stark behindernde Symptome umfasst.

Auch nachdem Sméagol zu Gollum geworden ist, wurde er nie von diesen Stimmen geheilt. Sie sprechen weiter zu ihm und stiften ihn zum Mord an. Es bleibt bei Versuchen, die aufgrund seiner Schwäche und seines zarten Körperbaus scheitern. Heute würde Gollum Neuroleptika nehmen und davon übergewichtig werden und resigniert wirken. Ein Schizophrener wird sich nicht überzeugen lassen, dass es nur Stimmen sind. Die Phasen, in denen sich Gollum überfreundlich und brav verhält, haben mit einer Wirkung der Kräfte des Guten nichts zu tun, es sind sogenannte Remissionsphasen, die Frodo und Sam dazu verleiten, ihr Misstrauen gegenüber Gollum abzulegen, obwohl Sam es intuitiv besser weiß. Wie bei allen Schizophrenen sind bei Gollum auch in der Remission Persönlichkeitsstörungen sichtbar. Anders verhält es sich bei Patienten mit bipolaren Störungen, zu denen nun einige klinische Fälle folgen.

GEISTIGE MANIPULATION UND BIPOLARITÄT

Oft heißt es, der Mensch sei ein »bipolarer Affe«, worin scherzhaft angesprochen ist, dass er mit dem Bewusstsein auch ein Sortiment an Ängsten und Stimmungsschwankungen erworben hat, von denen kein Homo sapiens frei ist. Die pathologische Form dieses menschlichen Merkmals nennt man bipolare Störung; früher wurde sie als manisch-depressive Erkrankung bezeichnet.

Ein Teil der Fachwelt grenzt die Diagnose auf die schweren Formen mit psychotischer Begleitsymptomatik ein. Andere neigen unter dem Einfluss der Pharmaindustrie dazu, sie allen Menschen zu unterstellen. Zwischen beiden Lagern herrscht der für diese Art Krankheiten typische Meinungsstreit. Tolkien lag diese Polemik fern, aber in seinem Werk tauchen einige bipolare Protagonisten auf – anders könnte es auch unmöglich sein.

Bei Sauron weist die bipolare Störung (wie bei vielen Mächtigen der Welt) eine vorwiegend oder ausschließlich manische Symptomatik auf. Nur die Aufgabe der Jagd nach dem Einen Ring wäre eine Belastungssituation, die bei ihm hypothetisch eine massive depressive Episode mit Suizidrisiko auslösen könnte.

Bipolare Menschen sind geschickt in der mentalen Manipulation. Sauron war darin Experte: Er nahm auf mehrere Könige Einfluss. Denethor steuerte er direkt, auf Théoden wirkte er indirekt über Gríma (»Schlangenzunge«) ein. Das in die Ohren eindringende Gift der Sprache ist dafür ein deutlicher Ausdruck: »Glaubt ihr, dass Schlangenzunge nur Gift für Théodens Ohren hatte?« Gerade andere, schwächere Bipolare sind häufig dafür anfällig. Bei Théoden tritt nach dem typischen katatonen Zustand, aus dem ihn Gandalf herausholt, eine bipolare Symptomatik mit abwechselnden Episoden von Heldentum und Depression auf, während Denethor zum Schluss in einen selbstmörderischen Wahn verfällt, in den er ums Haar seinen Sohn Faramir mit hineinzieht.

Die Zukunft der Psychoanalyse hielt Gefahren wie die Erinnerungstäuschung bereit, etwa das Einreden von Pseudoerinnerungen in einem manipulativen Setting. Doch Tolkien als jungem Zeitgenossen Freuds war das noch nicht bekannt. Darum bezeichne ich Schlangenzunge nicht als Psychoanalytiker, denn dies ließe auch den Rest meiner obigen Betrachtungen wie reine Fantasie aussehen …!

WARUM HABEN HOBBITS *GROSSE BEHAARTE FÜSSE?*

JEAN-SÉBASTIEN STEYER

»Aber was ist ein Hobbit? [...] Sie sind (oder waren) kleine Leutchen, etwa halb so groß wie wir. [...] Hobbits haben keine Bärte. [...] Sie werden oft ein wenig rund um die Leibesmitte und kleiden sich in helle Farben (vor allem Grün und Gelb). Schuhe tragen sie nicht, weil ihnen an den Füßen natürliche Ledersohlen und ein dichter brauner Pelz wachsen, ähnlich wie das Kraushaar auf ihren Köpfen. Sie haben lange und geschickte braune Finger, gutmütige Gesichter und eine tiefe, saftige Lache [...].«

Der Hobbit.

Hobbits mögen von kleinem Wuchs sein, doch Tolkien hat ihnen eine große Rolle zugedacht. Während sie im *Silmarillion* und den *Nachrichten aus Mittelerde* nur flüchtig erwähnt sind, stehen sie in zwei großen Werken im Zentrum: Im *Hobbit* wird Bilbo (der »Meisterdieb«) in eine waghalsige Expedition verwickelt und hilft dem Zwergenvolk, seinen Schatz wiederzuerlangen. Im *Herrn der Ringe* rettet sein Neffe Frodo (der »Ringträger«) Mittelerde, indem er Saurons Ring in die Glut des Schicksalsbergs wirft.

Die Hobbits, von den Menschen aus Bree als »Kleine Leute« oder »Halblinge«, von den Elben als »Periannath« bezeichnet, stecken voller Paradoxa: Sie sind klein (wie man im Prolog des *Herrn der Ringe* erfährt, zwischen zwei und vier Fuß, also im Durchschnitt etwas mehr als einen Meter), aber ihr Mut ist groß. Sie sind mal bürgerlich-behäbig, mal wieder tapfere Abenteurer. Allen Genüssen des Lebens zugeneigt und an ihre Scholle gebunden, sind sie doch fähig, sich in unermüdliche, tapfere Forscher zu verwandeln. Sie sind immer zu Neckereien bereit, phlegmatisch, aber auch treue und anhängliche Freunde. Sogar in ihrem Körperbau liegt etwas Widersinniges: Trotz bäuerlicher Lebensweise kleiden sie sich eher städtisch; ihre Körper sind die von Kindern, doch ihre Züge die von Erwachsenen. Das große Unterscheidungsmerkmal zu den anderen »Arten« in Mittelerde, also zum Beispiel zu den Elfen, Zwergen, Orks oder Menschen, sind ihre großen pelzigen Füße, die sie sorgfältig pflegen.

Warum gab Tolkien diesen Figuren Züge, die man eher bei Tieren gewohnt ist oder die missgebildet wirken könnten? Welche Vorteile in der Anpassung an die Umwelt bieten groß dimensionierte, behaarte Extremitäten? Die Biologie, die vergleichende Anatomie und die Biomechanik (Analyse der Bewegungsmöglichkeiten des Körpers und des Skeletts) können hier zur Aufklärung beitragen.

ÜBERLANGER MITTELFUSS

Riesig wirken die Hobbitfüße umso mehr, als im Auenland die Mode, kurze Hosen zu tragen, sehr verbreitet ist. Schuhe trägt man nicht; die nackten Füße sind sogar der besondere Stolz der Hobbits, wovon der Familienname mancher sehr alter Familien wie den Stolzfußens zeugt. Als humanoide Bipeden (mit anderen Worten: menschenähnliche, aufrecht gehende Zweibeiner) bilden die Hobbits eine den Menschen biologisch recht nahe stehende Art: »Es liegt also auf der Hand, dass die Hobbits trotz der späteren Entfremdung mit uns verwandt sind: weit näher als Elben oder gar Zwerge« *(Der Herr der Ringe)*. Diese grundsätzliche phylogenetische Nähe[1], die Tolkien auch in seinen Briefen erwähnte, lässt einige interessante Betrachtungen zu: Im Vergleich zum Fuß des Homo sapiens ist der Fuß des Hobbits proportional breiter und vor allem länger. Die Position der Ferse – also die Lage des Fersenbeins im Verhältnis zu den anderen Knochen – ist relativ ähnlich (unabhängig von der Art), auch das Fersenbein und die Zehenglieder verfügen über vergleichbare Proportionen. Der entscheidende Unterschied zwischen dem Hobbitfuß und dem des Menschen besteht deshalb, wie Abbildung 1 zeigt, in der breiteren und vor allem wesentlich längeren Fußsohle und den längeren Mittelfußknochen.

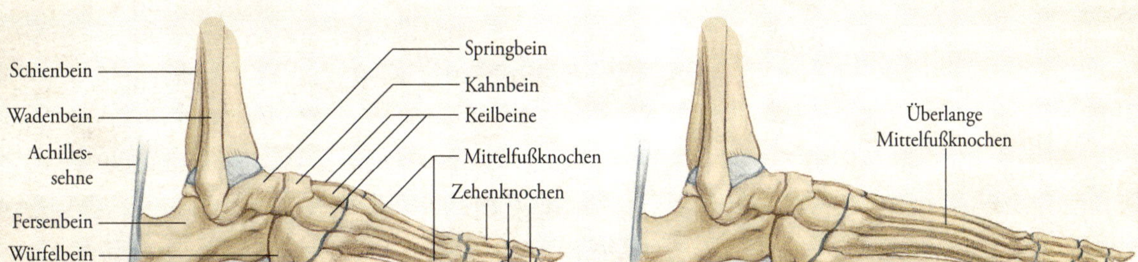

Menschlicher Fuß

Hobbitfuß

ABBILDUNG 1

Menschen- und Hobbitfuß
im Vergleich

Die Verzweiflung des Hobbits

Zu den Säugetieren, die im Verhältnis zur gesamten Fußlänge sehr lange Mittelfußknochen haben, zählen vor allem die Huftiere. Es handelt sich um pflanzenfressende Tiere (und einige Allesfresser), die auf dem letzten, als Huf geformten Zehenglied laufen: Dazu zählen Kühe, Pferde, Ziegen, Wildschweine, Tapire usw., etwa 200 heutige Arten. Sie sind Spitzengänger – ein Begriff, mit dem Arten künstlich zusammenfasst werden, die in stammesgeschichtlicher Hinsicht nicht verwandt sind, denen aber die Fortbewegungsart gemeinsam ist, ein Kriterium, das durch den Wortteil »-gänger« bezeichnet wird. Sind die Hobbits Spitzengänger wie manch andere fiktive Arten, etwa die Zentauren (mythologische Wesen, die halb Mensch, halb Pferd waren) oder die Satyrn (die Bocksohren, -beine und -schwänze hatten)? Die Antwort ist ein klares Nein: Die Hobbits laufen nicht auf Hufen, sondern auf ihren Fußsohlen. Sie sind Sohlengänger.

Zu den Sohlengängern mit sehr langem Mittelfuß zählen die Eichhörnchen und die Hasenartigen *(Lagomorpha)*, die über 300 Arten umfassen. Der Vergleich mit Kaninchen oder Hasen kommt in Tolkiens Schriften recht häufig vor. Er zeigt die Hobbits als kleine Wesen, die von ihrer Natur her eher unauffällig sind und in Häusern wohnen, die unter der Erde liegen – sie wählen also dasselbe Habitat wie Kaninchen. »In einer Höhle in der Erde, da lebte ein Hobbit«, und *hobbit* reimt sich sogar auf *rabbit* (engl. Kaninchen). Ganz deutlich springt der Vergleich ins Auge, als Bilbo, der mit seinem Gefährten auf dem Weg zum Düsterwald (oder Wald der großen Furcht) ist, drei Bergtrollen in die Finger gerät: »›Vielleicht sind noch mehr von derselben Sorte in der Nähe, dann könnten wir eine Pastete machen‹, sagte Bert [einer der drei Trolle, Anm. d. Autors]. ›He, du, hoppeln hier im Wald noch mehr solche wie du herum, du freches Karnickel?‹, sagte er mit einem Blick auf die pelzigen Füße des Hobbits.« *(Der Hobbit)*

Warum so große Füße mit so langen Mittelfußknochen? Könnten sie den Hobbits vielleicht dazu dienen, ihre unterirdischen Wohnhöhlen zu graben? Anscheinend nicht, denn die grabenden Arten haben außer langen Pfoten auch lange Krallen. Bei den Hobbits, deren Nägel flach sind – ein Merkmal der meisten Primaten –, ist dies aber nicht der Fall. Könnte ihnen der lange Mittelfuß besseren Halt am Boden geben? A priori ebenfalls nicht, denn das Auenland ist geomorphologisch gesehen[2] keine den Winden ausgesetzte Felsrinne, sondern liegt in einer weiten, ruhigen, von Hügeln, Wiesen und Wäldern durchzogenen Ebene, und außerdem liegt der Körperschwerpunkt der Hobbits wegen ihrer geringen Größe ohnehin relativ tief … Oder sind die großen Füße beim Laufen auf lockerem Untergrund hilfreich, weil die große Auflagefläche für eine bessere Verteilung des Gewichts sorgt? Tatsächlich ist es vorstellbar, dass die flachen Füße der Hobbits in ihrer Funktion Schneeschuhen vergleichbar sind und dass sie das Einsinken des Fußes im Sand (wie bei den Dromedaren) oder im Schnee (wie bei Schneeschuhwanderern) verhindern. Sand ist im grünen Auenland zwar kein Thema, aber könnte sich hier vielleicht ein Hinweis verbergen, dass die Vorfahren der Hobbits aus der Kälte kamen und während einer früheren Eiszeit zuwanderten oder von den schneebedeckten Höhen des Nebelgebirges oder des Grauen Gebirges herabstiegen? Nein, denn die Urheimat der Hobbits waren keine hochgelegenen Gebiete, sondern die Flusstäler des Anduin.

Jedenfalls fällt auf, dass die beeindruckende Fußsohle im direkten Kontakt mit dem Boden kein Fußgewölbe ausbildet: Der Druck wird auf diese Weise besser verteilt, sodass sich die Hobbits geräuschlos fortbewegen oder heimlich anschleichen können. In Verbindung mit ihrer unauffälligen Größe bietet das alle Voraussetzungen, um sich einen Namen als »Meisterdieb« zu erwerben.

Könnten die großen, fast flossenförmigen Füße das Erbe eines im Wasser lebenden Vorfahren sein? Dies ist in mindestens zweierlei Hinsicht wenig wahrscheinlich. Erstens haben die Hobbits nicht die typischen Schwimmhäute zwischen den Zehen, über die ans aquatische Milieu angepasste Organismen ansonsten verfügen. Zweitens mögen die Hobbits das Wasser seit eh und je nicht, und die meisten können nicht schwimmen: Vergessen wir nicht, dass Frodo am Ende des Zweiten Buches Sam Gamdschie vor dem Ertrinken retten muss, und dass Frodos Eltern in seiner Kinderzeit ertrunken sind.

Man könnte weitere potenzielle Funktionen dieser riesigen Füße finden und dazu eine Reihe Theorien aufstellen, doch wieso will man eigentlich jedem Körperteil eine Funktion zuordnen? Und vor allem: Sind solche überdimensionierten Füße realistisch? Eine Frage, die sich umso mehr stellt, als die ersten, von Tolkien selbst gezeichneten Darstellungen eines Hobbits Bilbo zwar mit behaarten Füßen zeigten, doch waren diese von relativ bescheidener Größe. Dies steht im Gegensatz zu den späteren Bildern Alan Lees und den diversen Verfilmungen (wie Ralph Bakshis Zeichentrickfilm von 1978 und den neueren Filmen von Peter Jackson): Die relative Größe der Füße nahm hier im Lauf der Zeit immer weiter zu. Vielleicht hatte man damit einfach ein spezifisches und auffälliges Merkmal schaffen wollen?

Die Sache hat einen weiteren Haken: Die Hände der Hobbits sind von »normaler« Größe. Da morphogenetisch für die Ausformung der vorderen und der hinteren Extremitäten dieselben Gruppen homöotischer Gene (»Architekten«-Gene, die den Körperbauplan steuern) verantwortlich sind, müssten Hobbits realistischerweise auch große Hände mit langen Mittelhandknochen haben. Doch Hobbits mit Werwolfspranken hätten wenig sympathisch gewirkt – man darf nicht vergessen, dass *Der Hobbit* ursprünglich als Kindergeschichte gedacht war. Dass durch dieselbe Gengruppe auch die Größe des Geschlechtsteils kontrolliert wird, sei hier aus gebotener Zurückhaltung nur am Rande erwähnt.

Apropos, könnten diese großen pelzigen Füße nicht einfach ein Geschlechtsmerkmal sein, oder eines, in dem sich intraspezifische Konkurrenz ausdrückt? Dies könnte eine wichtige Spur sein, da die Fußgröße von einer Hobbitfamilie zur anderen variiert: Die Stolzfußens etwa stellen gern die Prachtexemplare zur Schau, mit denen sie alle gesegnet sind. Es bliebe zu klären, ob die Herren generell größere Füße haben als die Damen. Jedenfalls wachsen die Hobbitfüße anscheinend schneller als der restliche Körper; Fachleute sprechen von »positiver Allometrie«. Auf welchen Zeitpunkt aber fällt dieses Vorauseilen der Wachstumskurve: vor, während oder nach der Pubertät? Und können Füße endlos wachsen? Natürlich nicht, denn große Füße erweisen sich bald als schwer und hinderlich. Der Energieaufwand beim Gehen ist ab einer bestimmten Schwelle sehr hoch, und bei jedem Schritt sind weit ausholende Bewegungen und eine gut entwickelte Muskulatur nötig, um nicht über die eigenen Füße zu stolpern. In biomechanischer Hinsicht glaubwürdige Hobbits müssten also viel kräftiger ausgebildete Waden und Oberschenkel besitzen.

»MÖGEN IHM DIE HAARE AUF DEN ZEHEN NIE AUSFALLEN!«

Eine Funktion der Behaarung an der Fußoberseite, den Zehen, Knöcheln und am ganzen Fußumfang liegt unter Umständen im Schutz des Fußes. Schließlich laufen die Hobbits bei all ihren gefahrvollen Abenteuern barfuß, egal wie der Untergrund beschaffen ist. Auch Wärmeregulierung könnte eine Rolle spielen: Dichter Pelz isoliert die Haut gegen Kälte und beugt so im Winter Erkältungen vor. Ist die Behaarung dagegen spärlich, wie bei den Elefanten, wird die Körperwärme besser abgegeben. Die Behaarung der Hobbitfüße könnte also je nach Jahreszeit einmal wärmende und einmal kühlende Wirkung haben. So hätten die Hobbits – im Gegensatz zu manchen Vertretern des Homo sapiens – niemals Fußgeruch. Diese perfekt an ihre Aufgabe angepasste Behaarung könnte über das Testosteron gesteuert werden – ein männliches Hormon, das bekanntlich auch in der Nebennierenrinde weiblicher Exemplare entsteht. Für eine eindeutige Klärung wäre zu überprüfen, ob die Füße der Hobbitdamen ebenso dicht bepelzt sind … Wie dem auch sei, den besonderen Stolz der Art scheinen die behaarten Füße allemal auszumachen, zumal die Hobbits, anders als die Zwerge, keine Bärte haben. »Und so deklamiert Thorin: »Gandalf, Zwerge und Mister Beutlin! Wir haben uns im Hause unseres Freundes

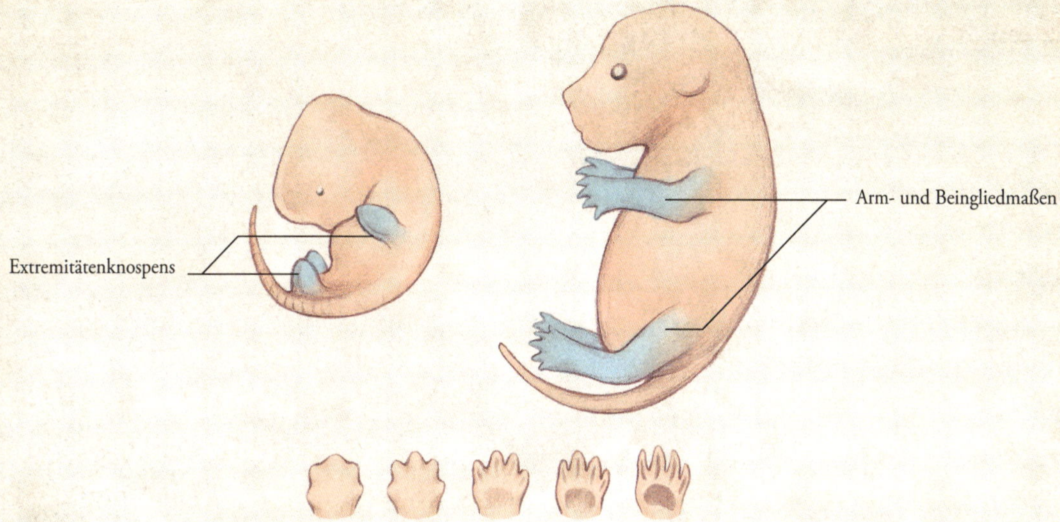

ABBILDUNG 2

Die Morphogenese der Hand und des Fußes wird durch den gleichen Typ von homötischen Genen («Architekten«-Genen) gesteuert. Die Finger (unten) bilden sich zum einen durch Zellwachstum (Ausbildung von Skelettelementen) und zum anderen durch Apoptose (programmierten Zelltod) in den Bereichen zwischen den Fingern.

und Mitverschwörers zusammengefunden, dieses ausgezeichneten und wagemutigen Hobbits – mögen die Haare an seinen Zehen niemals ausfallen!« *(Der Hobbit)*

In die Haare gerieten sich die Paläontologen, als 2003 auf der indonesischen Insel Flores ein hochinteressantes fossiles Skelett, der Homo floresiensis, entdeckt wurde[3], eine bis dahin unbekannte Art, die noch bis vor etwa 13 000 Jahren, also zeitgleich mit dem Homo sapiens, gelebt haben könnte. Sie erhielt wegen ihres kleinen Wuchses und ihren langen und flachen Füßen den Namen … Hobbit! So wie die Wissenschaft die Literatur inspiriert, geschieht dies auch umgekehrt …

Anmerkungen

1. Vgl. Kapitel »Die Evolution der Völker von Mittelerde, eine phylogenetische Betrachtung der Humanoiden bei Tolkien«, S. 263.
2. Vgl. das Kapitel »Landschaften bei Tolkien. Ein geomorphologischer Ansatz«, S. 118.
3. Vgl. das Kapitel »Der Streit der Paläoanthropologen um einen Hobbit«, S. 218.

DER STREIT DER PALÄOANTHROPOLOGEN *UM EINEN HOBBIT*

FRANÇOIS MARCHAL

In einem Loch im Boden, da lebte ein Hobbit. Nicht in einem feuchten, schmutzigen Loch, wo es nach Moder riecht und Wurmzipfel von den Wänden herabhängen, und auch nicht in einer trockenen, kahlen Sandgrube ohne Tische und Stühle, wo man sich zum Essen hinsetzen kann: Nein, es war eine große Höhle am Zusammenfluss zwei kleiner Bäche, die für Frischwasser und Material zur Herstellung solider Steinwerkzeuge sorgten. In etwa 500 Meter Höhe gelegen und nach Norden geöffnet, bot sie ihren Bewohnern willkommene Kühle. Sind wir hier im Auenland der Hobbits mit seinem gemäßigten Klima? Mitnichten, wir befinden uns auf Flores, in der indonesischen Inselwelt mit ihrem wesentlich wärmeren tropischen Klima. Und die Hobbits? Von ihnen wird hier die Rede sein – aber nicht Tolkiens Fantasiegestalten, sondern dem »Hobbit« der Paläoanthropologen, einem Menschen, der vor 50 000 bis 10 000 Jahren in der Liang-Bua-Höhle lebte. Und er war mindestens ebenso ungewöhnlich wie Tolkiens Hobbits!

DER HOBBIT DER PALÄOANTHROPOLOGEN

Ein Team unter Leitung des neuseeländischen Archäologen Mike Morwood (University of New England, Australien) legte im September 2003 nach zweijährigen Grabungen in den Ablagerungen der Liang-Bua-Höhle in Indonesien ein Teilskelett eines urzeitlichen Menschen frei. Dazu kamen isolierte Knochenfunde mehrerer anderer Individuen, die stark von dem bekannten Bestand abwichen. Ein gutes Jahr darauf präsentierte Norwood das Skelett am 28. Oktober 2004 in der Fachzeitschrift Nature unter der offiziellen Bezeichnung LB1. LB stand für Liang Bua und 1 für die Inventarnummer. Doch damit war es nicht getan. Wie jedes außergewöhnliche Fossil musste es einen Namen bekommen. A.L. 288-1 ist zum Beispiel besser unter dem Namen »Lucy« bekannt. Zum Zeitpunkt der Publikation war der Tolkien-Hype auf seinem Höhepunkt, neu entfacht durch Peter Jacksons Verfilmung des *Herrn der Ringe,* dessen drei Teile 2001, 2002 und 2003 in die Kinos kamen. Mike Morwood, ein Landsmann von Peter Jackson, musste nicht lange überlegen, um einen Spitznamen für sein fossiles Skelett zu finden, das neben anderen bemerkenswerten Merkmalen auch eine Körpergröße von nur etwa einem Meter aufwies. Unter dem Namen »Hobbit« gewann LB1 rasch an Bekanntheit und wurde zu einer weltweiten Mediensensation. Dieser beachtlichen Resonanz auf den Fund folgte unmittelbar darauf eine nicht weniger umfangreiche wissenschaftliche Kontroverse. Fünfzehn Jahre später hat sie sich immer noch nicht gelegt, ein Zeichen dafür, wie radikal dieses Fossil die Wissenschaft zu einem Umdenken zwang.

Was macht hier einen Umbruch nötig? Im Artikel sind zunächst die anatomischen Merkmale des Skeletts LB1 beschrieben. Eine herausstechende Besonderheit ist die geringe Größe, der es seinen Namen verdankt, wobei es sich bei dem Fossil um ein voll ausgewachsenes Exemplar handelt (Weisheitszähne sind vorhanden). Der sehr gut erhaltene Schädel zeigt, dass die Schädelkapazität bei 380 cm^3 lag, was der eines Schimpansen entspricht. Um ein so kleines Gehirnvolumen in unserer eigenen Abstammungslinie zu finden, müsste man bis zum Australopithecus, also mindestens 2,5 Millionen Jahre zurückgehen (siehe die Abbildung »Panorama der Evolution des Menschen«). LB1 hat der Datierung nach aber vor 50 000 bis 100 000 Jahren gelebt! Neben seiner kleinen Statur und seinem Gehirnvolumen bestand der verwirrende Aspekt des Funds in der einzigartigen Kombination menschlicher und anderer, primitiverer Merkmale. Angesichts der Häufung eigenständiger Charakteristika beschlossen die Forscher, eine neue Art zu begründen, den Homo floresiensis. Ihre Ausgangshypothese über den evolutionären Ursprung dieser kleinen Menschenart bestand darin, es müsse sich beim Flores-Menschen um Abkömmlinge des zuvor bereits auf Java anwesenden Homo erectus handeln; nach ihrer Ankunft auf Flores sei die Population aufgrund der Standortbedingungen verzwergt. Die Inselverzwergung ist ein verbreitetes evolutionsbiologisches Phänomen: Bei relativ großen Arten nimmt die Körpergröße (nach biologischen Maßstäben) rasch ab, wenn sie sich auf Inseln isoliert wiederfinden – eine Anpassung an ein eingeschränktes Nahrungsangebot (das umso geringer ist, je kleiner die Insel ist) und veränderten Räuberdruck, denn oft sind auf Inseln keine Fressfeinde vorhanden. Man beobachtete dieses Phänomen vor allem auf Mittelmeerinseln, wo man Zwerghirsche und Zwergelefanten fand – und in der Liang-Bua-Höhle. Hier legten die Archäologen neben »Hobbit« auch fossile Reste eines Stegodons frei, eines Zwergelefanten, der höchstwahrscheinlich von den Flores-Menschen gejagt wurde.

WAR »HOBBIT« EIN MISSGEBILDETER *HOMO SAPIENS*?

Unter Wissenschaftlern entstand bald eine heftige Kontroverse, vor allem um die geringe Schädelkapazität. Dass vor 50 000 bis 100 000 Jahren ein Vertreter der Gattung Homo mit einem Gehirnvolumen von kaum 400 cm^3 existiert haben könnte, passte 2003 überhaupt nicht in das Bild, das man sich von der Evolution des Menschen gemacht hatte. Die Definition der Gattung Homo unterlag in der Geschichte der Paläoanthropologie Veränderungen, doch nie kam die Möglichkeit in Betracht, dass ein menschliches Wesen das Hirnvolumen eines Schimpansen haben könnte, zumindest nicht im zoologischen Sinn. Ein Mindestvolumen von 600 cm^3 galt als notwendige Voraussetzung.

Bald setzten Forscher den Entdeckern eine alternative These entgegen: Das Skelett des »Hobbit« stamme von einem Homo sapiens mit einer Fehlbildung, in diesem Fall einer Mikrozephalie. Ab da lieferten sich die Anhänger der »Theorie der krankheitsbedingten Veränderung« und die der »Inselverzwergungstheorie« eine intensive Kontroverse in Form eines regen Austausches wissenschaftlicher Artikel. Die Ersteren führten diverse Krankheiten wie Kretinismus, Laron-Syndrom oder Down-Syndrom an, auf welche die geringe Kopfgröße zurückgehen könnte, die Zweiten zerpflückten systematisch die Argumente ihrer Gegner.

Ließe sich im 21. Jahrhundert denn nicht über eine DNA-Analyse des »Hobbit« Klarheit gewinnen? Dies war schließlich auch beim Neandertaler geschehen, dessen Entdeckung viel weiter zurücklag als die des Flores-Menschen. Doch leider waren die heißen und feuchten Umweltbedingungen auf Flores ungünstig für die Erhaltung der DNA. Obwohl in den letzten Jahren entscheidende Fortschritte gemacht worden sind, wird es kaum möglich sein, DNA von Flores-Menschen zu gewinnen. Heute sind die meisten Experten der Ansicht, dass »Hobbit« kein missgebildetes Individuum ist, sondern ein Vertreter einer ausgestorbenen kleinwüchsigen Art. Sollte sich das bewahrheiten, ergeben sich umfangreiche und weitreichende Folgen für unser Verständnis der Evolution des Menschen.

EIN HOBBIT UNTER UNSEREN NAHEN VERWANDTEN ÄNDERT (FAST) ALLES

Die Definition der Gattung *Homo* müsste revidiert und vom Kriterium der Hirnmasse entkoppelt werden. Der Fossilienbericht zeigt, dass die durchschnittliche Gehirngröße in unserer Abstammungslinie besonders seit dem Auftreten der Gattung *Homo* mit der Zeit zugenommen hat. *Homo habilis* als älteste Form dieser Gattung hatte eine respektable Schädelkapazität über 600 cm^3 – etwa den heutigen afrikanischen Menschenaffen vergleichbar. Sobald man aber »Hobbit« definitiv als Vertreter unserer Gattung akzeptiert, verliert die Größe des Gehirns ihre entscheidende Rolle in der Definition der Gattung Mensch. Sie wäre kein objektiver Unterschied mehr, der den Menschen vom Tierreich trennt.

Auch andere Kriterien wären zu überdenken. So ist der Körperbau aller Vertreter der Gattung *Homo* grundlegend ähnlich: Sie sind relativ groß und haben lange untere Extremitäten. Der Flores-Hobbit aber ist nicht nur klein, sondern unterscheidet sich von uns auch in seinen Körperproportionen. Im Verhältnis zu den anderen Teilen seines Körpers sind vor allem die unteren Extremitäten sehr kurz. Die Füße sind groß im Vergleich mit dem Unterschenkel und dem gesamten Bein, was in der Tat an Tolkiens Hobbits erinnert.[1] Solche Körperproportionen sind ein Merkmal, das man auch bei den frühen Hominini (vor dem Auftreten der Gattung *Homo*) und bei den heutigen Menschenaffen antrifft. Neben dem Gehirnvolumen wären also auch die Körperproportionen kein Unterscheidungsmerkmal mehr, über das sich der Mensch im zoologischen Sinne von seiner restlichen Abstammungslinie abhebt.

Ein zweiter wichtiger Punkt, in dem die Entdeckung des Flores-Menschen den ganzen Ablauf der Evolution des Menschen infrage stellt, ist die Verbindung zwischen dem Gehirnvolumen und den kognitiven Kapazitäten. Zwar wissen wir, dass Intelligenz nicht ausschließlich eine Frage der Größe des Gehirns ist. Dieses Merkmal variiert sogar innerhalb jeder Art beträchtlich, in der unseren zum Beispiel um bis zu 100 % (zwischen 1000 cm^3 und knapp 2000 cm^3), und Individuen mit kleinen Gehirnen sind nicht notwendigerweise weniger intelligent als die mit großen Schädeln. Doch kann man trotz alledem die Menschen als die intelligentesten Primaten bezeichnen, und ihr Gehirn ist im Durchschnitt deutlich größer als das aller anderen Primaten, sowohl was die absolute Masse betrifft, als auch relativ zum Körper. Aus dem fossilen Bestand ist erkennbar, dass die Gehirngröße seit mindestens zwei Millionen Jahren zunimmt. Gleichzeitig belegt die zunehmende Komplexität der Steinwerkzeuge eine Zunahme der kognitiven Fähigkeiten unserer Vorfahren. Eine Logik schien ersichtlich – bis der Flores-Mensch auftauchte, bei dem es auf einmal Hinweise gab, dass es möglich war, mit einem Gehirn von der Größe eines Schimpansenhirns relativ aufwendige Steinwerkzeuge herzustellen oder Stegodons zu jagen. Solche komplexen Verhaltensweisen zeugen von kognitiven Fähigkeiten, die weitaus größer sind als die eines jeden nichtmenschlichen Primaten.

DIE VORFAHREN DES HOBBITS

Unser Hobbit gibt noch ein weiteres Rätsel auf, da die Anatomie des Fossils mit seiner Datierung eigentlich unvereinbar ist. Bislang wurde keine befriedigende Evolutionshypothese gefunden, mit der diese beiden Punkte zur Deckung zu bringen wären. Hätte man ihn in Afrika entdeckt und sein Alter auf zwei bis drei Millionen Jahre datiert, wäre das zwar ein spektakulärer Fund, der uns aber nicht dazu zwänge, die ganze Vorgeschichte der Menschheit umzuschreiben. Mit seiner Kombination moderner Merkmale (die er mit unserer Art oder zumindest den anderen Vertretern der Gattung *Homo* gemeinsam hat) und archaischer Züge (die er mit den frühen Formen in unserer Evolutionslinie vor Auftreten des *Homo* teilt) wäre er ein sogenanntes Übergangsfossil ähnlich dem vor ein paar Jahren in Südafrika entdeckten *Australopithecus sediba.* Wie aber lässt sich »Hobbit« in ein kohärentes Evolutionsschema einordnen oder – was auf dasselbe hinausläuft – wie müssen wir unser bisheriges Evolutionsschema ändern, damit er darin seinen angemessenen Platz findet?

Die erste von den Entdeckern des Fossils vorgeschlagene Hypothese lautete, Hobbit sei ein Nachfahr asiatischer Formen des *Homo erectus* und habe sich durch Inselverzwergung ausgebildet. In diesem Fall hätte eine sehr starke Verzwergung stattgefunden. Wie aber war das Wiederauftreten einer ganzen Reihe primitiver Merkmale zu erklären, die beim *Homo erectus* in Asien schon lange davor nicht mehr auftraten (die Körperproportionen, ein Becken, mit dem er eher dem *Australopithecus*

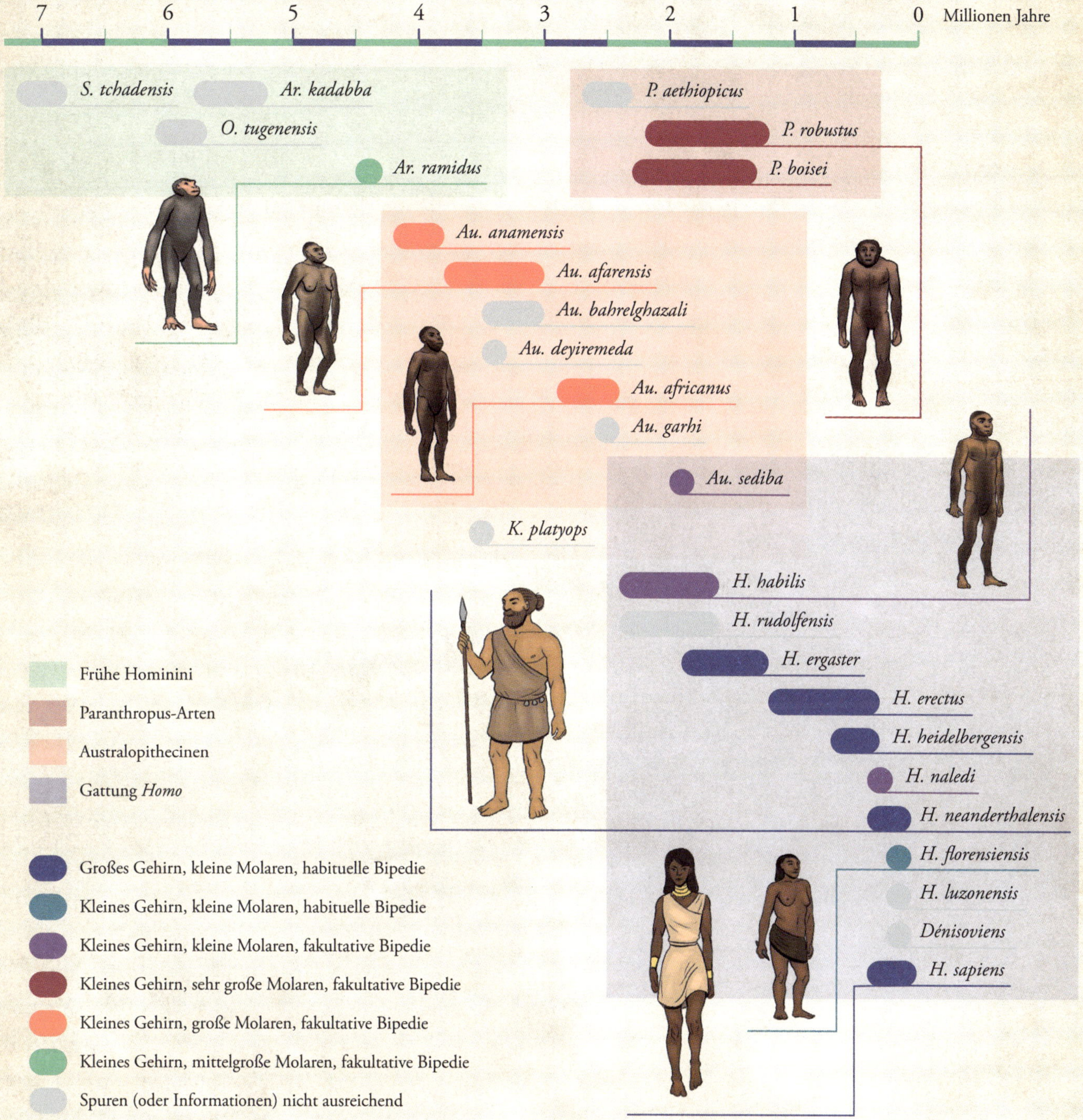

ABBILDUNG 1

Panorama der Evolution des Menschen

gleichkam als der Gattung *Homo* u. Ä.)? Die Theorie war also wenig stichhaltig; inzwischen haben sogar die Entdecker selbst von ihr Abstand genommen und vermuten für Hobbit einen älteren Ursprung, und zwar, dass er sich direkt aus Formen wie dem *Homo habilis* oder den *Australopithecinen* entwickelt hat. In diesem Fall wären die primitiven Merkmale ein Erbe dieser Vorfahren, und da diese eine geringere Größe aufwiesen, wäre die vermutete Verzwergung weniger extrem ausgefallen.

Zu klären bliebe in diesem Fall, wie sich Merkmale fortgeschrittener Evolution (die kleineren Zähne, die dünnere Hirnschale, der verkürzte, vertikale Gesichtsschädel) unabhängig von den Entwicklungen in der zum *Homo sapiens* führenden Linie ausgebildet hatten. Weder erscheint plausibel, dass die zahlreichen archaischen Merkmale in der Linie der Hobbits nachträglich wieder auftauchten, noch erscheint eine zu unserer Linie parallele Ausbildung der zahlreichen »entwickelten« Merkmale als wahrscheinlich. Sieht man es im Licht des Sparsamkeitsprinzips, das bei Stammbaum-Rekonstruktionen immer den Verlauf mit der geringsten Anzahl an Evolutionsschritten annimmt, befriedigt am Ende keine dieser Theorien wirklich. So versteht man, warum manche Paläoanthropologen lieber auf der These einer »krankheitsbedingten« Veränderung beharrten.

Der vierte Aspekt unserer gewohnten Sichtweise, die durch *Homo floresiensis* über den Haufen geworfen wird, betrifft die erste Migration der Menschen aus Afrika heraus. Sieht man Hobbit als direkten Nachfahren asiatischer Formen des *Homo erectus* an, so setzt dies voraus, dass Flores vor etwa einer Million Jahren auf dem Seeweg besiedelt wurde – was schwer vorstellbar ist (die ersten fossilen Spuren von Seefahrt entlang der Küsten reichen nur etwa 100 000 Jahre zurück). Immerhin stünde bei diesem Szenario außer Frage, dass die erste Besiedlung außerafrikanischer Gebiete erst nach dem Auftreten der Gattung *Homo* stattfand (diese ist durch ein etwas größeres Gehirn, aufrechten Gang und einen Körperbau, der im Großen und Ganzen dem unseren ähnelt, gekennzeichnet). Geht man dagegen davon aus, dass Hobbit seinen Ursprung in älteren Formen hat, steigert das noch die Schwierigkeit, eine Besiedelung zu erklären, die dann sogar mehr als eine Million Jahre zurückläge. Mehr noch, die erste Ausbreitung außerhalb Afrikas hätte dann unter Umständen durch die allerersten Repräsentanten der Gattung *Homo* stattgefunden, welche noch einige Merkmale des *Australopithecus* aufwiesen, oder gar durch die *Australopithecinen* selbst. Während aber aus Afrika Fossilien des *Australopithecus* in Hülle und Fülle vorliegen, gibt es zu ihm keine Funde in Asien, obwohl die Forschungen auf diesem Kontinent ungefähr 50 Jahre früher begannen als in Afrika.

Letztendlich rivalisieren zwei große Gruppen von Theorien darum, die Anwesenheit des Hobbits auf der Insel Flores zu erklären. Diejenigen, die aus ihm einen krankhaft veränderten *Homo sapiens* machen, haben den großen Vorteil, das schöne Gebäude, welches die Paläoanthropologen seit etwa 150 Jahren errichtet haben, nicht anzutasten. Doch sie haben Mühe, die bei den Fossilien dieser Wesen festgestellte Kombination von Merkmalen als Folge der einen oder anderen Krankheit zu erklären. Überzeugender erscheinen diejenigen Thesen, die den Hobbit als eine neue Art im Stammbaum des Menschen ansehen. Sie münden aber darin, dass wir unsere Kenntnisse über die Entwicklung des Menschen massiv in Frage stellen müssen.

In Tolkiens Werk sind die Hobbits wohl die einzigen Wesen, die vollständig in seiner Fantasie entstanden sind, ohne dass er sich hier an eine existierende Mythologie angelehnt hat. Sie sind aber auch die banalsten. Indem er sie als ruhige, häusliche, wenig bemerkenswerte Leute zeichnet, hat er ihnen Ähnlichkeit zu uns gegeben, trotz einiger etwas spezieller körperlicher Merkmale. Über die Identifikation, die beim Leser durch diese Alltäglichkeit geschieht, werden die Hobbits zum perfekten Vektor, um sich in die von Tolkien geschaffene Wunderwelt hineinzuversetzen. Die Hobbits der Paläoanthropologen haben mit ihnen zwar einige anatomische Merkmale gemeinsam, denen sie ja ihren Namen verdanken, doch im Gegensatz zu ihnen sind sie außergewöhnliche Wesen im wahrsten Sinne des Wortes – welcher Theorie zu ihrem Ursprung auch immer man anhängen mag.

Wegen oder besser dank ihnen müssen wir einen Teil unserer Evolutionsgeschichte neu schreiben. Nach vielen weiteren Jahren der Studien und Analysen werden wir schließlich besser verstehen, wer sie waren und wie sie sich in unsere Vergangenheit eingliedern lassen, die wir dadurch in Zukunft besser begreifen werden. Die Geschichte der Evolution des Menschen ist eine ebenso wunderbare Saga wie die von Tolkien erfundene, sie zeigt einen ebenso großen Reichtum an Formen. Es könnte durchaus darauf hinauslaufen, dass den Hobbits unter diesen Wesen und in dieser großen Menschheitsgeschichte eine nicht minder wichtige Rolle zukommt als den Hobbits im Roman.

GOLLUM: *DIE METAMORPHOSE* EINES HOBBITS

JEAN-SÉBASTIEN STEYER

Am Ende des Stollens erstreckte sich ein kalter See, fern vom Tageslicht, und auf einer Felseninsel im Wasser lebte Gollum. Das war ein widerwärtiges kleines Geschöpf: Mit seinen großen Plattfüßen paddelte er in einem kleinen Boot, schaute mit blassen, leuchtenden Katzenaugen um sich und fing mit langen Fingern blinde Fische, die er roh verschlang.

Der Herr der Ringe, *Prolog*

Dies ist die Geschichte eines Hobbits, der auf die schiefe Bahn kam. Sméagol war sein Name, doch er hielt ihn sorgsam tief in seinem Inneren geheim … Der junge Sméagol war von guter Familie und der Vorwitzigste unter den Starren, einem angesehenen Stamm unter den Hobbits, dessen Mitglieder größtenteils nahe des Anduin wohnten. Er war flink und wissbegierig, mit Vorliebe schnüffelte und stöberte er in der Natur herum und erforschte sie: »Wurzeln und Ursprünge lagen ihm besonders am Herzen […], er grub unter Bäumen und wachsenden Pflanzen; er trieb Stollen in grüne Erdhügel.« (*HdR* I, 2).

Doch an jenem fatalen Tag im Jahr 2463 des Dritten Zeitalters, als Sméagols Vetter Déagol bei einer Angelpartie am Fluss Anduin zufällig den Einen Ring findet, wechselt Sméagol auf die dunkle Seite. Sméagol möchte den Ring haben, fordert ihn als Geburtstagsgeschenk, doch Déagol, der ihm schon etwas geschenkt hat, lehnt ab. Sméagol erwürgt ihn in einem Anfall mörderischen Wahns, getrieben von Hass und Besitzgier. So endet der Ausflug in einem Verbrechen.

Es folgt eine lange Höllenfahrt: Der Dieb und Mörder wird von seinem Volk verbannt. Bedacht, die Sonne zu meiden, irrt er viele Monde lang herum und versteckt sich dann in einer heruntergekommenen Höhle tief im Inneren des Nebelgebirges, seiner neuen Behausung. Der Hobbit wird zum Mutanten, aus Sméagol wird Gollum.

Von allen Fantasiewesen Tolkiens ist Gollum sicher eines der komplexesten und bedeutendsten. Er lässt niemanden gleichgültig. Im *Hobbit* (1937) ist er noch eine Nebenfigur und gibt Tolkien unter anderem Anlass, ein Rätselspiel zu gestalten, in dem sich der Hauptheld Bilbo, der sich in den Orkhöhlen verirrt hat, bewähren muss. Siebzehn Jahre später wird Gollum einer der Hauptcharaktere im *Herrn der Ringe* (1954–1955) sein und sein Status wird höher: Von einem Schatten, der den

»Mein Schatz.«

Spuren der Gemeinschaft des Rings folgt, wird er zum Führer und Diener und schließlich zur Schlüsselfigur am Ziel der Reise: Am Ende des *Herrn der Ringe* lässt Tolkien das Scheusal zum Retter von Mittelerde avancieren, denn der Ring wird letztendlich durch ihn zerstört, und Gollum geht mit ihm unter … Dieser Charakter, ein Schatten unter Schatten, mal korrupt und hinterhältig, mal loyal und treu, ist ständig zwischen Gut und Böse hin- und hergerissen. Die Psyche dieses gequälten Wesens wirft die Frage des Verhältnisses von Gedanken und Taten auf und verdeutlicht die Problematik der Haltung gegenüber der Macht, die im Ring symbolisiert ist.[1] Während Gollum bisher zwar psychologisch gut analysiert wurde, haben sich noch kaum Biologen mit seiner Anatomie und seinem Körperbau beschäftigt. Dabei ist er aus naturwissenschaftlicher Sicht mit seiner Mutation vom netten Hobbit zur gemeinen, schleimigen Kreatur ein absolutes Unikum!

MUTANT WIDER WILLEN

Letztlich kann die Verwandlung von Sméagol in Gollum als beschleunigte »polymorphe« Mutation angesehen werden: Seine rasche und einschneidende Verwandlung erinnert an die Metamorphose der Insekten oder Amphibien im Verlauf ihrer Entwicklung vom Larvenstadium (Kaulquappe, Made, Raupe) zur erwachsenen Form (Frosch, geflügeltes Insekt). Den Vergleich mit ihnen legt auch Gollums Wendigkeit nahe: »Gollum [stürzte] plötzlich mit einem Sprung wie ein Grashüpfer oder Frosch vom Boden weg in die Dunkelheit.« Unter Umständen gab der reale Gestaltwandel dieser Arten die Anregung zu Verwandlungsmotiven in Geschichten, wo ein Frosch zum Märchenprinzen wird, der Mensch zum Werwolf und dergleichen. Die radikale Änderung von Form und Psyche verstärkt dort das fantastische Moment. Gollum ist übrigens nicht die einzige polymorphe (mehrgestaltige) Figur bei Tolkien: So wird der mächtige Beorn im Hobbit zeitweise zum Bären. Dieser »Hautwechsler«, der letzte seiner Art, unterstützt Thorin und dessen Gefährten auf dem Weg zu ihrem Schatz. Während Tolkien für Gollum insgesamt bei der Sagengestalt Grendel[2] Anleihen nahm, erinnert speziell die Verwandlung des Hobbits an die von Dr. Jekyll – Robert Louis Stevensons Titelgestalt aus der Novelle *Der seltsame Fall von Dr. Jekyll und Mr. Hyde* (1886): In beiden Fällen wird sowohl die Psyche als auch die Körperform des bedauernswerten Protagonisten verändert.

Doch Gollums Metamorphose hat nichts mit Wachstum oder persönlicher Entwicklung zu tun und ist nicht natürlich: Sie wird durch den Einen Ring, die Verkörperung des Bösen in Tolkiens Werk, verursacht. Und wie jede Verkörperung des Bösen wird sie vom Autor sehr tiefgründig ausgestaltet: Der Ring zersetzt nicht nur den Geist und verändert die Körperform, sondern »beschenkt« den Träger auch mit Unsichtbarkeit, gesteigerter Kraft, Unempfindlichkeit gegen Schmerz, Langlebigkeit … Gollum, dem der Ring bereits stark zugesetzt hat, stirbt vorzeitig im Alter von 579 Jahren, während Bilbo, der bereits vor über 1000 Jahren geboren wurde, sich kaum verändert hat … Hat sich der Ring bei Sméagol stärker ausgewirkt, weil dieser ihn öfter trug? Leider äußert sich Tolkien nicht dazu, wie lange die Besitzer den Ring jeweils am Finger trugen. Doch folgenden Hinweis gibt er:

> *Zuerst hatte Gollum den Ring am Finger getragen, bis es ihn ermüdete; dann verwahrte er ihn in einem Beutel, den er auf der bloßen Haut trug, bis sie wundgescheuert war; und jetzt versteckte er ihn meistens in einem Felsloch auf seiner Insel […]. Und manchmal steckte er ihn noch immer auf, wenn er es nicht ertragen konnte, von ihm getrennt zu sein.*
>
> Der Hobbit

Anders als er tragen Bilbo und Frodo den Ring nur sehr selten am Finger … Es scheint also wirklich, als hänge die Wirkung des Rings von der Nähe oder dem direkten Kontakt mit seinem Besitzer ab, ganz wie bei einer mutagenen Substanz. Die unumkehrbare, sowohl die Psychologie als auch die Physiologie betreffende Metamorphose wäre also eine Mutation.

Diese Mutation – oder Transmutation – von Sméagol zu Gollum hat Züge der Lamarck'schen Ideen zur Artenentwicklung (denen Tolkien vermutlich anhing). Weitere eingestreute Äußerungen im Sinne des Gradualismus oder Adaptionismus, die dem Kontext der Zeit entsprachen, verstärken den Eindruck: »Seltsame Geschöpfe leben in den Seen und Teichen im Innern der Berge: Fische, deren Vorväter […] da hinein- und nie wieder herausgeschwommen sind, und die mit der Zeit immer größere Augen bekamen, weil sie versuchten, in der Stockfinsternis etwas zu sehen.« *(Der Hobbit)*. Sméagols Verwandlung kann als Regression interpretiert werden. Dass er sich nun auf allen Vieren oder kriechend fortbewegt, während er früher (wie jeder Hobbit, der auf sich hält) aufrecht ging, ist ein deutliches Anzeichen: »Gollum ging rasch, dabei streckte er Kopf und Hals vor und benutzte oft seine Hände ebenso wie die Füße.« Gollum ist also ein degenerierter Hobbit, halb Greis, halb Fötus, der sich ans Wasser readaptiert hat. Mit seinen Hobbit-typischen »großen Plattfüßen« paddelt er nun wie mit Schwimmflossen – ungewöhnlich für die Kleinen Leute, die Nichtschwimmer sind. Der arme Gollum stünde also ganz allein für ungefähr 380 Millionen Jahre Rückwärtsentwicklung in der Evolution – eine Regression, die ins Zeitalter der ersten Vierbeiner zurückreicht, die als Kriechtiere im Wasser lebten.

EIN GESTALTWANDELNDES SCHEUSAL

Trauen wir uns an einen Vergleich Gollums mit heute oder früher existierenden Arten heran. Nicht nur durch seine schauerliche Metamorphose erweckt er den Eindruck eines Amphibiums: »Mit wunderbarer Behendigkeit kletterte eine froschähnliche Gestalt aus dem Wasser und ans Ufer hinauf.« Auch die Zeichentrickfilme von Rankin/Bass Productions (1977 und 1980) zeigen Gollum als menschenähnlichen Frosch. Und doch ist er schwer einer bestimmten existierenden Tiergattung zuzuordnen, zumal Tolkien seine Vergleiche und anatomischen Beschreibungen in Miniportionen über das ganze Werk verteilt hat: Aragorn schildert Gollum als Wesen, das »schlauer als ein Fuchs und so schlüpfrig wie ein Fisch« ist, Faramir vergleicht ihn mit einem Eisvogel und einem schwarzen Eichhörnchen ohne Schwanz, was zu Legolas' Äußerung passt: »Er hatte den Trick gelernt, sich mit den Füßen wie auch mit den Händen an den Zweigen festzuklammern.« Sam Gamdschie, der Gollum hasst, sagt, dieser sei »wie eine scheußliche krabbelnde Spinne auf einer Wand«. Tolkien selbst nennt ihn ein »großes, beutelüsternes, insektenähnliches Tier«.

Nicht leicht einzusortieren, das kleine Monster, wenn man sich das anhört! Doch die anatomischen Merkmale sprechen für sich: Die »dünnen Gliedmaßen«, die »großen runden und blassen Augen«, der große Kopf, die »Teleskopaugen« und die langfingrigen flachen Hände geben dem ausgezeichneten Schwimmer etwas unverkennbar Lurchähnliches, was durch Tolkiens mehrfache Erwähnungen des Weichen und Glitschigen an ihm noch akzentuiert wird: Es lässt an die dünne und glatte, ständig feuchte Haut der Amphibien denken. Kann Gollum aber auch wie ein Frosch Sauerstoff über die Haut aufnehmen? Womöglich ja, wenn aber Aragorn, der ihn fängt, bemerkt: »Er stank [...] und war bedeckt mit grünem Schleim«, so dürfte – zumindest zeitweise – nur ein eingeschränkter Gasaustausch zwischen der Haut und der Außenwelt stattgefunden haben. Hat Gollum Schleimdrüsen in der Haut? Obwohl sie nicht mit Blasen oder Warzen bedeckt ist (was oft bei Kröten der Fall ist) würden Schleimdrüsen für das Vorhandensein genetischer Anomalien seiner Haut sprechen und noch einmal die mutationsauslösende Kraft des Rings verdeutlichen: Sie hätte sich in diesem Fall direkt auf das Genom des Trägers ausgewirkt … Bei dem Filmemacher Peter Jackson, der einen Teil des Werks verfilmt hat, sind Gollums Finger und Zehen an den Enden sehr breit, was auf runde, flache Fingerendglieder bzw. Fingerkuppen hindeutet, ähnlich den saugnapfartigen Fingern mancher Frösche. Ist Gollum also nur ein gewöhnlicher Hobbit, der zum Amphibium mutiert ist wie Toad (Kröte), der bösartige Mutant in X-Men? Oder hat er seinem »Schatz« eine seltene Fingerdeformation zu verdanken, die als digitaler Hippokratismus bezeichnet wird? Diese krankheitsbedingte Erscheinung äußert sich in einer Vergrößerung der Fingerkuppen, die von einer Veränderung der Nagelform, manchmal auch einer Zyanose (Blaufärbung der Haut) begleitet ist. Man sieht, Gollum ist eher ein pathologischer Fall …

Tolkien beschreibt Gollum oft als »schwarzes« oder »dunkles« Geschöpf, führt aber nicht aus, ob sich dieser Farbeindruck auf seine Bekleidung, Haut oder Gemütsart bezieht. Höhlenbewohnende Arten entwickeln manchmal eine sehr helle Hautfarbe, bei ihnen sind keine Farbpigmente in die Haut eingelagert. Zu ihnen zählen der Grottenolm (Proteus anguinus) und der Höhlenflohkrebs Niphargus, der in den unterirdischen Wassersystemen Europas vorkommt und kein Licht verträgt (schon bei 20 000 Lux stirbt er innerhalb weniger Tage; Sonne bei wolkenlosem Himmel hat eine Lichtstärke von bis zu 100 000 Lux). Wandert Gollum aus diesem Grund lieber nachts? Wie lichtempfindlich sind seine großen Glubschaugen? Sicher ist, dass das Monster nach Jahrhunderten, die es im Dunkeln unter dem Nebelgebirge verbracht hat, andere Sinne – sein Gehör und seinen Geruchssinn – geschärft hat. Mit diesen feinen Sinnen in Verbindung mit der unheilvollen Kraft des Rings («Er wurde scharfäugig und hellhörig für alles, was andere verletzte.«) und seinen spitzen Zähnen wird er zum gefährlichen Räuber …

SUPERHELD DER FANTASY

Längst ist also der frühere Hobbit ein ziemlich widerlicher Zeitgenosse geworden. Zusätzlich zu seiner multiplen Persönlichkeit (auf psychischer wie stammesgeschichtlicher Ebene) bildet er eine »Mosaikform« (ein Terminus der Evolutionsbiologen): Bei Gollum mischen sich juvenile Züge, die noch aus dem Larvenstadium zu stammen scheinen (man bezeichnet dies als Neotenie), mit Anzeichen hohen Alters: ein »mageres, hungriges Gesicht«, die gekrümmte Wirbelsäule, ein »langer, magerer Hals«, »gelbe Zähne«, von denen nur sechs übrig sind (Hobbits besitzen ansonsten 30 Zähne und nicht 32 wie die Menschen[3]), »spärliches glattes Haar …«. Es fragt sich, ob der Ring Nebenwirkungen im Bereich der Produktion männlicher Hormone haben könnte, die für die Entstehung von Kahlköpfigkeit verantwortlich sind. All diese Merkmale zeigen Gollum als vorzeitig gealtertes oder aber als untotes Wesen, dem nicht beizukommen ist: Unermüdlich jagt er seinem Schatz hinterher, er scheint unverwüstlich zu sein und rafft sich immer wieder auf. So läuft er Kilometer um Kilometer, ohne zu essen; er übersteht in Mordor die Folter und lebt in der Kälte oder schwimmt im eisigen Höhlenwasser, ohne Anzeichen von Unterkühlung zu zeigen.

Zu seinen »erweiterten« Körpermerkmalen kommen die besonderen Kräfte, die ihm sein »Schatz« verleiht: »Ein klammernder Griff, sanft, aber entsetzlich stark« – wie Sam, der mit ihm kämpft, anerkennen muss. Gollum erinnert darin an die Nyctalope, den ersten Superhelden der Literatur aus dem Jahr 1911. Damals erschien Jean de la Hires Roman *Das Geheimnis des XV* (lange bevor beispielsweise der amerikanische Kanon der *Marvel Comics* entstand). Darf man Gollum als Superhelden der Fantasy betrachten? Vergessen wir nicht, dass diese Figur, wenn auch gegen ihren Willen, Gerechtigkeit schafft, denn Gollum ist es, der den Ring zerstört, während Frodo ausgerechnet am Ziel seiner Fahrt nicht der Versuchung widerstehen kann, ihn zu behalten … So hässlich und hybrid Gollum auch gewirkt haben mag, er wird auf immer der Rächer von Tolkiens Welt sein. Gandalf hatte recht: »Mein Herz sagt mir, dass er noch eine Rolle zu spielen hat.« Ein Requiem für Gollum!

Anmerkungen

1. Vgl. Kapitel »Bericht eines jungen Arztes aus Mittelerde«, S. 202.
2. Unwesen von menschenähnlicher Gestalt im angelsächsischen Epos *Beowulf*.
3. »Dreißig Schimmel auf einem roten Hang – erst malmen sie, dann stampfen sie und warten wieder lang«, lautet darum Gollums Rätsel für Bilbo. [Im Deutschen wurden daraus 32. Anm. d. Übers.]

ROLAND LEHOUCQ /
JEAN-SÉBASTIEN
STEYER

DAS SEHEN *DER ELBEN*

»Gandalf ging voran und neben ihm Aragorn, der diese Gegend selbst im Dunkeln kannte. Die anderen folgten im Gänsemarsch, und Legolas, der scharfe Augen hatte, bildete die Nachhut.«

Der Herr der Ringe *II, 3*

Welcher von unseren fünf Sinnen ist der Nützlichste, vor allem in unwirtlichen Gegenden voller nicht unbedingt wohlgesinnter Geschöpfe, wie jenen, durch die Tolkiens Helden wandern? Mit Sicherheit das Sehen, denn es gibt unmittelbar Auskunft über die Umgebung. Das hierfür zuständige Organ – das Auge – passt sich sehr rasch an unterschiedliche Situationen an: Es verfügt über die Fähigkeit der Akkomodation, kann also auf ein Objekt in der Nähe scharfstellen und in kürzester Zeit auf ein anderes, weit entferntes. Es stellt sich auf die unterschiedlichsten Lichtverhältnisse ein und erkennt ein Wellenlängenspektrum von Violett bis Rot – das sogenannte sichtbare Licht im Bereich zwischen 400 und 800 Nanometer (milliardstel Meter).

WIE FUNKTIONIERT DAS SEHEN?

Lassen Sie uns zunächst einige Grundlagen des Sehens rekapitulieren. Das menschliche Auge ist ein fast kugelförmiger Körper von ungefähr 25 Millimetern Durchmesser, dessen äußere Begrenzung in einer derben, faserigen weißen Membran, der Lederhaut, besteht. Vor dem Auge ist sie transparent und bildet die Hornhaut. Das ins Auge fallende Licht durchquert die Hornhaut und das Kammerwasser, eine Flüssigkeit, in die ein ringförmiger Muskel, die Iris, mit einer Öffnung in der Mitte, der Pupille, eingelagert ist. Die Iris spielt die Rolle einer Blende: Sie regelt den Pupillendurchmesser, um die einfallende Lichtmenge zu kontrollieren. Bei vollem Licht verengt sich die Pupille bis zum Minimaldurchmesser von zwei Millimetern, während sie im Dunkeln bis zu acht Millimeter groß sein kann. Die hinter der Iris liegende Linse fungiert wie eine Sammellinse. Bei geringerer Wölbung bildet das normalsichtige Auge Objekte in unendlicher Ferne scharf auf der Netzhaut ab (Fernakkomodation). Richtet es sich dagegen auf ein nahes Objekt, wird die Linse durch Muskelkontraktion stärker gewölbt, wodurch sich die Brennweite verringert.

Wieder erscheint auf der Netzhaut, die immer in derselben Ebene liegt, ein scharfes Bild (Nahakkomodation). Durch die Veränderung der Linse ist ein Brennweitenspektrum von 15 bis 24 Millimetern abgedeckt.

Die Netzhaut besteht aus Fotorezeptorzellen, den Zäpfchen und Stäbchen, deren Funktionen sich ergänzen. Die Stäbchen sind sehr lichtempfindlich, unterscheiden aber keine Farben. Die Zäpfchen sprechen nur bei genügender Helligkeit an und sind für das Farbsehen zuständig. Sie sind in drei Arten vertreten, die jeweils für ein eigenes Wellenlängenspektrum empfindlich sind: rot, grün oder blau. Bei geringer Lichtstärke sind die Zäpfchen inaktiv und übergeben an die Stäbchen, wobei aber das Farbempfinden verloren geht: Nachts sind tatsächlich alle Katzen grau.

Ein kleiner Teil der Netzhaut, die Fovea (Sehgrube), die in der Achse der Pupille liegt, enthält nur Zäpfchen: Dies ist der Bereich mit der höchsten Sehschärfe und der besten Farbwahrnehmung. Die essenzielle Funktion der Netzhaut in ihrer Gesamtheit besteht darin, dem Gehirn die Lokalisierung potenziell interessanter Bereiche zu ermöglichen, um anschließend für eine optimale Verarbeitung die Hauptsehrichtung, also die Fovea, dorthin auszurichten. Darum vollziehen die Augen unablässig schnelle Bewegungen, um das Abbild des wichtigen Bereichs auf die Fovea zu zentrieren: Genau dies geschieht, wenn Sie diese Zeilen lesen.

Mit der Aderhaut, einer lichtabsorbierenden Membran hinter der Netzhaut, die den Augapfel auskleidet, damit kein Licht von außen eindringt, wollen wir die Anatomie des menschlichen Auges abschließen. Dessen offensichtliche Komplexität lässt es als ein »perfektes« Organ erscheinen, was den Gegnern der Theorie von der Evolution der Arten übrigens lange Zeit als Argument diente: Welchen Selektionsvorteil hätten denn Zwischenstadien – die also weniger perfekt waren – auf dem Weg zum heutigen Auge geboten? Doch die natürliche Selektion hat sehr wohl ihre Rolle gespielt. Auch ist unser Auge nicht perfekt, und vor allem sind im Lauf der Evolution auch andere Arten von Augen entstanden.

HOCHAUFLÖSENDES SEHEN

Sehen funktioniert bei den Elben und den Menschen nach demselben Prinzip. Doch an mancher Stelle wird im *Herrn der Ringe* deutlich, dass der Sehsinn der Elben wesentlich besser ist. So kommt es zu folgendem Dialog, als Legolas (ein Elb),

Gimli und Aragorn in Rohan die Orks verfolgen, die Merry und Pippin gefangen genommen haben:

> *»Reiter!« rief Aragorn [...] Viele Reiter auf schnellen Pferden kommen uns entgegen!« »Ja«, sagte Legolas, »es sind einhundertundfünf. Goldblond ist ihr Haar und ihre Speere leuchten. Ihr Führer ist sehr groß.« Aragorn lächelte. »Scharf sind die Augen der Elben«, sagte er. »Nein! Die Reiter sind wenig mehr als fünf Wegstunden entfernt«, sagte Legolas.*

Fünf Wegstunden? Das alte Längenmaß league, das Tolkien hier verwendet, bezeichnet die Wegstrecke, die man zu Fuß in einer Stunde laufen kann. Das ist natürlich geländeabhängig – nehmen wir darum rund vier Kilometer an. Die Reiter sind also etwa 20 Kilometer entfernt. Ist das möglich?

Zunächst ist zu sagen, dass der Blick nicht über den Horizont des Betrachters hinausreichen kann. Bei freier Sicht, zum Beispiel auf dem Meer, liegt der Horizont infolge der Erdkrümmung für einen Erwachsenen knapp fünf Kilometer entfernt. Um weiter zu sehen, muss man höher steigen – wie der Ausguckposten, der bis zur Spitze des Schiffsmasts klettert: Von dort kann die Sichtweite über 20 Kilometer betragen. Legolas Standpunkt muss sich mindestens 30 Meter über der Durchschnittshöhe der Ebene befinden, damit er die fünf Wegstunden entfernte Reitergruppe wahrnehmen kann. Nachdem die drei auf einem Hügel übernachtet haben, der sicher viel höher ist, kann seine Sichtweite gut 60 Kilometer betragen.

Zweitens wird ein Teil der Lichtstrahlen, die sich vom Objekt in die Atmosphäre ausbreiten, von ihr absorbiert. Auch Turbulenzen und Störungen aller Art, zum Beispiel durch Temperaturunterschiede oder atmosphärische Bewegungen, verschlechtern oder verzerren die Sicht auf das Objekt – manchmal so stark, dass es nicht mehr wahrnehmbar ist. Das Phänomen ist unter Wasser stärker spürbar, dort liegt die Sichtweite nur bei einigen Metern, die Konturen verschwimmen und die Helligkeit ist schwach. Im Unterschied dazu kommt es in der Atmosphäre, da Luft tausendmal weniger dicht als Wasser ist, erst nach vielen Kilometern zur Eintrübung der Sicht. Doch für eine exzellente Fernsicht muss die Luft auch absolut rein sein.

Drittens kommt es darauf an, wie gut das Auge ein Detail unter einem sehr geringen Winkel wahrnehmen kann. Dieser ergibt sich aus dem Verhältnis zwischen der tatsächlichen Größe des Objekts und seiner Entfernung. Verfügt das Auge über keine gute Winkelauflösung, so ist es nicht in der Lage, sehr feine Details wahrzunehmen. Mithilfe eines Fernrohrs oder Fernglases lässt sich der Winkel, unter dem das Objekt gesehen wird, vergrößern. Die Qualität der Winkelauflösung wird durch zwei Faktoren begrenzt: die Lichtbeugung (Diffraktion) und die Größe der Netzhautzellen (siehe Abbildung).

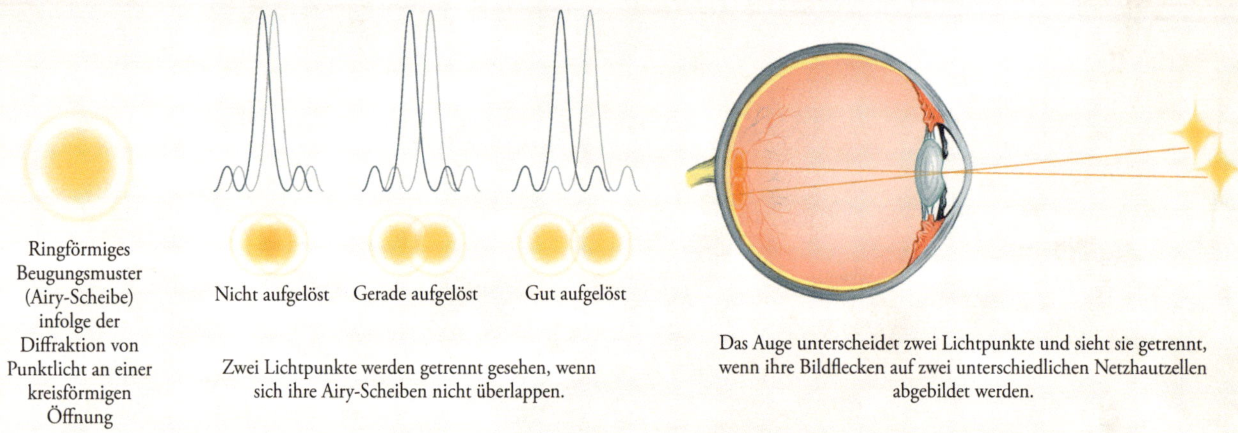

ABBILDUNG 1

Lichtbeugung und ihre Auswirkung auf die Sehschärfe

Die Beugung besteht in einer »Winkelspreizung« des Lichts an einem Hindernis, je nachdem, wie sich dessen Größe zur Wellenlänge verhält[1]. Fällt das Licht durch die Pupille, die durchschnittlich 3 Millimeter geöffnet ist, ins Auge ein, beträgt der Beugungswinkel rund 0,013 Grad. Das Abbild einer ideal punktförmigen Quelle wird auf der Netzhaut, die 1,6 Zentimeter von der Iris entfernt ist, wie ein einige Mikrometer großer Fleck erscheinen, was als »Airy-Scheibchen« bezeichnet wird. Im Bereich der Sehgrube beträgt der Abstand der Sehzellen etwa 2 Mikrometer, er ist also kleiner als der Bildfleck. Um zwei Punktquellen, die sich in einem nahen Winkel befinden, getrennt zu sehen, muss der Abstand zwischen den Mittelpunkten ihrer Airy-Scheiben größer sein als der Abstand zwischen zwei benachbarten Sehzellen. Andernfalls überlagern sich ihre Bildflecken und das Auge sieht sie, als ob sie von einem einzigen Objekt kommen, wie die Abbildung oben zeigt.

Damit Legolas feine Details erkennen kann, muss seine Pupille größer sein als die menschliche Pupille (um den Effekt der Lichtbeugung zu reduzieren), und gleichzeitig muss er kleinere Sehzellen besitzen (um zwei Airy-Scheiben getrennt voneinander wahrzunehmen). Der Nachteil einer großen Pupillenweite ist, dass es zu stärkerer Blendung kommt, die sich nachteilig auf das Tagsehen auswirkt. Dies impliziert, dass das Elbenauge über Mittel verfügt, diesen Nachteil zu umgehen, zum Beispiel durch ausgeprägtere Augenbrauenbögen oder längere Wimpern, die bei Nachtvögeln die Rolle eines Blendschutzes spielen.

Die Vögel lassen sich auch heranziehen, um die die Dichte der Netzhautzellen bei den Elben abzuschätzen. Für Vögel ist das Auge ein noch wichtigeres Organ als für die Menschen, und so sind ihre Augen im Verhältnis auch viel größer. Sie machen beim Star zum Beispiel fast 15 % der Masse des Kopfes aus, während es beim Menschen nicht einmal 2 % sind. Zudem sind bei Vögeln in der Sehgrube der Netzhaut deutlich mehr Zäpfchen konzentriert als im menschlichen Auge. Beim Sperling sind es 400 000 pro mm^2 – doppelt so viele wie beim Menschen – und beim Falken, der seine Beute aus der Luft erspäht, sogar fünfmal so viele. Generell haben Raubvögel die schärfsten Augen von allen Vögeln. Sie unterscheiden Details noch auf eine Entfernung, die doppelt oder dreimal so groß ist wie diejenige, in der wir etwas sehen: Turmfalken, die auf niedriger Flughöhe jagen und sich hauptsächlich von Insekten ernähren, können ein zwei Millimeter großes Objekt aus einer Höhe von 18 Metern erkennen; Adler, die aus großer Höhe auf ihre Beute, kleine Säugetiere, Jagd machen, nehmen ein 15 Zentimeter großes Objekt aus 1500 Metern Höhe wahr. Raubvogelaugen verfügen über eine drei- bis fünfmal bessere Winkelauflösung als das menschliche Auge und eine außergewöhnlich gute Fähigkeit zur Abschätzung von Entfernungen.

Eine Bemerkung Gandalfs, als er zwischen Edoras und Helms Klamm mit König Théodens Heer zieht, deutet darauf hin, dass Legolas' Sinne die eines Raubvogels sogar noch übertreffen: »Du hast die scharfen Augen deiner anmutigen Sippe, Legolas«, sagte er, »und sie können einen Spatzen von einem Finken unterscheiden, der eine Wegstunde entfernt ist. Sag mir, kannst du irgendetwas dort drüben in Isengart sehen?« Für eine hundertfache Auflösung im Vergleich zum Menschen (falls Sie in der Lage sind, einen Spatzen von einem Finken aus 40 Metern Abstand zu unterscheiden!) müssten sich Legolas' Augen wirklich sehr stark unterscheiden, sowohl in Bezug auf die Pupillenweite, die das Hundertfache, als auch auf die Anzahl der Sehzellen in der Fovea, die das Zehntausendfache betragen müsste. Dies erscheint inkompatibel mit den Beschreibungen der Elben an anderer Stelle, die großgewachsene, ziemlich schlanke menschenähnliche Wesen schildern – von übergroßen Köpfen und Augen ist nicht die Rede. Außergewöhnliche Sehfähigkeit mag es geben, aber man kann es auch übertreiben …

Ein letzter Punkt: In den Gehirnarealen, die für die visuellen Informationen zuständig sind, werden beim Menschen Reize, die aus dem Bereich der Fovea eintreffen, privilegiert verarbeitet. Wäre der gesamte Sehapparat mit hochauflösenden Rezeptoren ausgestattet, so wäre der neuronale Aufwand für die Verarbeitung zu hoch. In Legolas' Fall müsste praktisch die ganze Gehirnkapazität der Verarbeitung visueller Informationen zugewiesen sein. Für alles andere bliebe nicht viel Platz …

NACHTSEHEN

Eine weitere Eigenschaft der Elbenaugen neben ihrer hohen Auflösungskapazität ist ihre perfekte Eignung für das Nachtsehen. Das meint Uglúk, der Anführer der Orks, die Merry und Pippin gefangen haben, wenn er zu seiner Schar sagt: »Es gibt nur eins, was diese Maden können: Im Dunkeln sehen sie scharf wie Nadelbohrer. Aber die Weißhäute haben bessere Nachtaugen als die meisten Menschen, nach allem, was ich gehört habe […]«.

Um bei schwacher Beleuchtung sehen zu können, muss das Auge möglichst viel Licht vom Objekt auffangen. Eine naheliegende Lösung besteht in einer Vergrößerung des Pupillendurchmessers und damit der Sammelfläche. Tatsächlich passt sich das Auge an schlechte Lichtverhältnisse an, indem sich die Pupillen erweitern – das sogenannte »skotopische Sehen«. Eine weitere Möglichkeit wäre eine Erhöhung der Sensibilität, anders gesagt, der Sensor muss fähig werden, auf eine geringere Anzahl einfallender Photonen anzusprechen. Nun sind aber die Stäbchen der Netzhaut bereits hochempfindlich und reagieren sogar auf ein einzelnes Photon – dies ist nicht mehr steigerungsfähig. Die Stäbchendichte ist an der Peripherie der Netzhaut am höchsten und nimmt zur Fovea hin ab, dort beträgt sie Null. Will man darum nachts einen entfernten Stern sehen, ist es besser, das periphere Sehen zu nutzen, damit das Sternenlicht auf die Randbereiche der Netzhaut fällt.

Es läuft also darauf hinaus, dass die Anzahl der Stäbchen vergrößert werden muss, um das Nachtsehen des Auges im Gesamten zu verbessern. Da die Größe des Auges nicht veränderlich ist, kann dies nur auf Kosten der Zäpfchen und somit des Farbensehens geschehen. Anders gesagt, ein sehr lichtempfindliches Auge sieht Farben weniger gut. Um nachts gut sehen zu können, muss man also über Augen mit großen Pupillen verfügen, in deren Netzhaut sich viele Stäbchen befinden – wie Eulenaugen. Nachtaktive Tiere haben eine für die optimale Lichtausnutzung sehr interessante Eigenschaft: Ihre Augen verfügen über eine reflektierende Zellschicht, das sogenannte Tapetum lucidum. Diese Schicht liegt hinter der Netzhaut und wirkt wie ein Spiegel, indem sie bis zu 90 % des Lichts noch einmal zur Netzhaut zurückwirft. Diese wirksame doppelte Ausnutzung des Lichts verbessert die visuelle Wahrnehmung bei schwachem Licht beträchtlich, und im Dunkeln lässt das Tapetum lucidum die Augen dieser Tiere »phosphoreszieren«, wie wir es von Katzenaugen kennen. Ein Elb, der wegen der Scharfsicht bereits geweitete Pupillen hat, benötigt zusätzlich eine große Anzahl Stäbchen beziehungsweise ein *Tapetum lucidum,* um das einfallende Licht zu verstärken. Wenn nachts Licht in seine Augen fällt, müsste das Leuchten des Tapetums deutlich erkennbar sein. Gollum kann als Höhlenbewohner ebenfalls »im Dunkeln sehen«, und auch der »fahle Lichtschein seiner Augen« wird erwähnt.[2]

Die Elben, die bei Tolkien zu den zentralen Figuren gehören, sind also sehr interessante Charaktere. Über ihre visuellen Fähigkeiten hinaus verfügen sie über ein äußerst feines Gehör, wie uns der Autor erklärt, als die Gemeinschaft des Rings das Tor von Moria sucht (*HdR,* II, 4): »Legolas stand an den Felsen gepresst, als ob er lausche«. Während unter Umständen die großen, spitzen Ohren der Elben eine Erklärung für ihren hochentwickelten Hörsinn sind, weist nicht das geringste Anzeichen im Körperbau auf ihren außerordentlichen Gesichtssinn hin. Wie auch immer – weit sehen zu können ist eine wichtige Gabe, vor allem, wenn man unsterblich ist …[3]

Anmerkungen

1. Genauer gesagt ist der Beugungswinkel proportional zum Quotienten zwischen der Wellenlänge des einfallenden Lichts und der Größe der Öffnung. Die Wellenlänge des Lichts muss also geringer sein als die Größe der Öffnung, damit keine Störungen bei der Betrachtung des Objekts auftreten.
2. Vgl. das Kapitel »Gollum: Die Metamorphose eines Hobbits«, S. 226.
3. Vgl. das Kapitel »Bericht eines jungen Arztes aus Mittelerde«, S. 202.

SIND DIE ZWERGE *HYÄNEN?*

SIDNEY DELGADO /
VIRGINIE
DELGADO-BRÉÜS

Welche Wesen aus Tolkiens Legendarium haben diesen etwas knorrigen Charakter, eine Mischung aus Mut und Tapferkeit, nuanciert durch einen deutlichen Hang zum Gold und eine Neigung zum Aufbrausen? Die Zwerge! Stolz sind sie, willensstark, eigensinnig und starrköpfig, sie widersetzen sich jeder Form von Bevormundung, und leicht macht man sie sich zum Freund oder zum Feind.

Anhand von Tolkiens Werk lässt sich eine annähernd präzise Definition der »Rasse« der Zwerge erstellen. Daraufhin wollen wir dieses versteckt unter der Erde lebende Volk vom Standpunkt der Evolutionsbiologie untersuchen. Tolkien hat eine überaus komplexe Mythologie aufgebaut, um den Ursprung seiner Welt und ihrer Bewohner zu erklären. Doch wir sollten nicht vergessen: Diese Welt ist auch die unsere, nur hat er sie in einer fiktiven Vergangenheit verortet – dem Ende des Dritten Zeitalters (etwa 6000 Jahre v. Chr.). Die Bewohner Mittelerdes unterliegen somit denselben Evolutionsgesetzen, die der aktuellen Biodiversität auf der Erde zugrunde liegen.

Die Zwerge werden als menschenähnliche Wesen von geringer Größe dargestellt, die in Höhlen leben. Sie arbeiten in Bergwerken und unterirdischen Städten und sind an Bergstollen und den langen Aufenthalt in der Dunkelheit gewöhnt. 120 bis 150 Zentimeter groß, stämmig, robust und ausdauernd, sind sie für ihre Größe außerordentlich stark, können enorme Lasten tragen, ertragen Schmerzen, die Strapazen des Wanderns und sogar Hunger, was einem kräftigen Appetit nicht entgegensteht.

Ihre Lebenserwartung beträgt im Durchschnitt 250 Jahre, doch manche Zwerge werden bis zu 400 Jahre alt. Ihre Erziehung und Ausbildung ziehen sich bis in ihre Dreißiger hin, weitere zehn Jahre sind für den letzten Schliff und ihre Abhärtung notwendig. Erst ab 90 Jahren heiraten sie und bekommen ihr erstes Kind ungefähr mit 100 Jahren.

BÄRTIGE FRAUEN?

Vermutlich die eigenartigste Besonderheit des Zwergenvolks besteht darin, dass man ihre Frauen selten zu Gesicht bekommt, sodass sie den anderen Bewohnern Mittelerdes fast als Legende erscheinen. Im ganzen Werk sind sie selten erwähnt. Es könnten Zweifel an ihrer Existenz aufkommen, wäre da nicht eine sehr exakte Beschreibung in den Anhängen zum *Herrn der Ringe*:

Unter Tage arbeitende Zwerge am Erebor

Sie gehen selten auf Reisen, es sei denn in Notlagen, und dann sind sie den männlichen Zwergen in Stimme, Erscheinung und Kleidung so ähnlich, dass sie für andere Völker von ihnen nicht zu unterscheiden sind. Unter den Menschen hat dies die törichte Meinung aufkommen lassen, es gebe überhaupt keine Zwerginnen, und die »Zwerge würden aus Stein hervorwachsen«.

Im Umkehrschluss lässt sich daraus ableiten, dass die Zwergenfrauen offenbar Bärte trugen – keine abwegige Vermutung, denn in *The History of Middle Earth* findet sich ihr Bartwuchs bestätigt:

Die Naugrim haben von Geburt an Bärte, männlich und weiblich gleichermaßen. So unterschieden sich die Zwerginnen für andere Völker nicht im Geringsten von ihren Männern, weder in Gesichtszügen, Gang, Stimme noch anderweitig, außer dem einen: dass sie nicht in den Krieg zogen und ihre tiefen Hallen und Gemächer außer in extremen Notlagen nicht verließen.

Die Zwerge sind also eine ungewöhnliche Spezies. Im *Silmarillion* erzählt Tolkien, wie sie erschaffen wurden:

So sehr sehnte Aule die Kinder herbei, weil er Schüler haben wollte, die er seine Kunst und Wissenschaft lehren könnte, dass er nicht warten mochte, bis Ilúvatars Pläne sich erfüllten. Aule schuf die Zwerge genauso, wie sie immer noch sind, weil die Gestalt der Kinder, die kommen sollten, seinem Geiste nicht klar war und weil Melkors Macht noch über der Erde lag; und er wünschte daher, dass sie stark und unnachgiebig seien. Da er aber fürchtete, die anderen Valar könnten sein Werk tadeln, schuf er sie insgeheim: und als erste schuf er die Sieben Väter der Zwerge in einer Halle unter den Bergen in Mittelerde.

Mit dieser Erklärung sollten wir uns nicht zufriedengeben, könnte doch eine wissenschaftliche Betrachtung den Schlüssel zum Mysterium der Zwerge liefern …

WENN DER ZWERG ERSCHEINT …

Rufen wir uns zunächst in Erinnerung, dass neue Arten in der Regel dann entstehen, wenn eine Population von ihrer Ursprungspopulation isoliert wird. Arten, die ursprünglich miteinander fortpflanzungsfähig waren, entwickeln sich nach dieser Trennung eigenständig weiter und passen sich den lokalen Bedingungen an. Falls sich das Umfeld stark unterscheidet, entstehen neue Formen. Wir nehmen an, dass die Vorfahren der Zwerge Menschen waren, die sich Im Lauf ihrer Geschichte isoliert sahen und so stark an die neue Umwelt anpassten, dass es zu Fortpflanzungsbarrieren zwischen den beiden Arten kam.

»Man kann die Evolution nicht verstehen, wenn man die Evolution der embryonalen Entwicklung nicht versteht«, konstatierte der amerikanische Biologe Rudolf Raff. Ein besonders charakteristisches Merkmal der Zwerge ist ihre Größe. Geht man davon aus, dass die Vorfahren der Zwerge etwa die Größe von Menschen hatten, so interessiert, welche Entwicklungsmechanismen der Verzwergung zugrunde liegen könnten. Gute Hinweise dazu findet man bei dem amerikanischen Paläontologen Stephen J. Gould. In Ontogeny and Phylogeny (das er selbst als sein einflussreichstes Werk ansah) entwickelte er folgende These: Evolution (Phylogenese) müsse – weit über die reine Anhäufung von Unterschieden zwischen ausgewachsenen Exemplaren hinaus – als ein Prozess angesehen werden, in dem (auf ontogenetischer Ebene) eine Änderung des Verlaufs der individuellen Embryonalentwicklung stattfindet. Geht es um die Änderung des zeitlichen Verlaufs, so spricht man von Heterochronie, d. h. die Geschwindigkeit, in der embryonale Entwicklungsstufen durchlaufen werden, oder deren Dauer ändert sich im Lauf der Evolution. Diese Verschiebungen können die Unterschiede zwischen einem Urahn und seiner Nachkommenschaft erklären. Zu den von Heterochronien verursachten Änderungen zählen gerade auch Größenänderungen.

EINE HÖHLE IST WIE EINE INSEL

Langfristige Größenabnahme ist die Form der Heterochronie, die uns hier vornehmlich interessiert. Dass Arten im Lauf der Evolution verzwergten, war vor allem auf Inseln ein häufiges Phänomen. Ein Beispiel sind die Zwergelefanten mit nur 90 Zentimeter Risthöhe, die im Pleistozän auf den Mittelmeerinseln heimisch waren.[1] Die Zyklopensage im Griechenland der Antike könnte auf die Entdeckung ihrer Schädel mit der gut sichtbaren großen Nasenöffnung in der Mitte zurückzuführen sein. Interessanterweise kommt es in der Inselsituation bei Großtieren meist zur Schrumpfung, während kleinere Arten, etwa Nagetiere, größer werden, sobald Beschränkungen durch Fressfeinde wegfallen.

Insuläre Ökosysteme mit ihren begrenzten Ressourcen sind einer der Schlüssel für die Entstehung von Kleinwuchs. Die Definition der Inselverzwergung ist allerdings weit zu fassen, da auch in anderen Umgebungen ähnliche Beschränkungen auftreten können. Die Gruben und Stollen, in denen die Zwerge arbeiteten, waren eine Umwelt mit geringem Nahrungsangebot, und kleine Individuen konnten sich hier leichter bewegen. Vermutlich gaben die Zwerge zu Beginn ihrer Evolution eine andere Lebensweise auf, um unter der Erde nach Schätzen zu suchen. Zunächst herrschte sicher Nahrungsknappheit, und sie durchlebten, bevor sie durch den Bergbau reich wurden, eine schwierige Periode. In dieser Zeit kam es wohl zu einer Selektion, da Individuen, die lange fasten konnten, Vorteile hatten. So überlebten die widerstandsfähigsten, kleinsten und kräftigsten Zwerge die mageren Zeiten und vererbten ihre Eigenschaften an ihre Nachkommen weiter. Aus dieser Zeit ist den Zwergen auch ihr kräftiger Appetit geblieben – eine Möglichkeit, sich Fettvorräte für härtere Zeiten anzufuttern.

DER ZWERG UND DER FADENWURM

Nahezu rekordverdächtig ist die Lebensdauer der Zwerge von bis zu 400 Jahren. Damit übertreffen sie sämtliche Wirbeltierarten an Langlebigkeit. (Das höchste bekannte Alter – bis zu 250 Jahre – erreichen Seychellen-Schildkröten.) Von welchen Faktoren die Lebensdauer bestimmt wird, zählt zu den großen Fragestellungen der Biologie. Seit den 1990er-Jahren werden Alterungsprozesse an dem kleinen transparenten Fadenwurm Cænorhabditis elegans untersucht, einem Modellorganismus der modernen Biologie. Man identifizierte Mutanten dieses Wurms mit längerer Lebensdauer und fand hier den Beweis für eine seit Langem bestehende intuitive Vermutung: Dieselben Gene, die für den Aufbau und das Funktionieren des Organismus sorgen, werden im Alter zu Todesgenen, die den Tod einleiten. Wie der Biologe Jean Claude Ameisen in seinem Werk *Dans la lumière et les ombres* (In Licht und Schatten) darlegte, kann dies allerdings durch Schutzgene hinausgezögert werden. All diese Gene kodieren Lebensprozesse wie die Speicherung und Nutzung von Energie, die Reparatur der DNA, die Embryonalentwicklung und die Fruchtbarkeit.

Schon zuvor hatten Experimente demonstriert, dass bei Cænorhabditis elegans ein umgekehrt proportionales Verhältnis zwischen seiner Lebensdauer und seiner

Reproduktionsfähigkeit besteht: Würmer, denen die Keimzellen (aus denen sich Sperma- bzw. Eizellen entwickeln) entfernt wurden, lebten doppelt, manche Individuen sogar sechsmal so lang. Interessanterweise zeigten einige der langlebigen Mutanten des Wurms eine geringere Fruchtbarkeit – was auch bei Tolkiens Zwergen der Fall ist (wobei der Autor es dem Frauenmangel zuschreibt). Andere langlebige Wurmmutanten zeigten sich gegenüber schädlichen Umgebungen widerstandsfähiger, ihr Körper war robuster – wie bei den Zwergen. Sind die Zwerge von Mittelerde also vielleicht das Ergebnis von Mutationen, durch die sie kräftiger und langlebiger, aber weniger fruchtbar geworden sind?

ZWERGENFRAUEN: WAHRE HYÄNEN

Ein weiteres Merkmal der Zwerge neben der geringeren Größe ist ihr starker Bartwuchs. Die Bärte sind ein Bestandteil ihrer Kultur; sie lassen ihnen sorgfältige Pflege angedeihen. Wie kommt es zu einer so starken Behaarung? Gibt es auf der Erde Vergleichbares in der Tierwelt?

Vor über 2000 Jahren stellte Aristoteles in seiner *Historia animalium* Überlegungen zur Anatomie der Tüpfelhyäne *Crocuta crocuta* an. Man hielt diese Tiere für Hermaphroditen. Er entdeckte, dass es in dieser Tierart sehr wohl Männchen wie Weibchen gab, doch ähnelten die Geschlechtsorgane der Weibchen erstaunlich denen der Männchen – wodurch es zu der Fehldeutung gekommen war. Seither haben eine Reihe von Biologen versucht, dieses unter allen Säugetieren einzigartige Phänomen zu erklären. Studien zum Gruppenverhalten der Hyänen zeigten den Weg.

Bei der Tüpfelhyäne sind die Weibchen dominant – ein einzigartiger Fall. Sie sind schwerer und aggressiver als die männlichen Tiere und kommen als Erste an der erlegten Beute zum Zug. Darüber hinaus besteht im Rudel eine komplexe Hierarchie. Die gut etablierte Rangfolge kann auch auf den Nachwuchs übertragen werden. Die natürliche Auslese begünstigte die aggressivsten Weibchen, welche in der Lage waren, ihren Rang, ihre Jungen und ihr Futter am besten zu verteidigen.

Wahrscheinlich steigerte eine weitere Besonderheit der Lebensweise die Aggressivität der Weibchen: Hyänenmütter sondern sich ab, um ihren Wurf zu schützen. Sie verstecken ihre Jungen in einem Erdloch, vor dessen engen Eingang sich die Mutter zum

Säugen legt. Die Jungen müssen um den Platz an den Zitzen kämpfen, manchmal bis zum Tod. Wie die Hyänenforscher W. Goymann, M. L. East und H. Hofer nachwiesen, haben die durchsetzungsstärksten Jungen (Männchen oder Weibchen) hierbei die besten Überlebenschancen.

Andere Studien eines Teams um Stephanie M. Dloniak zeigten auf, dass die kleinen Hyänen während der Embryonalentwicklung über das Fruchtwasser eine sehr hohe Konzentration an Testosteron, also männlichen Hormonen, abbekommen. Je höher der Spiegel männlicher Hormone, desto aggressiver sind die Hyänen, und proportional zu dieser Aggressivität entwickelt sich ihr Rang in der Hierarchie.

Lange meinte man, der Pseudo-Penis (die Klitoris) der Weibchen sei eine direkte Folge dieser embryonalen Vermännlichung. In Wirklichkeit dürfte dieses Merkmal nur eine Sekundärfolge des Selektionsdrucks sein, bei dem aggressive Individuen im Vorteil waren. Was die Geschichte noch komplexer macht: Die Ausbildung des Pseudo-Penis der Weibchen steht den Erkenntnissen von Dr. Gerald R. Cunha zufolge heute nicht mehr unter der Kontrolle der männlichen Hormone, selbst wenn es früher einmal so gewesen sein mag. Wie ist dann das Vorhandensein dieses Organs zu erklären, für das die Hyänen einen hohen Preis zahlen? Denn der Geburtskanal ist dadurch sehr eng, und häufig kommt es während des Geburtsvorgangs zu Sauerstoffmangel. 60 % der Jungen überleben das nicht, und 8 % der Weibchen sterben bei ihrer ersten Geburt. Eine Erklärung mag sein, dass die weiblichen Jungen bis zum Alter von drei Monaten heftigen Angriffen insbesondere vonseiten anderer Weibchen ausgesetzt sind, die ihre Dominanz festigen wollen. Sind Weibchen schlecht von Männchen zu unterscheiden, könnte dies die Gefahr solcher Angriffe verringern, wie die Primatenforscher Richard Wrangham und Martin N. Muller aufgezeigt haben. Zumindest für menschliche Beobachter ist an den Geschlechtsteilen von Hyänen unter drei Monaten kein Unterschied erkennbar.

Eine andere Theorie geht dahin, der hohe Spiegel männlicher Hormone habe zu Missbildungen der Geschlechtsorgane bei weiblichen wie männlichen Exemplaren und bei den Letzteren zu einer Verlängerung der Penisse geführt. Die Veränderungen hätten einen Evolutionswettlauf – eine Koevolution – ausgelöst, damit die männlichen und weiblichen Geschlechtsorgane kompatibel blieben!

Zurück zu den Zwergen. Wir werden uns nicht auf Spekulationen über die Form ihrer Geschlechtsorgane einlassen, zumal Tolkien zu dem Thema schweigt … Doch viele ihrer Eigenschaften werden erklärbar, wenn wir uns vorstellen, dass sie einem ähnlichen Selektionsdruck wie die Hyänen ausgesetzt waren. Hat die Notwendigkeit, in einer feindlichen Umgebung bei geringem Nahrungsangebot zu überleben, die aggressivsten und widerstandsfähigsten Zwerge begünstigt? Wenn die Zwergen-Babys, die einem höheren Testosteronspiegel als andere ausgesetzt waren, mehr Chancen zum Überleben hatten, wird klar, dass die natürliche Selektion zum Auftreten von bärtigen Zwerginnen führte. Auch bei den Menschen kann ein hoher Testosteronspiegel bei Frauen zum sogenannten Hirsutismus führen, einer Behaarung im Gesicht, die solche Frauen bis ins 20. Jahrhundert zur beliebten Attraktion auf Jahrmärkten machte. Zwischen Zwergen und Hyänen bestehen, wie wir gesehen haben, also viele Parallelen. Man mag sich nun fragen, ob die Zwerginnen nicht ebenso dominant sind wie die Hyänenweibchen. Verbirgt sich hier vielleicht das letzte Geheimnis der Zwerge? Liegt bei ihnen die Macht in der Hand der Frauen?

FRAUEN, EINE RARITÄT …

Proportion der Geschlechter (Zahl der Männer im Vergleich zur Zahl der Frauen) ist das letzte Stichwort zu den Merkwürdigkeiten der Zwerge: ihr starker Männerüberschuss. Ein Ungleichverhältnis kann durch Umgebungsfaktoren verursacht sein, die für das eine Geschlecht ungünstiger sind als für das andere (etwa Kriege, in denen in der Mehrzahl Männer umkommen), oder es resultiert aus einem genetischen Problem. In der Natur trifft man meist ein 1:1-Verhältnis an. Obwohl die Annahme naheliegt, ist dies nicht unbedingt das optimale Verhältnis, um einer Population das schnellste Wachstum zu ermöglichen. Landwirte wissen seit Jahrhunderten, dass ein einziger Stier viele Kühe befruchten kann … Wenn sich dennoch de facto das 1:1-Verhältnis durchgesetzt hat, so deswegen, weil es die nachhaltigste Strategie ist: Wird ein Geschlecht rar, so hat es automatisch Vorteile wegen der größeren Chancen, Nachkommen zu zeugen, und tendiert dann dazu, das Gleichgewicht wiederherzustellen, wodurch sein Vorteil aufgehoben wird. Der Biologe William Donald Hamilton hat dieses Prinzip als »Fishers Regel« bekannt gemacht.

Unterscheidet sich für die Eltern aber die reproduktive Fitness der männlichen und weiblichen Nachkommen (also die Chancen, ihre Gene weiterzugeben), so begünstigt es die natürliche Selektion, dort zu »investieren«, wo es mehr Vorteile bringt. So verschiebt sich durch den Wettbewerb der Geschlechter das Geschlechterverhältnis. Beispielsweise haben bei vielen polygam lebenden Wirbeltieren die großen und gesunden Männchen überdurchschnittlich gute Paarungschancen, während die kleinen und schwächeren Männchen manchmal gar nicht zur Paarung kommen. Dafür paaren sich praktisch alle Weibchen, unabhängig von ihrem körperlichen Zustand. Die

Weibchen in der besten körperlichen Verfassung bekommen gesündere Junge, diese wachsen meist auch zu den größten erwachsenen Tieren heran. Kräftige Weibchen dürften eine größere Proportion männlicher Tiere hervorbringen, was sich wiederholt bestätigte, vor allem bei den Opossums.

Derselbe Mechanismus scheint beim Menschen vorzuliegen. Dominante Frauen haben statistisch die Tendenz, mehr Jungen als die anderen zu gebären, und dies kann uns eine erste Erklärung liefern, warum bei den Zwergen in Tolkiens Universum ein so hoher Männerüberschuss herrscht.

Eine ebenfalls stark zugunsten der Männchen verschobene Geschlechterproportion stellt man auch bei den Tüpfelhyänen fest, insbesondere bei Weibchen, die einen hohen Rang in der Hierarchie einnehmen. Auch in einem so schwierigen Lebensumfeld wie dem der Zwerge ist zu vermuten, dass männliche Nachkommen sich in diesem am besten behaupten und es für Zwerginnen darum vorteilhaft ist, männliche Nachkommen zu bekommen – welche die größten Chancen haben, das Reproduktionsalter zu erreichen.

Die Zwerge sind ein Volk, das im Ruf steht, große Reichtümer angesammelt zu haben, was begehrliche Gemüter wie den Drachen Smaug auf den Plan ruft. Doch lässt sich an der Biologie der Zwerge noch erkennen, dass dieses Volk vor seinem Leben im Überfluss eine bewegte Vergangenheit und schwierige Zeiten durchlaufen hat, welche es sowohl von der Morphologie als auch vom Verhalten her geprägt haben. Wie in der Tierwelt trifft man bei den Zwergen Merkmale an, welche die durchlaufene Evolution und die einstmaligen Umweltbedingungen widerspiegeln. Ganz sollten wir darüber aber nicht vergessen, dass die natürliche Auslese nicht allmächtig ist und dass gewisse biologische Merkmale nicht unbedingt auf Anpassungen an die Umwelt zurückgehen, sondern mechanische oder embryonale Ursachen haben oder ganz einfach zufallsbedingt sind.

Für solche nicht adaptionistischen Erklärungen trat Stephen J. Gould ein. Die Haltung von Biologen, die wie Dr. Pangloss in Voltaires Candide der Meinung sind, alles stehe zum Besten in der besten aller möglichen Welten, rügte er als »panglossianisches Paradigma« – so der Titel seiner Streitschrift. Schade, dass wir nicht erfahren können, wie die bärtigen Zwergenfrauen darüber gedacht hätten …

Anmerkung

1. Vgl. das Kapitel »Der Streit der Paläoanthropologen um einen Hobbit«, S. 218.

BRUNO CORBARA

KÖNNTE ES *ENTS GEBEN?*

»Ich nähere mich dem Baum, umarme ihn und beginne ihn zu besteigen, doch wie groß war mein Erstaunen, als er sanfte Laute von sich gab […]«. Man könnte sich gut vorstellen, dass diese Worte aus dem Mund eines Merry oder Pippin stammen, die einer Versammlung von entzückten Hobbitkindern von ihrer ersten Begegnung mit Baumbart erzählen, wie sie im *Herrn der Ringe* stattfand. Nichts dergleichen. Die Textstelle findet sich in einem 1741 erschienenen Werk des Dänen Ludvig Holberg, *Nicolai Klims Unterirdische Reise: worinnen eine ganz Neue Erdbeschreibung enthalten.* Der Titelheld ist auf einem Planeten im Inneren der Erde gelandet (die hier hohl ist) und entdeckt in diesem Moment verblüfft dessen seltsame Bewohner: Bäume, die wie verständige Wesen handeln.

DAS LEBEN EINES BAUMMENSCHEN

Lange vor Tolkien gab es in der fantastischen Literatur bereits menschliche Bäume oder Baummenschen, doch die Ents von Mittelerde sind sicher die beeindruckendsten Dendanthropen (vom griechischen dendros »Baum« und anthropos »Mensch«), die je ersonnen wurden. Dies gilt umso mehr, als die Figur des Baumbart in Peter Jacksons Verfilmung des *Herrn der Ringe* ganz besonders gelungen ist (sofern mir diese persönliche Meinung erlaubt ist).

Dass ein pflanzliches Wesen sprechen und denken kann, ist schon an und für sich ungewöhnlich. Doch am stärksten macht Biologen eine Existenz im Grenzbereich zwischen Pflanze und Tier zu schaffen. Wir selbst sind im stammesgeschichtlichen Prozess der Menschwerdung (Hominisation) die lebenden Zeugen dafür, dass der Übergang vom Tier zu einem vernunftgeleiteten Wesen möglich ist. Doch wie kann etwas gleichzeitig dem Tier- und dem Pflanzenreich angehören?

In *The History of Middle Earth* wird erzählt, dass die Ents immer die Aufgabe hatten, die Wälder zu beschützen. Nachdem die Ent-Frauen die Wälder verlassen hatten, um in den Obst- und Gemüsegärten zu bleiben, kamen die Ent-Männer dieser Aufgabe allein nach. Was aus den Frauen geworden ist, nachdem Saruman ihre prächtigen Gärten zerstörte, ist nicht bekannt. Die Ents hörten ab da auf, sich fortzupflanzen, und

Die Ents beim Angriff auf Isengart

es gab keine kleinen Ents (oder »Entings«) mehr. Am Ende des Dritten Zeitalters – die Zeit, in der *Der Herr der Ringe* spielt — sind nur noch wenige Ents übrig geblieben, die an den Grenzen Rohans im Fangorn-Wald leben. Dort begegnen die beiden jungen Hobbits Baumbart. Im Roman erfährt man hauptsächlich aus dieser Episode etwas mehr über das Aussehen der Ents und ihr Verhalten.

Das Aussehen der Ents variiert je nach der Baumart (Eiche, Eberesche ...), mit der sie sich identifizieren. Geht man von der Beschreibung im Roman aus, so sind sie groß (Baumbart misst über vier Meter) und haben eine menschenähnliche Form mit einem Kopf, einem Hals (der so dick ist, dass er praktisch nicht existiert), einem Rumpf (der – diesmal trifft es wortwörtlich zu – »stämmig« ist), sowie Armen und Beinen; ihre Haut ähnelt Baumrinde, ihr Bart und ihre Haare sind wie buschige Zweige. Peter Jackson stellt Baumbart größer dar, als er im Buch ist, und verwendet besonders viel Sorgfalt auf dessen Ähnlichkeit mit einem Baum, insbesondere mit seinem dichten Geäst und üppigen Laub.

Bei ihrer Begegnung mit dem alten Ent sind Merry und Pippin beeindruckt von dessen Stimme und seinem tiefen und durchdringenden Blick. Die Ents können nämlich sehen und sprechen (und somit auch hören). Sie verfügen über eine eigene Sprache, das Entische. In Charakter und Gesten wirken sie gewöhnlich ausgesprochen ruhig, können aber im Kampf eine hochgefährliche Effizienz entwickeln. Dies wird deutlich, als einige Dutzend Ents nach dreitägiger Überlegung – für Ents ein Geschwindigkeitsrekord! – Isengart stürmen und Sarumans Streitmacht vernichten.

Der Ent besitzt gleichzeitig tierische Merkmale – er bewegt sich, läuft, kommuniziert, kurz: Er zeigt ein »Verhalten« –, aber auch pflanzliche Eigenschaften. Insofern ist er, wenn er sich nicht bewegt, ununterscheidbar von einem Baum. Tolkien erwähnt im *Herrn der Ringe* wiederholt, dass Ents zu Bäumen werden können. Dies scheint das normale Los hochbetagter Ents zu sein. Außerdem erfährt man, dass viele der allein gebliebenen Ents nach dem Verschwinden der Ent-Frauen begannen, sich in einfache Bäume zu verwandeln. Umgekehrt erzählt Baumbart aber auch von Bäumen, die zu Ents werden: »Die meisten Bäume sind natürlich einfach Bäume, aber viele sind halb wach. Manche sind hellwach, und ein paar, nun ja, sind richtig entisch. Das geschieht immer!«

Tolkien erwähnt darüber hinaus Zwischenwesen, die Huorns, von denen man glaubt, dass sie in den Wildzustand zurückgekehrte (also baumähnliche?) Ents sind, die aber wieder aufwachen können. Die Huorns beteiligen sich erfolgreich an der Entscheidungsschlacht gegen Sauron.

Was sind sie nun letztendlich, diese Ents: Tiere, Pflanzen, abwechselnd das eine und das andere oder beides zugleich? Im Kontext von Tolkiens Legendarium geht es an, die Dinge im Vagen zu belassen. Hier aber wollen wir aufzeigen, was Biologen zu solchen Wesen einfällt. Jedenfalls werden sie sagen, dass Ents als Lebewesen notwendigerweise das Ergebnis eines langen und fortschreitenden Evolutionsprozesses sind. Nichts dergleichen schimmert in Tolkiens Welt durch, wo die Ents eher einer Schöpfung als einer biologischen Evolution zu entstammen scheinen (einem Gedicht zufolge sind sie »Erdsprosse, alt wie die Berge«). Doch wir werden in unserer Betrachtung der evolutionistischen Sichtweise treu bleiben: Wie wäre in diesem Rahmen ein Wesen denkbar, das gleichzeitig tierische und pflanzliche Merkmale hat? Und übrigens – was versteht man überhaupt unter einer »Pflanze« und einem »Tier«?

PFLANZE *VS.* TIER, TIERPFLANZEN UND PFLANZENTIERE

Letztlich sind Pflanzen, die hier mit Tracheophyten, also Gefäßpflanzen, gleichgesetzt werden, mehrzellige Wesen mit zwei herausstechenden Merkmalen: Sie sind autotroph (»selbsternährend«) und sessil (»ortsständig«). Selbsternährend deswegen, weil Pflanzen in ihrer Ernährung autonom sind: Sie sind fähig, mithilfe der Fotosynthese und damit der Energie des Sonnenlichts aus der Feuchtigkeit des Bodens und dem Kohlendioxid der Luft die molekularen Bausteine alles organischen Lebens herzustellen, vor allem unterschiedliche Zucker. Dazu haben pflanzliche Zellen Organellen, die Chloroplasten, in denen die chemischen Reaktionen erfolgen. Unter »sessil« ist zu verstehen, dass Pflanzen fest auf einem Substrat verankert sind, wo sie alles Notwendige zum Leben finden, ohne ihren Ort zu verändern. Wenn manche im Zeitraffer aufgenommene Pflanzen sich zu bewegen scheinen, so ist dies lediglich durch ihr Wachstum bedingt, aber stellt keine Fortbewegung dar.

Tiere, auch Metazoen genannt, sind ebenfalls Mehrzeller, doch ihre überwiegende Mehrheit (die Ausnahmen finden sich meist unter den Meereslebewesen) verfügt über zwei genau entgegengesetzte Eigenschaften: Sie sind heterotroph (ernähren sich also von vorhandener organischer Materie) und frei beweglich. Tiere hängen in ihrer Ernährung immer von Pflanzen ab, sei es direkt als Pflanzenfresser oder indirekt als

Fleischfresser. Ihre Beweglichkeit ermöglicht ihnen, an ihre pflanzlichen oder tierischen Nahrungsquellen heranzukommen.

Die jeweiligen Merkmale der Pflanzen und Tiere – Autotrophie und Ortsständigkeit gegen Heterotrophie und Beweglichkeit – wirken in alle Lebensbereiche hinein. Um nur ein Beispiel zu nennen: Tiere können fliehen, wenn sich ein Beutegreifer nähert. Sie verdanken das ihren Sinnesorganen (welche die Gefahr entdecken), ihren Muskeln (mit deren Hilfe sie sich bewegen) und ihrem Nervensystem (das die Information verarbeitet und den Befehl an die Muskeln gibt). Für die gleiche Situation haben Pflanzen zahlreiche Formen entwickelt, um sich »vor Ort« zu verteidigen, wozu vor allem Dornen oder giftige Substanzen zählen. Die elementarste Form der »Verteidigung« besteht darin, dass Teile der Pflanze essbar sind, ohne dass deren eigenes Überleben dabei gefährdet wird. Für die meisten Tiere ist so etwas nicht praktikabel, da sie stark spezialisierte Organe besitzen, auf die sie nicht verzichten können.

Pflanzen und Tiere haben also zwei unterschiedliche Evolutionswege genommen. Der Punkt, wo diese sich trennten, liegt mehrere Hundert Millionen Jahre zurück in der Zeit ihrer einzelligen Vorfahren. Hinsichtlich der Klassifizierung der Lebewesen ist zwar eine klare Unterscheidung zwischen Pflanzen und Tieren möglich, doch gibt es manche Organismen, die wie die Ents Merkmale aus beiden Entwicklungslinien aufweisen. Es handelt sich um Pflanzen, die in manchen Aspekten wie Tiere leben (wir werden sie als »tierhafte Pflanzen« bezeichnen), oder um Tiere, die in mancherlei Hinsicht wie Pflanzen leben (»Pflanzen- oder Blumentiere«).

Pflanzen agieren zwar nicht in dem Sinn, wie dies Verhaltensforscher verstehen würden, doch manche von ihnen verfügen über ein bestimmtes Bewegungsvermögen (Motilität). Dazu zählen fleischfressende Pflanzen, deren umgewandelte Blätter fähig sind, sich rasch zu schließen, um Insekten zu fangen und dann zu verdauen. Mit dieser »Tierhaftigkeit« verknüpft ist eine Form der Heterotrophie, die sich diesmal nicht auf Kohlenstoff richtet (chlorophyllhaltige Blätter sind auch bei ihnen vorhanden), sondern auf Stickstoff. Da fleischfressende Pflanzen in der Regel auf stickstoffarmen Böden wachsen, haben sie im Lauf ihrer Evolution diese originelle Methode entwickelt, um sich das Benötigte zu verschaffen. (Es ist nicht weiter verwunderlich, wenn manche Romanautoren aus diesem raubtierartigen Zuschnappen die Anregung bezogen haben, »Menschenfresser-Bäume« in ihren Werken auftreten zu lassen.)

Was »Blumentiere« betrifft, so bilden Korallen sicher das einprägsamste Beispiel. Sie sind in einer gewissen Phase ihres Lebenszyklus (dem Larvenstadium) frei beweglich, ansonsten aber fest verankert. Jeder Korallenpolyp (so heißt das Einzellebewesen) sondert ein Skelett aus Kalkelementen ab. Aus den übereinandergestapelten Kalkskeletten entsteht über Tausende von Generationen hinweg der Korallenstock. Der ökologische

Erfolg der tropischen Korallen resultiert vor allem aus ihrer Symbiose mit einzelligen Algen, den Zooxanthellen, die in bestimmten Zellen der Korallenpolypen leben. Dank ihrer photosynthetischen Aktivität erzeugen die Algen Zucker, den sie teilweise an die Polypen abgeben. Die Korallen, welche wie Pflanzen ortsständig sind, profitieren also wie diese – allerdings auf indirekte Weise – von der Sonnenenergie. Dafür erhalten die Zooxanthellen von den Polypen Stickstoff aus dem gefangenen Plankton.

Bewegliche Tiere mit Pflanzeneigenschaften sind selten, doch es gibt sie. Das ungewöhnlichste Beispiel ist die Meeresschnecke *Elysia chlorotica.* Das Weichtier bliebe inmitten der Fadenalgen, von denen es sich ernährt, beinahe unbemerkt, würde es sich nicht durch seine Bewegungen verraten. Erstaunlicherweise kann die smaragdgrüne Schnecke mehrere Monate ohne Nahrungsaufnahme überleben, da sie per Photosynthese Zucker erzeugt. Sie speichert in ihren Zellen Chloroplasten, die aus den Zellen der Algen stammen, von denen sie sich ernährt. Die Chloroplasten werden den Algen im Verdauungstrakt der Meeresschnecke »gestohlen« (dies wird als »Kleptoplasie« bezeichnet) und siedeln sich in anderen Zellen ihres Körpers an.

DIE ENTS: TIERÄHNLICHE PFLANZEN ODER PFLANZENARTIGE TIERE?

Pflanze bleibt letztlich immer Pflanze und Tier bleibt immer Tier; sie können nicht beides zugleich sein, selbst wenn sich gewisse Pflanzen wie Tiere verhalten und bestimmte Tiere mit einem Ort verwachsen sind wie Pflanzen. Sind die Ents in Anbetracht dessen eher tierartige Pflanzen oder pflanzenartige Tiere?

Stellen wir sie uns zunächst als Pflanzen vor. Als solche wären sie autotroph und die Ernährungsfrage wäre weitgehend gelöst: In ihren Blättern erzeugen sie Kohlenhydrate durch Photosynthese. Da allerdings ihre pflanzlichen »Beine« kaum die Absorptionsfunktion normaler Wurzeln erfüllen können (die sich in ein ganzes Netz feiner, äußerst zarter Würzelchen verzweigen), wäre denkbar, dass sie sich Nährstoffe über die Blätter verschaffen. Dies tun Epiphyten (Aufsitzerpflanzen) wie die Trichterbromelie, die auf anderen Pflanzen wachsen. Was müsste nun hinzukommen, wenn man die Ents als tierartige Pflanzen betrachten will, die sich bewegen, laufen, ihre Umwelt wahrnehmen und mit Lauten kommunizieren können (das Denken lassen wir hier einmal beiseite)? Es wurde bereits gesagt: Muskeln, Sinnesorgane und ein Nervensystem – alles höchst komplexe Strukturen, von denen kaum vorstellbar ist, dass Pflanzenzellen fähig wären, sie aufzubauen.

Stellen wir uns nun vor, die Ents seien Tiere. In diesem Fall verfügen sie über alles, was nötig ist, um zu agieren: Muskeln, Sinnesorgane, Nervensystem. Außerdem sind sie heterotroph. Und sie haben Münder – denn sie sprechen. Da außerdem bekannt ist, dass viele Tiere (die Mehrzahl der Landwirbeltiere) ihre Lautäußerungen haargenau am Eingang ihres Verdauungssystems erzeugen, lässt sich schlussfolgern, dass den Ents ihre Münder mit hoher Wahrscheinlichkeit auch zur Nahrungsaufnahme dienen. Was ihre Ernährungsweise betrifft, wäre angesichts ihrer Umwelt leicht vorstellbar, dass sie sich von Blättern, Früchten und Körnern ernähren.

Von den beiden Szenarien ist das zweite sicher das weniger unwahrscheinliche. Unter diesem Blickwinkel wären die Ents also Tiere mit dem Äußeren von Pflanzen. Tiere, die Pflanzen oder zumindest einem Pflanzenteil sehr ähnlich sind und sich so der Aufmerksamkeit ihrer Fressfeinde entziehen, gibt es unter natürlichen Bedingungen auf der Erde in Hülle und Fülle, vor allem in tropischen Lebensräumen – man denke an die Gespenstschrecken (Phasmiden), deren Körperform einen dürren Zweig imitiert, oder an *Phyllium,* das »Wandelnde Blatt«. Eindeutig betreiben die Ents in ihrer Rolle als Wächter des Waldes ebenso Mimikry mit ihrer rindenähnlichen Haut und ihren Auswüchsen, welche die Zweige und das Laubwerk von Bäumen nachahmen.

Übrig bleibt die Frage der Verwandlung von Ents in Bäume und umgekehrt. Wie ist eine solche Metamorphose möglich, wenn die Ents Tiere sind? Eine wahrscheinliche Erklärung wäre, dass die Wesen, die aus dieser Umwandlung der Ents entstehen, keine echten Bäume sind, sondern Tiere, die sich zur Tarnung Bäumen anverwandeln und wie Korallen fest am Untergrund verankert leben. Was tun nun aber »eingeschlafene« Ents in ihrer vollständigen Bewegungslosigkeit, um sich zu ernähren? Es kann gar nicht anders sein, als dass sie, wie alle sesshaften Lebewesen, autotroph sind. Das obige Modell der Meeresschnecke *Elysia chlorotica* bietet hier eine elegante Lösung. Ob sich wohl wie bei ihr Chloroplasten in den tierischen Zellen des Pseudo-Laubs der Ents befinden? Ließe sich das bejahen, so wären die Ents von Mittelerde definitiv Chimärenwesen: pflanzenartige Tiere, die teils in Art der Großen Wandelnden Blätter auftreten, die Photosynthese betreiben, teils als landlebende Korallenpolypen mit Ästen. Nun ja, es darf bezweifelt werden, dass Tolkien solche Bilder im Sinn hatte, als er sich die Ents ausdachte … Doch wie dem auch sei, von allen Wesen, die der Vorstellungskraft dieses Großmeisters der Fantasy entsprungen sind, zählen die Ents ganz sicher zu den ent…, den *int*eressantesten.

SIDNEY DELGADO /
VIRGINIE
DELGADO-BRÉÜS

GVO (GENTECHNISCH VERÄNDERTE ORKS) *AUS SARUMANS HÄNDEN*

Zunächst wurde Saruman von Tolkien nur eingeführt, um zu erklären, warum Gandalf nicht zu dem Treffen mit Frodo im Herbst vor der Abreise aus dem Auenland erschienen war. Später wurde er zu einer zentralen Figur des *Herrn der Ringe,* welche die zerstörerische Wirkung der Machtgier symbolisierte.

DER LISTIGE ANFÜHRER DER ISTARI

Saruman ist laut dem Silmarillion der Anführer der fünf Istari. Die Valar sandten diese Zauberer auf die Erde, um die Menschen und Elben im Kampf gegen Sauron zu unterstützen. Ironie des Schicksals: Der mächtige Zauberer verbündet sich mit dem, den er zerstören sollte, denn er ist fasziniert von den Ringen der Macht. Sein Geist befasst sich seit Langem mit ihnen, insbesondere mit dem mächtigsten von allen, dem Einen. Saurons Machtzuwachs bewegt ihn dazu, sich diesem unterzuordnen, um sich in einem günstigen Moment den Ring anzueignen. Als er Gandalf gefangen nimmt, erklärt er ihm:

> *»Es besteht keine Hoffnung mehr für Elben oder sterbende Númenórer. Das also ist die Wahl, vor die du oder wir gestellt sind. Wir können uns dieser Macht anschließen. Es wäre klug, Gandalf. Auf diese Weise besteht Hoffnung. Ihr Sieg ist nahe, und reichen Lohn werden diejenigen erhalten, die ihr geholfen haben. […] Und warum nicht, Gandalf?«, flüsterte er. »Warum nicht? Der Beherrschende Ring? Wenn wir über ihn verfügen, würde die Macht auf uns übergehen.«*
>
> Der Herr der Ringe, *II, 2*

Saruman ist nun mit Mordor verbündet und baut in seiner Festung Isengart im Schatten der Zinne Orthanc eine Invasionsarmee aus Orks und Wargen auf, um ins benachbarte Rohan einzufallen und damit Sauron die Eroberung Mittelerdes zu ermöglichen. Doch sein Heer soll auch das Land durchkämmen, um den Einen Ring zu finden. Diesen will er für sich behalten, anstatt ihn Sauron zu übergeben. Sarumans und Saurons Orks nehmen gemeinsam die beiden Hobbits Merry und Pippin gefangen, doch als Sarumans Fraktion die Gefangenen nach Isengart bringen will, um sie zu durchsuchen, bricht zwischen den beiden Ork-Gruppen Streit aus, was Merry und Pippin die Flucht ermöglicht.

Sarumans Bündnis mit den Kräften Mordors ist daher keine wirkliche Unterwerfung, sondern eine strategische Entscheidung, die von seiner Durchtriebenheit zeugt. Sein Name ist abgeleitet von *searu,* was im Altenglischen »schlau« bedeutet. Auch sein im *Silmarillion* angegebener Name in der Sprache Quenya, Curunír, lässt sich mit »geschickter, schlauer Mann« übersetzen.

Saruman stellt seine Zauberkünste in den Dienst seines finsteren Plans und geht daran, die ohnehin bereits kräftige Ork-Rasse der Uruk-hai zu verwandeln, um sie noch stärker und vor allem gegen die Sonne unempfindlich zu machen. Im *Herrn der Ringe* erfährt man auch, dass Saruman Orks zu Spionagediensten gezüchtet hat. Sie haben die Besonderheit, dass ihre Gesichter sich weniger stark von Menschengesichtern unterscheiden als die anderer Orks. Allerdings liefern die Romane keine exakte Beschreibung von Sarumans »Manipulationen«. Lieber legt Tolkien seinen Romanfiguren die These in den Mund, dass Saruman Menschen und Orks kreuze. So äußert Baumbart: »Ich frage mich, was er getan hat. Sind es Menschen, die er verdorben hat, oder hat er die Rassen der Orks und der Menschen gekreuzt? Das wäre ein böses Verhängnis!" (*HdR,* III, 4)

Alles scheint dafür zu sprechen, dass diese Manipulationen das Ergebnis von Magie sind. Nichtsdestotrotz lassen sich nach dem heutigen wissenschaftlichen Kenntnisstand auch gentechnische Methoden vorstellen, mit denen Saruman diese Kreaturen gestaltet haben könnte. Die Assoziation von Saruman mit modernen Technologien ist nicht so absurd, wie es auf den ersten Blick scheinen mag.

SARUMAN: METALL UND RÄDER

Als Archetyp des Magiers wäre Saruman eigentlich eine der modernen Technologie fernstehende Figur, doch Tolkien lässt ihn als ein Symbol der negativen Auswirkungen der Industrialisierung erscheinen. Tolkien war sehr naturverbunden. Der *Herr der Ringe* feiert in vielerlei Hinsicht eine unberührte Natur, die Vegetation, ihre Schönheit, ihre ruhige Betrachtung. Die Elben, fast perfekte Wesen, leben mit ihr in völliger Harmonie. Tolkiens Biographen sind sich einig, dass er die Auswirkungen der Industrialisierung auf die ländlichen Landschaften Englands hasste. Er soll erschüttert gewesen sein, als er in den 1930er-Jahren, damals in seinen Vierzigern, die Orte seiner Kindheit nahe Birmingham wieder besuchte und sie kaum wiedererkannte. In seinem Werk ist das Böse mit der Zerstörung der Natur verknüpft, und Saruman ist derjenige, der sie plündert, Bäume fällen lässt und am selben Ort Fabriken baut. Baumbart meint dazu: »Er hat nur Metall und Räder im Sinn: Und ihm liegt nichts an wachsenden Lebewesen, es sei denn insoweit, als sie ihm im Augenblick nützen.« Entsprechend sieht Isengart aus: »[…] das Tal darunter schien weit entfernt. Ich schaute hinunter und sah, dass es, während es früher grün und schön gewesen, jetzt voller Brunnen und Schmieden war.«

Das Auenland der Hobbits wird zu Beginn des *Herrn der Ringe* als idyllisch-ländliche Landschaft beschrieben, weit weg von der Hektik der Welt, doch bei der Heimkehr stehen Frodo und seine Freunde (die nicht wissen, dass Saruman nach Auenland geflohen ist) vor einem Bild der Verwüstung: »Dort hatten früher zu beiden Seiten Bäume gestanden. Sie waren alle weg. Und als sie bestürzt die Straße nach Beutelsend hinaufblickten, sahen sie einen hohen Ziegelschornstein in der Ferne. Er stieß schwarzen Rauch in die Abendluft aus.« (*HdR,* VI,8).

EIN FRÜHER VERRÜCKTER ERFINDER?

Saruman ähnelt dem verrückten Wissenschaftler, der die Wissenschaft für seine Zwecke manipuliert, ohne sich um die negativen Folgen seines Handelns zu kümmern. In der Literatur und im Film ist dieser Typus geprägt von Arroganz und dem Wunsch, Gott zu spielen. Ohne ethische Bedenken treibt er seine Experimente voran, achtet die Natur gering und lebt, von einem gelegentlich vorhandenen Assistenten abgesehen, als Einzelgänger: Saruman, wie er leibt und lebt!

Fritz Lang erschuf 1927 den filmischen Prototyp des verrückten Wissenschaftlers mit der Figur des Rotwang in *Metropolis.* Die Megacity ist unterteilt in eine Oberstadt, in der die Privilegierten leben, und eine Unterstadt, wo Arbeiter schuften. Diese Ordnung wird durch eine junge Arbeiterin bedroht. Man fordert Rotwang auf, Abhilfe zu schaffen. Er baut nach dem Bild der jungen Frau einen Maschinenmenschen (der George Lucas später zu C-3PO in Star Wars inspiriert). Der Roboter sät Chaos und droht die Stadt zu zerstören. Auch bei Saruman lassen sich Eigenschaften Rotwangs entdecken: sein böser Geist, die Faszination für Maschinen, die Besessenheit von seinen selbst gesteckten Zielen ohne jegliche Rücksicht auf das Leben anderer …

Skrupellose Wissenschaftler sind auch unter Genetikern anzutreffen, so zum Beispiel in Aldous Huxleys futuristischem Roman *Schöne neue Welt* von 1932, wo sie bei ihren Genmanipulationen alle Gesetze der Natur mit Füßen treten. In diesem Klassiker der Science-Fiction-Literatur lässt die Figur des Direktors des Londoner Brut- und Konditionierungszentrums unweigerlich an Saruman denken: Er ist groß, schlank und arrogant und spricht mit einem leicht bedrohlichen Ton in der Stimme emotionslos über die rüden Prozeduren, denen die Embryonen unterzogen werden, während er über die Unmasse produzierter Klone ins Schwärmen gerät.

SARUMANS GENMANIPULATIONEN

Charakterisieren wir also im Folgenden die Methode, mit der Saruman seine genveränderten Orks produziert. Wie die Gefährten richtig vermutet haben, könnte es sich um eine Kreuzung von Orks und Menschen handeln.

Versuche, Tiere aus verschiedenen Arten zu kreuzen, scheitern meist daran, dass biologische Mechanismen die Befruchtung bzw. Embryonalentwicklung unmöglich machen. Stehen sich die Arten allerdings genetisch sehr nahe, lassen sich interspezifische Hybride erhalten, deren Eigenschaften zwischen den Merkmalen der beiden Ausgangsarten liegen. Je nachdem, welcher Art das jeweilige Elterntier angehört, erhält man unterschiedliche Ergebnisse: Bei der Kreuzung eines Pferdehengsts mit einer Eselstute entsteht ein Maulesel, aus der Kreuzung eines Eselhengsts mit einer Pferdestute ein Muli. Bei den Großkatzen ist es ähnlich: Liger sind Hybride aus der Kreuzung eines Löwenmännchens mit einer Tigerin, Töwen entstehen aus einer Löwin und einem männlichen Tiger. Somit sind in der Tierwelt diverse Kreuzungen möglich, sofern es sich um Tiere aus ein- und derselben Gattung handelt *(Panthera, Equus, Ursus ...)* und damit für ausreichende genetische Nähe gesorgt ist. Hybride sind meistens steril, obwohl sich ein kleiner Teil von ihnen vermehren kann. Weibliche Töwen sind zum Beispiel zu 100 % fruchtbar, können sich aber nur mit einem Tiger fortpflanzen.

Im *Herrn der Ringe* wären Kreuzungen zwischen Orks und Menschen also möglich, sofern eine genetische Nähe zugrunde gelegt wird, die aufgrund ihres humanoiden Äußeren durchaus plausibel erscheint. Je nach Kreuzungsrichtung und verwendeter Ork-Rasse (wir haben gesehen, dass die Uruk-hai sich vom Ork-Wildtyp unterscheiden) entsteht dabei eine große Diversität. Saruman kann die Vielfalt dieser Wesen für seine Zwecke nutzen. So verfügen seine Elitekämpfer, die Uruk-hai, über die Kraft der Orks und vertragen das Sonnenlicht ebenso gut wie Menschen. Die Spione mit ihren menschenähnlichen Gesichtszügen haben es wiederum leichter, unbemerkt zu bleiben.

Die einzige Schwierigkeit besteht für Saruman darin, genügend Halborks zu produzieren, um ein vieltausendköpfiges Heer aufzustellen, selbst wenn er einen Teil seiner Streitkräfte aus braunhäutigen Dunländern rekrutiert. Hybridzüchtung verläuft notwendigerweise über geschlechtliche Fortpflanzung. Der Magier kann zwar etwas Zeit gewinnen, indem er In-vitro-Fertilisation praktiziert und die Hybridembryonen anschließend in Ork- oder Menschenfrauen einpflanzt, doch lässt sich auf diese Weise höchstens eine kleine Anzahl von Soldaten und Spionen erzeugen – etwa im Umfang des Trupps, der Merry und Pippin entführt. Zur Erschaffung einer Armee von der Größe der Streitmacht, die in Helms Klamm angreift, ist hingegen eine Embryonenproduktion in industriellem Maßstab erforderlich. Unweigerlich taucht hier der Gedanke einer Massenproduktion von Klonen wie in *Schöne neue Welt* auf.

Der Turm von Isengart wäre somit ein genetisches Labor, in dem der Magier Ork-Embryonen am Fließband je nach Bedarf erzeugt. Tolkien breitet den Mantel des Schweigens über Sarumans konkrete Methoden, doch es ist klar, dass Magie hier gute Dienste leistet. Peter Jackson steuert in der Verfilmung des Werks seine eigene Interpretation von der »Geburt« der Uruk-hai bei, indem er den Anführer von Sarumans Orks aus einer zähflüssigen Schlammmatrix auftauchen lässt – was auf einen übernatürlichen Ursprung der Soldaten hindeutet.

Saruman stehen für seine Eingriffe noch mehr Methoden aus der Gentechnik zur Verfügung: Er könnte zum Beispiel menschliche Stammzellen in einen Ork-Embryo injizieren, um dem Wesen menschliche Merkmale zu vermitteln – so entsteht ein chimärer Organismus. Bereits 1969 erzielte man mithilfe dieser seit Langem eingesetzten Methoden chimäre Vogelembryonen aus Wachteln und Hühnern, was entscheidende Wissensfortschritte in der Zellbiologie ermöglichte.

GENTECHNISCH VERÄNDERTE ORKS

Problemlos könnte Saruman es geschafft haben, gentechnisch veränderte Organismen (GVO) zu erzeugen, um seinen Orks bestimmte erwünschte Eigenschaften zu verleihen (Stärke, Widerstandsfähigkeit, menschliches Aussehen …). Dazu genügt der Einbau eines DNA-Fragments, welches die entsprechenden Gene enthält, in das Erbgut eines Embryos. Um die Integration der DNA-Sequenz zu gewährleisten, wird sie mit Virus-DNA gekoppelt, welche sich in das Genom eines Wirts einschreiben kann. Auf diese Weise entstand 1982 das erste gentechnisch veränderte Tier, eine Maus. Seitdem wurden die Verfahren dank der Methode der Genschere (CRISPR-Cas 9) verbessert. Zu den Erfolgen zählt die Züchtung von Kühen, die Milch mit reduziertem Laktosegehalt oder hohem Kaseingehalt geben. Unlängst entwickelte man transgene Ziegen, um aus ihrer Milch das Protein der Spinnenseide zu gewinnen, welches zur Herstellung von chirurgischem Nahtmaterial, Angelschnüren und sogar Kleidung dient. Schweine wurden durch genetische Manipulation resistent gegen die Schweinepest gemacht und Lachs durch gentechnische Veränderungen auf beschleunigtes Wachstum hin gezüchtet. Noch bizarrer wirkt die Züchtung fluoreszierender Tiere (Fische, Mäuse, Kaninchen und sogar Schafe).

Zu den Genen, die für den Magier von Interesse sein könnten, zählt das Myostatin-Gen, dessen Mutationen eine zum Teil beträchtliche Zunahme der Muskelmasse bewirken können, was bei Rinderrassen wie dem Weißblauen Belgier und Windhunden wie den Whippets genutzt wurde. Mutierte Whippets werden bei Rennen geschätzt, da sie als die Schnellsten gelten. Weitere Möglichkeiten für das Gendoping seiner Orks bieten sich Saruman mit dem Hormon Erythropoetin (im Radsport als EPO bekannt) und Wachstumsfaktoren wie VEGF (vaskulärer endothelialer Wachstumsfaktor, ein Protein, das die Bildung neuer Blutgefäße anstößt) oder IGF-1 (insulinähnlicher Wachstumsfaktor, er beeinflusst die Muskelmasse). Die Überwachung dieser Substanzen liegt heute bei der Welt-Anti-Doping-Agentur, die weiter nach Möglichkeiten forscht, fremde DNA im Körper von Sportlern nachzuweisen.

Die extreme Lichtempfindlichkeit der Orks erinnert an die Symptome von *Xeroderma pigmentosum,* einer genetischen Erkrankung, die durch Defekte der Gene verursacht wird, welche das DNA-Reparaturenzym kodieren. Betroffene Kinder werden »Mondkinder« genannt, weil sie sich den UV-Strahlen des Tageslichts nicht aussetzen dürfen. Saruman könnte versucht haben, seinen Orks funktionsfähige Versionen der beteiligten Gene einzusetzen, um Uruk-hai-Krieger zu züchten, denen die Sonne nichts ausmacht.

Vermutlich ähnlich verfuhr Saruman mit den Wargen, einer Art Riesenwölfe, die den Orks als Reittiere dienen. Er dürfte nicht gezögert haben, in das genetische Erbe unscheinbarerer Lebewesen (wahrscheinlich aus der Familie der Hunde) einzugreifen, um sie zu furchterregenden Kriegsmaschinen hochzuzüchten. (Peter Jackson verleiht ihnen in seinen Filmen das Aussehen eines Zwitters aus Hyäne und Wolf, nur wesentlich größer.) Noch eine letzte Gemeinsamkeit teilt Saruman mit vielen verrückten Erfindern: Er wird von seinem Sklaven Gríma (»Schlangenzunge«) getötet.

JEAN-PHILIPPE
COLIN

DIE EVOLUTION DER VÖLKER VON MITTELERDE

EINE PHYOLOGENETISCHE BETRACHTUNG DER HUMANOIDEN BEI TOLKIEN

Im *Herrn der Ringe* beginnt das Abenteuer nicht sofort. Tolkien als Hochschulprofessor, der etwas auf sich hält, führt uns auf ernsthafte, methodische Weise in sein Universum ein und stellt zunächst den Ort des Geschehens und seine Bewohner mit einer Karte des Auenlandes vor, gefolgt von einem fast enzyklopädischen Text mit dem Titel »Hobbits«. Es ist, als säße man in einem Hobbitloch am Kamin bei einer Tasse Tee und öffne ein altes Zauberbuch. Die ganze Magie des Werks ist sofort präsent, in der Ernsthaftigkeit und im Realismus, den Tolkien seinem komplexen Universum verliehen hat: Er weckt unsere Neugier, um eine gute Grundlage für seine unterhaltsame Geschichte zu schaffen. Das Hobbit-Kapitel wirft interessante Fragen über die Verwandtschaftsbeziehungen zwischen den »Rassen« oder Arten auf, die seine fiktive Welt bevölkern:

> *Es liegt [...] auf der Hand, dass die Hobbits trotz der späteren Entfremdung mit uns verwandt sind: weit näher als Elben oder sogar Zwerge. [...]. Aber wie unsere Verwandtschaft genau war, lässt sich nicht mehr feststellen.*

Speziell zwischen Hobbits und Menschen scheinen also laut Tolkien Parallelen zu bestehen. Mit den »ungeklärten Verwandtschaftsbeziehungen« erweckt er den Eindruck, als bestünde bereits ein (unvollständiges) »Vorwissen«. So verwischt er bewusst die Grenzen zwischen Fiktion und Realität. Nehmen wir ihn beim Wort: Versuchen wir, die Verwandtschaftsbeziehungen der in Mittelerde lebenden Arten wissenschaftlich zu klären!

EINE BESTMÖGLICHE ANNÄHERUNG

In der Phylogenetik steht uns eine wissenschaftliche (d.h. verifizierbare) Methode zur Verfügung, mithilfe derer Verwandtschaftsbeziehungen zwischen bestehenden Artenpopulationen (»Taxa«) eruiert werden können. Aufgrund der obigen Basisaussage, die genaue Verwandtschaft zwischen Hobbits und Menschen sei nicht mehr feststellbar, besteht der gebotene Ansatz darin, sämtliche in Mittelerde lebenden Arten heranzuziehen: Dies sind neben den Hobbits als Schlüsselfiguren die Menschen, Elben, Zwerge, Orks und vergleichbare Spezies.

Die Phylogenetik ist eine interessante Methode, da sie sowohl aktuelle als auch fossile Taxa berücksichtigt, ohne *a priori* ein Fossil als Vorfahr einer rezenten Form zu betrachten. Als ihr Begründer gilt Willi Hennig mit seinem Werk *Grundzüge einer Theorie der phylogenetischen Systematik* (1950). Der deutsche Insektenkundler, ein Spezialist für Zweiflügler (Fliegen, Mücken u. a.), stellte darin ein in seiner Funktionsweise relativ einfaches und transparentes Systematisierungsverfahren vor, die Kladistik. Zunächst ohne breiteren Widerhall, sorgte seine Methodik nach der Übersetzung des Werks ins Englische 1966 weltweit für einen Umbruch der Klassifikationsprinzipien. Doch die Abkehr von der klassischen Linné'schen Systematik, einem Erbe aus der Zeit der Aufklärung, ist kein einfaches Unterfangen und bleibt ein aktuelles Projekt – bislang hat sich die Kladistik nicht definitiv durchgesetzt. Vorangetrieben wurde sie durch das Aufkommen von Technologien zur DNA-Sequenzierung; durch sie wurden neue Merkmale in den Vergleich aufgenommen. Mit zunehmender Rechenleistung können immer kompliziertere Algorithmen zur Verarbeitung immer größerer Datenmengen eingesetzt werden.

Das Ergebnis der stammesgeschichtlichen Analyse ist ein Baum, d. h. ein grafisches Netzwerk, das Taxa anhand ihrer gemeinsamen abgeleiteten Merkmale (Synapomorphien) zusammenfasst. Die Knoten des Baumes (d. h. die Schnittpunkte) entsprechen dem sogenannten »Morphotyp der Stammart«. Im Gegensatz zu einem Stammbaum stellt ein phylogenetischer Baum nämlich keine direkten Verbindungen zwischen Vorfahren und Nachkommen her (vgl. Abb. 1). Hier sind zwei Beispiele phylogenetischer Bäume gezeigt, die für zwei unterschiedliche Verwandtschaftshypothesen stehen. Die intuitivere (links) fasst die Hobbits mit den Zwergen in ein- und derselben monophyletischen Gruppe (Klade) zusammen. Die Merkmalsvariante »Kleinwüchsigkeit« wurde hier ein einziges Mal vom gemeinsamen Vorfahren der beiden Taxa erworben; sie ist ein spezifisches Merkmal exakt dieser Klade. Anders in Tolkiens Hypothese (rechts): Hier bilden die Hobbits mit den Menschen eine gemeinsame Klade, und Kleinwuchs wäre somit im Verlauf der Evolutionsgeschichte mehrfach entstanden (Merkmalskonvergenz).

Der erste Schritt besteht also immer darin, Merkmale in der zu untersuchenden Gruppe zu definieren, beispielsweise morpho-anatomische Merkmale (z. B. anhand von Skeletten der Taxa) oder molekulare Merkmale (z. B. basierend auf DNA-Sequenzen). Ideal zur Untersuchung der Phylogenie der Völker Mittelerdes wäre natürlich gewesen, Vertreter eines jeden Taxons in unterschiedlichster Hinsicht analysieren zu können: sie zu messen, zu sequenzieren, falls möglich zu sezieren, um ein Maximum an Merkmalen in ihren Ausprägungen zu erfassen. In Ermangelung eines Besseren begnügte ich mich mit Merkmalen, die sich aus Tolkiens Schilderungen und den Illustrationen von Alan Lee, John Howe und anderen sowie aus Peter Jacksons Filmen extrapolieren ließen.

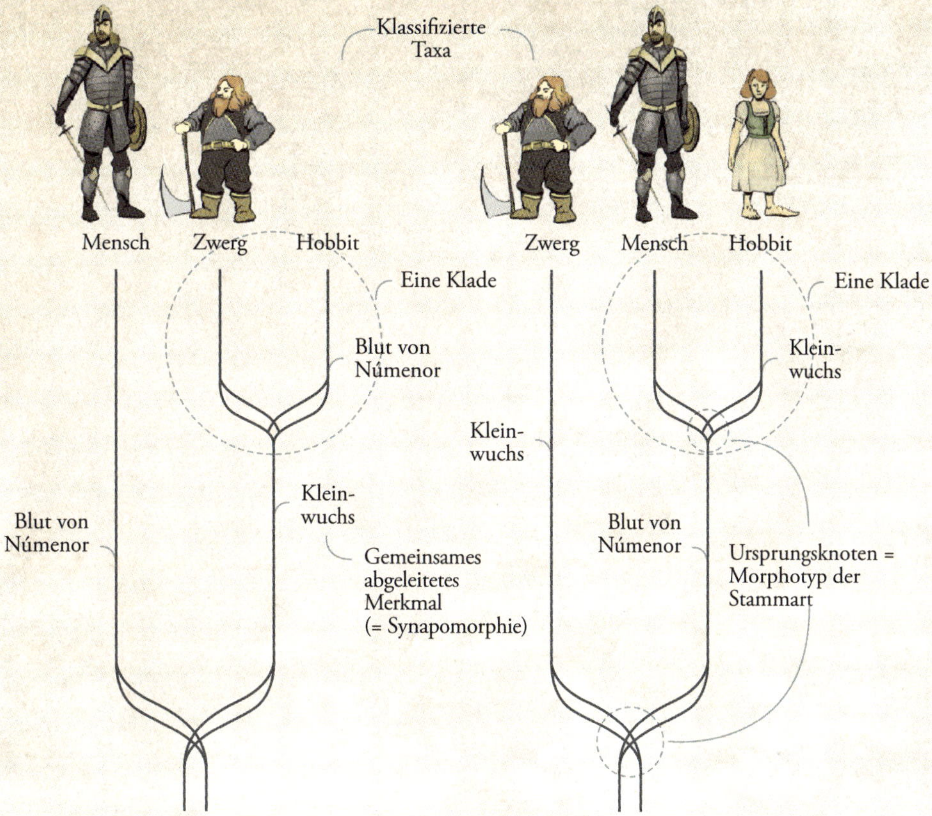

ABBILDUNG 1

Zwei phylogenetische Bäume mit unterschiedlichen Hypothesen zur Verwandtschaft zwischen Zwergen, Hobbits und Menschen

DIE ZEHN TAXA (GRUPPEN VON LEBEWESEN) VON MITTELERDE

Menschen. Die Menschen stellen ungeachtet ihres chronologisch späteren Auftretens den Großteil der Bevölkerung Mittelerdes. Tolkien beschreibt verschiedene Ethnien. Beispiele dafür sind die Haradrim auf ihren Olifanten oder die Nordmenschen – die Vorfahren der Reiter von Rohan. Bei aller Vielfalt scheinen die Menschen in Tolkiens Legendarium – Männer wie Frauen – biologisch durchaus mit realen Menschen vergleichbar zu sein, sodass von einer ausführlicheren Beschreibung abgesehen wird.

Zwerge. Sie sind eine Spezies wilder Krieger, die abgeschieden im Inneren einiger Bergketten von Mittelerde leben, aus denen sie einen enormen Reichtum beziehen.

Kennzeichnend sind Kleinwuchs und – besonders überraschend – das Fehlen von Sexualdimorphismus, d. h., die Zwergenfrauen ähneln den Männern in ihren sekundären Geschlechtsmerkmalen, einschließlich der Bärte. Sie sind zudem besonders unauffällig, da sie nur ein Drittel der Zwergenpopulation ausmachen und die unterirdischen Städte kaum verlassen. Der Zwergenwuchs kann aus biologischer Sicht mehrere Ursprünge haben: Zu favorisieren wäre hier wohl die Hypothese einer Hormonstörung, da eine solche mit einem Verlust des Sexualdimorphismus einhergehen kann.

Hobbits. Die Hobbits, mit Frodo und Bilbo als ihren herausragenden Vertretern, sind Tolkiens große Helden.[1] Dabei sind ihre körperlichen Merkmale (die Hobbits werden manchmal als »Halblinge« bezeichnet) gar nicht die der üblichen Romanhelden: Am markantesten sind wohl ihre großen behaarten Füße und die geringe Körpergröße.

Elben. Die Elben bilden eine sehr alte Gruppe, deren Geschichte mehrere Jahrtausende zurückreicht. In jüngerer Zeit hat ihr Anteil abgenommen, da viele Elben Mittelerde verlassen und in ihre Urheimat Valinor zurückkehren. Das biologische Hauptmerkmal der Elben ist ihre unbegrenzte Lebensdauer, Krankheiten oder Alter sind für sie inexistent. Ihre Sinne sind hoch entwickelt, sie haben spitze Ohren, helle Haut und sind mit wenigen Ausnahmen bartlos.

Ents. Die Ents sind Riesen des Waldes. Ihr Körper scheint aus pflanzlichem Gewebe zu bestehen: rindenartige Haut, Haare aus Ästen und Laub. Dass sie auf zwei Beinen gehen, artikuliert sprechen (Entisch) und der Umstand, dass Entfrauen existieren (die ihnen allerdings abhandengekommen sind) charakterisiert sie jedoch als eigenständige Gruppe. Wie die Elben können sie ein sehr hohes Alter erreichen. Dies lässt darauf rückschließen, dass ihre Evolution interessante Innovationen hervorgebracht hat, zum Beispiel ein leistungsstarkes Immunsystem zur Bekämpfung von Infektionen oder Mechanismen gegen das Altern. Dazu zählt beispielsweise ein starkes antioxidatives Schutzsystem, das als entscheidend für die Ausschaltung aggressiver freier Radikale betrachtet wird. Dies sind instabile und hochreaktive kleine Moleküle, die kontinuierlich überall dort entstehen, wo Sauerstoff für Stoffwechselprozesse verbraucht wird oder das Immunsystem aktiv ist. Ihre Reaktivität verursacht Schäden auf molekularer Ebene, die im Verdacht stehen, eine wichtige Ursache des Alterns zu sein. Als weiteres Merkmal wollen wir voraussetzen, dass das Enzym »Telomerase« in allen Zellen der Ents vorhanden ist. Beim Menschen ist dieses Enzym nur in den Fortpflanzungszellen aktiv, außerdem in manchen Krebszellen. Für das Verständnis der wichtigen Rolle dieses Enzyms muss man wissen, dass Zellen bei jeder Teilung ihre gesamte im Chromosom organisierte DNA replizieren müssen. Ein kleines Endstück der DNA wird jedoch nie repliziert, und mit jedem Zyklus werden die Chromosomen-Enden – die sogenannten

Telomere – kürzer. Wie eine ablaufende genetische Sanduhr führt die Verkürzung der Telomere zur Zellalterung und auf der Körperebene zu Alterskrankheiten. Die Telomerase ermöglicht es, dieses Problem zu umgehen, indem sie das ansonsten bei jeder Replikation fehlende Endstück repliziert.

Orks, Bilwisse und Uruk-hai. Orks machen den Großteil der Truppen der Mächte des Bösen aus. Sie sind lichtempfindlich und halten sich hauptsächlich in Mordor auf, über das der vulkanische Schicksalsberg permanenten Halbschatten wirft, sodass sie dem Licht weniger stark ausgesetzt sind. Peter Jackson zeigt ein aus biologischer Sicht interessantes Merkmal: Ork-Blut ist von schwarzer Farbe, was vermutlich durch ein spezifisches Hämoglobin bedingt ist. Die meisten Wirbeltiere haben rotes Blut, da im Hämoglobin ein Eisenatom enthalten ist. Eisen als Sauerstoff bindendes Element ist bei den Orks möglicherweise durch ein anderes Element ersetzt. Bei manchen Weichtieren und Gliederfüßern liegt zum Beispiel das Protein Hämocyanin vor. Es enthält Kupfer, welches ihrem Blut eine bläuliche Farbe verleiht. Solche allen Orks[2] gemeinsamen Merkmale dürfen uns nicht verleiten, ihre große Vielfalt aus den Augen zu verlieren. So existieren im Nebelgebirge, wie man im 7. Kapitel des *Hobbit* von Gandalf erfährt, mehrere »Wildtyp«-Populationen: »Wenn ihr den Düsterwald im Norden umgehen wolltet, würdet ihr mitten in die Hänge des Grauen Gebirges geraten, und die sind einfach vollgestopft mit Bilwissen, Hobkobolden und Orks übelster Art.« Um diese Vielfalt zu veranschaulichen, beziehen wir auch die kleineren Orks, manchmal als »Snaga« (Sklave) beschimpft, in die Analyse ein. Darüber hinaus gibt es besonders große, von Saruman herangezüchtete Orks, die ihre Lichtempfindlichkeit verloren haben und am Tag ebenso gut wie in der Nacht kämpfen können: die Uruk-hai.

Trolle und Olog-hai. Trolle sind wie die Orks lichtempfindlich, und zwar so extrem, dass sie zu Stein werden, wenn sie von Sonnenstrahlen getroffen werden. Diese Tendenz zur Mineralisierung steht wohl mit ihrer großen Robustheit in Verbindung, und es ist davon auszugehen, dass die tiefen Schichten ihrer Haut weitgehend verknöchert sind. Bei diversen Wirbeltieren bilden Knochenplatten in der Haut zum Teil eine regelrechte Rüstung. Dies war bei den Panzerfischen *(Placodermata)* der Fall, die im Paläozoikum (vor 440 bis 358 Millionen Jahren) lebten. Die natürliche Unempfindlichkeit der Trolle, gekoppelt mit ihren Riesenkräften und einer gewissen Unterwürfigkeit, ist für die Orks, die die Trolle »zähmen«, eine militärische Trumpfkarte. Wieder existieren mehrere »Rassen«: Höhlentrolle, Bergtrolle, und nicht zuletzt die bemerkenswerten, lichtunempfindlichen Olog-hai, welche in *Die Rückkehr des Königs*, dem Schlussteil von Peter Jacksons Filmtrilogie, die Tore von Minas Tirith, der Hauptstadt von Gondor einrennen.

MERKMALE UND IHRE ENTWICKLUNGSRICHTUNG

Um zu bestimmen, ob sich ein Merkmal gegenüber dem Merkmalszustand des Vorfahren verändert hat (abgeleitetes oder apomorphes Merkmal) oder nicht (ursprüngliches oder plesiomorphes Merkmal), vergleicht man mit einer Referenzgruppe (Außengruppe), von der angenommen wird, dass sie den ursprünglichen Merkmalszustand zeigt. In unserem obigen Fallbeispiel liegt das Merkmal »behaarte Füße« in zwei Zuständen vor: »behaart« (Hobbits) und »nackt« (Menschen, Elben u. a.). Zieht man Schimpansen *(Pan troglodytes)* als Außengruppe heran, bilden die behaarten Füße das ursprüngliche, und die nackten das abgeleitete Merkmal. Heikel ist die Wahl der Außengruppe insofern, als sie eine Prämisse darstellt, die auf bereits bestehendem Wissen beruht. Da nichtmenschliche Primaten in Tolkiens Legendarium nicht vorhanden sind, ist unsere Außengruppe mangels eines guten Kandidaten eine »hypothetische« Gruppe.

Liegt eine große Anzahl von Taxa und Merkmalszuständen vor, erfolgt die Analyse digital. Es gibt verschiedene Tools (PAUP, Hennig usw.), von denen die meisten die phylogenetischen Bäume nach dem Sparsamkeitsprinzip berechnen, also das kürzeste Verzweigungsmuster mit einem Minimum an Zustandsveränderungen darstellen (»Parsimony«-Software). Sie ähneln damit den Schachprogrammen, welche alle potenziell möglichen Züge berechnen, um den besten herauszufinden. Wir haben hier mit der Software R Version 3.3.2[3] gearbeitet. (Die Berechnungen zu der »Verwandtschaft zwischen Menschen und Hobbits« in Abb. 1 wurden dagegen von Hand erstellt.).

EIN BAUM, SIE ZU FINDEN UND EVOLUTIONÄR ZU VERBINDEN!

Lebewesen im phylogenetischen Baum (Abb. 2) sind in mehr als einer Hinsicht interessant. In der Mitte sind die Kreaturen, die den Mächten des Bösen dienen (Kobolde, Orks, Trolle und ihre Derivate), in der Klade der »Dysfotophoben« zusammengefasst. Für diese Gruppe von Lebewesen ist vor allem ihre Lichtempfindlichkeit typisch. Die Vorsilbe dys- bezieht sich auf ihre bösartige Natur; als fotophob werden lichtscheue Organismen bezeichnet. Diese die Lebensweise einschränkende Lichtscheu hat sich bei den Uruk-hai und Olog-hai zurückgebildet (regressive Evolution), was ihnen die Invasion in Mittelerde einfacher macht. Bemerkenswert ist außerdem, dass die Elben mit den Ents verwandt sind, insbesondere was ihre beträchtliche Lebensdauer betrifft. Diese Langlebigkeit drückt sich in der Gruppenbezeichnung »Permasilvane« aus (von silvan = »im Wald lebend«). Überraschenderweise hat diese Klade eine Gemeinsamkeit in der Stammesentwicklung mit den Dysfotophoben, da sie mit ihnen zwei abgeleitete Merkmale teilt: die spitzen Ohren und das bartlose Gesicht. Auf der anderen Seite des Baumes bilden die Hobbits die Schwestergruppe der Menschen, womit sich das obige Zitat aus dem Prolog bestätigt: Die Hobbits sind trotz ihrer geringen Größe enger mit uns verwandt als mit den Zwergen.

DIE PROBLEMATIK DER EVOLUTIONÄREN KONVERGENZ

In manchen Fällen liegt in zwei Taxa der gleiche Merkmalszustand vor, obwohl sie aus evolutionärer Sicht weit voneinander entfernt sind. Dies wird als evolutionäre Konvergenz bezeichnet. Ein häufig zitiertes Beispiel dafür sind die Flügel der Fledermäuse, die ihrer Struktur nach den Flügeln von Vögeln ähneln, oder die auch beim Haifisch vorhandene

KANN EINE SPEZIES WEITER ENTWICKELT SEIN ALS EINE ANDERE? FREUNDE DER ZWERGE, SAGT »NEIN« ZUM ELBENZENTRISMUS!

»Evolution« wird oft mit Fortschritt gleichgesetzt, doch im wissenschaftlichen Kontext ist es wichtig zu verstehen, dass kein Organismus weiter als ein anderer entwickelt ist. Alle heute lebenden Organismen sind das Ergebnis einer sehr langen Evolutionsgeschichte, die bis zu den Ursprüngen des Lebens zurückreicht. Ein Bakterium ist insofern nicht weniger entwickelt als ein Mensch, da seine Evolutionsgeschichte ebenso lang ist. Zur Komplexität – einem schwer zu definierenden Begriff – ist zu sagen, dass die ersten Lebensformen sehr einfach waren; die Entwicklung konnte also eigentlich nur in Richtung »komplexerer« Formen gehen, wobei fallweise evolutionäre Rückbildungen in Form eines Verlusts von Organen wie der Beine bei den Schlangen auftraten. Elronds Elben sind nicht entwickelter als die Zwerge, auf die sie herabsehen, oder die Bäume, die sie bewohnen …

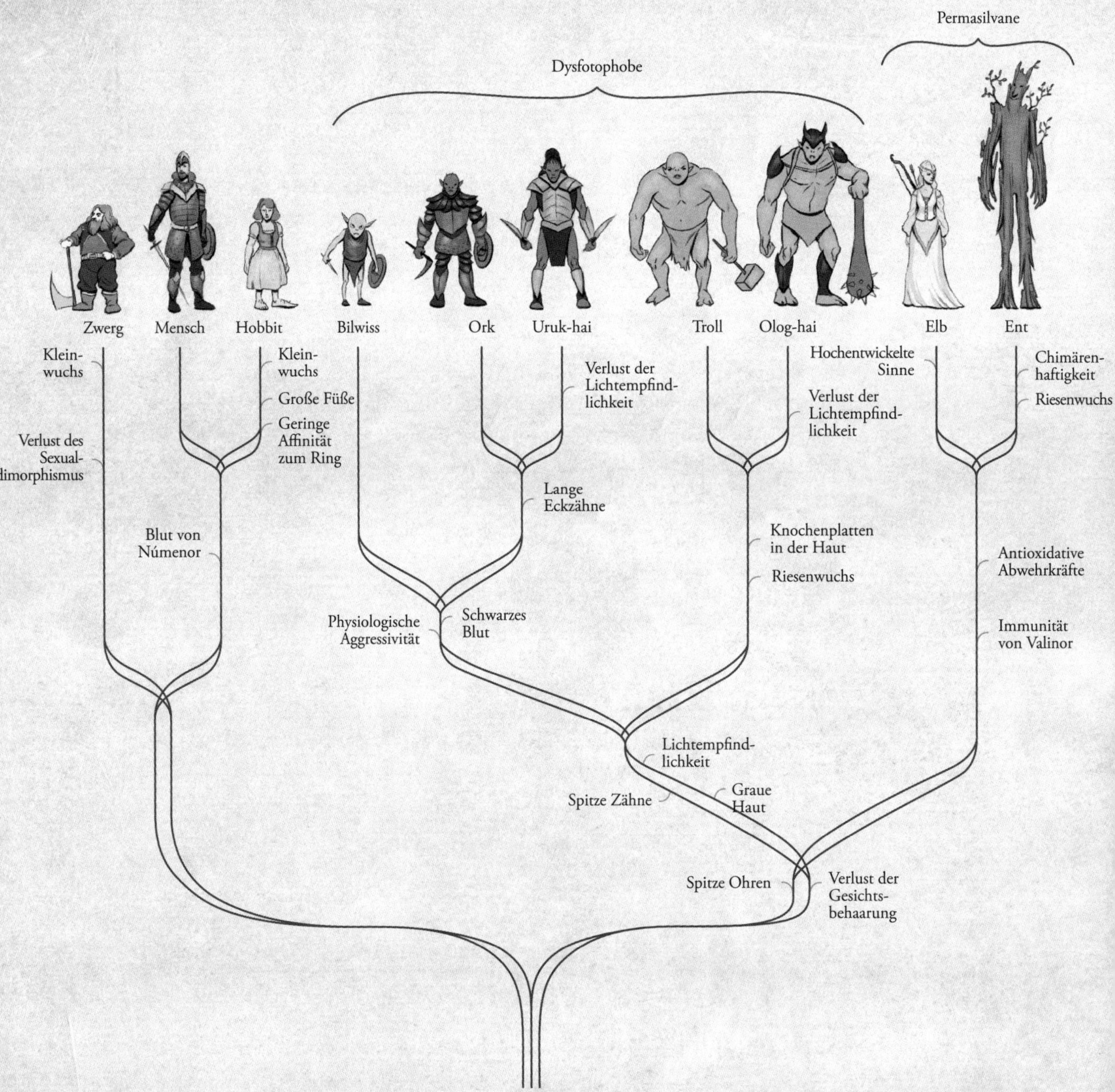

ABBILDUNG 2

Phylogenetischer Baum der verschiedenen Völker Mittelerdes und ihrer evolutionären Verwandtschaft

Stromlinienform der Delfine (Säugetier) und des Ichthyosaurus (fossiles Reptil). Diese Ähnlichkeiten gehen jedoch nicht auf eine gemeinsame geflügelte oder stromlinienförmige Stammart zurück, sondern sie entstanden unabhängig voneinander mehrere Male im Lauf der Evolution als Reaktion auf identischen Selektionsdruck. Wenn der Delfin das gleiche Profil wie der Hai hat, liegt das daran, dass die Stromlinienform gegenüber Feinden im Wasser eine wirksame Lösung darstellt. Diese Konvergenzen gehören zu den Tücken der Klassifizierung, da sie dazu verleiten, Taxa miteinander in Zusammenhang zu bringen, die in Wirklichkeit weit voneinander entfernt sind. Zu den in unserem Fall zu beobachtenden Konvergenzen zählt der Kleinwuchs der Zwerge und der Hobbits; er trat bei ihnen zweimal unabhängig voneinander auf. Vom evolutionären Standpunkt aus ist die geringe Größe von Vorteil für das Leben in Höhlen. Die Versuchung, die beiden Taxa zu einer gemeinsamen Klade zusammenzufassen, ist groß (Abb. 1). Tolkien macht jedoch deutlich, dass die Hobbits uns viel näher als den Zwergen stehen.

EIN NACHWEIS DER VERWANDTSCHAFT VON HOBBIT UND MENSCH?

A priori besteht kein äußeres (oder morpho-anatomisches) Merkmal, das die Tolkien so sehr am Herzen liegende Nähe von Menschen und Hobbits belegen würde. Doch ist leicht vorstellbar, dass molekulare Merkmale – also DNA-Sequenzen oder genetische Marker – vorliegen, welche beiden Taxa gemeinsam sind. Heute kann man bei mehreren Firmen zum Preis von weniger als 100 Euro seine DNA aus einer Speichelprobe sequenzieren lassen: Zwei Wochen Wartezeit – und man hat den Schlüssel zu seiner geografischen und familiären Herkunft in der Hand. Stellen wir uns einen Moment vor, wir besäßen eine Speichelprobe von Frodo (Hobbit), Aragorn (Mensch) und Gimli (Zwerg) … Was würden wir wohl entdecken?

Von Tolkiens Schriften ausgehend wäre das wahrscheinlichste Ergebnis eine starke Ähnlichkeit zwischen Menschen und Hobbits. Diese Ähnlichkeit wird im Baum (Abb. 2) durch das Merkmal »Blut von Númenor« angegeben. Gemäß dem *Silmarillion* lebten die Menschen im Zweiten Zeitalter lange Zeit auf einer großen Insel namens Númenor, bevor sie sich auf dem östlich gelegenen großen Festland niederließen, wo später der *Herr der Ringe* spielt. Sie hatten damals eine längere Lebensdauer, wovon Aragorn als Nachfahr dieser Linie zeugt, der zur Zeit des Ringabenteuers 87 Jahre alt ist und 120 Jahre regieren wird, bevor er im Alter von 210 Jahren stirbt. In jener alten Zeit existierten die Hobbits noch nicht, im Gegensatz zu ihnen lebten auf dem Festland bereits Zwerge. Somit stammen die Hobbits, falls sie eng mit den Menschen verwandt sind, ebenfalls von Vorfahren ab, die auf Númenor lebten und von denen sie bestimmte genetische Merkmale erbten, bevor sie nun ebenfalls eine eigenständige Entwicklung nahmen. Elronds Worte bei der nach ihm benannten Ratsversammlung zeigen, dass er diese Divergenz als Niedergang betrachtet: »Und seit jenem Tage ist das Geschlecht von Númenor kraftloser geworden, und seine Lebensspanne hat sich vermindert« (*HdR,* II, 2).

Schrumpft eine Gruppe zahlenmäßig und pflanzt sich eine begrenzte Zahl von Individuen immer wieder innerhalb ein- und desselben »Genpools« fort, so nimmt ihre genetische Homogenität zu. Egal, ob diese Endogamie auf geografische Isolation (Númenor) oder soziale Gründe zurückgeht (Aragorns Königsgeschlecht), schränkt sie die mit der geschlechtlichen Fortpflanzung verbundene genetische Vermischung ein – was der Population schadet, aber für die Ahnenforschung oder, auf höherer Ebene, für phylogenetische Analysen praktisch ist. Wie man sieht, ordnet die Phylogenetik nicht nur Taxa ein, sondern dient auch dazu, deren geografische Geschichte nachzuvollziehen.

SCHÖPFUNG ODER EVOLUTION? DAS SILMARILLION-PARADOXON

Tolkien erklärt (im *Silmarillion*) die Ursprünge der Fantasiewelt und ihrer Völker in einer fast mythologischen Erzählung, die eine detaillierte Chronologie der Entstehung einer jeden Gruppe angibt: Zunächst entstehen in den »Jahren der Bäume« die Elben, erschaffen vom mächtigen Gott Eru Ilúvatar, der auch die Ainur erschaffen hatte, zu denen Sauron zählt. Später erschienen die Zwerge und schließlich die Menschen, deren Geburt den Beginn des Ersten Zeitalters markiert. Dieser Kontext mutet kreationistisch an, doch sollte beachtet werden, dass Tolkien weniger von »Schöpfung« als von »Erwachen« und Geburt spricht. Außerdem hatte Tolkien gute Kenntnisse hinsichtlich der Evolution der Arten.[4] Wir müssen daher das Silmarillion als eine Genesis-Erzählung betrachten, ein sehr altes, in den Bibliotheken von Mittelerde aufbewahrtes und seit Generationen gelesenes Werk. In seinem Wunsch, die Welt zu erklären, präsentiert Tolkien eine Art Kosmogonie, einschließlich der dazugehörigen Mythen. Mögen sich manche Ursprünge auch in den Tiefen der Geschichte verloren haben und fraglich sein, so verfügt doch jedes Volk über eine komplexe Geschichte, in der es insbesondere auch zu großen Völkerwanderungen gekommen ist, welche die Vielfalt innerhalb der verschiedenen Kladen plausibel machen.

FAZIT

Bereichert wird Tolkiens Welt, die der unseren ähnlich ist, durch eine große Vielfalt besonderer Völker, die dort leben – eine auch für andere Welten, die man im Genre der Heroischen Fantasy antrifft, typische Erscheinung. Doch nur selten wird der Ursprung dieser Arten und ihre Stammesverwandtschaft zum Menschen in realistischer und wissenschaftlicher Weise untersucht, wie wir es hier getan haben. Ist dies vielleicht mit einer Art Tabu belegt, um der Fantasie der Leser nicht zu enge Grenzen zu setzen? Elben, Zwerge und Orks als einige der »Leitorganismen« des Genres haben ihre Wurzeln in der germanischen oder skandinavischen Folklore; ihre Eigenschaften werden von jedem Autor unterschiedlich gesehen. Diese Vielzahl an »Humanoiden«, die nach dem Geschmack mancher Kritiker mit den edlen Elben und den abscheulichen Orks zu sehr dem Gut-Böse-Schema folgt, bleibt ein ausgezeichnetes Werkzeug, um höchst fantasievoll angelegte Charaktere zu formen. In manchen Universen, wie jenen, die David Chauvel und Jérôme Lereculey in den Comic-Romanen um Wollodrïn erschufen oder die das Computerspiel *World of Warcraft* (Blizzard Entertainment) zeigt, werden durchaus auch »nette« Orks präsentiert, wobei sie sich aber insgesamt an die von Tolkien inspirierten Codes halten. Last but not least präsentiert das nur selten friedlich ablaufende Zusammenleben all dieser Arten einen interessanten Blickwinkel darauf, wie sich die Vielfalt der Gattung *Homo* gestaltet haben mochte, als über Hunderttausende von Jahren mehrere Arten gleichzeitig existierten, bis sich die Herrschaft des *Homo sapiens* herausbildete …

Anmerkungen

1. Vgl. das Kapitel »Warum haben Hobbits große behaarte Füße?«, S. 210.
2. Vgl. das Kapitel »GVOs (Genetisch veränderte Orks) aus Sarumans Händen«, S. 257.
3. Für Leser, die tiefer in diese Materie eindringen wollen: Diese Software ist kostenlos online verfügbar.
4. Siehe Kapitel »Gollum, die Metamorphose des Hobbit«, S. 226.

EIN FANTASTISCHES BESTIARIUM

6

MYTHOTYPEN *DES USPRUNGS*

LUC VIVÈS /
CHRISTINE ARGOT

Tolkien verknüpft eine Naturgeschichte von Fabelwesen mit einer übernatürlichen Geschichte der Menschen – ein doppelter Dualismus, aus dem die Einzigartigkeit der phantasie- und liebevoll gestalteten Gemeinschaft seiner halb natürlichen, halb märchenhaften Fauna und Flora und ihrer Entwicklung entspringt. Urformen der menschlichen Ahnenreihe treffen auf Fantasy-Wesen mit mutierenden Körperumrissen, Spezimen, die bis in die erzählte Zeit überdauerten oder auch nicht, je nach dem mit der mündlichen oder schriftlichen Überlieferung verbundenen Zufall. Manche dieser Wesen pflanzten sich fort und manifestierten sich in neuen Formen, und diese prägten ihrerseits neue Bilder aus, welche die älteren überlagerten oder ihnen ähnelten.

Die Gesamtheit dieser Figuren bildet die Basis der Tolkienschen Prosa als ein Geschichtsdiskurs mit natürlichen und zugleich übernatürlichen Facetten, der die biologische Dimension mythischer Wesen in Augenschein nimmt und sich parallel voller Neugier den märchenhaften Aspekten natürlicher Wesen anzunähern versucht. Tolkiens Schriften stellen – und damit betritt er Neuland – die erste Schnittstelle zwischen Legendenzyklen, Sagen, Epen auf der einen und Nomenklaturen, Nachschlagewerken, Enzyklopädien auf der anderen Seite dar. Er bringt intellektuell zusammen, was in der Tradition getrennt war: Das Unwahrscheinliche wie das Überprüfbare sind hier engstmöglich in einer mythologisch konzipierten Natur und einer als natürlich wahrgenommenen Mythologie verbunden.

Hinter dieser Zauberwelt sich entwickelnder Formen treten bisweilen jene Gestalten kurz hervor, die am Ursprung der uns bekannten Märchen und Legenden standen: die mythologischen Typen (oder Mythotypen). Die heute vertrauten Geschöpfe wie Kobolde, Heinzelmännchen oder Gnome lassen sich in Hinsicht auf die Urformen, von denen sie hergeleitet sind, als mythologisch veränderte Organismen betrachten. Die Abfolge der Formen präsentiert sich als das changierende Bild eines Urmodells, welches in seinen ikonischen oder diskursiven Doppelgängern weiterlebt. Verfolgen wir deren Entstehen und Werden, wird die entgleitende Veränderlichkeit der Fabelwesen ein Stück greifbar für uns, und dies nicht nur an der äußeren Oberfläche der Zeichen, sondern in der mythogenetischen Tiefendimension des Erzählten, in der sich entscheidet, ob ein fiktiver Charakter ins Leben treten und ein reales Geschöpf zu einem Mythos werden kann.

Tolkiens Werk mit seinen »hopeful monsters« (verweisen nicht die Warge auf Werwölfe und die Nazgûl auf den bretonischen Ankou oder den unter seiner Kapuze hervorgrinsenden Sensenmann?) ist ein großes Sammelbecken. Hier formen sich Abstammungsstränge, ein Geflecht von Verwandtschaften und ein Netz gemeinsamer oder neu erworbener Merkmale. Es ist ein kosmogonischer Schmelztiegel: Der Genesis sind die zwei Bäume entlehnt, den drei monotheistischen Religionen der Eine Gott Ilúvatar. Dieser erschuf im Anbeginn der Dinge eine Schar von Geistwesen, die Ainur; zu ihnen zählen die Valar (höhere Geister) als Hüter der irdischen Welt. Keltische Legenden, walisische Volkserzählungen (wie die in der keltischen Mythologie wurzelnden Vier Zweige des Mabinogi), nordische Sagas und die skandinavische Edda mit ihren Dichtungen aus dem 13. Jahrhundert steuern Elemente bei. Akzente aus der isländischen Völsunga Saga, einer legendären Heldenerzählung mit Elementen einer Liebesgeschichte und Tragödie (13. Jh.) stehen neben solchen aus dem finnischen Kalevala-Epos (kompiliert im 19. Jh.).

EIN MIX AUS SPRACHEN

Linguistisch betrachtet, ist Tolkiens Werk ebenfalls ein Schmelztiegel: Das nordeuropäische Altnordische, die gotische Schrift und altenglische Dichtungen, durchmischt mit Reminiszenzen an das Schrifttum der Antike wie Hesiods Theogonie und seine Werke und Tage, in denen die Eisenrasse an die Stelle der Rasse der Helden tritt (die Mittelerde verlassenden Elben …). Auch Ovids Metamorphosen mit Orpheus lassen grüßen, wenn die Elbin Lúthien zu Mandos' Hallen aufbricht und für ihren von Morgoths Wächter-Wolf getöteten Geliebten Beren die Rückkehr ins Leben erfleht – im Tausch gegen ihre eigene Unsterblichkeit. An weitere Abstiege in die Unterwelt in Vergils *Aeneis* oder Homers *Odyssee* knüpfen Episoden auf den Pfaden der Toten und im »Schwarzen Abgrund« Morias an. Die Heldenreise zur Zerstörung des Meisterrings greift Motive der Suche nach dem Goldenen Vlies oder dem Heiligen Gral und aus dem *Nibelungenlied* auf. Tolkien ergänzt damit das Sortiment traditioneller Sujets und stellt ihnen eine englische Mythologie zur Seite, wie sie nie existiert hatte. Vor dem Hintergrund des Irrationalen bietet sie einen neuen und freien Blick.

Sein Gesamtwerk legt unbestreitbar eine Mythogenese nahe, die das Entstehen, das Werden und die Metamorphose übernatürlicher Geschöpfe umfasst. An uns ist es nun, die Abstammungslinien und die Gesetzmäßigkeiten, nach denen sie literarisch organisiert sind, zu rekonstruieren. So erinnern die im *Silmarillion* mehrfach erwähnten Balrogs mit ihrem Fürsten Gothmog an gewisse Dämonenfiguren, die in vielen Mythologien, insbesondere der skandinavischen, mit Feuer assoziiert sind. Tolkiens Adler verweisen zum einen auf die großen Greifvögel der klassischen Ornithologie, zum anderen auf den »Minka Bird« der australischen Ureinwohner, den Donnervogel der amerindianischen Legenden und den Vogel Roc der arabischen Märchen, der mit dem Simurgh aus der persischen Tradition verwandt ist[1]. Biblische Motive, unter anderem aus der Johannes-Apokalypse, schwingen bei der Schlacht am Ende des Ersten Zeitalters mit, in der Earendil gegen den schwarzen Drachen Ancalagon kämpft. Sie führt zu großen tektonischen Umbrüchen und am Ende zu Morgoths Vertreibung aus der Welt.

URSPRUNGSARTEN

Tolkien greift auf ein altes reichhaltiges Erbe zurück. Sein Thema sind die Ursprungsarten, nicht der Ursprung der Arten! Seine Geschöpfe treten als gemeinsame mythologische Urahnen ganzer Familien von Dämonen, Gruppen von Ungeheuern und Divisionen von Wunderwesen auf, die alle aus einer spezifischen Drift innerhalb der fiktiven Ökosysteme hervorgegangen sind. In den Olifanten verkörpert sich eine mythische Form von Ur-Mammuts, und die Schneetrolle könnte man als Vorgänger der Yetis, Almas oder anderer Bigfoots ansehen. Der am Tor von Moria auftauchende tentakelbewehrte Monster-Oktopus – der Wächter im Wasser – verweist auf Riesentintenfische wie das nordische Seeungeheuer Kraken.

Die niemals näher benannten geflügelten Reittiere der Nazgûl scheinen einen Bezug zu ausgestorbenen Reptilienarten wie den Flugsauriern zu haben, wobei diese Kreaturen wie eine Kombination von Anomalien wirken. Vermutlich haben wir eine Unterform von Drachen-Avataren vor uns. Am Ende des Dritten Zeitalters, als sich die Ereignisse überschlugen, dürfte Sauron weder Kraft noch Zeit gehabt haben, ordentliche Drachen zu erschaffen. Denn bis ein Drache wie Glaurung ausgewachsen ist, vergeht geraume Zeit, wie Tolkien im *Silmarillion* aussagt! Könnte es sein, dass Sauron der demiurgischen Selbstüberschätzung seines Meisters Morgoth nacheiferte und dabei nur einen blassen Abklatsch echter Drachen zustande brachte?

Die Mythenwesen, welche fälschlicherweise oft mit »Kryptiden« gleichgestellt werden (Geschöpfen, deren Existenz vermutet wird, ohne dass ein wissenschaftlicher Beweis ihrer zoologischen Realität vorliegt), bevölkern viele Volkserzählungen und Fabeln. Diese sind die poetischen Träger ihrer Essenz und bestätigen deren Authentizität.

Tolkien gibt sich als Zeuge dieses »Mythozoikums«, das den großen Untergliederungen der traditionellen geologischen Zeitskala vorangegangen sein soll. Das Zeitalter der Bäume (es dauerte ca. 20 000 Jahre) ist mit unserem mythischen Goldenen Zeitalter vergleichbar; das Dritte Zeitalter würde von den Zwergen wohl als Mithril-Zeit bezeichnet werden: Das geheimnisvolle Metall wurde zur Quelle ihres Reichtums und ihres Niedergangs; Frodo wird es das Leben retten. Der Autor schildert eine Welt, von der uns Wissenschaft und Literatur nur noch einen schwachen Widerhall vermitteln können. Doch egal, welcher Wissensbereich die Richtigkeit dieser oder jener Tatsache belegt – Tolkiens Schriften transzendieren das Problem der Wahrheit, da sein Werk einer enzyklopädischen Aufzählung aller bekannten Dinge gleichkommt.

EINE FRAGE DER ZEIT

Lebendig steht der Mythos in Verbindung mit einem Werden – ein linearer Zeitlauf, der seinem Fortschreiten eine Richtung gibt. Er erhält eine Dauer: So verbringen die Elben eine genügend lange Zeit auf der Insel Tol Eressea, um eine eigene Sprache zu entwickeln. Diese Dauer geht von einem absoluten Ursprung aus und ist darin mit dem natürlichen Prozess identisch, der den historischen und biologischen Aspekt der Entwicklung der Wesen und Arten begründet. Darüber hinausgehend interpretiert der Tolkien-Experte Édouard Kloczko die sprechenden Tiere als Maiar (den Valar dienende Geister zweiten Ranges), welche Tiergestalt angenommen hätten. Darunter fallen der Hund Huan und der Adler Thorondor. Ebenso gelte dies für Sauron (der in der Geschichte um Lúthien und Beren die Gestalt eines Werwolfs und später eines Vampirs annimmt) sowie für die Warge, die wie die Spinnen im Düsterwald und der Drache Smaug ihre eigene Sprache sprechen. Die Gabe der Rede hängt also mit der göttlichen Essenz des mit ihr ausgestatteten Wesens zusammen.

Die Trennung zwischen dem abstrakten Raum des Mythos und dem konkreten Feld der tierischen, pflanzlichen oder mineralischen Realitäten ist aufgehoben. Die organischen Formen und die Fabelwesen sind vielmehr durch eine Art Identitätsmatrix verbunden. Zusammenfassend gesagt wird bei Tolkien das Sein des Mythos spezifiziert, wenn das Sein der Art mythologisiert wird. Dort, wo die mythologische Essenz des Lebendigen und die biologische Substanz des Fabelhaften angelegt sind, erfährt der Leser einen Hauch des Übernatürlichen im Leben und des Realen im Fantastischen.

Bei aller Buntheit bewegen sich die Mutationen und Variationen im klassischen Bereich (Riesen, Zwerge …) und stehen auf der Organisationsebene von Vierbeinern. Es heißt, aus den von Morgoth im Ersten Zeitalter in Angband gefangen gehaltenen und gefolterten Elben seien Orks geworden. (Jedenfalls sind sie Morgoths Geschöpfe – ein plumper Versuch, es Ilúvatar gleichzutun, dessen Erstgeborene die Elben waren.) Die Orks umfassen eine eigene, kampfstarke Rasse, die Uruk-hai, auch diese von humanoid-säugetierartiger Machart. Wie im Fangorn-Wald zu hören ist, handele es sich auch bei den Trollen um Imitationen, und zwar von Ents (das altenglische *etten* für Troll ist Ent sehr ähnlich). Diese von Morgoth im Gestein eingeschlossenen Geister umfassen die lichtscheuen Steintrolle, die Höhlen- und Hügeltrolle und die Schneetrolle. Trolle manifestieren den paradoxen Zustand eines aus dem Nichts entstandenen Körpers. Halb organisch, halb mineralisch, wie von trägem Pulsieren und unbeweglichem Atmen durchzogen, inkarnieren sie die untragbare Schwere des Nichtseins. Alle aber laufen aufrecht auf zwei Beinen.

Was den Ring betrifft, so tritt er als aktiver Evolutionsfaktor auf, der das Leben seines Trägers verlängert und bei diesem eine zunächst moralische und später auch körperliche Veränderung auslöst: Sméagol wird zu Gollum, Saruman zu Scharrer, aus Trollen werden Olog-hai, aus korrupten Menschen Nazgûl.

DIE VERARMUNG DES MENSCHENGESCHLECHTS

Für die Ungeheuer lassen sich reichlich verzweigte Stammbäume angeben. Ihnen gegenüber steht eine sich mit der Zeit ausdünnende Artengemeinschaft der menschlichen Wesen – zuletzt blieb allein der Mensch übrig. Doch im Ersten Zeitalter scheinen mehrere Arten von Hominiden koexistiert zu haben: Neben den Zwergen tauchten mysteriöse schwarzbraune Menschen mit kurzem, stämmigem Körperbau, langen, starken Armen, zotteligem Gesicht und Oberkörper, schwarzem Haar und schwarzen Augen in Beleriand auf, ein Volk aus dem Osten, das mehrere Sprachen sprach, nicht zu verwechseln mit den Drúedain, die gemeinsam mit dem Volk von Haleth eintrafen und auch Wasa (»wilde Menschen der Wälder«) oder »Róg« genannt wurden – Letzteres von den Rohirrim, die im Dritten Zeitalter gnadenlos Jagd auf die letzten überlebenden Drúedain machten.

Diese waren scheu und anderen Menschenrassen gegenüber misstrauisch. Sie bewohnten in kleinen Stammesgruppen anspruchslose Behausungen im Wald, ihre Lebenszeit war kurz und ihre Fortpflanzungsrate gering. Ein exzellenter Geruchssinn und scharfe Augen befähigten sie, Lebewesen mit Leichtigkeit aufzuspüren, und über alles, was aus der Erde wächst, wussten sie fast ebenso viel wie die Elben. Schriftliche Kulturzeugnisse von ihnen gibt es nicht, nur Feuersteinwerkzeuge, Faustkeile und Messer aus ferner Vergangenheit. In den *Geschichten aus Mittelerde* sind sie als untersetzte und breitschultrige Wesen mit tiefer, gutturaler Stimme und ansteckendem Lachen beschrieben. Unschwer lässt sich in ihren flächigen und bartlosen Gesichtern mit der platten Nase und den tief in den Höhlen liegenden Augen unter einer niedrigen Stirn und vorspringenden Brauenbögen der Neandertaler erkennen – zumindest wie man ihn sich zu Tolkiens Zeit vorstellte. (Wie auch gern einmal der Flores-Mensch zum Beweis genommen wurde, dass Hobbits existierten[2] – ein Homo floresiensis Großbritanniens …) Die Drúedain waren größer und stämmiger als die Hobbits, ihre Gesichter weniger angenehm. Ihre Natur war dunkler und rätselhafter, und man schrieb ihnen fast übernatürliche Kräfte zu, die von ganz anderer Art waren als jene, über welche die Zwerge verfügten. Nachdem sie in Kontakt mit anderen Völkern gekommen waren, fertigten sie Bildnisse von sich in Holz oder Stein, die sie über tote Orks gebeugt zeigten. Es hieß, sie könnten einen Teil ihrer Kräfte in diese »Wächtersteine« hineinlegen, die sie am Rand ihrer Wege aufstellten und die angeblich bei Bedarf vorübergehend lebendig wurden. Tolkien selbst weist auf die Ähnlichkeit zur Übertragung von Saurons bösen Kräften auf den Ring hin.

Tolkien, der einen enormen Fundus an Zeichen und Bildern komponierte, entführt uns über sie schrittweise zu den Wurzeln der Zeit. Die verlorenen Welten, die er auferstehen lässt, fallen als echter *Offbeat* zwischen die Takte der herkömmlichen Geschichte des Lebenden. Er wagt sich an das innovative Experiment, immaterielle Zeitabläufe uralter Zeiten materiell erfahrbar zu machen, und wird damit zum Begründer eines absolut neuartigen Umgangs mit dem Stoff, aus dem die Träume sind. Seine »Natur«geschichte erklärt sich aus ihrer Kontinuität heraus, und er verleiht diesem Kontinuum eine die Fantasie anregende Geschichtshaftigkeit: Mit dem Entwicklungsspektrum, das er in seinen Bänden und Zyklen ausbreitet, gräbt er sich in die Zeit hinein. Er trägt die dicken Schichten der Welt ab, sodass am Ende die Möglichkeit einer Geschichte vor der Geschichte heraufdämmert, immer weiter in die unermesslichen Tiefen hineintauchend, aus denen die Zeit entsteht, bis zum ersten Anbeginn, bis zur Urgestalt der Formen …

Anmerkungen

1. Vgl. Kapitel »Fliegende Giganten! Wirklich?«, S. 341.
2. Vgl. das Kapitel »Der Streit der Paläoanthropologen um einen Hobbit«, S. 218.

TOLKIEN,
DER ORNITHOLOGE

ANTOINE
LOUCHART

In der Welt des Baumfreunds Tolkien sind Vögel allgegenwärtig. Lauschen wir ihrem Gesang, ihren Rufen, welche die Handlung begleiten, halten wir Ausschau, wie es Legolas tut, der die in schwindelnder Höhe kreisenden Raubvögel als erfahrener Vogelkenner lange vor der restlichen Ringgemeinschaft erspäht![1] Wir werden dabei erkennen, dass für die Vögel in Arda, der Welt Tolkiens, dasselbe wie für die übrigen Tiere und Pflanzen gilt: Teils ähneln sie denen auf unserer Erde (und tragen dieselben Namen), teils sind sie geprägt durch ein fantastisches, märchenartiges Element. Doch hebt er sie ständig vor den anderen Tieren heraus, was ihnen eine Sonderstellung verschafft. Kommen Sie mit, durchstreifen wir auf der Suche nach den gefiederten Freunden das *Silmarillion,* den *Hobbit* und den *Herrn der Ringe!*

VON GESANG BEGLEITETE SCHRITTE

Charakteristisch für Tolkiens Werk ist die überproportional große Bedeutung der Töne. Sein Universum wird durch sie ins Leben gerufen wird, von der Bedeutung der diversen Sprachen ganz zu schweigen. Musik, Liedklagen, Lais (Versdichtungen), Gesang und Hobbit-Lieder durchziehen die Erzählung, aber auch die Klangatmosphäre der Natur. Die Laute der Vögel erhalten oft in ungewöhnlicher Weise Bedeutung, wenn sich durch ihr Verstummen lastende oder beunruhigende Stille breitmacht. Sie zeigt die Nähe des Feindes, des Todes oder einer unmittelbaren Gefahr an oder tritt in kritischen Momenten vor wichtigen Ereignissen oder einer Konfrontation mit den dunklen Mächten ein. Implizit wird klar, dass Tolkien Vögel als unentbehrlichen Hintergrund des Lebens ansieht.

Während im *Herrn der Ringe* der rätselhafte Tom Bombadil »wie ein ganzer Baum voller Vögel« pfeift und Bruchtal und Ithilien von Gezwitscher erfüllt sind, vermisst Bilbo in *Der Hobbit* am Steilhang des Bergs, in dem der Drache Smaug wohnt, die Vogelstimmen. Diese Stille nimmt auch sein Neffe Frodo wahr, sei es in Hulsten, am Eingang zu den Höhlen von Moria oder im Boot auf dem Strom, nachdem die Gefährten Lórien hinter sich gelassen haben. Vogelrufe über den Sümpfen ertönen wie ein »klagender Schrei«, und

Vögel in Mittelerde

auf dem Amon Hen kehrt der Vogelgesang erst zurück, als der Schatten, der Frodo beinahe aufgespürt hat, weitergezogen ist. Immer lastender wird die Stille am Fuß der Emyn Muil, in den Totensümpfen und beim Verlassen Ithiliens, je näher die Entscheidungsschlacht rückt und Frodo auf Mordor zusteuert, wo es keinerlei Vögel gibt. Kurz vor dem Sturz des verkommenen Maia Sauron scheint in Minas Tirith die Zeit stehen zu bleiben. Man hört »weder Wind noch Stimme noch Vogelrufe«. In einem Moment schwärzester Verzweiflung eröffnet ein Lied, das von fröhlichen Finken singt, Sam die Chance, den totgeglaubten und in den Wehrtürmen von Mordor gefangenen Frodo aufzuspüren, worauf die Hoffnung wieder erwacht. Der Vogelgesang steht für die anhaltende Freude, welche die Hobbits auch unter düstersten Umständen tief in ihrem Herzen bewahren.

Doch gehen wir zum Urbeginn zurück und bewegen wir uns behutsam voran, um nicht die ersten Vögel aufzuscheuchen, die im *Silmarillion* mit Manwe, dem höchsten Vala und Meister der Luft und der Winde, verbunden sind!

DIE VÖGEL AUF ARDA: EIN SCHÖPFUNGSBERICHT

Lange vor der Zeit war es die Vala (Göttin) Yavanna, welche die Vögel auf Arda erschuf. Sie waren für die Elben – vor allem die Nandor, die sich am besten mit ihnen auskannten – Wesen, die sprechen können: mit ihnen, den Erstgeborenen, aber dank ihrer Musik auch untereinander. Manche Elben erlernten diese »Sprache«, und man konnte in Lórien gelegentlich hören, wie sie sich mit leisen Vogelpfiffen unterhielten.

Als Erste begegnen uns Nachtigallen, die Begleiterinnen der Maia Melian. So wie sie in der höfischen Poesie der Troubadoure die Frühlingsboten sind, erinnern sie hier an den ewigen Frühling des Ersten Zeitalters. Man sagt, alles habe geruht, wenn Melian den Nachtigallen ihr Lied zu der Stunde lehrte, in der sich die Lichter der Zwei Bäume mischten. Die Quellen hätten »zu fließen aufgehört«, und die Vögel von Valinor schwiegen. Diese friedvolle Stille und Sammlung steht in deutlichem Gegensatz zum Verstummen der Vogelstimmen, von dem oben die Rede war. Später bekommt die Elbin Lúthien von Beren, für den sie aus Liebe auf ihre Unsterblichkeit verzichtete, den Kosenamen Tinúviel – Nachtigall. Nachtigallen singen gemeinsam mit ihr, als der Hund Huan aufbricht, um Sauron zu bekämpfen. Ihr Gesang zur Nacht und in der Morgendämmerung symbolisiert den Kampf gegen den Verfall und die Mächte der Dunkelheit. Während die Nachtigall im *Silmarillion* überall präsent ist, kommt sie im *Herrn der Ringe* ein einziges Mal indirekt in einem Lied vor – vielleicht ein Ausdruck dessen, dass das Paradies des Ersten Zeitalters verloren gegangen ist.

Auch Vögel treten bisweilen als Kämpfer auf. Bald begegnen uns Adler und Falken – ein typischer Bestandteil mittelalterlicher Bestiarien und Wappentiere des jagenden und kriegführenden Adels. Diese Greifvögel haben für Manwe überall ihre Augen. Tatsächlich sehen einige reale Falkenarten ausgesprochen gut und erkennen Objekte in achtmal größerer Ferne als der Mensch. Der Adler, ein Vogel der Sonne, gilt in vielen Symbolsystemen als König der Vögel. Von Manwe sind die Adler mit der Mission betraut, ihm die Stimmen jener zuzutragen, die die Valar anrufen.

PLATZ DA, DIE SCHWÄNE KOMMEN!

Die weißen Schwäne sind im *Silmarillion* mit den Elben assoziiert; häufig haben deren Schiffe Schwanenform. Mit seiner stolzen Haltung, der weißen Farbe und seiner Größe (große Höckerschwäne sind heute die schwersten flugfähigen Vögel) ist der Schwan ein Symbol des Reinen, des Edlen und der Kraft. Wie Adler, Falken und Nachtigallen gelten die Schwäne als Vögel der Valar. »Viele Schwäne mit starken Schwingen«, Wahrzeichen der Teleri-Elben, ziehen deren Schiffe über das Meer nach Aman. Earwen, die Tochter des Teleri-Königs Olwe, wird »die Schwanenjungfrau« genannt. Der Bug von Earendils Schiff ist wie der Hals eines Schwans geformt. Später, im Dritten Zeitalter, ist der Silberne Schwan das Wahrzeichen und Banner der Stadt Dol Amroth, einer Verbündeten Gondors. Schwäne bevölkern auch andere Orte wie den sumpfigen Schilfgürtel des Flusses Schwanenfleet, erstaunlicherweise schwimmen sie sogar auf dem offenen Ozean – ein bei realen Schwänen, die zwar übers Meer fliegen, ansonsten aber im Süßwasser- oder Küstenbereich bleiben, eher unübliches Verhalten …

In einer Episode des *Silmarillions* erhält der Zug dieser großen Vögel besonderes Gewicht: Sieben nach Süden fliegende Schwäne künden den Fall Nargothronds an. Vogelschau (Ornitomantie) wurde in der Antike vom auspex betrieben, einem Priester, der aus dem Flug der Vögel Vorhersagen für die Zukunft traf. Häufig stehen Wanderbewegungen von Vögeln mit Klima- und Wetterbedingungen in Zusammenhang, die Tolkien minutiös schildert. Gemeinsam betrachtet haben solche Phänomene bei ihm nicht selten die Funktion von Omen.

Dass nach dem Tod des Drachen Smaug Vogelscharen von Süden auftauchen, erscheint den Protagonisten zu Recht als ein ungewöhnlicher Vorgang, der nichts mit den üblichen

Zugbewegungen der Winterzeit zu tun hat. In einem weiter gefassten Kontext zählen solche Vorboten von Schicksalsschlägen oder Glücksfällen zu dem zyklischen Prozess, in dem das Kommen des Winters mit Kriegen und Unglück assoziiert ist. Könnte Tolkien über das Düstere, das manchen Vögeln anhaftet, vielleicht beabsichtigt haben, auch dem Dunklen und Melancholischen in seiner Welt Raum zu geben?

NUANCEN ZWISCHEN MELANCHOLIE UND GROTESKE

Laut dem *Silmarillion* sind Seevögel wie die Möwen eng mit dem Meer, den Elben und deren Heimweh nach ihrer Urheimat Valinor jenseits des Ozeans verbunden. Sowohl die Elben Mittelerdes als auch die Ringträger werden von dieser Melancholie erdrückt, die in den »klagenden« Schreien der geselligen Möwen zum Ausdruck kommt. Bis endlich die Schiffe aus den Grauen Anfurten zu ihrer letzten Fahrt in See stechen, wird der Ruf für Legolas mit der Zeit zur Obsession. Frodo vernimmt von der fern gelegenen Flussmündung her sogar die Rufe einer ausgestorbenen Art, die er später vom Sitz des Sehens auf dem Amon Hen aus zu Gesicht bekommt. Im Ersten Zeitalter verleiht der Vala Ulmo der Elbin Elwing das Aussehen einer Seemöwe mit weißen und silbergrauen Flügeln, ab da versteht sie die Sprache der Vögel. Auch in Kreisen der Menschen tauchen einige Vogelattribute auf. So sind die Helme der Wachen auf der Zitadelle von Minas Tirith mit weißen Flügeln von Seevögeln und die perlenbesetzte Krone der Könige von Númenor mit silbernen Flügeln bestückt.

Die Lerche, ein weiterer Vogel der Troubadoure und des Frühlingserwachens, ist im *Silmarillion* in zarten Worten erwähnt, die Tolkiens große Empfänglichkeit für manche Vogelstimmen verraten: »Lúthien [begann] plötzlich zu singen. Scharf und herzzerreißend war ihr Lied, wie das Lied der Lerche, die aus den Pforten der Nacht steigt und ihre Stimme unter die verblassenden Sterne ergießt.« Und als die Ringgefährten Lórien verlassen, klingt ihnen als Letztes der hohe und ferne Gesang der Lerchen nach.

Lerchen, Nachtigallen und andere Singvögel sind stark mit der Weiblichkeit assoziiert. Wo Lúthien geht, singen die Vögel sogar »unter den schneeweißen Hügeln«. Dass zu den Geschenken, welche die Elben nach Númenor mitbringen, nicht nur Blumen, Kräuter und ein Setzling des Baums Celeborn gehören, sondern auch Singvögel, zeigt deren Wichtigkeit. Ähnliche Geschenke – Singvögel und unsterbliche Bäume – verspricht Legolas für Minas Tirith nach dem Krieg. Welch ein Kontrast zu Gollums Haltung! Für ihn sind Vögel nur Beute, die man frisst. Die Orks wiederum verspotten Bilbo, Gandalf und die Zwerge, die auf Bäumen festsitzen, mit einem grausamen Liedchen: »Fünfzehn Vögel in fünf hohen Föhren«, doch »diesen Vögeln fehlen die Schwingen«. Selbst die Hobbits verhalten sich gelegentlich, wenn sie Fallen stellen, mit Schleudern auf Vögel schießen, deren Nester ausnehmen oder sie locken, indem sie ihr Gezwitscher nachahmen, wie Lausbuben aus Tolkiens Jugendzeit. Für diese war das auf dem Land, das er so liebte, ein beliebter Zeitvertreib anstelle der Schule.

EDLE UND BÖSARTIGE VÖGEL

Im Verborgenen zunächst breitet sich unter gewissen Vögeln das Böse aus. Im *Silmarillion* hatten alle dort erwähnten Vögel noch auf der Seite des Guten gestanden. Dort kommt noch die Nachtigall vor, die im *Hobbit* und im *Herrn der Ringe* – die in den späteren Zeitaltern spielen – kaum noch präsent ist. Anstelle dessen tauchen nun erstmals diverse Rabenvögel (Rabe, Krähe und Crebain) und sonstige Aasfresser, etwa Geier, auf. Man erkennt an diesen wenig edlen und fast immer auf der Seite des Feindes und des Todes stehenden Vögeln (Bilbos Raben bilden eine Ausnahme), dass eine Entwicklung zu einer weniger schönen, edlen, unvergänglichen Welt stattgefunden hat. Im Bericht des Ents Bregalad über die Verkommenheit der Vögel wird der historische Umschlagpunkt klar: »Doch wurden die Vögel unfreundlich und gierig und rissen an den Bäumen und warfen die Früchte hinunter und fraßen sie nicht.« Dies lässt uns die Spaltung erleben, die zwischen Tolkiens geliebten Bäumen und den Vögeln, deren Charakter nicht mehr eindeutig gut ist, eingetreten ist. Im Lauf der Zeitalter wechselten einige von ihnen auf die Seite des Feindes, anfänglich jedoch war keiner von ihnen schlecht gewesen.

Der Rabe, genereller Repräsentant aller Rabenvögel, war meist positiv konnotiert. In der Antike, der keltischen und germanischen Tradition und den nordischen Legenden wurde er für seine Weisheit gerühmt. Mit der Ausbreitung des christlichen Einflusses kam die Wende: Er geriet auf die Seite der dunklen Mächte und des Todes, zum Teil wohl aufgrund seiner schwarzen Farbe. Bilbo erlebt zwar die Krähen als Spione im Dienst des Feindes, doch die Raben (im engen Sinn) stehen für ihn auf der Seite des Guten. Für Thrórs Leute waren sie Freunde und Boten, dafür wurden sie »mit blitzenden Gegenständen belohnt«, sie verfügten über Weisheit und ein gutes Gedächtnis. Bilbo und der Zwerg Balin führen ein Gespräch mit dem 153 Jahre alten Raben Roac. Raben und Adler sind in der Lage, mit gewissen Romanfiguren zu sprechen, womit Tolkien seine Anerkennung für ihre großen intellektuellen Fähigkeiten zeigt. Neuere Studien über die kognitiven Fähigkeiten mehrerer Rabenvogelarten weisen in dieselbe Richtung.

Der schwarze Schwan, ein starkes Symbol okkulter Macht, erscheint nur einmal, als mit der Abfahrt aus Lórien der ruhigere Teil der Reise zu Ende geht. Auf dem Strom nach Süden unterwegs, vernehmen die Gefährten klagende Laute, die von den Schwingen fliegender Schwäne auszugehen scheinen. Es sind Trauerschwäne *(Cygnus atratus),* eine Vogelart, die tatsächlich in Australien vorkommt. Bis zur polynesischen Kolonisation gab es in Neuseeland, der Heimat Peter Jacksons, übriges eine verwandte Art, die australische Variante wurde dort in jüngerer Zeit wieder angesiedelt.

EINE VERTRAUTE VOGELWELT

Landschaftlich gleicht die Lebensumwelt eines Großteils der Vögel Ardas den ländlichen Gebieten und Küsten Englands, und die Mehrzahl der Vögel entspricht in etwa den gängigen europäischen Vogelarten (Finken, Stare …). Das Bild wird durch zahlreiche Sumpfvögel vervollständigt, die in den Mückenwassermooren auf dem Weg der Ringgefährten und an den morastigen Ufern des Sees Linaewen in Nevrast leben, außerdem durch Schwäne an verschiedenen Gewässern, Rabenvögel, Seevögel und manche weit verbreitete Singvogelarten. In *Die Abenteuer des Tom Bombadil* erscheint eine einzelne Art, der Eisvogel, als Paradesymbol der englischen Landschaft mit ihren Flüssen, Teichen und Sümpfen. Bombadil steckt eine blaue Feder dieses Vogels an seinen Hut. All diese Vogelarten ziehen ein gemäßigtes Klima vor, häufig herrscht eher »winterliche« Atmosphäre. Wir haben es mit sesshaften Vögeln oder partieller Migration zu tun, d. h., nur bestimmte (nördliche) Populationen fliegen in die gemäßigteren Zonen, wodurch diese Arten praktisch das ganze Jahr bei uns präsent sind. Wir als Tolkienforscher können etwas Ähnliches betreiben wie Paläontologen, die anhand der aktuellen Umgebungen, in denen fossile Arten gefunden wurden, Rückschlüsse auf deren frühere Umwelt ziehen. Diese Beschäftigung möchte ich »Terrianismus« nennen: Sie besteht darin, Merkmale von Elementen, die sowohl in Tolkiens Werk als auch in der Realität vorhanden sind, zu nutzen, um daraus charakteristische Züge des Tolkien'schen Universums abzuleiten. Bei diesen Elementen kann es sich um Vögel handeln, die in beiden Welten bekannt sind, aber auch um anderes (Lebewesen, Strukturen etc.). Neben den »normalen« Vögeln treten auch schwieriger zu identifizierende, sonderbare Arten auf – für sie interessieren sich die Ornithologen ganz besonders.

GEHEIMNISVOLLE VÖGEL

Charakteristisch ist die undurchsichtige Drossel, die im Hobbit eine bedeutende Rolle spielt, da sie dem Schützen Bard im letzten Moment verrät, wo sich die verletzliche Stelle des Drachen Smaug befindet. Der ungewöhnlich große Vogel schmettert Schnecken gegen einen Stein oder Fels, um sie aufzubrechen. Er zeigt damit ein typisches Verhalten von Singdrosseln. Auch streut er, wie viele Drosseln, Triller in seinen Gesang ein. Doch sein Gefieder ähnelt keiner bekannten Drossel, es sei denn der Bergdrossel Südasiens *(Zoothera monticola).* Es lag aber gewiss nicht in Tolkiens Absicht, eine reale exotische Art einzubringen. Geht man von den Vögeln seiner Heimat aus, so ist der Vogel zwischen einem großen Amselmännchen (mit »nahezu kohlschwarzem« Gefieder) und einer Misteldrossel (»ihre blassgelbe Brust war dunkel gefleckt«) einzuordnen. Interessanterweise haben Menschen diese Arten gezähmt. Die Drossel spricht zwar nicht mit den Figuren, versteht sie aber und tut diskret das Nötige, um ihnen zu helfen. Als »Vogelbändiger« wird der Zauberer Radagast von seinem unheimlichen Kollegen Saruman verhöhnt. Indirekt lässt sich daraus schließen, dass Tolkien selbst die in England verbreitete Praxis des Vogelzähmens geschätzt zu haben schien.

Über Hulsten fliegen Crebain – Rabenvögel, die in Dunland und dem Fangorn heimisch sind. Sie sind Spione und Vorboten unheilvoller Ereignisse, also echte »Unglücksraben«! Die Crebain sind »eine große Krähenart«, die einigen Unterarten der heutigen Raben ähnelt, die, wie aus fossilen Funden bekannt ist, über mehrere Eiszeiten hinweg in Europa lebten. Desgleichen ist in alten númenórischen Legenden eine besondere, sehr große Rasse weißer Schwäne erwähnt, die Schwäne von Gorbelgod. Waren die Schwäne früherer Zeitalter die Vorfahren der heutigen Schwäne? Ist es in dieser Gattung wie bei den Adlern[2] im Lauf der Jahrtausende zu einer Abnahme der Körpergröße gekommen – ein Phänomen, das sich einmal mehr als eine Entwicklung in Richtung des weniger Majestätischen und Edlen interpretieren ließe?

In den *Nachrichten aus Mittelerde* ist ein anderes Beispiel genannt: der Kirinki, ein auf Númenor lebender endemischer Vogel mit purpur- bzw. scharlachrotem Gefieder. Er ist kleiner als ein Zaunkönig oder Goldhähnchen, und sein Piepen ist zu hoch, als dass Menschen es hören könnten. Wieder ließen sich weltweit eine Reihe realer Entsprechungen

Der Rabe

finden, bis hin zum Guaracho (Fettschwalm), einem geheimnisvollen, höhlenbewohnenden großen Vogel, mit dem der Kirinki die Ultraschall-Rufe gemeinsam hat. Auch gibt es winzige scharlachrote Kolibris mit sehr hohen Stimmen, und viele weitere Vögel, die Ähnlichkeiten aufweisen. Doch wir wollen die Analyse und das Zerpflücken nicht zu weit treiben, denn wie schon Gandalf zu bedenken gab: »Derjenige, der etwas zerbricht, um herauszufinden, was es ist, hat den Pfad der Weisheit verlassen«!

Oft bleibt es bei der reinen Nennung von Vogelarten, oder sie kommen in Bildern und Metaphern vor, ohne in der Erzählung eine weitere Rolle zu spielen. Gandalfs Feuerwerkskörper malen singende Vögel, Adler und Schwäne in die Luft, Bombadil pfeift wie ein Star, Saruman und andere Verräter sowie die unter ihrem Einfluss stehenden Menschen schimpfen Gandalf eine »Sturmkrähe« …

Explizit genannt werden Geier: Die beiden Stummen Wächter – steinerne, doch mit Leben versehene Statuen am Eingang zum Turm von Cirith Ungol – bestehen jeweils aus drei miteinander verwachsenen Leibern mit Geierköpfen. Es sind zweifellos die negativsten von allen Vögeln, die bei Tolkien vorkommen. Auf ganz andere Weise fremdartig und sonderbar wirken die am Ende der Schlacht in Helms Klamm zur Verstärkung heraneilenden Ents: »[…] ihre Gangart erinnerte an watende Reiher, nicht aber ihre Geschwindigkeit«. Man kann sich die ausgreifenden und gleichzeitig raschen Schritte der Ents vorstellen – aber welch ein eigenartiger Vergleich!

Tolkien nahm also Anleihen bei Vogellegenden und -symbolen aus der Antike und dem Mittelalter, aus der nordischen und der orientalischen Welt. Doch die Interpretation, mit der er sie versah, war häufig unerwartet und originell.

Anmerkungen

1. Vgl. das Kapitel »Das Sehen der Elben«, S. 233.
2. Vgl. das Kapitel »Fliegende Giganten! – Wirklich?«, S. 341.

ARNAUD
VARENNES-SCHMITT

OLIFANTASTISCHE *WESEN*

»Grau wie die Maus, groß wie ein Haus, Schnauze wie Schlange« … Mûmakil, bei den Hobbits Olifanten genannt, sind riesige elefantenartige Wesen aus der südlich von Gondor und Mordor gelegenen Region Harad. Vor allem die Südländer (Haradrim) setzen sie im Krieg als »Schlachtrösser« ein. Sie haben einen kurzen Auftritt in *Die Zwei Türme,* ein längerer folgt in der Schlacht auf den Pelennor-Feldern in *Die Rückkehr des Königs.* Wie realistisch sind solche Wesen? Dies soll hier anhand des anatomischen Vergleichs mit existierenden Elefanten sowie deren ausgestorbenen Verwandten geklärt werden, ebenso wie ihre Verwendung als Reittiere durch die Parallelen zu realen Kampfelefanten, die in der Menschheitsgeschichte zum Einsatz kamen.

FAMILIENPORTRÄT

Lassen Sie uns einen Blick auf die zoologische Ordnung der Rüsseltiere *(Proboscidea)* werfen, welche die Elefanten und ihre nahen Verwandten umfasst. Die drei Elefantenarten, die es noch auf der Erde gibt – der Asiatische Elefant *(Elephas maximus),* der Afrikanische Steppenelefant (*Loxodonta africana)* und der Afrikanische Waldelefant *(Loxodonta cyclotis)* – zählen zu dieser Ordnung. Die Rüsseltiere erschienen vor etwa 60 Millionen Jahren; es sind mehr als 170 Arten bekannt, von denen fast alle ausgestorben sind. Könnte es sein, dass Tolkien – da seine Olifanten nach strengen Maßstäben keine Elefanten sind – die Anregung dazu von solchen fossilen Arten bezogen hat? Schauen wir uns die Hauptvertreter dieser Ordnung an.

Der älteste fossile Vorfahr der Rüsseltiere wurde in Marokko gefunden und ist ungefähr 60 Millionen Jahre alt. Es handelt sich um *Eritherium azzouzorum,* ein kleines Säugetier, das kaum größer als eine Katze war und sich stark von heutigen Elefanten unterschied. Kein Rüssel, keine Spur von großen Ohren, keine Stoßzähne … Wer nicht vom Fach ist, hätte große Schwierigkeiten, in ihm einen Bezug zu Elefanten zu erkennen. Und doch ergibt der anatomische Vergleich (vor allem der Schädelmerkmale), dass es sich bei Eritherium zweifellos um den ersten bekannten Repräsentanten der Rüsseltiere handelt. An Beispielen sehr alter und von heutigen Elefanten stark abweichender Rüsseltiere ist kein Mangel; hier seien *Phosphatherium* (ebenfalls in Marokko gefunden) und *Moeritherium* genannt, von dem man annimmt, dass er ans Wasser angepasst war. Doch Tolkien kann, als er seine

Olifanten ersann, durch sie nicht beeinflusst worden sein, denn sie unterscheiden sich in ihrer Anatomie stark von Elefanten, und vor allem waren sie wesentlich kleiner. Zudem wurden Eritherium und Phosphatherium erst lange nach Tolkiens Tod entdeckt.

Unter den fossilen Rüsseltieren sticht die anatomisch auffallende Gattung *Deinotherium*[1] hervor, die vor 27 bis 2 Millionen Jahren lebte. Ihr Aussehen erinnert an Elefanten: Rüssel, säulenartige Beine und eine enorme Größe (bis zu 5 Meter Schulterhöhe bei *Deinotherium giganteum*). Das wichtigste Unterscheidungsmerkmal bestand darin, dass ihre Stoßzähne im Unterkiefer und nicht im Oberkiefer verankert waren und nach unten und hinten zeigten. Mit ihrer Größe wären sie ernsthafte Kandidaten gewesen, doch die Besonderheit ihrer Stoßzähne stimmt nicht mit Tolkiens Beschreibung überein, da die Stoßzähne der Olifanten »hornartig […] nach oben gerichtet« waren, was wenig Ähnlichkeit mit den nach unten gekrümmten Stoßzähnen von Deinotherium aufweist.

Die Rüsseltiergattung *Gomphotherium*[2] ist insofern, als sie gleich zwei Paar Stoßzähne hatten – je eines im Ober- und im Unterkiefer – ein weiteres spektakuläres Beispiel. Heute findet die These, dass das untere Paar dazu diente, im Boden nach Wurzeln zum Fressen zu graben, die meisten Anhänger. Mit diesen beiden Stoßzahnpaaren kann Gomphotherium ebenfalls von der Liste potenzieller Vorbilder Tolkiens gestrichen werden. Der Autor hätte diese Attribute mit Sicherheit erwähnt.

Übrig bleiben die *Elephantinae*[3] – die bekannteste Gruppe, zu der vor allem die drei heutigen Elefantenarten, aber auch die Mammuts zählen. Mit Ausnahme von Primelephas haben die Elephantinae ein einziges Paar Stoßzähne im Oberkiefer (bei welchen es sich um umgewandelte Schneidezähne handelt). Diese Arten stimmen am besten mit Tolkiens Beschreibung überein, mit Ausnahme eines bereits erwähnten Details, der Größe: Ein Mûmak ist deutlich größer als jeder beliebige moderne oder ausgestorbene Elefant. Dennoch drängt sich in der Gesamtbetrachtung die Schlussfolgerung auf, dass es sich bei Olifanten höchstwahrscheinlich um übergroße Elefanten handelt.

STECKBRIEF DES OLIFANTEN

Lesen wir die recht ungenaue Beschreibung der Olifanten in *Die zwei Türme,* finden wir vor allem die Betonung ihrer enormen Größe: »groß wie ein Haus«, »ein wandelnder Berg«, »ein Tier von außerordentlicher Größe« … »Wie Bäume waren die großen Beine« (was den säulenartigen Beinen von Elefanten ziemlich nahe kommt), »die ungeheuren Ohren standen ab, der lange Rüssel war erhoben wie eine riesige Schlange, […] die kleinen roten Augen wutentbrannt.« Und schließlich die »hornartigen, nach oben gerichteten Stoßzähne«. Abgesehen davon geizt Tolkien mit Details, und es ist schwierig, ein genaueres »Phantombild« des Olifanten zu erstellen. Immerhin lässt sich Tolkiens anatomische Beschreibung ausgehend vom obigen Postulat, dass es sich tatsächlich um Elefanten handeln muss, vervollständigen.

Der Aufbau des Skeletts moderner Elefanten entspricht dem der meisten Säugetiere, zeigt aber einige Besonderheiten. Erstens ist ihre Fortbewegungsweise einzigartig: Sohle und Zehenglieder sind beim Gehen gleichzeitig in Kontakt mit dem Boden. Während die Zehen direkten Kontakt aufnehmen, liegt die Sohle mit einem Fettpolster auf, in das die Hand- und Fußwurzelknochen von oben her eingebettet sind. Speziell ist auch die annähernd vertikale Stellung der Extremitäten, auf denen der Körper wie auf Säulen ruht. Diese Besonderheit ermöglicht es den Elefanten, unbeweglich zu stehen, ohne viel Energie zu verbrauchen. Der Schädel ist massiv, sehr robust und dank eines Systems luftgefüllter Kammern, die sämtliche Schädelknochen durchsetzen, dennoch leicht. Eine große Vertiefung in der Schädelmitte markiert den Rüsselansatz. Der Rüssel weist eine überaus große Anzahl von Muskeln auf. Das Tier kann damit trinken (das Wasser wird mit dem Rüssel aufgenommen und ins Maul gespritzt), aber auch greifen, zum Beispiel nach Futter.

Außerdem haben Elefanten ziemlich große Ohren, wodurch sie nicht nur ein gutes Gehör haben, sondern auch ihre Körpertemperatur regulieren können. Bei einem Tier dieser Größe kommt es leicht zu einem Wärmestau, doch da die Ohren der Elefanten von einem weiten Netz von Blutgefäßen durchzogen sind, wird dadurch die Fläche, über die Wärme abgegeben werden kann, vergrößert. Übrigens haben Afrikanische Elefanten, deren Verbreitungsgebiet in heißeren Zonen liegt, größere Ohren als Asiatische Elefanten. Tolkien stattet die Olifanten mit riesigen, segelartig ausgespannten Ohren aus, was zu ihrer geografischen Herkunft aus der Region Harad, wo das Klima sehr heiß ist, passt. Außerdem wird im *Herrn der Ringe* ausdrücklich die unglaubliche Dicke der Olifantenhaut erwähnt («die dreifache Haut seiner Flanken«). Diese Beschreibung stimmt mit der tatsächlichen Beschaffenheit der Haut von Elefanten überein: Sie ist sehr dick – eine Besonderheit, der die Ordnung der Rüsseltiere ihren früheren Namen (und jetzigen Beinamen) »Dickhäuter« verdankt.

Elefantengebisse zeigen eine Besonderheit, welche die Olifanten sicher mit ihnen gemeinsam haben: die besondere Art des Zahnwechsels. Die kleinen und großen Backenzähne (Prämolaren und Molaren) schieben horizontal nach. Anders als beim vertikalen Zahnwechsel der meisten anderen Säugetiere (Menschen inbegriffen) werden bei Elefanten mehrere Generationen von Zähnen allmählich von hinten her (horizontal) ersetzt; die Prämolaren und Molaren in ihrem Kiefer sind somit nicht alle gleichzeitig sichtbar. Die ersten Zähne beginnen sich abzunutzen, der Durchbruch neuen Zahnmaterials schiebt sie nach vorn, und wenn sie komplett abgenutzt sind, fallen sie aus. Insgesamt werden bei jedem Individuum im Lauf seines Lebens in jeder Zahnreihe sechs Zähne (drei Prämolaren und drei Molaren) ersetzt. Ist auch der sechste Zahn abgenutzt und fällt aus, hört der Elefant zu fressen auf und stirbt.

ZU VIELE STOSSZÄHNE FÜR DIE OLIFANTEN?

Entfernen wir uns ein Stück von Tolkiens Romanen, um einen kleinen Schwenk zu Peter Jacksons ästhetischen Entscheidungen in seiner Filmtrilogie zu machen. Die Olifanten in den Filmen sind in der Tat riesig und tragen mehr als ein Dutzend Soldaten in den Türmen auf ihrem Rücken. Sie sind nicht mit einem oder zwei, sondern ganzen drei Paar Stoßzähnen ausgestattet! Da gibt es ein Paar lange obere Stoßzähne in Form großer, aufwärts geschwungener Hörner, die den von Tolkien beschriebenen Stoßzähnen entsprechen. Hinzu kommt ein kleineres unteres Paar, das an die Stoßzähne von Gomphotherium erinnert. Ein drittes Paar, sehr klein und im Vergleich zu den großen oberen Stoßzähnen seitlich gelegen, vervollständigt das Ganze. Ein solches Rüsseltier mit drei Paar Stoßzähnen ist weder unter den realen noch den fossilen Arten bekannt. Nun fragt sich natürlich, welches von diesen Paaren den Stoßzähnen realer Rüsseltiere entspricht, und welches Paar als eine Neuerung in der Evolution anzusehen ist, die man einzig und allein bei Peter Jacksons Olifanten antrifft.

Um dies zu beantworten, sollen hier die oberen Zahnreihen von drei echten Arten – des Indischen Elefanten *Elephas maximus,* des Wildschweins *Sus scrofa* und der fossilen Art *Gomphotherium augustidens* – zwei fiktiven Arten gegenübergestellt werden, die wir *Mumakitherium tolkieni* (Tolkien-Elefant) und *Mumakitherium jacksoni* (Jackson-Olifant) nennen wollen. Das Gebiss von *Elephas maximus* besteht in den oberen Quadranten aus einem einzigen, zum Stoßzahn entwickelten Schneidezahn, dazu mehreren Molaren mit horizontalem Zahnwechsel. Eckzähne sind bei heutigen Elefanten nicht vorhanden. Das männliche Wildschwein (Keiler) besitzt dagegen drei Schneidezähne, gefolgt von einem stark entwickelten Eckzahn (Haderer), an dem sich der untere, stoßzahnartige Eckzahn (Hauer) schärft, dazu kommen vier kleine und drei große Backenzähne. Wildschweine

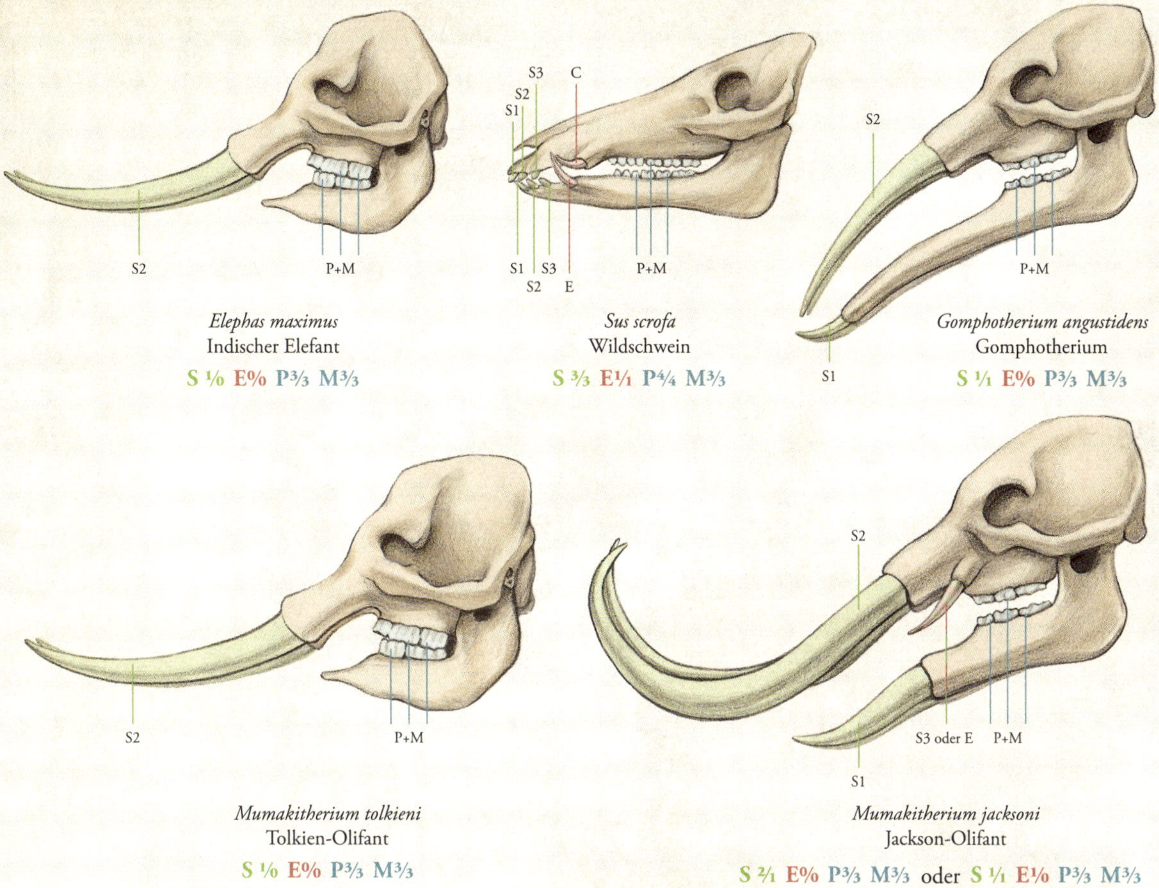

ABBILDUNG 1

Vergleich der Zahnformeln dreier realer (oben) und zweier fiktiver Arten (unten)

sind keine Rüsseltiere, doch ihr spezieller Gebisstyp ist nützlich beim anatomischen Gebissvergleich der beiden Olifanten-Arten.

Kommen wir zu *Mumakitherium tolkieni.* Wir haben gesehen, dass es sich bei dem von Tolkien geschilderten Olifanten mit Sicherheit um einen besonders großen Elefanten handelt. Die Zähne sind daher höchstwahrscheinlich vergleichbar: ein zum Stoßzahn gewandelter Schneidezahn und Molaren, die horizontal nachschieben. Wie bei den Elefanten ist der als Stoßzahn geformte Schneidezahn das Gegenstück zum zweiten Schneidezahn (S2) anderer Säugetierarten wie dem Wildschwein.

Der Angriff der Olifanten

Im Oberkiefer von Mumakitherium jacksoni bleibt die Zahnformel die gleiche wie bei Mumakitherium tolkieni und den Elefanten, nur erscheint hier ein zweiter, kleinerer Stoßzahn zwischen dem ersten Stoßzahn und den Molaren. Dazu sind zwei Hypothesen denkbar. Erstens könnte es sich um einen weiteren modifizierten Schneidezahn handeln; mit seiner Position wäre dieser notwendigerweise das Gegenstück zum dritten Schneidezahn (S3) des Wildschweins oder anderer Säugetiere. Es könnte aber auch ein stark ausgeprägter Eckzahn ähnlich den Haderern des Wildschweins sein – hier hätte eine konvergente Evolution stattgefunden. Doch beides ist sehr unwahrscheinlich, da ja die Elefanten sowohl die Schneidezähne S1 und S3 als auch die Eckzähne verloren haben. Selbst wenn sehr alte Formen, nämlich Phosphatherium, noch drei Schneidezähne und einen Eckzahn besaßen, lässt deren Verlust bei späteren Rüsseltierarten die Film-Olifanten als wenig glaubwürdig erscheinen. Anders verhält es sich mit ihrer Effizienz auf dem Schlachtfeld.

WAFFEN MIT GROSSER ZERSTÖRUNGSKRAFT

Die Olifanten im *Herrn der Ringe* sind im Grunde Kriegsmaschinen. Sie werden von den Haradrim (Südländern) geritten, die auf den Pelennor-Feldern aufseiten Saurons kämpfen. Tolkien bezog seine Anregungen dazu wahrscheinlich aus realen Beschreibungen, da die wenigen Details, die er erwähnt, Elemente widerspiegeln, wie sie sich in historischen Texten finden. Oft vergisst man über Hannibal, der mitsamt seinen Elefanten den berühmten Zug über die Alpen wagte, weil er Rom erobern wollte, dass Elefanten seit über dreitausend Jahren in vielen Teilen der Welt im Krieg genutzt worden sind.

Die Mahouts[4] mit ihren Mûmakil haben in der Schlacht bei den Pelennor-Feldern das Ziel, sich an das Tor von Minas Tirith heranzukämpfen, um die Stadt zu erstürmen.

Historische Berichte zeigen, dass Rüsseltiere in der Schlacht mehrere Funktionen erfüllten. Die eine lag darin, wie im *Herrn der Ringe* die Schlachtordnung des Gegners zu stören und ihn zu schwächen. Pferde reagieren bekanntermaßen empfindlich auf den Geruch und den Anblick von Elefanten, sie scheuen vor diesen zurück und gehorchen ihren Reitern nicht mehr. Dies wird in *Die Rückkehr des Königs* aufgegriffen, als die Pferde der Rohirrim – der Krieger aus Rohan – sich weigern, vorwärtszugehen. Vom Anblick (und Geruch?) der unbekannten Giganten abgeschreckt, brechen sie zur Seite hin aus.

Elefanten sind fähig, den Gegner zu zertrampeln, mit dem Rüssel zu packen und zu Boden zu schleudern, und richten so inmitten der feindlichen Truppen gewaltige Verwüstungen an. Sie kamen im Verlauf der Geschichte bei Belagerungen zum Einsatz, insbesondere in Indien, und wurden speziell dafür trainiert. Befestigungsanlagen wurden schließlich immer häufiger mit Spitzen ausgestattet, um die mächtigen Tiere auf Distanz zu halten. Bei der Vorbereitung des Angriffs waren Elefanten als Lastenträger nützlich, und sie erleichterten als »Wellenbrecher« die Überquerung von Flüssen, was von Perdiccas, einem General (oder Diadochen) Alexanders des Großen bekannt ist. Als Alexander 323 v. Chr. starb, waren das Mazedonische Reich und das eroberte Imperium führerlos. Zwischen den Thronanwärtern, unter ihnen Perdiccas, brach Krieg aus. Perdiccas wollte sich die sterblichen Überreste Alexanders aneignen, die ein anderer Diadoche, Ptolemäus, nach Ägypten geschafft hatte, um damit seinen Vorrang zu etablieren. Am Nil angekommen, der seinen Vormarsch blockierte, reihte Perdiccas seine Elefanten im Fluss auf, um die Strömung zu vermindern. Die Überquerung nahm allerdings ein schlechtes Ende, da mehrere Tausend Soldaten dabei ums Leben kamen.

Die Mûmakil im *Herrn der Ringe* tragen scharlachrote und goldene Schabracken[5], und ihre Zähne sind mit Schmuckbändern in denselben Farben umwunden. Außerdem sind bei Tolkien Kriegstürme auf ihrem Rücken befestigt, in denen der Mahout und andere Haradrim geschützt sind. Dies bezieht sich zweifellos auf die Howdah, eine Art Plattform, die auf dem Elefantenrücken festgezurrt war und auf der sich bis zu vier Soldaten aufhalten konnten. Im Fall der Olifanten, die größer sind als echte Elefanten, werden aus den Howdahs »Häuser und Türme«, die mehrere Dutzend Soldaten aufnehmen können. Tolkien macht keine Angaben über Schutzvorkehrungen, doch weiß man, dass Kriegselefanten häufig eine Art Lederrüstung trugen, teilweise auch mit Metallplatten, um die verletzlichsten Partien wie Stirn und Rüssel zu schützen.

Die Stoßzähne konnten geschützt, aber auch zu tödlichen Waffen umfunktioniert werden, wie im Reich von Magadha, wo die Zähne der Elefanten unter König Bimbisara (558–491 v. Chr.) mit starrenden Metallspitzen besetzt wurden. Ähnliches findet sich bei den Elefanten des persischen Großkönigs Darius III, die er 331 v. Chr. den Armeen Alexanders des Großen entgegenstellte. Um das Jahr 1000 stattete Sultan Mahmud von Ghazni seine Elefanten mit Stoßzahnschwertern aus, um Ilak Khan, den König von Kashgar, zurückzuschlagen.

Hatten die Olifanten mit ihrer beachtlichen Größe und dicken Haut gar keine Schwachstelle? Tolkien führt nicht aus, auf welche Weise die Mûmakil auf den Pelennor-Feldern besiegt wurden, doch jedenfalls überlebte keiner den Kampf. Wie konnte es dazu kommen? Vermutlich waren die Augen ihre verletzlichste Stelle, denn nach der Schlacht ist die Rede davon, dass Duilin von Morthond und sein Bruder zu Tode getrampelt wurden, als sie einen Angriff auf die Mûmakil wagten und ihnen Pfeile in die Augen zu schießen versuchten. Reale Kriegselefanten hatten eine ganze Reihe von Schwachpunkten, angefangen bei ihrem Rüssel. Dieses Organ ist sehr empfindlich und Verletzungen der Haut führen zu massivem Blutverlust. Dies war also eine angreifbare Stelle, die unbedingt geschützt werden musste.

Auch die Fußsohle des Elefanten, wo die Haut weniger dick ist, ist sehr verletzlich. Als Megalopolis von Polyperchon belagert wurde, griff Damis zu einer genialen Taktik. Er ließ auf den Straßen der Stadt mit Nägeln gespickte Bretter auslegen. Traten die Elefanten darauf, verursachte ihnen das solche Schmerzen, dass sie weder vorrücken noch den Rückzug antreten konnten.

Elefanten reagieren außerdem schreckhaft auf Lärm … Eine Kriegstaktik bestand darin, mit brennbarem Material beladene Schweine in Nähe der Dickhäuter anzuzünden. Ihre Todesschreie versetzten die Elefanten in Panik; meistens gingen sie durch und verursachten ein heilloses Durcheinander. Eine weitere Art der Bekämpfung mit Feuer bestand darin, Töpfe mit leicht entzündlichem Naphtha auf die Elefanten zu werfen.

Tolkiens Olifanten sind riesige Wesen, die den Elefanten unserer Welt sehr nahekommen. Sie werden auf ähnliche Weise im Krieg eingesetzt wie reale Elefanten in der Vergangenheit. Dennoch ist die Frage berechtigt, inwieweit ihr Einsatz wirklich von Nutzen ist. Zunächst legt ihr Zerstörungspotenzial diesen Gedanken nahe, doch richten Elefanten im eigenen Feld oft ebenso viel Schaden an wie auf der Feindesseite – was weitere Fantasy-Autoren jedoch nicht daran hinderte, sie in ihre Romane einzubringen, so zum Beispiel George R. R. Martin in seiner Saga *Game of Thrones*.

Eine letzte Gemeinsamkeit zwischen den Elefantenwesen in Realität und Fiktion besteht in dem Umstand, dass zu viele Olifanten gefangen wurden, um sie zu Kriegsmaschinen umzufunktionieren, was sie in Mittelerde an den Rand des Aussterbens brachte. Die Restbestände an Rüsseltieren sind im Vergleich zu den Scharen, die einstmals in Mittelerde lebten, verschwindend gering – der Gefährdung der Elefanten auf unserer Erde leider nur zu ähnlich …

Anmerkungen

1. Gattung fossiler Rüsseltiere mit einem Paar nach unten gekrümmter Stoßzähne im Unterkiefer.
2. Gattung fossiler Rüsseltiere mit zwei Paar Stoßzähnen.
3. Unterfamilie der Rüsseltiere, zu der die modernen Elefanten und die Mammuts gehören.
4. Der Mahout (Elefantenführer) saß in der Regel auf dem Hals des Tiers, um es während der Schlacht zu lenken.
5. Schmückende Decke, die über den Rücken eines Reittiers (meist eines Pferdes) gelegt wird.

VINCENT DUPRET /
ROMARIC HAINEZ

DIE WARGE: KAMPFHUNDE *SKANDINAVISCHEN URSPRUNGS?*

Die konfliktreichen Beziehungen von Mensch und Wolf haben eine lange Geschichte. Die beiden Arten sind seit prähistorischen Zeiten in Berührung, und die jüngsten Debatten über Wolfsrisse in Regionen, wo in den Wölfen eine Bedrohung für das Vieh gesehen wird, bilden nur das neueste Kapitel. Dies greift Tolkien auf, wenn er Rudel riesiger mutierter Wölfe, die Warge, auftreten lässt – und es ist ein rechter Stoff für Albträume, wenn sich diese Bestien auf die Helden des *Herrn der Ringe* und des *Hobbit* stürzen! Aber was genau weiß man über Warge? Wie hinter allen Figuren seines Universums stehen gute Recherchen, doch im Fall der Warge finden sich davon nur wenige Spuren, und es erfordert Detektivarbeit, um zu den Quellen von Tolkiens Inspiration zu gelangen. Wie und zu welchem Zweck hat er diese Bestien erschaffen? Und was macht sie so furchterregend?

Infolge einer Diabolisierungskampagne des damaligen Christentums geht die Angst vor dem Wolf bis mindestens ins Mittelalter zurück, und die Volksmärchen trugen nicht zur Verbesserung des Bildes bei. Dasselbe Schicksal ereilte den Bären: Sein Status sank von dem eines Königs der Tiere zu dem eines tumben und gefährlichen Wildtiers herab[1].

Der Wolf galt aber nicht immer als Bösewicht. Zwar war er immer ein Raubtier und stand in direkter Konkurrenz zum Menschen, doch wurde er im europäischen Kulturbereich auch verehrt: Man denke nur an den Gründungsmythos Roms, in dem eine Wölfin Romulus und Remus säugt. In anderen Zivilisationen, insbesondere bei den Amerindianern im Nordosten der USA, symbolisiert der Wolf häufig familiäre Werte (das Rudel und die Fürsorge für die Jungen), aber auch Kraft und Mut. Auch für die männliche oder weibliche Sexualität kann er stehen, je nach Kontext, wenn z. B. im Französischen »den Wolf sehen« bedeutet, seine Unschuld zu verlieren.

Wolf und Bär hängt unter Schafzüchtern auf dem Land immer noch der Ruf von »Schädlingen« an, selbst wenn ihre Wertschätzung bei Städtern gestiegen ist. Genährt durch manche Kinderbücher hält sich auch unter Kindern die Angst vorm bösen Wolf. Bei Tolkien erfüllen die Warge diese Mission. Woher kommen sie? Schauen wir uns die diversen Inspirationsquellen an.

EIN STAMMBAUM DER WARGE

Leicht konnten sich die Warge aus freien Stücken mit den Orks verbünden, ohne dass dafür eine Dressur nötig war. Vermutlich waren sie also intelligente Wesen. Ihre Ahnen könnten manchen Quellen zufolge die ersten Werwölfe von Beleriand gewesen sein, deren Oberhaupt Draugluin war, vielleicht gingen sie aber auch auf die Wolfshunde aus Carcharoths Stammlinie im Ersten Zeitalter zurück. Draugluin war der erste Werwolf in Saurons Diensten und lebte mit diesem im Wachturm von Tol-in-Gaurhoth, bis er während Berens Silmaril-Mission vom Hund Huan getötet wurde. Später tarnten sich Beren und Lúthien mit seinem Pelz, um sich nach Angband hineinzuschmuggeln.

Tolkien hat keinen schriftlichen Hinweis hinterlassen, wie es dazu kam, dass seine Wahl auf den Begriff »Warg« fiel, doch es gibt ein paar interessante Fährten. So könnte es sich um eine Verkürzung von war-dog (engl. für »Kriegshund«) handeln. Seit der Antike wurden von den Ägyptern, Griechen und Römern spezielle Hunderassen im Hinblick auf den Einsatz als Spürhunde, Boten- oder Kampfhunde gezüchtet, was bis heute Tradition hat. Eines der frühesten Zeugnisse dafür stammt aus der Schlacht von Ephesos.

Auch ein skandinavischer Namensursprung ist denkbar. Im Altnordischen (oder Altisländischen) bezeichnete *vargr* einen Wolf. Auch in Schweden hat es noch diese Wortbedeutung, wobei *ulf* (das an das englische *wolf* erinnert) im ganzen skandinavischen Raum die größere Verbreitung gefunden hat. Varg ist auch mit dem schrecklichen Fenriswolf (Fenrir) verknüpft, der die Götterdämmerung auslöste. Ins Altenglische übersetzt ergibt sich warg, womit man besonders bösartige Wölfe bezeichnete.

SKANDINAVISCHER EINFLUSS?

Quellen zufolge ist Fenrir (auch Fenris oder Fenrisúlfr genannt), der Riesenwolf der nordischen Mythologie, der eingeschworene Feind der alten skandinavischen Götter. Sein Vater ist der Gott Loki, zu seinen Geschwistern zählen Sleipnir (Odins achtbeiniges Pferd), Hel, die Göttin der Toten und der Unterwelt (auf ihren Namen geht das englische *hell* für »Hölle« zurück), und Jörmungand, die gewaltige Midgardschlange, welche die Erde umschlingt und Erdbeben auslöst.

Warge, die Reittiere des Schreckens

Eines Tages bringt Loki den Wolfswelpen Fenrir nach Asgård, dem Reich der Götter. Der Kriegsgott Týr soll ihn zähmen, doch bald muss sich die Götterwelt eingestehen, dass der Wolf, der immer riesiger wird, nicht zu bändigen ist. Zudem sieht Odin in einer Vision sein eigenes Ende vorher: Beim Anbruch der Götterdämmerung (Ragnarök) wird Fenrir ihn fressen. Wie sollen sie den Wolf unschädlich machen?

Die Asen (die Hauptgötter, Odin ist ihr Oberhaupt) wenden sich an die Zwerge. Diese stellen eine Zauberfessel her – Gleipnir –, die auf den ersten Blick wie ein harmloses Seidenband wirkt. Doch ihre magische Zusammensetzung hat es in sich: der Schall von Katzentritt, Frauenbärte, der Hauch der Fische, Wurzeln von Bergen, die Nerven von Bären, Vogelspeichel …

Zunächst sind die Asen ungläubig und versuchen das Band zu zerreißen, können aber nichts ausrichten – es hält stand. Nun fassen sie Zutrauen und rufen den Wolf, um es mit ihm aufzunehmen, doch er wittert die List und verlangt eine Sicherheit: Einer der Asen soll die Hand in sein Maul legen. Die Götter zögern, schließlich erklärt sich Týr bereit. Der Wolf lässt sich binden. Unter dem Spott der Götter versucht er vergeblich, sich zu befreien, und da sie sich weigern, Fenrir wieder loszubinden, beißt er Týrs Hand ab.

Da Fenrir in tollwütiger Raserei nach allem schnappt, was sich nähert, stecken ihm die Asen ein Schwert ins Maul, fesseln ihn an die Felsen Gjöll und Thviti und graben diese tief in die Erde ein. Aus dem Geifer, der aus dem ewig klaffenden Schlund des brüllenden Wolfes strömt (manche Quellen sprechen von Blut), entsteht der Fluß Ván, was auf Altnordisch »Hoffnung« bedeutet. Fenrirs Los ist, gefesselt zu bleiben und vor sich hin zu wüten, bis das Band nicht mehr hält – denn einmal wird es reißen, und damit beginnt die Götterdämmerung. Am Ende einer Reihe düsterer Ereignisse ist es soweit: Fenrir verschlingt Odin. Dieser wird von seinem Sohn Vidar gerächt.

Eine Episode um Tolkiens Werwolf Carcharoth erinnert verblüffend an Fenrir: Das von Morgoth aufgezogene, an den Toren Angbands wachende Untier verschlingt Berens Hand mit dem Silmaril und wird bei diesem Kontakt tollwütig. Carcharoth wird vom Hund Huan getötet, doch zuvor hat er diesem und Beren bereits tödliche Verletzungen zugefügt.

Dass die Warge als Reittiere auftreten, könnte ebenfalls von der skandinavischen Mythologie beeinflusst sein, in der es eine Reihe einschlägiger Textstellen gibt. Der längste bekannte, vermutlich aus dem 9. Jahrhundert stammende, auf dem Felsen Rök in Schweden eingeritzte Runentext erwähnt »Gunnrs Pferd« – eigentlich ist damit ein Wolf gemeint. »Pferd« fungiert hier als Kenning (poetische Umschreibung), ist also nicht im direkten Wortsinn, sondern als Reittier zu verstehen. Auch im Hyndla-Lied, einer altnordischen Dichtung, reitet die Völva (Zauberpriesterin) Hyndla auf einem Wolf. Zum

Begräbnis des Gottes Baldur trifft die Riesin Hyrrokkin auf dem Rücken eines Wolfes ein, die Zügel werden von einer Giftschlange gebildet.

Bei Tolkien taucht das Motiv des Wolfs als Reittier zum ersten Mal in *The Tale of Tinuviel* auf, einer frühen Fassung der Geschichte von Beren und Lúthien aus den 1920er-Jahren (sie kam posthum innerhalb der *History of Middle Earth* heraus). Ihren ersten Auftritt haben die Warge im Hobbit, Tolkiens erstem veröffentlichten Buch, wo er sich mit Beschreibungen allerdings kaum festlegt: Sie werden dort lediglich als »mächtige«, »üble Wölfe« mit »furchtbarer Sprache« bezeichnet.

PETER JACKSONS VISION

Die Filmversionen des *Hobbit* und des *Herrn der Ringe* erhielten von Peter Jackson und seinem Team anhand dieser spärlichen Angaben zwei unterschiedliche »Tiere«: Im *Herrn der Ringe,* der zwischen 2001 und 2003 als Trilogie auf die Leinwand kam, werden die Warge von den Orks aus Isengart und Mordor als Reittiere, vor allem aber als Kriegswaffe genutzt. Sie ähneln mächtigen, bulligen, kraftstrotzenden Hyänen, ungefähr von der Größe eines Pferdes – also mit etwa 150 cm Risthöhe bei einer Länge von 250 cm. Damit sehen sie furchterregend aus, passen allerdings schlecht zum sonstigen, stark von der nordeuropäischen Mythologie inspirierten Bestiarium Tolkiens.

In *Der Herr der Ringe. Die zwei Türme. Untiere und Völker* erklärt der Regisseur, dass man zu Hyänen anstatt Wölfen als Vorbild für die Warge gegriffen hatte, um diese noch mächtiger und bedrohlicher wirken zu lassen. In den Kommentaren zur Langversion von Teil 2 der Trilogie räumt er allerdings ein, dass der finanzielle Aspekt und Zeitzwänge die endgültige Entscheidung über die Gestaltung dieser Tiere beeinflusst haben.

Weitaus deutlicher wölfische Züge haben die Gundabad-Warge genannten Kreaturen in der Hobbit-Filmtrilogie. Auch hier wirken sie gefährlich und furchterregend, geraten aber mehr nach dem volkstümlichen Bild des großen bösen Wolfs. Einer der Warge ist von weißer Farbe und übertrifft die anderen, grauen, noch an Größe; auf ihm reitet Azog der Schänder. Dieser Warg hält noch eine Überraschung für uns bereit – doch davon später. Welche Schlüsse lassen sich, wenn wir unser Wissen über Anatomie, Verhaltensforschung und Evolution auf diese Mega-Raubtiere anwenden, aus ihrer gruseligen Körpergestalt ziehen?

DIE ANATOMIE DER WARGE

Listig und beängstigend wirken die Warge durch ihren Raubtiercharakter, den Jackson besonders herausstellt. Sie sind behaart, womit sie unter die Säugetiere einzuordnen sind. Doch welche Merkmale machen sie im Vergleich zu heutigen und ausgestorbenen Raubtieren zu so guten Jägern?

Ihr Schädel ist kurz und massiv; wie bei Hyänen ist er mit markanten Reißzähnen und kräftigen Muskeln versehen. Dies weist auf starke Kiefer hin – solche, die Knochen zermalmen und sich in ihre Beute verbeißen können. Ihre Augen sind klein, die Ohrmuscheln liegen rückwärtig am Kopf und das Fell ist kurz und dicht, was Gegnern kaum Angriffsmöglichkeiten bietet, mit Ausnahme vielleicht der Mähne, die ihre Reiter als Zügel nutzen. Mit ihrem vor Muskeln strotzenden Hals dürften sie ohne Mühe in der Lage sein, große Fleischstücke abzureißen. Ihre Hinterbeine sind kürzer als die Vorderbeine, was ihnen über kurze Distanz eine rasante Beschleunigung ermöglicht. In den Filmen scheinen die Warge fähig zu sein, über lange Strecken mit einem Reiter auf dem Rücken zu laufen. Ob man ihnen Anabolika verabreicht hat …?

Im *Hobbit* phosphoreszieren die Augen der Warge im Dunkeln wie bei Wölfen oder Katzen, was darauf hinweist, dass hinter ihrer Netzhaut eine reflektierende Zellschicht liegt, das *Tapetum lucidum* (lat. »leuchtender Teppich«), welches beim Menschen fehlt. Es verbessert das Sehen im Dunkeln, indem es das Umgebungslicht auf Kosten des scharfen Sehens noch einmal zur Netzhaut zurückwirft. Warge wären damit sowohl bei Tages- wie auch bei Sternenlicht gleich gute Jäger. Damit dürften sie auf große, nicht sehr schnell laufende oder aber geschwächte Beutetiere spezialisiert sein. So liegt ihre beste Effizienz in der Verfolgung einer Beute, die weniger flinkfüßig als sie selbst ist – Zwerge, Elben oder Hobbits zum Beispiel. Doch diese Beute kann sich manchmal als gefährlich erweisen!

Welches Raubsäugetier käme den Wargen in der Realität am nächsten? Von der Größe her gesehen wäre der Bär in der heutigen Tierwelt der einzige Kandidat, doch in der Vergangenheit durchstreiften auch andere Großraubtiere unsere Erde … Die Warge lassen sich beispielsweise mit *Canis dirus* (dem »Schrecklichen Hund«) vergleichen, einem Vertreter der Familie der Hunde, der vor 100 000 Jahren in Nordamerika heimisch war. Er war etwas größer als die heutigen Grauwölfe, und der Schädel zeigt alle Merkmale eines Fleischfressers.

Der Fossilienfund von Canis dirus im Staat Indiana in den USA datiert aus der Mitte des 19. Jahrhunderts, die Namensgebung erfolgte 1854. Das war zu der Zeit, als Tolkien an *Der Hobbit* arbeitete, und dieser mag von dem Horrorwolf gehört haben.

Die imposante Muskulatur der Warge ist mitnichten als reines Fantasiebild abzutun, nur erdacht, um die Zuschauer zu beeindrucken. Gewisse natürlich vorkommende Genmutationen führen zu Muskelhypertrophie (daher der Name MH für das defekte Gen, welches das überbordende Wachstum des Muskelgewebes auslöst). In der nicht mutierten Form kodiert dieses Gen das Protein Myostatin (es wird darum auch »MSTN-Gen« genannt), welches dem Muskelwachstum Grenzen setzt. Da beim Schlachtrind das Muskelfleisch am meisten geschätzt wird, machten sich Rinderzüchter den mutierten Gentyp MH zunutze, um Tiere zu entwickeln, die wegen ihrer Muskelfülle anschaulich als »Doppellender« bezeichnet werden. Die Rinderrasse der Weiß-Blauen Belgier zählt dazu: genau die Art Beute, die einem ausgewachsenen Warg geschmeckt hätte!

Saruman und die Orks erwiesen sich als nicht weniger gute Beobachter, wenn es darum ging, jene Exemplare zu selektionieren und zu kreuzen, deren Merkmale die beste Eignung für den Verwendungszweck zeigten, der ihnen vorschwebte – nämlich unsere Helden zwischen die Zähne zu bekommen!

AGGRESSIVITÄT OHNEGLEICHEN

Orks hatten nicht nur Warge mit stärkerer Muskulatur, sondern auch mit besonders aggressivem Verhalten herangezüchtet. Gegenüber ihrer Beute bedarf dies keiner weiteren Illustration, es tritt aber auch mehrmals in ihrem Umgang miteinander zutage.

Die Warge sind fiktive Wesen, doch gibt es eine bekannte Versuchsreihe mit Silberfüchsen, die 1959 in der Sowjetunion gestartet wurde und bis heute fortgesetzt wird. Um die Domestizierung wilder Wölfe zu Hunden nachzuvollziehen, die ca. 14 000 Jahre zurückliegt, kreuzte das Forscherteam um Dmitri Beljajew Wildfüchse entweder gezielt auf Aggressivität oder aber auf Zahmheit im Umgang mit dem Menschen hin. Innerhalb von nur zehn Generationen (also gut zehn Jahren) hatten sie zweierlei Fuchstypen selektioniert: sehr scheue Tiere, die die Experimentatoren bissen, und zahmere, die den Kontakt mit den Menschen suchten. Das zahme Verhalten war gekoppelt mit einem deutlich niedrigeren Adrenalinspiegel. Erstaunlicherweise war das herangezüchtete Verhalten von Änderungen im Erscheinungsbild wie etwa der Fellfarbe begleitet, die bei den Wildtieren einheitlicher war und bei den zahmen häufiger gefleckt ausfiel. Dieselbe Zweiteilung findet sich bei Wölfen und Hunden. Der Zusammenhang von Adrenalinspiegel und Fellfarbe ist noch nicht befriedigend geklärt. Jüngere Studien legen einen Zusammenhang zwischen

Domestikation und gewissen Defekten der Neuralleisten nahe (dies sind Zellstrukturen der frühen Embryonalentwicklung, aus denen sich diverse Gewebe, darunter die Pigmentzellen und die adrenalinbildenden Nebennieren, entwickeln).

Die beiden Fuchstypen wurden außerdem genetisch untersucht, und es stellte sich heraus, dass sie sich in der Expression von maximal 40 Genen unterschieden. Dagegen betrafen die Unterschiede zwischen den Füchsen aus dieser Versuchsreihe und einer Wildpopulation sage und schreibe 2469 Gene. Man kann bei den Versuchstieren also verhältnismäßig einfach innerhalb weniger Generationen und unter Beteiligung einer geringen Anzahl von Genen ihr natürliches aggressives bzw. zahmes Verhalten verstärken – man musste dazu nicht einmal in die Feinheiten der Genetik eingeweiht sein.

Wendet man sich einem Handbuch zu, das Einblicke in Peter Jacksons Arbeit am Film gibt *(Der Hobbit: Eine unerwartete Reise – Chronik 2 – Geschöpfe & Figuren)*, so erfährt man in Bezug auf den berühmten weißen Warg, das stattliche Reittier von Azog dem Schänder, etwas Verblüffendes: Er wird hier als »Matriarchin der Warge« bezeichnet. Es handelt sich also um ein Weibchen! Damit bestünde in Warg-Rudeln wie in denen der Tüpfelhyänen eine matriarchale Struktur. Es gibt dort eine strenge soziale Hierarchie mit einem dominierenden Weibchen an der Spitze; die weiteren Weibchen folgen in einer abgestuften Ordnung, die auf komplizierten Dominanz- und Unterordnungsverhältnissen beruht. Sämtliche männlichen Tiere, auch das dominante, stehen unter ihnen – also auch unter dem schwächsten Weibchen. Die Rudel umfassen bis zu 70 Individuen, und jedes hat seinen ganz bestimmten Platz. Die jungen Hyänen erben den sozialen Rang ihrer Eltern. Wenn die Matriarchin im *Hobbit* nicht selbst angreift und ihre Untergebenen die Arbeit machen lässt, so spiegelt dies ihre dominante Position. Die Erklärung des Dominanzverhaltens ist bei den Hormonen zu suchen: Die weiblichen Hyänen haben einen mindestens ebenso hohen Testosteronspiegel wie die Männchen.

Alles in allem hat Tolkien – bewusst oder unbewusst – mit den Wargen noch mehr als mit jeder anderen Figur des Bestiariums von Mittelerde eine Tierkreatur von höchster Finesse geschaffen und beweist damit wieder einmal seine Meisterschaft als Erzähler. Angefangen bei der Namenswahl, ihrer körperlichen Erscheinung und ihrem Verhalten, bis hin zu ihrer Einbettung in einen an nordische Legenden erinnernden Kontext hat der Autor in Gestalt der Warge prächtigen Widersacher-Charakteren Leben eingehaucht. Unsere Romanhelden erschauern vor ihrer Wildheit und Raserei – und wir mit ihnen …

Anmerkung

1. Vgl. das Kapitel »Beorn: Bärenmensch oder Mensch in Bärengestalt?«, S. 309.

VINCENT DUPRET /
ROMARIC HAINEZ

BEORN: BÄRENMENSCH ODER MENSCH *IN BÄRENGESTALT*?

Zahlreiche Geschichten und Mythen enthalten das Motiv der Therianthropie (vom griechischen therion, »wildes Tier«, und anthropos, »Mensch«), also der Verwandlung eines Menschen in ein Wesen mit mehr oder weniger tierischen Eigenschaften. In dieselbe Kategorie wie die zahlreichen ägyptischen Götter, bei denen ein Tierkopf (Falke, Nilpferd, Schakal, Ibis) auf einem menschlichen Körper sitzt, fallen die Lykanthropen, die Wolfsgestalt annehmen können (*Harry Potter, American Werewolf* u. a.). Auch bei Tolkien sind sie zu finden, mit der Besonderheit, dass Gestaltwandler bei ihm als Gegner wie auch als Helfer auftreten können. Neben den Werwölfen[1] im *Silmarillion* präsentiert er den Bärenmenschen Beorn, also einen Arktanthropen (griech. *arctos* für »Bär«). Menschen in Bärengestalt kommen seltener als Werwölfe vor; in zwei Filmen der Disney-Pixar-Studios – *Bärenbrüder* (2003) und *Merida* (2012) – stehen sie allerdings im Mittelpunkt.

Beorn wird als großer, starker, schwarzhaariger Mann mit zotteligem Bart beschrieben, dessen bis zu den Knien reichender schwarzer Überwurf ihm das Aussehen eines Bären verleiht. Sein Wesen ist wenig umgänglich, was verständlich wird, wenn man weiß, dass er der Letzte seiner Art ist, alle anderen wurden ausgerottet. Dass Beorn sich nur von Honig und Sahne ernährt, mag freundlich wirken, doch an ihm ist nichts Knuddeliges, wie die erste Begegnung mit Bilbo und seinen Gefährten im *Hobbit* zeigt. Der Autor stellt ihnen in Beorn einen Helfer zur Seite, der zu Stimmungsumschwüngen und beispielloser Gewalt fähig ist. Er verweist damit, wie wir sehen werden, auf mittelalterliche Ängste aus der Zeit der Wikingereinfälle. Beorns komplexe Psyche spiegelt Tolkiens auch aus Notizen im Nachlass erkenntliche Bemühung, differenzierte Figuren zu gestalten.

HAUTWECHSLER ALLER ARTEN

Langweilig ist die Welt der Hautwechsler nicht; sie ist vielfältig: Je nach Ort, Epoche, Zivilisation oder romantischer Mode geschehen die Verwandlungen bewusst oder unbewusst, gewollt oder ungewollt, gehen auf einen Fluch oder einen Segen zurück (oder stellen schlicht einen Zustand dar, der weder gut noch schlecht ist – so wie Lady Gaga

Beorn, ein Mann wie ein Bär

in »Born this way« singt). Der Grad der Verwandlung ist unterschiedlich abgestuft, die ganze Bandbreite zwischen letztendlich menschlichem Aussehen und vollständiger Metamorphose ist abgedeckt. Ebenso begleiten von schwachen Wahrnehmungen bis hin zu starkem Schmerz reichende Empfindungen die Verwandlung. Mal bleiben Bewusstsein und Urteilsfähigkeit menschlich, mal machen sie bestialischen Regungen Platz. Dieselbe Variationsbreite gilt für die artikulierte Sprache und die Kommunikation. Die Varianten sind endlos: Über die Zeit hinweg boten sie Stoff für unzählige Märchen und Legenden. So legte der Mediävist Thomas Alan Shippey 2002 dar, Beorn sei stark von Bödvar Bjarki beeinflusst, der in der Saga von Hrólfr Kraki (Rolf Krage), einer isländischen Legende aus dem 14. Jahrhundert, aufgrund einer Verwünschung Bärengestalt annehmen muss.

Wie John D. Rateliff 2007 aufzeigte, ist Tolkiens Notizen zu entnehmen, dass Beorn in frühen Entwürfen zum *Hobbit* den Namen Medwed trug, was in den slawischen Sprachen »Bär« bedeutet. Doch Tolkien entschied sich letztendlich für das skandinavisch inspirierte »Beorn«. Weitere Namen, die sich von »Bär« herleiten, sind übrigens Björn, Bernhard und Bertrand. Nach T. A. Shippeys Ansicht bildete der berühmte Krieger Beowulf (»Bienenwolf«, von engl. bee »Biene« und Wolf) – also ein Bär! – eine weitere Anregung für Tolkiens Bärenmenschen!

EIN BAUERNKRIEGER

Beorn, der Bärenmensch, zeigt in mehrfacher Hinsicht eine Doppelnatur – zum einen in seiner Verwandlung, und analog dazu in seiner Doppelpersönlichkeit (selbst wenn dies weit von Gollums Schizophrenie entfernt ist[2]). Er ist abweisend und freundlich, häuslich und brutal. Wie äußert sich sein Wikingererbe?

Die gängigen Vorstellungen vom Einfall der Wikinger im 9. Jahrhundert (sie kamen bis Paris) sind mit einem Trauma von niedergemetzelten Dorfbewohnern, vergewaltigten Frauen und geplünderten Kirchen verknüpft. Da das einfache Volk des Lesens und Schreibens unkundig war, besteht heute die Hauptquelle in den Klosterchroniken, doch gerade die klösterlichen Gemeinschaften waren ein häufiges Ziel der Überfälle. Dies mag erklären, warum die Brutalität der Wikinger in den überlieferten Berichten so starke Betonung erfährt. Erst seit einigen Jahren wird das Image der Wikinger durch Comics wie Thorgal oder TV-Serien wie Vikings, die an reale Persönlichkeiten wie Ragnarr Loðbrók angelehnt sind, wieder etwas rehabilitiert: Man entdeckt friedliche Bauern und Händler mit Geschäftssinn, die eine komplexe und facettenreiche Zivilisation und Gebräuche entwickelt hatten. Doch auch die Raubzüge waren Fakt. Die *berserkir* standen dabei in der vordersten Linie. Darüber, wer sie waren, sind die Historiker geteilter Meinung. Der Sprachwissenschaftler Elof Hellquist äußerte 1922, Berserker bedeute »Bärenhaut« (von Altnordisch ber särk: »Hemd aus Bärenfell«). Benjamin Blaney hielt 1972 dagegen, es bedeute »ungeschützt« (von berr särk, also »nackte Brust«). Die Konfusion zieht sich bis ins moderne Englisch weiter, wo bear »Bär« und bare »nackt« bedeutet. Leisten wir unseren Beitrag zur anhaltenden Debatte: Und wenn es nun ein Wortspiel ist? Dies würde den doppelten Wortursprung plausibel machen. Schließlich waren die Wikinger große Dichter, die, wie ihre Sagas belegen, um Reime und diverse Stilfiguren nicht verlegen waren.[3] Zu ihrer Zeit glaubte man überdies, bereits das Tragen eines Tierfells könne die Kräfte oder das Aussehen dieses Tiers verleihen. Insofern ist es legitim, eine der Quellen für den Mythos vom Hautwechsler bei den berserkir zu sehen … Vor allem, wenn man sich deren Rituale vor Augen hält!

Die Berserker werden als furchterregende Wikingerkrieger beschrieben, die alles verwüsteten, was auf ihrem Weg lag. Ihr Erscheinen oder die Ankündigung ihres baldigen Eintreffens versetzte die Gegner in nackte Panik. Stellen Sie sich vor, breite und muskelbepackte Kolosse, angetan mit Bären-, Wolfs- oder Eberfellen, laufen auf Sie zu und stoßen überdies im Moment des Angriffs ein grauenvolles Heulen aus, verspritzen Schaum aus geifernden Mündern und beißen in ihre Schilde. Ein wahrer Haufen tollwütiger Bestien! Der Linguist Régis Boyer führte 1992 aus, die Berserker seien Tier-Krieger gewesen, die sich in einen heiligen Furor versetzten (den berserksgangr, was auf Altnordisch »Gangart des Tier-Kriegers« bedeutet). Dieser Zustand verlieh ihnen übermenschliche Kräfte, die sie zu sagenhaften Taten befähigten.

Das Tierfell, das sie bedeckte, spielte für die Verbündeten auch die Rolle eines Gefahrsignals, denn die Berserker waren in ihrer Raserei blind für ihre unmittelbare Umgebung und schlugen wahllos auf Freund und Feind ein. Noch schlimmer: Wurde einer dieser Gotteskrieger verletzt, fachte dies seine Raserei nur noch stärker an! Masami Kurumada übernahm diesen als Furor bezeichneten Trancezustand in seinem 1986 erschienenen Kult-Manga *Die Krieger des Zodiak*. Merkmale berserkerhafter Raserei trägt auch Beorns Wüten, als er in der Schlacht der Fünf Armeen aufs Kampffeld stürmt. Sein Eingreifen wird zum endgültigen Wendepunkt und treibt die Ork-Armee in die Flucht. Die Berserker verwandelten sich natürlich nicht im biologischen Sinn in Tiere, doch wird berichtet, dass eine ihrer Fähigkeiten darin bestand, die Wahrnehmung ihrer Feinde zu beeinträchtigen, sodass diese nur noch wilde Tiere und keine Menschen mehr sahen.

Historiker nehmen an, dass die Berserker die Leibgarde der Könige bildeten, wie es in der isländischen Saga von Grettir erwähnt ist, in der die Krieger des Königs Harald als »Wolfspelze« (úlfhéđnar, von isländisch ulf, »Wolf« und heđinn, »Pelz«) bezeichnet werden. Möglicherweise nahmen sie zudem die Rolle von Odinspriestern wahr. Zwischendurch waren sie wohl anständige, »harmlose« Bauern mit Alltagssorgen um Ernte, Kindererziehung, Heirat oder sozialen Aufstieg, wie es M. D. Lachlan in seinem 2011 erschienenen Roman *Wolfsangel* dargestellt hat. Nach Soziopathen sieht dies nicht aus!

Wie versetzten sich die Berserker dann in den Trancezustand, für den sie so gefürchtet waren?

VERÄNDERTER GEISTESZUSTAND

Die Haut im mythologischen Sinn ist der Schlüssel: Sobald die Berserker ihr Tierfell anlegten, fühlten sie die Kraft dieses Tiers in sich einströmen: Der Geist des Tieres »fügte« sich innerlich in den menschlichen Körper ein und übernahm die Kontrolle über ihn. Manche Historiker wie Claude Lecouteux sind der Meinung, dass *hamr* – »Haut« – in diesem Kontext die Bedeutung von »Seele« annehmen kann.

In der Realität ist eine andere Erklärung notwendig – doch auch hier scheiden sich die Geister. Manche Historiker vermuten, die Berserker hätten sich mittels Drogen in Trance versetzt. Doch welche bewusstseinsverändernden Substanzen nutzten sie dazu? Der Arzt Howard Douglas Fabing stellte 1956 die These auf, sie hätten Fliegenpilze (Amanita muscaria) eingenommen. Dieser Pilz ist für seine bewusstseinsverändernden Eigenschaften bekannt, die auf eine Verbindung namens Muscimol zurückgehen. Die Pilze seien zerkleinert, getrocknet und zerstoßen worden, bevor man sie mit Alkohol vermischte. Muskelkrämpfe, Schwitzen und vermehrter Speichelfluss seien erste Anzeichen gewesen, dass der Trank nach etwa 30 Minuten zu wirken begann (zu den Nebenwirkungen zählen Gedächtnis- und Gleichgewichtsverlust, Ohnmacht, Hautrötungen, Übelkeit und Erbrechen). Fabings Theorie fand trotz der Diskrepanz zwischen physiologischen und verhaltensrelevanten Wirkungen großen Widerhall. Eine aktuelle Studie von Lily Florence Lowell Geraty (in Anlehnung an Blaney) weist diese Hypothese von A bis Z zurück, da der in den 1950er-Jahren an Menschen getestete Effekt der Einnahme von Fliegenpilzgift nicht im Geringsten im Einklang mit den Berichten der zeitgenössischen Chronisten über die Überfälle stehe: Die Versuchspersonen zeigten keine Spur von Wut, sondern waren im Gegenteil apathisch. Fabing hatte wohl richtig beobachtet, aber die falschen Schlüsse gezogen, um dieses Verhalten mit dem der Berserker zur Deckung zu bringen.

So bestreiten Fachleute wie die Mediävisten und Philologen Vincent Samson und Eve Siebert (PhD für englische Literatur), dass die Wikinger halluzinogene Pilze verwendeten, denn deren Wirkung hätte sie kampfunfähig gemacht. Historiker wenden außerdem ein, es existiere kein zeitgenössisches Zeugnis, in dem die Einnahme des Fliegenpilzes oder einer anderen Substanz erwähnt wäre. Vielleicht wurde das Geheimnis gut gehütet ... Immerhin findet sich das Wort berserk im isländischen berserkjasveppur für »Fliegenpilz« wieder. Bis heute liegt der physiologische Hintergrund für das Verhalten der Berserker somit weiter im Dunkeln. Denkbar wäre unter Umständen, dass mehrere Faktoren wie Beschwörungsriten, Sich-Hineinsteigern und Einstimmung auf ein Ziel zusammenspielten und in Verbindung mit psychoaktiven Substanzen in der Lage waren, einen Gewaltrausch auszulösen. Und Mentalisten wie Derren Brown demonstrieren, wie Durchschnittsmenschen ganz ohne Drogen manipuliert werden können, ohne dass sie es ahnen.

Der Historiker Richard A. Gabriel stellte 1990 die These auf, die Berserker hätten an einer Art posttraumatischer Belastungsstörung gelitten, was der Historiker Thomas Heebøll-Holm 2014 in abgewandelter Form wieder aufgriff. Er bezog sich auf eine Studie zu Chroniken des 12. Jahrhunderts über den ersten Kreuzzug, in denen über diverse Gewalttaten der Ritter vor Ort und nach der Rückkehr in die Heimat berichtet wurde. Er sah zwei mögliche Ursachen für deren Ausschreitungen: Entweder waren diese – nach moderner Lesart – einer posttraumatischen Belastungsstörung zuzuschreiben, oder aber sie waren für die damalige Kriegszeit das klassische Verhalten, begründet durch Gewalteskalation und Machtkämpfe zwischen den verschiedenen Rittern. Die Voreingenommenheit der verfügbaren Quellen macht es schwierig, eine Wahl zwischen den beiden Ansätzen zu treffen. Régis Boyer sieht im Formwechsel und im Zurücktreten des eigenen Bewusstseins Konnotationen zur schamanischen Trance, einem Zustand, in dem der Geist des Schamanen die andere Welt besucht und mit den Geistern kommuniziert – eine Theorie, die von Vincent Samson und dem Skandinavisten François-Xavier Dillmann widerlegt wurde.

Eine weitere Hypothese ordnet diesen Trancezustand dem Bereich der Selbsthypnose zu, bei der das Mentale die Kontrolle über die Physis übernimmt. Daniel McCoy, ein Kenner der nordischen und germanischen Mythologie, behauptete 2016, Fasten, Hitze und Ritualtänze seien bei den germanischen Schamanenritualen klassische Praktiken gewesen. Autosuggestion und mentale Kontrolle des Stoffwechsels hätten einen hohen Ausstoß an Testosteron oder Adrenalin bewirkt, was den Berserkern paranormale Kräfte gab und sie empfindungslos machte. Diese »Schmerzunempfindlichkeit« im Kampf steht in Bezug zur Angstkontrolle im Gehirn, denn in Notsituationen haben die Erhaltung und das Überleben des Individuums für das Gehirn Priorität (der sprichwörtliche Mut der Verzweiflung). Sobald man in Sicherheit ist, kehrt das Bewusstsein für die Wunden und damit den Schmerz zurück (doch auch die Schmerzempfindung ist sehr subjektiv, da manche Menschen wehleidiger sind als andere). Paradoxerweise lässt dies den Berserker dann in einem Zustand großer Erschöpfung und Verletzlichkeit zurück, wie es in der Saga von Egill sehr eindrücklich beschrieben wird.

Diesen plausiblen Erklärungen ließe sich religiöser Fanatismus hinzufügen: Wie bereits erwähnt, waren die Berserker Vertreter Odins. Und gab es einen besseren Weg, bei ihm in Walhalla Annahme zu finden, als mit Heldentaten auf dem Schlachtfeld zu glänzen und dort zu sterben? In Walhalla waren den glücklichen Erwählten Freuden, Bankette und Kämpfe verheißen, bis Ragnarök, die Götterdämmerung, anbrach … Selbst wenn man starb, tat man dies zum Ruhm seiner Götter und stürzte sich daher Hals über Kopf ins Schlachtgetümmel. Dieser ganze physische, chemische und psychische »Cocktail“ ließ den Berserker zum ultimativen Soldaten werden …

AUFSTIEG UND FALL DER BERSERKER

Leibgardisten der skandinavischen Könige waren ursprünglich Berserker, wie der Held Bödvar Bjarki, der König Hrólfr in der Schlacht gegen König Hjörvard in Bärengestalt zur Seite stand. Später werden sie in den spätmittelalterlichen isländischen Sagas zu Kämpfern, die sich vom Furor getrieben und in ihre Schilde beißend mit herausquellenden Augen und wildem Tiergeheul auf ihre Gegner stürzen, unempfindlich gegen alle Schläge – kurz, es sind unbesiegbare Superhelden wie aus einem Fantasy-Film, die im gegnerischen Lager Angst und Schrecken verbreiten.

Vincent Samson führt aus, ihr Status von Helden und lebenden Legenden sei nach der Christianisierung Skandinaviens zu dem von grobschlächtigen Rohlingen herabgesunken, die von einem jungen und listigen Helden zudem leicht besiegt werden konnten. Es ist eine verlockende Vorstellung – allerdings schwer zu belegen –, dieser Wandel in Bezug auf ihre Wertschätzung könnte in Zusammenhang mit dem Ende des Regiments des Bären als König der Tiere gestanden haben[4] … In den Wortschatz verschiedener Sprachen sind Ausdrücke wie das englische »to go berserk« (in Raserei geraten, ausrasten, die Kontrolle verlieren) oder »wüten wie ein Berserker« eingegangen – ein Zustandswandel, als dessen Ursache man ansah, dass das Totemtier (der Bär, seltener ein Wolf oder Wildschwein) vom Körper des Totemträgers Besitz ergriff und diesem übernatürliche Kräfte verlieh.

Im Jahr 1015 erklärte der Jarl[5] Eiríkr Hákonarson (Erik Håkonsson) von Norwegen die Berserker für vogelfrei, und im 12. Jahrhundert waren die organisierten Kriegergruppen verschwunden. Tolkien löst das Rätsel um Beorns Ursprung nicht auf. Er gibt keine wirkliche Antwort in seinem Werk, und so kommt auch aus Gandalfs Mund nur eine uneindeutige Erklärung, wenn er sagt, dass er nicht wisse, ob Beorn ein Mensch sei, der manchmal als Bär auftrete, oder ein Bär, der manchmal in Menschengestalt herumlaufe.

Anmerkungen

1. Vgl. das Kapitel »Die Warge: Kampfhunde skandinavischen Ursprungs?«, S. 301.
2. Vgl. das Kapitel »Gollum: Die Metamorphose eines Hobbits«, S. 226.
3. Vgl. auch das Kapitel »Die Warge: Kampfhunde skandinavischen Ursprungs?«, S. 301.
4. Vgl. ebd.
5. Einem Fürsten vergleichbar.

DAS BESTIARIUM *DER GLIEDERFÜSSER*

ROMAIN GARROUSTE / CAMILLE GARROUSTE

Es ist ein Kampf gegen einen Titanen! Und eine Schlüsselepisode: Unter Gollums Führung sind die Hobbits Frodo und Sam im Ephel Dúath auf dem Cirith Ungol (»Pass der Spinne«) unterwegs, wo sie von der Riesenspinne Kankra, der Herrin des Ortes, überrascht werden. Sam, der für diese Situation mit Galadriels Phiole und dem Schwert Stich gut ausgerüstet ist, kann sie verwunden, doch zuvor hat sie leider Gelegenheit gehabt, ihren Stachel in Frodo zu versenken und ihn in ein Gewebe einzuspinnen.

In Tolkiens Bestiarium zählt Kankra zu den auffälligsten Vertreterinnen des Reichs der Gliederfüßer (Insekten, Spinnentiere …). Beim Lesen stellt man fest, dass einige davon detailliert dargestellt sind, andere dagegen werden von Tolkien knapper skizziert, was auf bestimmte Prioritäten hindeutet. Kankra und andere Riesenspinnen zählen in literarischer Hinsicht zu seinen Favoriten und sind präzise beschrieben, auch ihre grafischen und filmischen Interpretationen sind höchst einfallsreich gestaltet, allerdings immer mit gewissen Freiheiten gegenüber der Realität. Im Folgenden sollen diese Ausgestaltungen vom zoologischen Standpunkt aus untersucht werden, um nachzuvollziehen, welche Einflüsse aus der Zoologie des 19. und des beginnenden 20. Jahrhunderts und aus der Kryptozoologie eine Rolle spielten. Obwohl es sich manchmal um wahre Ungeheuer handelt, tritt im Werk eine gewisse Poesie zutage, eine Art märchenhafter Ökologie, in der alle, sogar die bescheidensten Lebewesen, ihren Platz haben – analog zu dem, was in realen Ökosystemen zu beobachten ist. Jedem Tierchen sein Pläsierchen: Beginnen wir die Parade der Monster mit den Spinnen!

TOLKIEN *VERSUS* JACKSON

Die Spinnentiere sind in Tolkiens Werk vollwertige Charaktere in Tiergestalt, manche sind sogar Schlüsselfiguren in seiner Kosmogonie, die er im *Silmarillion* ausgestaltet hat. Sogar die bösartigsten und mächtigsten Elemente (Melkor und Sauron) fürchten diese Kreaturen und das, wofür sie stehen. Da sie sie nicht loswerden können, machen sie sie zu Verbündeten.

Kleiner Imbiss für Kankra

In der Originalversion heißt Kankra »Shelob« – eine Verkürzung von she (weibliches Pronomen) und lobbe (Altenglisch für »Spinne«); sie ist die Nachfahrin des Spinnenwesens Ungoliant, das aus dem *Silmarillion* bekannt ist. In Tolkiens Werk besteht zwischen Kankra und Galadriel, der mächtigen Zauberin der Waldelben, eine literarische Verbindung: Man könnte in beiden einen Verweis auf die griechische Mythengestalt Kirke ersehen, zu der Odysseus auf seinen Irrfahrten gelangt. Kirke ist die Tochter des Sonnengotts Helios, eine mächtige Zauberin und Expertin für Giftkräuter. Zunächst verzaubert sie einen Teil von Odysseus' Gefährten, doch dann hilft sie ihm. Die Charaktere Galadriel und Kankra sind beide (wie im *Silmarillion* erwähnt) uralten Ursprungs und scheinen verbunden wie die beiden Aspekte einer einzigen, dualen Figur.

Die Bedeutung der Spinnenfiguren bei Tolkien verrät vermutlich seine Abneigung gegen Spinnen im realen Leben. Er soll in einem Brief geäußert haben, er könne Spinnen nicht leiden, nachdem ihn eine in seiner Kindheit in Südafrika gestochen habe, doch er hasste sie nicht. Dass die Spinnenphobie eine weit verbreitete Erscheinung ist, mag zudem den Erfolg des Motivs der Riesenspinne in der Kunst erklären, angefangen bei diversen Illustrationen bis hin zu den Verfilmungen. Allerdings gibt es unseres Wissens von Tolkien selbst keine grafischen Darstellungen von Spinnen. Auch den anderen Tieren seines Legendariums hat er nicht die Ehre erwiesen, für sie zu Zeichenstift oder Pinsel zu greifen.

In ihrer Beschreibung weicht der Autor – vermutlich aus literarischen Gründen – vom zoologischen Vorbild ab. Schauen wir einmal, was er über Kankra sagt, die in den Genuss einer detailreichen Beschreibung kommt, die er ihrer Ahnin noch nicht zugestand:

Fast wie eine Spinne war sie, aber größer als die anderen Raubtiere und entsetzlicher als sie wegen der bösen Entschlossenheit in ihren unbarmherzigen Augen. Eben diese Augen, von denen er geglaubt hatte, sie seien eingeschüchtert und besiegt, waren wieder da, von einem grausamen Funkeln erhellt und in Trauben an ihrem vorgestreckten Kopf sitzend. Große Hörner hatte sie, und hinter ihrem kurzen, stielartigen Hals war ihr riesiger geschwollener Leib, ein gewaltiger, aufgeblähter Sack, zwischen ihren Beinen schaukelnd und durchhängend. Ihr Rumpf war schwarz, mit bläulichen Malen bedeckt, aber die Unterseite des Bauchs war fahl und leuchtend und strömte einen Gestank aus. Ihre Beine waren angezogen, die großen, knotigen Gelenke ragten weit über ihren Rücken hinaus, und sie hatte Haare, die wie Stahlstacheln herausstanden, und an jedem Bein saß eine Klaue […] Aber Kankra war nicht wie Drachen, keine weichere Stelle hatte sie außer ihren Augen. Knotig und narbig war ihre uralte Haut, aber von innen heraus immer dicker geworden durch eine böse wuchernde Schicht nach der anderen […] aufgedunsen und fett […] er sah sie, nur ein paar Schritte entfernt, wie sie ihn beäugte. Aus ihrem Rüssel rann giftiger Speichel […]

Was wird aus Kankra in Peter Jacksons Filmversion des *Herrn der Ringe?* Sie ist wohl eine der besten 3-D-Animationen einer Spinne (selbst wenn sie nicht haargenau der zoologischen Realität entspricht). Die Körperpositionen sind hervorragend beobachtet und das Verhalten bei der Fortbewegung und beim Angriff präzise imitiert – nicht auf eine bestimmte Spinnenart bezogen, sondern eher als Kombination. Die Kampfszene mit Frodo und Sam ist im Film in Bezug auf die Spinnenanatomie nicht korrekt, da Spinnen am Bauch keinen giftigen Stachel haben. Sie verspritzen ihr Gift vielmehr über die Chelizeren, ihre dem Mund vorgelagerten Kieferklauen. Mit Ausnahme dieser Feinheiten der Anatomie und des Verhaltens ist die Animation der Spinne sehr gelungen. Der Regisseur erklärte, man habe als Vorbild eine große und aggressive neuseeländische Spinnenart gewählt, die Schwarze Tunnelnetzspinne *(Porrhothele antipodiana)*.

EIN WENIG ZOOLOGIE ... UND KRYPTOZOOLOGIE

Die echten Spinnentiere sind wie Skorpione und Zecken Gliederfüßer mit vier Beinpaaren, deren Körper in zwei sichtbare Segmente gegliedert ist: Im vorderen *(Prosoma)* sind Kopf und Thorax verbunden, das hintere wird als Abdomen oder Opisthosoma bezeichnet. Sie besitzen mehrere symmetrisch am Kopf angeordnete Augenpaare und ein Paar oft sehr kräftige Kieferklauen, die immer giftig sind. Im großen Unterschied zu den Insekten sind die meisten Spinnen Fleischfresser. Ihr manchmal aggressives Verhalten und ihr teilweise tödliches Gift hat ihnen einen schlechten Ruf eingebracht – unverdientermaßen, denn die meisten von ihnen sind harmlos, »brav« und machen sich nützlich als Schädlingsvertilger.

Zur kryptozoologischen Folklore zählen Riesenspinnen – sie sollen praktisch überall auf der Welt verstreut vorkommen. Oft sind es Interpretationen von Gerüchten, welche auf Berichten von Entdeckern oder Aussagen der Einwohner vor Ort beruhen – im letzteren Fall meist lokale Legenden, die von manchen wissenschaftlichen Forschern (im Allgemeinen nur Pseudowissenschaftlern!) ausgeschlachtet werden, um Reisen in mehr oder weniger ferne Gebiete auf die Beine zu stellen. So erhält man die Gerüchte am Leben und betreibt Werbung für die »versteckt lebenden« Tiere.

Die markantesten Beispiele für solche legendären Wesen sind der Himalaya-Yeti und das berühmte Ungeheuer von Loch Ness. Der Yeti unter den Spinnen ist J'ba Fofi (so ihr Name in der zentralafrikanischen Sprache Baka). Sie soll mehr als einen Meter Durchmesser haben, wurde erstmals in den 1930er-Jahren im Kongo »beobachtet« und seither auch andernorts in Äquatorialafrika und sogar im Amazonasgebiet gesichtet. Zum Beleg ihrer Authentizität wird auch von überdimensionalen Riesennetzen berichtet.

Was ist davon zu halten? Betrachten wir zunächst die Größe. Die größte bekannte Spinne der Welt ist die südamerikanische Riesenvogelspinne *(Theraphosa leblondi).* In ihren 30 Zentimetern Durchmesser sind zwar die Beine mitgerechnet, doch der Rumpf ist immer noch massiv. Sie wiegt bis zu 350 Gramm und ist im Norden von Südamerika verbreitet, wo man sie fängt, um sie zu präparieren – oder zu essen, wie das manche Einwohner dieser Gegenden tun. In jüngerer Zeit war festzustellen, dass die Größe der gefangenen Exemplare laufend abnimmt. Wollen die Fänger größere Tiere finden, müssen sie sich immer weiter weg von den gut zugänglichen Bereichen im Regenwald bewegen, wo sie ihre charakteristischen Wohnhöhlen in die Erde gräbt. Dies deutet auf einen Rückgang der Art hin.

Manchmal bestätigt die Wissenschaft aber auch kryptozoologische Argumente. Imposante fossile Exemplare rechtfertigen insofern Expeditionen zur Suche nach überlebenden Arten aus längst vergangenen Zeiten wie der Prähistorie und dem Jura oder aus verschwundenen Kontinenten wie Gondwana – jener »vergessenen Welt«, die Arthur Conan Doyle Anfang des 20. Jahrhunderts mit seiner Figur des Professors Challenger feierte … In der Tat sind Paläontologen auf ein Fossil gestoßen, welches als Megarachne (wortwörtlich »Riesenspinne«) benannt wurde. Dieses 1980 in Argentinien entdeckte, durchschnittlich erhaltene Wesen aus dem Karbon konnte bis zu einem Meter Durchmesser erreichen. Dies überrascht nicht, denn das Karbon war eine Epoche der »Riesengliederfüßer«, da der Sauerstoffgehalt der Luft höher war als heute (eine häufig genannte Erklärung, die aber nicht unbedingt wissenschaftliche Gültigkeit hat). So sind Libellen mit 80 Zentimeter Flügelspannweite, 40 bis 50 Zentimeter lange Schaben, Tausendfüßler von einem Meter Länge oder mehr bekannt …

Eine Untersuchung des Megarachne-Fossils erbrachte unlängst, dass man es nicht mit einer Spinne, sondern einem Vertreter der mit den Seeskorpionen verwandten ausgestorbenen Gattung der Eurypteriden zu tun hatte. Bis heute ist – sicher zum Leidwesen der Jäger der J'ba Fofi! – also keine Riesenspinne aus dem Karbon nachgewiesen.

Kommen wir nun zu den Riesennetzen. Erwähnenswert sind die bis zu mehreren Dutzend Meter langen Gemeinschaftsnetze, die von sozialen Spinnen gewoben werden. Diese Webspinnen leben und versorgen ihren Nachwuchs im Verband, und sie bauen ihre Netze Generation für Generation weiter aus. Zu ihnen zählt die in ganz Südamerika verbreitete Spinnenart *Anelosimus eximius,* deren Netze ein Volumen von 100 Kubikmeter erreichen und Tausende Exemplare beherbergen können. Wieder aber sind es keine Riesenspinnen, denn die ausgewachsene Spinne wird nicht über 5 Millimeter groß.

DIE DISKRETEN BEWOHNER VON MITTELERDE

Partiell tauchen noch andere Gliederfüßerarten bei Tolkien auf. Beginnen wir mit den Zirperkirpern, mit denen laut Tolkien an eine ungestörte Nachtruhe nicht zu denken ist.

> *Sie verbrachten einen abscheulichen Tag in dieser einsamen und unerfreulichen Gegend. Ihr Lagerplatz war feucht, kalt und unbehaglich, und die stechenden Insekten ließen sie nicht schlafen. Außerdem gab es in den Binsen und Gräsern widerwärtige Geschöpfe, die, nach dem Geräusch zu urteilen, das sie von sich gaben, bösartige Verwandte der Grillen waren. Es waren Tausende, und die ganze Nacht hindurch war überall ihr Zirp-kirp, Kirp-zirp zu hören, bis die Hobbits fast verrückt wurden.*
>
> Der Herr der Ringe, *I, 11*

Es handelt sich mit Sicherheit um Insekten der Gattung Orthoptera, zu der die Heuschrecken und Grillen zählen. Ihr oft sehr lautes Zirpen dient der Kommunikation; manchmal singen sie im Chor. Das Geräusch wird in der Regel durch Reiben der spezifisch geformten Vorderflügel erzeugt. Beorn, der halb Mensch, halb Bär ist[1], züchtet Hummeln, um Honig zu gewinnen. Diese Hautflügler der Gattung Bombus sind größer als die mit ihnen verwandten Bienen. Sie bilden zum Teil sehr große Völker. Im *Hobbit* führt Tolkien aus: »[…] und die gelben Streifen auf ihren tiefschwarzen Körpern schimmerten wie glühendes Gold«. Diese Beschreibung entspricht den europäischen Arten, die sehr zahlreich sind und als Bestäuber eine Schlüsselrolle einnehmen. Sie sind so wichtig, dass einige Hummeln oder Wildbienenarten deswegen speziell gezüchtet werden. Die Dunkle Erdhummel *Bombus terrestris* besucht in Gewächshäusern doppelt so viele Blüten pro Minute wie Bienen. Und zum Glück für Beorn erzeugen Hummeln auch Honig, wenn auch nur in kleinen Mengen für ihren eigenen Bedarf.

Riesenschmetterlinge tauchen zwar nicht im *Herrn der Ringe,* aber im *Hobbit*-Film auf, wo Gandalf in einer Sequenz mit einem von ihnen spricht, der einem großen Pfauenspinner aus der Familie der *Saturniidae* gleicht. Er bittet ihn, Hilfe zu holen – sie naht in Gestalt der Adler.

Diese Szene wurde vermutlich hinzugefügt, um die Filmhandlung raffen zu können. Das Original geht stärker auf die Beziehungen zwischen den Charakteren, auf ihren mystischen Hintergrund oder gar ihre Ontogenese ein (wovon Tolkien regelrecht besessen ist – vielleicht eine »Berufskrankheit« der Linguisten). Zwischen Riesenfaltern, Adlern und Zauberern scheint im *Silmarillion* eine Art Verbindung zu bestehen; dies erklärt ihr eindeutig gemeinschaftliches Agieren. In einer anderen Sequenz werden die Romanfiguren im *Hobbit* durch eine Wolke von Schmetterlingen, die von Fledermäusen verfolgt werden, daran gehindert, Feuer zu machen.

»Riesenschmetterlinge« gibt es tatsächlich, so den Nachtfalter *Thysania aggripina* (»Weiße Hexe«) im Norden Südamerikas, die großen papuasischen Vogelfalter *(Ornithoptera)* und die spektakulären Pfauenspinner *(Saturniidae)* mit ihren großen Augenflecken, die man im tropischen Asien antrifft; von ihnen gibt es aber auch europäische Arten, wie das in England verbreitete Kleine Nachtpfauenauge *(Saturnia pavonia),* das Gandalfs Boten im Film ähnelt.

TOLKIEN UND DIE TAXONOMIE

Lange schon inspiriert Tolkiens Legendarium die Taxonomen. Verweise auf seine Welt finden sich in der Benennung lebender und fossiler Wirbeltierarten und bei Wirbellosen. Die Taxonomie befasst sich mit der Beschreibung lebender und fossiler Arten und ordnet sie (anhand ihrer Verwandtschaftsbeziehungen bzw. Phylogenie) in die Kategorien der Systematik der Lebewesen ein. Von dieser bildet sie einen Teilbereich. Die Systematik verfolgt heute immer stärker einen evolutionären Ansatz, der die Stammesgeschichte der Arten und Ökosysteme einbezieht.

Taxonomie ist in der Biologie eine essenzielle Aufgabe, da allein schon die Position einer Art im System rasche Rückschlüsse auf einen großen Teil ihrer Biologie erlaubt. Die große, immer wieder fortgeschriebene Katalogisierung des Lebenden ist weit mehr als eine akademische Übung – sie ist ein unverzichtbarer Zweig der Biologie. Ihre Bedeutung und die somit nötige Stringenz stehen dennoch kleinen Freiheiten nicht entgegen, insbesondere, wenn wieder einmal ein Name für eine Art oder eines der Taxa, denen sie angehört (Gattung, Familie, Ordnung usw.) zu vergeben ist. Zusammengefasst gesagt ist ein Taxonom ein Biologe, der die Biodiversität der Arten beschreibt.

EINE UNERSCHÖPFLICHE QUELLE

Lateinisch waren die ersten Bezeichnungen; als Inspirationsquelle dienten das Lateinische, dann auch das Griechische und die antiken Mythen, ebenso wie Ortsnamen oder sonstige Namen aus den Volkssagen, welche für das geografische Vorkommen der entsprechenden Art stehen konnten. Die meisten Autoren geben Namen den Vorzug, welche die Morphologie, Biologie oder geografische Verteilung kennzeichnen und somit eine Beschreibungshilfe oder eine zusätzliche Charakterisierung enthalten.

Grundsätzlich ist die Nomenklatur binär (Gattungs- und Artname), gegebenenfalls erweitert durch den Namen des Erstbeschreibers und die Jahreszahl. Ansonsten besteht Freiraum für Fantasie, Würdigungen oder augenzwinkernde Anspielungen. Beispiele: Der Flugsaurier *Arthurdactylus conandoylensis,* die Fliegenart *Campsicnemius charliechaplini,* die Muschel *Abra cadabra,* die Neukaledonische Helmgrille *Lepidogryllus darthvaderi,* die Insektengattungen *Mozartella* und *Beethovena,* die madegassische Google-Ameise *Proceratium google …*

Tolkiens Welt hat sich mit Dutzenden von Taxa, die Namen aus seinem Legendarium tragen, in der Taxonomie fest etabliert. Häufig werden sie für Insekten oder etwas auffällige fossile Arten vergeben. Die wissenschaftlichen Autoren greifen auch gerne wiederholt auf Tolkien zurück, was bei seinem umfangreichen Repertoire an Charakteren und Ortsnamen keine Schwierigkeit darstellt. Außerdem stehen mehrere von Tolkien erfundene Sprachen wie das Elbische zur Auswahl.

Man findet Belege mit Namen von Zwergen, Hobbits, Elben und Drachen, außerdem Gandalf, Ortsnamen kommen eher selten vor. Der Star ist eindeutig Gollum, alias Sméagol, der häufig für Höhlentiere mit sonderbaren Formen gewählt wird.

Es erstaunt nicht, dass die meisten »Tolkienschen« Arten oder Taxa unter den Insekten zu finden sind. In dieser Klasse gibt es seit der zweiten Hälfte des 20. Jahrhunderts die meisten neuen Beschreibungen, und dieser Prozess setzt sich fort. Es ist eine riesige Aufgabe, und dass es weitere Artennamen geben wird, die aus dem Legendarium schöpfen, steht schon fest. Hier sei zunächst die 1964 erstmals beschriebene Bärtierchen-Gattung *Beorn* genannt, kleine Gliederfüßer, die als Bernsteinfossilien aus der Kreidezeit nachgewiesen sind. Auch die fossile Familie der Beornidae hat ihren Namen von der Figur Beorn, die Bärengestalt annehmen kann.

Die Palme geht an *Gollumjapyx smeagol,* einen kleinen Beintastler (eine Ordnung der mit den Insekten verwandten Sechsfüßer). Das höhlenbewohnende Tier ist teilweise durchsichtig und hat einen kugelrunden Kopf, es wurde 2015 von Sendra und Ortuño beschrieben. (Bereits der Gattungsname zeigt die Referenz auf Gollum, und mit dem Artnamen kommt Sméagol hinzu, der Name, den diese Figur früher trug, bevor der Ring und die Lebensweise – in Höhlen! – seine Verwandlung bewirkten. Die neu entdeckte Tierart kommt in einem Höhlensystem in Ostspanien vor. Ein Paradeexemplar ist auch *Khamul gothmogi,* eine kleine, von Gates 2008 beschriebene Wespe. Der Gattungsname Khamul stammt von dem einzigen Nazgûl, dem Tolkien einen Namen gegeben hat. Der Artname gothmogi steht für Gothmog, den Fürsten der Balrogs – alte und mächtige dämonische Kreaturen. Auch Paläontologen – die häufig Bezugspunkte zur Vergangenheit suchen – haben sich inspirieren lassen. Nach Galadriel wurde beispielsweise das fossile Insekt *Gallogramma galadrieli* benannt.

Seit Peter Jacksons Film verwundert es niemanden mehr, wenn Tolkien mit Neuseeland assoziiert wird, dem Herkunftsland des Regisseurs, in dem ab 1999 die beiden Tolkien-Trilogien gedreht wurden. Doch bereits 1980 beschrieb F. M. Climo eine neue Gattung von marinen Weichtieren, die er *Smeagolida* nannte. Noch früher, von 1973, datiert die Beschreibung eines kleinen Hais, *Gollum attenuatus.* 1999 wurde ein weiterer Fisch namens *Gallaxias gollumoides* beschrieben (diesmal eine Süßwasserart). Und wenn nun die Taxonomie der Grund war, dass sich ein neuseeländischer Filmregisseur für Tolkien zu interessieren begann?

Natürlich gibt es mehrere Arten, die Tolkien selbst gewidmet wurden, sie tragen die lateinischen Artbezeichnung tolkieni. Zu ihnen zählen die kleine Wespe *Shireplitis tolkieni* und der Käfer *Gabrius tolkieni* sowie *Khamul tolkieni, Leucothoe tolkieni* (ein kleiner Flohkrebs) und *Martesia tolkieni* (eine zweischalige Muschel).

Der englische Paläontologe und Tolkien-Experte Henry Gee ist der Ansicht, dass es bei Tolkiens Leidenschaft für die Nomenklatur (in Geografie, Linguistik etc.) und für wohlklingende, gut auszusprechende Namen gar nicht anders möglich war, als dass er die Aufmerksamkeit der Taxonomen auf sich zog. Verweise auf seine Figuren sagen letztendlich wohl mehr über die Wissenschaftler aus als über die Biologie der Arten ...

Anmerkung

1. Vgl. das Kapitel »Beorn: Bärenmensch oder Mensch in Bärengestalt?«, S. 309.

STÉPHANE JOUVE

SMAUG, GLAURUNG: DIE BIOLOGISCHE EINORDNUNG DER UNGEHEUER

Sie sind keine Neuerfindung Tolkiens – Drachen spuken als Fabeltiere seit der Antike in den Köpfen der Mensch herum. Erfundene Wesen, die man nichtsdestotrotz studieren und unter die anderen Lebewesen einordnen kann, wie es Biologen mit realen Tieren tun. Fangen wir an!

In Tolkiens Werk gibt es zahlreiche Drachen, doch nur fünf werden namentlich genannt: Glaurung, Ancalagon der Schwarze, Smaug der Goldene, Scatha und Chrysophylax. Tolkien geizt mit Beschreibungen und gibt wenige Details zu ihrem Aussehen und ihrem Körperbau preis. Gemeinsam ist ihnen allen ein reptilienartiges Erscheinungsbild mit einem schuppenbedeckten und dadurch teilweise wie gepanzerten Körper sowie die Fähigkeit, Feuer zu spucken. Sie lassen sich in zwei Gruppen einteilen: flügellose Drachen, auch als »große Würmer« bekannt (und dies nur aus dem Ersten Zeitalter) sowie geflügelte Drachen, die im Ersten Zeitalter erstmals mit Ancalagon dem Schwarzen auftraten. Sie konnten sich bis ins Vierte Zeitalter halten.

Im Vergleich mit der heutigen Klassifikation der lebenden Arten wird ersichtlich, dass Tolkiens Drachen – die Lungenatmer sind und im Fall der flügellosen Drachen zwei Paar Gliedmaßen besitzen – zu den vierbeinigen Wirbeltieren zählen. Ihr langsames Wachstum, die lange Wachstumsphase und das Fehlen einer Behaarung in Verbindung mit einer dicken und schuppigen Haut ordnen sie abseits von den Säugetieren ein. Ist taxonomisch eine weitere Präzisierung möglich? Zählen sie innerhalb der Reptilien zu ein- und derselben Gruppe? Sind Verwandtschaftsbeziehungen zu anderen lebenden oder ausgestorbenen Tieren festzustellen?

Wir konzentrieren uns auf die Kreaturen, die Tolkien selbst beschrieben und gezeichnet hat, und lassen ihre Avatare beiseite, zu denen eine Unzahl von Autoren und Illustratoren durch sie angeregt wurde. So vermeiden wir die Widersprüche und Ungereimtheiten zwischen den diversen Versionen, welche sich insbesondere bei Glaurung oder Smaug beträchtlich unterscheiden. Wenden wir uns zunächst den Drachen des Ersten Zeitalters wie Glaurung zu.

GROSSE WÜRMER

Lindwurm oder großer Wurm – die Drachen des Ersten Zeitalters unterscheiden sich von Drachen im traditionellen europäischen Sinn. Erstens besitzen sie keine Flügel, und Tolkien bezeichnet sie außerdem als »große Würmer« (im Englischen: worm). Verwendet er hier wortwörtlich einen Begriff aus der germanischen Mythologie, in der das mittelenglische wyrm und das althochdeutsche Wurm gleichbedeutend mit »Schlange« sind? Dies wäre nicht verwunderlich, da sich Tolkien an seiner ersten Arbeitsstelle, die er nach dem Kriegsende von 1919 bis 1920 innehatte, für das Oxford English Dictionary mit der Geschichte und Etymologie von Wörtern germanischen Ursprungs befasste, die mit dem Buchstaben W begannen ... Jedenfalls kommen die »Lindwürmer« nach seiner Beschreibung Schlangen recht nahe.

Glaurung, der einzige »Wurm«, der in den Genuss einer kurzen, über den Text verstreuten Beschreibung sowie einer von Tolkien gezeichneten Figur kam, scheint sehr groß zu sein. Sein Körper ist schlangenförmig und seine Haut mit Hornschuppen bedeckt – ein Merkmal, das man bei vielen Reptilien findet. Sein Rücken ist im Gegensatz zu seinem Bauch gepanzert. Tolkiens Drachen haben also Schuppen, die, wie die Geschmeidigkeit und Wendigkeit ihrer Körper verraten, miteinander gelenkig verbunden sind und deren glänzendes und metallisches Aussehen darauf hindeutet, dass sie mit einer dicken Schicht Keratin überzogen sind, einem Protein, aus dem Schuppen, Hörner, Nägel, Tier- und Menschenhaare bestehen. Einen dicken Schuppenpanzer trifft man bei Reptilien nicht selten an, insbesondere bei bestimmten, meist krokodilartigen Dinosauriern (Krokodile und nahe Artverwandte), zahlreichen Echsen und vielen anderen fossilen und rezenten Arten. Ihre Panzerung besteht aus gelenkig verbundenen, mit einer Keratinschicht überzogenen Hautknochenplatten (Osteodermen) – Merkmale, die mit denen von Glaurung übereinstimmen, während Schlangen keine solchen Knochenplatten haben. Ob Glaurung Gliedmaßen besitzt, ist in den Texten nicht erwähnt; er scheint sich kriechend fortzubewegen. Doch Tolkiens Zeichnungen in *The Silmarillion Calendar 1978* zeigen den Drachen mit vier relativ kurzen, seitlich am Körper befindlichen Beinen. Diese transversale Stellung ist typisch für Echsen. Von der Anatomie der Archosaurier, einer fossilen Ordnung von Reptilien, unterscheidet sie sich dagegen grundlegend. Zu diesen zählten vor allem die mit den heutigen Krokodilen verwandten, an Land lebenden *Crocodyliformes* und die Dinosaurier. Ihre Gliedmaßen nahmen eine parasagittale Position – vertikal unter dem Körper – ein.

Eines der auffälligsten Merkmale Glaurungs ist das Fehlen von Augenlidern (in der Fachsprache Ablepharie genannt), das viele heutige Reptilien auszeichnet, beispielsweise die Schlangen und die Mehrzahl der Geckos und Skinke (eine Familie der Echsen). Genauer gesagt haben sie keine beweglichen Augenlider. Meistens ist das Unterlid, welches ein transparentes »Fenster« besitzt, mit dem dorsalen (rückwärtigen) Teil der Augenhöhle verschmolzen. So ist das Auge durch eine Schuppe geschützt, insbesondere vor Austrocknung. Über dieses verschmolzene Lid verfügen nur die Schuppenkriechtiere *(Squamata),* eine Reptiliengruppe, die sich regelmäßig häutet. Diese Schuppe wird bei jeder Häutung erneuert und ist damit immer transparent und widerstandsfähig. Bei den anderen Reptilien, die sich nicht häuten, würde diese Besonderheit des Auges nicht funktionieren.

Dieses Merkmal engt die Suche im Rahmen der Einordnung der »Lindwürmer« auf die Squamaten ein – diese machen aber immer noch 95 % der heute lebenden Reptilien aus. Zur weiteren Einengung des Felds lassen sich Merkmale wie die am vorderen Ende der Schnauze liegenden Nasenlöcher heranziehen. Damit können wir eine große Gruppe von Echsen, die Warane, streichen, bei denen die Nasenlöcher sehr weit hinten liegen. Tolkiens Zeichnung nach ist die Zunge nicht gespalten, somit scheiden auch die Schlangen aus.

Gewisse Merkmale – die enorme Größe im Erwachsenenalter und die Flammenproduktion im Maulbereich (sie spucken Feuer) – sind für diese Drachen exklusiv, die somit eindeutig eine eigene Art bilden, die wir *Wirmidraco glaurungi* nennen werden. Eine naturnahe Darstellung findet sich auf der nächsten Seite.

Kommen wir nun zu den geflügelten Drachen.

WER IST SMAUG?

Lassen wir einmal die Tatsache beiseite, dass auch beim zweiten Drachentyp manchmal von »Wurm« die Rede ist (wohl nicht mehr als eine Reminiszenz an die Benennung der obigen Drachen aus dem Ersten Zeitalter), unterscheidet sich der zweite Drachentyp stark vom ersten. Ancalagon der Schwarze scheint zwar der Mächtigste gewesen zu sein, doch mit Ausnahme dessen, dass er Flügel besaß, existiert keine Beschreibung von ihm. Mehr Details gibt es zu Smaug, dem letzten großen Drachen. Er hat sich im Einsamen Berg breitgemacht und macht Bilbo und dessen Zwergenfreunden arg zu schaffen:

»Da lag er, ein gewaltiger rotgoldener Drache in tiefem Schlaf. Ein Dröhnen kam aus seinem Maul und seinen Nüstern, und Rauchfäden stiegen auf […] Mit angelegten Flügeln, wie eine unermesslich große Fledermaus, lag Smaug ein wenig auf die Seite gedreht […]« *(Der Hobbit).* Er hat also fledermausähnliche Flügel, die aus einer Hautmembran – dem Patagium – bestehen. Seine Augen sind mit einem Lid versehen und sein Schwanz ist mächtig lang. Tolkien erwähnt seine Glieder, aber nicht deren Anzahl. Biologisch wäre es passend gewesen, wenn sich Smaugs Flügel aus umgewandelten Vordergliedmaßen entwickelt hätten, doch schematische Skizzen aus Tolkiens Hand zeigen Smaug eindeutig mit vier Beinen und zusätzlich zwei Flügeln Wie bei *Wirmidraco glaurungi* ist seine Haut mit Knochenplatten verstärkt, doch ist bei ihm nicht nur der Rücken, sondern der ganze Körper gepanzert. Dieses Merkmal existiert bei mehreren realen Reptilien, darunter manchen kleinen fossilen *Crocodyliformes* oder Krustenechsen wie der Gila-Krustenechse *Heloderma suspectum.* Auch hier liefern Tolkiens Zeichnungen wieder zusätzliche Details. So ist Smaugs Hals länger als der von *Wirmidraco glaurungi,* seine Beine sind sehr kurz und befinden sich ebenfalls in transversaler Position am Körper. Seine Schnauze ist wesentlich länger, seine Zunge gespalten. Eine solche Zunge findet sich nur bei den Schuppenkriechtieren, erstaunlicherweise allerdings auch bei den Kolibris. Bei den Schuppenkriechtieren nimmt die Zunge geruchstragende Partikel auf und befördert sie zu einem chemosensiblen Organ am Gaumen, dem Jacobson-Organ. Die über die beiden Teile der Zunge wahrgenommene unterschiedliche Konzentration an Riechstoffen hilft dem Tier, sich auf seine Beute hin auszurichten.

Smaugs Knochenplatten und seine gespaltene Zunge weisen ihn unbestreitbar als Schuppenkriechtier aus. Mit den Flügeln an seinem Rücken und der Fähigkeit, Feuer zu erzeugen, ist aber auch er ein einzigartiges Tier und bildet darum eine eigene Art, die wir *Dracoaliger smaugi* nennen werden.

EIN WENIG STAMMESGESCHICHTE

Lernen Biologen neue Arten kennen, so orientieren sie sich für deren Einordnung an morphologischen Merkmalen. Jede Gruppe – auf allen Ebenen der Systematik – wird durch eine Anzahl von Merkmalen definiert, die von einem gemeinsamen Vorfahren stammen und theoretisch bei sämtlichen Mitgliedern der Gruppe vorhanden

Wirmidraco glaurungi

Klasse: REPTILIA Laurenti, 1768, *sensu* Modesto & Anderson, 2004

Ordnung: SQUAMATA Oppel, 1811

Unterordnung: SCINCOMORPHA Camp, 1923

Gattung: *Wirmidraco* gen. nov.

Etymologie: von lat. *vermis* – Schlange (Wurm) und griech. *draco* – Drache

Diagnose: identisch mit der Typusart, der einzigen bekannten Art der Gattung

Typusart: *Wirmidraco glaurungi* sp. nov.

Art: *Wirmidraco glaurungi* sp. nov.

Etymologie: von Glaurung, dem größten Vertreter der Art

Ikonotyp: »Glaurung macht sich auf die Suche nach Turin«, J. R. R. Tolkien, 1977, in *The Silmarillion Calendar 1978.*

Diagnose: Schuppenkriechtier mit folgenden einzigartigen Merkmalen: Gigantische Größe des adulten Tiers (vermutlich über 25 Meter); Feuererzeugung im Maul; sehr dicke und eng liegende, mit einer dicken Keratinschicht überzogene dorsale Knochenplatten.

Dracoaliger smaugi

Klasse: REPTILIA Laurenti, 1768, *sensu* Modesto & Anderson, 2004

Ordnung: SQUAMATA Oppel, 1811

Unterordnung: MONSTERSAURIA Norell & Gao, 1997

Gattung: *Dracoaliger* gen. nov.

Etymologie: von griech. *draco* – Drache und lat. *aliger* – geflügelt

Diagnose: identisch mit der Typusart, der einzigen bekannten Art der Gattung

Typusart: *Dracoaliger smaugi* sp. nov.

Art: *Dracoaliger smaugi* sp. nov.

Etymologie: von Smaug, dem letzten Vertreter der Art

Ikonotyp: Illustration zu Smaug; J. R. R. Tolkien, 1937, in *The Hobbit* (erste Ausgabe).

Diagnose: Schuppenkriechtier mit folgenden einzigartigen Merkmalen: gigantische Größe des adulten Tiers; Feuererzeugung im Maul; ein Flügelpaar, durch welches sich die Zahl der Gliedmaßenpaare auf 3 erhöht sind. Diese Merkmale werden Apomorphien genannt. Je mehr Charakteristika die Mitglieder einer Gruppe gemeinsam haben, desto näher steht ihnen der gemeinsame Vorfahr und desto enger ist ihre Verwandtschaft. Zur Bestimmung dieser Verwandtschaftsbeziehungen zieht man mehrere Merkmale heran, zu denen zunächst verschiedene Zustände definiert werden, in welchen sich die im Lauf der Evolution aufgetretenen Variationen abzeichnen. So können etwa die Lider beweglich (Zustand 0 des Merkmals 314) oder verschmolzen sein (Zustand 1 des Merkmals 314). Man kodiert in dieser Weise (häufig mit 0 und 1) die exakte Ausprägung sämtlicher Merkmalszustände für jede Art und berechnet dann mit einer speziellen Software die möglichen Verwandtschaftsbäume. In diesen sind die Arten ausgehend von der maximalen Anzahl abgeleiteter Merkmale hierarchisch gruppiert.

Da wir die beiden Drachen der Ordnung der Schuppenkriechtiere zuordnen konnten, lässt sich die von Jack Conrad 2008 zu den Squamaten veröffentlichte Analyse nutzen, um zu testen, in welcher Verwandtschaftsbeziehung die Drachen zu den anderen Mitgliedern der Gruppe stehen. Diese Analyse enthält 223 Arten und 363 morphologische Merkmale, denen wir unsere beiden Taxa und ein 365. Merkmal hinzufügten: die Fähigkeit, im Maul Feuer zu produzieren (fehlend – 0, vorhanden – 1). Die verwendete Software berechnete in 2 h 47 min 14 s insgesamt 101 157 073 954 Baumkombinationen und erstellte vier Bäume. *Dracoaliger smaugi* ist von den beiden Drachen derjenige, zu dem wir eindeutigere Beziehungen erhielten. Er zählt zu den Monstersauria, die mit den heutigen Krustenechsen und Gobiderma (einer ausgestorbenen, in der mongolischen Wüste Gobi entdeckten fossilen Echsenart aus der Kreidezeit) verwandt waren. Diese waren gefährliche Räuber mit scharfen Zähnen; ihr Körper war vollständig mit Knochenplatten bedeckt, sogar am Kopf, wo diese mit dem Schädel verschmolzen waren – mit anderen Worten, sie waren, wie Smaug, wahre Panzer auf vier Beinen. Nur die besonders lange Schnauze von *Dracoaliger smaugi* passt eigentlich nicht zu den Monstersauria. Allerdings hat auch *Eosaniwa koehni,* ein kleiner, in Deutschland entdeckter, zu den Monstersauria zählender Squamate aus dem Eozän (vor zirka 48 Millionen Jahren) eine relativ lange Schnauze. Könnte *Dracoaliger smaugi* ein »Cousin«, ein Verwandter zwischen dieser langköpfigen Form und den kurzschnäuzigen Krustenechsen sein? Möglicherweise ja, denn die Krustenechsen sind kurzschwänzig, während Smaug wie die ersten, mit *Eosaniwa koehni* verwandten Monstersauria einen sehr langen Schwanz hat.

Die stratigrafische Verteilung der Monstersauria zeigt, dass die ältesten Mitglieder dieser Gruppe in Schichten der Oberkreide (vor zirka 100 Millionen Jahren) zu finden sind. Dies würde bedeuten, dass die Art *Dracoaliger smaugi* sich von den anderen Angehörigen der Gruppe bereits früher – spätestens am Ende der Unterkreide (vor 145 bis 100 Millionen Jahren) – abgetrennt hat, und dass seine direkten Vorfahren zeitgleich mit den Dinosauriern gelebt oder sie sogar überlebt haben könnten. Wie, ist schwer zu sagen, doch schließlich sind auch die Dinosaurier nicht vollständig verschwunden, da ein bestimmter Teil von ihnen in Gestalt der Vögel weiterbesteht.

Was *Wirmidraco glaurungi* betrifft, so zählt er zu den Skinkartigen. Diese Reptiliengruppe umfasst Skinke, Schlangen sowie Eidechsen mit verkürzten Gliedmaßen und beinlose Eidechsen (Wurmschleichen). Der Drache hat mit den anderen abgeleiteten Skinkartigen gemeinsam, dass ihm Knochenplatten am Bauch und verschmolzene Lider fehlen. Die ersten Skinkartigen, denen *Wirmidraco glaurungi* nahesteht, zeigten hinsichtlich ihrer Gestalt viele Übereinstimmungen mit Glaurung: den langen Schwanz, die kurzen Gliedmaßen und die kriechende Fortbewegung. Die phylogenetische Analyse zeigt, dass die Linie von *Wirmidraco glaurungi* sich spätestens am Ende der Unterkreide abgespalten haben muss, also zur selben Epoche, in der die Linie von *Dracoaliger smaugi* eine eigenständige Entwicklung nahm.

Die Ursprünge der Drachen gehen also weit vor die Entstehung des Menschen zurück. Dies bestärkt die These, dass Glaurung mit den Schlangen verwandt ist, und rechtfertigt seine Bezeichnung als »Wurm«. Was Smaug betrifft, so bestätigt seine Einordnung unter den Monstersauria nur allzu gut noch einmal seine blutrünstigen Neigungen …

GEFLÜGELTE FEUERDRACHEN *PLAUSIBEL ODER NICHT?*

STÉPHANE JOUVE

Welches Tier mit Reptilienkörper fliegt und spuckt Feuer? Natürlich der Drache – diese Merkmale werden ihm in Europa seit dem Mittelalter zugeschrieben. Doch Drachen treiben sich auch in den Legenden und Mythen vieler anderer Völker der Welt herum, und dies seit ältesten Zeiten. Man trifft sie in Asien und im Nahen Osten an, aber auch in der Neuen Welt, wo die Federschlange Quetzalcóatl als eine Art Drache gesehen werden kann. Auch bei Tolkien spielen sie eine maßgebliche Rolle, vor allem, wenn es um die frühen Zeitalter von Mittelerde geht, die jener Zeit vorangehen, in der Sauron erstmals auf den Plan tritt. Woher kommen die Drachen?

EINMAL UM DIE WELT AUF DRACHENSUCHE

Sein Ursprung ist zwar unbekannt, doch stößt man in fast allen antiken Kulturen auf den Drachenmythos. Die älteste Darstellung drachenähnlicher Fabeltiere ist ca. 6000 Jahre alt und wurde in einem jungsteinzeitlichen Grab in Xishuipo in der Provinz Henan (China) gefunden. Den Eingang zum antiken Babylon bewachte das drachenähnliche, auf dem 2500 Jahre alten Ishtar-Tor dargestellte mesopotamische Fabelwesen Mušhuššu. Gelegentlich handelt es sich um nicht eindeutig identifizierbare Tiere, häufiger jedoch um eine Mischung aus verschiedenen Raubtieren, die zu der Zeit der jeweiligen Zivilisation tatsächlich existierten. Auf Mušhuššus Körper sitzt ein gehörnter Schlangenkopf, aus dem eine gespaltene Zunge züngelt, seine Vorderbeine sind die eines Löwen und seine Hinterbeine die eines Adlers.

Die Drachen des griechischen oder römischen Altertums unterscheiden sich deutlich von den mittelalterlichen oder nordischen Drachen, die Tolkien inspirierten. Sie sind mythische Schlangenwesen mit teilweise außergewöhnlichen Fähigkeiten oder Attributen: Sie haben giftigen Atem (wie der Drache von Kolchis) oder mehrere Köpfe (wie die Lernäische Hydra). »Drache« stammt von lat. *draco* und dieses wiederum vom altgriechischen δράκων *(drákōn),* das vom Verb δέρκομαι (*dérkomai*) – blicken, fixieren – abgeleitet ist. Diese Drachen bewachen meistens Schätze oder heilige Stätten. In griechischen Texten bezeichnet das Wort drákōn eine große Schlange und zugleich einen Wächter – Attribute, welche die späteren Drachen, an die sich Tolkien angelehnt hat, geerbt haben könnten. Die westliche Tradition machte sie zu geflügelten und Feuer spuckenden Reptilienwesen, denen sich die Helden im Einzelkampf stellen müssen. Im Christentum wird der Drache zur Verkörperung des Bösen, Satans, und im Johannes-Evangelium zu einer der Gestalten der Apokalypse.

TOLKIENS DRACHEN

Legenden oder Mythen über Drachen sollen Tolkien schon sehr früh inspiriert haben. So beeinflusst die skandinavische Sage um Sigurd und Fáfnir Tolkiens *Legende von Sigurd und Gudrún* (1930). Im Original ist Fáfnir ein Zwerg, der einen verwunschenen Schatz in seinen Besitz bringt und sich in einen Drachen verwandelt, um ihn zu bewachen; schließlich wird er von Sigurd getötet. Sein Tod – der Held verbirgt sich in einer Erdspalte und durchbohrt ihn von unten – erinnert an den von Glaurung, der im *Silmarillon* vom Zwerg Túrin durch einen Stich in den Bauch getötet wird.

Eine zweite mögliche Inspirationsquelle ist das angelsächsische epische Heldengedicht *Beowulf*. Die zwischen der ersten Hälfte des 7. Jahrhunderts und dem 10. Jahrhundert entstandene Fabel gilt als eines der frühesten Zeugnisse der angelsächsischen Literatur und basiert auf einer germanischen Versdichtung über die Heldentaten Beowulfs. Beowulf nimmt einen besonderen Platz in Tolkiens Leben ein, da er in jungen Jahren mit dessen Übersetzung befasst war und zu dem Text sein Leben lang Forschungen betrieb und maßgebliche Analysen erstellte. Der Drache in *Beowulf* – der erste feuerspuckende Drache – ist der »Urvater« der europäischen Drachen des Mittelalters. Wie Smaug setzt er ein Dorf in Brand, nachdem ihm ein Gegenstand aus dem Schatz, den er bewacht, gestohlen wurde.

Tolkiens weitgehend an Literatur und Volkslegenden des Mittelalters angelehnte Drachen verfügen logischerweise über die typischen Merkmale dieser Fabeltiere (insbesondere der europäischen): Flügel und die Fähigkeit, Feuer zu spucken. Sind diese Kennzeichen aber auch vom zoologischen Standpunkt aus glaubhaft?

DAS WIRD HEISS!!

Lässt sich irgendeine Möglichkeit bestimmen, durch die ein Drache in der Lage wäre, Flammen zu erzeugen und Feuer zu spucken – eine bei keinem Reptil oder irgendeiner anderen Tierart anzutreffende Fähigkeit? Zweierlei wäre dazu nötig: Brennstoff und ein Zünder.

Was den Brennstoff betrifft, so besteht die einfachste Lösung in der Verwendung von Methan und Wasserstoff. Diese hochentzündlichen Gase werden auf natürliche Weise von Darmbakterien erzeugt und kommen auch im Magen vor. Menschen und Tiere stoßen sie über Rülpsen und Blähungen aus. Bei den Drachen wäre vorstellbar, dass von Darmbakterien erzeugtes Methan- und Wasserstoffgas in einer eigenen Tasche gesammelt und bevorratet wird, sodass bei Bedarf ein kontrollierter Ausstoß möglich ist.

Weitaus größere Probleme gibt es mit dem Zündfunken, um die Verbrennung des Methans und Wasserstoffs in Gang zu setzen, denn diese Gase sind nicht spontan entzündlich. Eine denkbare Möglichkeit wäre Platin als Katalysator der Zündung, denn Platin bewirkt in der Tat die Verbrennung von Wasserstoff. Der einzige Haken bei der Sache: Platin ist ein äußerst seltenes Erz, dreißigmal rarer als Gold. Dieselbe Reaktion wäre mit den anderen Platinmetallen, also Osmium, Iridium, Ruthenium, Rhodium und Palladium zu erzielen, welche aber genauso selten wie Platin sind … Heutzutage gewinnt man Platin aus Nickelerz, das rund zwei Gramm Platin pro Tonne enthält; bis zu fünf Gramm pro Tonne im magmatischen Gestein des Bushveld-Komplexes in Südafrika (wo über 75 % der weltweiten Platinvorkommen lagern,) gelten bereits als »hoch konzentriert« … Es ist ein eher abwegiger Gedanke, dass Horden von Drachen ihre Zeit damit verbringen könnten, auf Schottergestein herumzukauen, um zumindest die für einen winzigen Funken nötige Platinmenge zu gewinnen.

Eine weitere geeignete Substanz wäre Phosphor. In Form des sogenannten weißen Phosphors ist dieser spontan an der Luft entzündlich. Er kommt bei bestimmten Bomben zum Einsatz und wird insbesondere verwendet, um Napalm in Brand zu setzen. Phosphor wurde 1669 von dem deutschen Alchimisten Hennig Brand entdeckt, als er damit experimentierte, aus Urin eine Substanz zu destillieren, mit der er Metalle in Gold verwandeln wollte. Nachdem er beträchtliche Mengen Urin destilliert hatte, erhielt er zwar keine einzige Unze Gold, aber einen weißen und leuchtenden, extrem leicht entflammbaren Stoff. Weißer Phosphor lässt sich auch durch Erhitzen von Knochenmaterial oder Phosphat in Anwesenheit von Kohlenstoff gewinnen, doch auch hier müssen selbst für eine geringe Menge Phosphor beträchtliche Mengen erhitzt oder destilliert werden.

Der mesapotamische Drache Mušhuššu

Könnte es sein, dass Drachen andere Mechanismen entwickelt haben, um Wasserstoff, Methan oder andere Gase in Brand zu setzen? Komplett abwegig ist das nicht. So vermag eine kleine Laufkäferart, der Bombardierkäfer, eine chemische Reaktion zu erzeugen, um einen heißen Strahl giftiger Substanzen zu verspritzen. Es wäre also vorstellbar, dass Giftdrüsen (über die viele Reptilien verfügen) so umgewandelt wurden, dass sie eine chemische Substanz ausstoßen, welche die Zündung von Wasserstoff und Methan bewirkt.

DUBIOSER DRACHENFLUG

Letztlich ist die Flugfähigkeit in der Geschichte der Reptilien keine seltene Erscheinung; sie entstand mehrmals unabhängig voneinander. Die bekannteste Gruppe fliegender Reptilien sind mit Sicherheit die Vögel! Sie stammen von den Dinosauriern ab, welche selbst Reptilien waren. Vögel sind also weiterentwickelte Reptilien. Ihr Flugapparat besteht aus den umgewandelten Vordergliedmaßen, deren Finger teilweise verschmolzen sind; die Tragflächen werden von den Federn gebildet, welche aus Hautschuppen entstanden sind – grundverschieden zu der Beschreibung von Smaugs Flügeln. Andere Reptilien, etwa die Flugsaurier des Mesozoikums, flogen mithilfe von Vordergliedermaßen, an denen der fünfte Finger (Kleinfinger) verschwunden war, während der stark verlängerte vierte Finger eine zwischen ihm und der Körperseite gespannte Hautmembran hielt.

Bei den Wirbeltieren sind die Flügel hauptsächlich an den Gliedmaßen befestigt. Diese können verlängert sein und eine Membran spannen wie beim Gleitgecko *(Ptychozoon kuhli)* oder den fliegenden Fröschen (unzählige Hylidae- und Rhacophoridae-Arten). Bei Säugetieren wie den Fledertieren (Fledermäusen) ist die Flughaut oft zwischen den stark verlängerten Fingergliedern und den Vorder- oder Hinterbeinen ausgespannt. Eine ähnliche Art der Flugfähigkeit liegt bei zwei unterschiedlichen Gruppen von Nagetieren vor, die oft fälschlich unter dem Begriff Flughörnchen zusammengefasst werden: den Riesengleitern *(dermoptera)*, welche den Primaten nahestehen – und den Gleitbeutlern, die zu den Beuteltieren zählen. Ihnen allen erlaubt eine Flughaut zwischen den Vorder- und Hinterbeinen, durch die Luft zu gleiten, doch hat sich diese Tragfläche in jeder Gruppe eigenständig entwickelt. Im Gegensatz dazu bilden Smaugs Flügel, wie Tolkien sie beschreibt, ein zusätzliches Gliedmaßenpaar, haben also nicht mit umgewandelten Vordergliedmaßen oder irgendeiner zwischen Vorder- und Hinterbeinen gespannten

Haut zu tun. Deutlich sind mehrere von den Knochen der Gliedmaßen unterschiedene Knochenstrukturen zu erkennen, welche die Flughaut spannen. Dies ist ein Charakteristikum zweier Reptiliengruppen: Der fossile *Coelurosauravus* (das älteste fliegende Wirbeltier, das jemals existiert hat) spannte zum Fliegen ein seitlich am Körper liegendes Segel mithilfe von Hautknochenstrahlen auf. Diese Stäbchen ermöglichten ihm zwar nicht, zu flattern, stabilisierten aber den Flug und verbesserten den Auftrieb. Eine ähnliche Konstruktion hat sich bei den heutigen Flugdrachen *(Draco volans)* entwickelt, kleinen, etwa 20 Zentimeter langen Eidechsen, bei denen Rippen, welche sie seitlich abspreizen, die Funktion der Knochenstrahlen übernehmen.

Zwar mögen die Flügel dieser Tiere denen der geflügelten Drachen ähneln, doch verfügen sie über keine Gelenke und erlauben nur einen Gleitflug. Wäre es möglich, dass die Drachen sich in die Luft erheben, ohne mit den Flügeln zu schlagen? Wir kommen wieder zu Wasserstoff und Methan zurück, Gase, die wesentlich leichter sind als Luft. In der BBC-Dokufiktion *Dragon's World* (2004) wird die Hypothese aufgeworfen, sie könnten Drachen beim Auffliegen unterstützen. Diese Vermutung erweist sich jedoch nicht als haltbar. Wasserstoffgas, das leichteste Gas überhaupt, ist mit einer Dichte von 0,08988 kg/m^3 14-mal dünner als Luft (1,2 kg/m^3). Um das Wasserstoffvolumen zu errechnen, welches Smaug den nötigen Hub zum Auffliegen geben könnte, muss zunächst sein Gewicht bestimmt werden. Von der Körperform her kommt ihm der Komodowaran am nächsten. Diese große Echse wird bis zu drei Meter lang und bis zu 70 Kilogramm schwer. Setzt man Smaugs Länge mit 20 Metern an, ergibt sich ein Gewicht von 470 Kilogramm, was noch nicht berücksichtigt, dass Smaug im Gegensatz zum Waran mit Knochenplatten gepanzert ist, wodurch sich sein Gewicht noch einmal beträchtlich erhöhen kann. Der Wert dürfte also viel zu niedrig angesetzt sein, wiegt doch bereits ein sechs Meter langes Krokodil fast eine Tonne.

In der Annahme, dass Drachen genauso wie Vögel und Fledermäuse hohle Knochen und damit ein leichteres Skelett besitzen, wollen wir ihn dennoch beibehalten. Man muss nun das Gewicht durch die Differenz zwischen der Dichte von Luft und von Wasserstoff dividieren – und schon erhält man das benötigte Wasserstoffvolumen: Um einen knapp 500 Kilogramm schweren Smaug in die Luft zu bringen, sind nahezu 60 Kubikmeter des hochexplosiven Gases notwendig – also ein Tank von 2,5 Meter Durchmesser und 13 Metern Länge. Selbst für ein Tier von Smaugs Größe ein unverhältnismäßiges Volumen!

Die Lösung des Problems läge in einer Kombination aus Flattern und einem geringeren Gasvolumen. Doch konnte Smaug überhaupt mit den Flügeln schlagen? Unter allen Wirbeltieren sind nur Vögel und Fledermäuse zum Schlagflug fähig, was durch die Umwandlung der vorderen Gliedmaßen in Flügel möglich wurde. Smaug besitzt dagegen

Vorderbeine, und diese unterscheiden sich eindeutig von seinen Flügeln. Exemplare mit zwei Paar Vorderextremitäten entstehen bei den heutigen Wirbeltieren nur gelegentlich im Fall von Anomalien (bei siamesischen Zwillingen). Diese Beine sind planlos positioniert, kaum kontrollierbar und bilden kein weitervererbbares Merkmal. Diese Möglichkeit scheidet also aus. Ist ein zusätzliches Gliedmaßenpaar anderweitig vorstellbar? Mutationen homöotischer Gene (die im Verlauf der Embryonalentwicklung die Organisation und Strukturierung des Körpers steuern) werden hauptsächlich an der Drosophila-Fliege untersucht. Bei ihr führt die sogenannte Bithorax-Mutation zur Ausbildung eines zusätzlichen Flügelpaars. Ist dergleichen bei Wirbeltieren denkbar?

Nicht mit Sicherheit, denn Wirbeltiere sind hinsichtlich der Strukturierung und Organisation ihres Körpers in der Entwicklung komplexer, und vor allem sind die Segmente weniger eindeutig zugewiesen. Mit einem zusätzlichen Paar Flügel wäre ein kompletter Umbau des Rumpfskeletts und der Rumpfmuskulatur erforderlich geworden. Zudem hätten sich die überzähligen Extremitäten, die in Bau und Aussehen zunächst identisch mit den bereits vorhandenen Gliedern waren, mit der Zeit zu Flügeln entwickeln müssen. Ist dies vorstellbar? In den Hunderten von Jahrmillionen, welche die Evolution der Wirbeltiere dauerte, ist dies bei keinem einzigen von ihnen je vorgekommen, außer bei den Drachen. Vielleicht hat ja Sauron als Meister der genetischen Manipulation den Drachen zusätzliche Extremitäten hinzugefügt, wie es heute Genetiker mit den Drosophilafliegen tun …

Ein weiteres Problem liegt in der Größe der Flügel … Können Flügel, wie gigantisch auch immer, das Gewicht eines über 400 Kilogramm schweren Tiers tragen? Der Wanderalbatros hat als größter heutiger Vogel eine Flügelspannweite von maximal 3,7 Metern und ein Gewicht von maximal 12 Kilogramm. Unter den fossilen Arten ist *Pelagornis sandersi* mit gut sieben Metern Spannweite bekannt, dessen Gewicht maximal 30 Kilogramm erreichte, oder der massivere *Quetzalcoatlus*, ein Flugsaurier aus der späten Oberkreide mit zehn Metern Spannweite und einem Gewicht von maximal 250 Kilogramm. Biomechaniker sehen bei diesem Flugsaurier die Maximalgröße für ein fliegendes Tier erreicht, wobei manche Wissenschaftler vermuten, dass Fliegen bei dieser Größe nicht möglich gewesen sei und dass er auch nicht mehr als 100 Kilogramm wog. Kurz und gut, Fliegen – selbst wenn es nur ein Gleitflug ist – scheint für ein Tier, das über 400 Kilogramm wiegt, nicht möglich zu sein.

Die Drachen aller europäischen Mythen und Legenden und ebenso Tolkiens Drachen spucken Feuer und haben häufig Flügel am Rücken. Diese beiden Attribute sind seit dem Mittelalter aus dem abendländischen Bild des Drachens nicht wegzudenken. Indessen erweisen sie sich als unvereinbar mit der biologischen Realität, und so müssen sie in Mythen und literarischen Werken verbleiben.

ANTOINE
LOUCHART

FLIEGENDE GIGANTEN!
– *WIRKLICH?*

Zu den beeindruckendsten der zahlreichen Vögel, die man bei Tolkien antrifft, gehören die Adler, denn sie sind gigantisch und haben zudem eine auffällige Vorliebe dafür, einige Akteure der Geschichten auf ihrem Rücken oder in ihren Krallen zu tragen. Wie wahrscheinlich ist so etwas? Wären solche Riesenvögel überhaupt flugfähig? Und können sie Personen transportieren? Ein Blick auf fossile wie heute lebende Exemplare, auf ausgestorbene und mythologische Adler und darüber hinaus auf kryptozoologische Vögel im Grenzbereich zwischen Realität und Legende erbringt eine Reihe erstaunlicher Antworten. Es lassen sich Vorbilder und Erklärungen für all die fantastischen Kreaturen finden. Wie immer hat sich der Autor darauf verstanden, das Wissen und die Traditionen verschiedener Epochen und Länder neu zu interpretieren und so ein originelles Werk zu gestalten.

Riesenadler, die in drei Zeitaltern vorkommen, sind die bei Tolkien am häufigsten anzutreffenden Vögel. Auch wenn der auf den Britischen Inseln nistende Steinadler *(Aquila chrysaetos)* ein Vorbild gewesen sein mag, sind die Großen Adler mit dieser Art nicht ganz vergleichbar. Über ihre Rolle als Könige der Vögel hinaus sind sie auch noch denkende und sprechende Wesen mit weit reichenden Kräften. Außerdem sind sie unsterblich.

Die Adler sind Transportspezialisten, meist treffen sie als Retter in kritischen Situationen ein (im *Silmarillion* befördern sie den toten Fingolfin, aber auch Fingon und Maedhros, Húrin und Huor, Beren und Lúthien, im späteren Werk den Zauberer Gandalf, Bilbo und die Zwerge, Frodo und seinen Freund Sam …). Diese Vögel sind vollwertige Charaktere mit eigenen Namen. Sie sprechen, beteiligen sich an Entscheidungen, und vor allem spionieren sie den Feind aus. Allein schon ihre Ankunft scheint einen Umschwung zu bewirken. So kündet der sich bei ihrem Anblick erhebende Schrei »Die Adler kommen!« die apokalyptische Wende im *Herrn der Ringe* an. Wer bringt die Botschaft vom Sturz Saurons, des verderbten Maias, nach Minas Tirith? Ein Adler! Und wer berichtet Turgon im Ersten Zeitalter vom Sieg über Nargothrond, den Morden an Thingol und Dior und der Verwüstung Doriaths? Wieder ein Adler!

Bisweilen nehmen die Adler aktiv am Kampf teil wie in der Schlacht der Fünf Heere, als sie die Berg-Orks in die Tiefe stürzen. Es gibt manche Übereinstimmungen mit anderen halblegendären Adlern wie dem indianischen Donnervogel: Ihr »Flügelschlag [ist] wie das Rauschen von Manwës Winden«. Den Fall Númenors kündeten aus Westen auftauchende Adler an. Sie »trugen den Blitz zwischen den Flügeln«.

Nicht alle Adler waren Vorbilder an Tugend, einige zeigten sich feige und grausam, doch die Herzen der größten unter ihnen, die aus der alten Rasse der nördlichen Berge stammten, waren edel. Oft trafen sie wie vom Himmel gesandt ein, was schicksalhaft geschah und seitens der anderen Romanfiguren nicht planbar war. Der Mecker-Einwand »Warum ist Frodo nicht einfach auf einem Adlerrücken zum Schicksalsberg geflogen?« löste große Fan-Diskussionen mit zum Teil höchst originellen Vorschlägen aus … Immerhin retteten die Adler Frodo und Sam aus äußerster Not, ließen sie dann aber ihre Mission allein zu Ende bringen – die Lage schien wohl nicht ganz hoffnungslos zu sein. Hätten sie wohl bei einem Totalausfall der beiden oder weiteren schwerwiegenden Problemen eingegriffen? Die Adler behalten die Lösung des Rätsels um ihre Motive für sich …

UNGLAUBLICH GROSSE VÖGEL … LIESSE DIE NATUR DAS ZU?

Länge und Breite der größten Adler wiesen schier unwirkliche Maße auf: Vom ersten Adlerkönig Thorondor ist eine Spannweite von 30 fathoms (Klafter oder Faden) überliefert, also etwa 54 Meter, wenn man den Klafter mit 1,80 Meter ansetzt – die Spannweite eines B-52-Bombers! Damit übertreffen die Großen Adler bei Weitem die heutigen Steinadler oder auch jene ausgestorbenen Arten, welche als größte Adler aller Zeiten gelten. Der Lebensraum dieser Urzeit-Adler waren Inseln; sie ernährten sich von großen Vögeln oder mittelgroßen Säugetieren. Der neuseeländische Haastadler *(Harpagornis moorei)* gilt als der größte von ihnen: Mit 2,5 bis 3 Metern Spannweite war er dem Steinadler vergleichbar, mit bis zu 15 Kilogramm Gewicht aber wesentlich schwerer als dieser – er muss ein imposantes Tier gewesen sein. Die Maoris nannten ihn pouākai – »menschenfressender Vogel«. Ausgestorbene Adler ähnlicher Größe kamen in der Karibik und auf Madagaskar vor. In diesen Inselkontexten fand bei ihnen im Lauf der Evolution eine Größenzunahme statt, ein Phänomen, das sich bei vielen Vögeln wiederholte.

Bei Tolkiens Adlern sind Anzeichen eines gegenläufigen Evolutionsphänomens erkennbar: Mit dem Fortschreiten der Zeitalter vermindert sich ihre Größe, wobei sie immer noch Giganten bleiben. Dies erinnert an die Größenabnahme vieler Tierarten in Zusammenhang mit der Klimaerwärmung in den Jahrtausenden nach der letzten Eiszeit.

Analog dazu ist die Anpassung an Kälte oft von einer Größenzunahme begleitet, da das Körpervolumen im Verhältnis zur Länge eines Tiers ein kubisches Wachstum zeigt. Proportional dazu verbessern sich die Produktion und Erhaltung von Körperwärme (die in Bezug zum Volumen steht). Dieser Umstand kommt in der Bergmann'schen Regel zum

Die Wächter des Himmels

Ausdruck. Ihr gemäß werden innerhalb jeder Art die Einzelexemplare zu den Polen hin größer. – Und die Riesenadler nisten in den Bergen des Nordens.

Fossilfunde zeigen, dass zwei ausgestorbene Arten die heutigen Adler an Größe übertrafen: *Argentavis magnificens* war eine Art Riesengeier mit einem Rekordgewicht von 70 Kilogramm und sieben Metern Flügelspanne (doppelt so viel, wie die größten Kondore aufweisen). Ebenfalls sieben Meter Flügelspanne (das Doppelte der größten heutigen Albatrosse) und 30 Kilogramm Gewicht kennzeichneten den albatrosähnlichen *Pelagornis sandersi,* dessen Besonderheit spitze »Zähne« (in Wirklichkeit knöcherne Auswüchse) entlang des Schnabelrands waren, was ihn unter die Pseudozahnvögel einordnet.

Neben *Quetzalcoatlus northropi* wirken diese Vögel immer noch wie Zwerge. Dieser nordamerikanische Riesenflugsaurier lebte am Ende der Oberkreide (kurz vor dem Aussterben der Flugsaurier und Dinosaurier). Er besaß die Größe einer Giraffe und mit 10,5 Metern die größte jemals nachgewiesene Flügelspanne. Modellrechnungen kamen zum Ergebnis, dass bei einer solchen Spannweite in Kombination mit 250 Kilogramm Gewicht (so neueste Schätzungen) jede Art fliegender Fortbewegung ausgeschlossen war. Doch die Feinheiten der Flügelanatomie von *Quetzalcoatlus* beweisen das Gegenteil! Dies stellt die in der Regel auf heutigen Vögeln basierenden theoretischen Modelle infrage; sie sind ungeeignet, um (auch für vergangene Zeiten) »Vorhersagen« zur Flugfähigkeit realer ausgestorbener Arten zu treffen. Der Gedanke, es könnten auch noch größere Flugsaurier den kreidezeitlichen Himmel durchzogen haben, ist also nicht abwegig.

Nach einem aktuellen Modell wächst das Gewicht bei ansonsten gleichbleibenden Faktoren gegenüber der Flügelspannweite im kubischen Verhältnis; es dürfte bei den enormen Schwingen der Großen Adler also ein Hinderungsfaktor sein. Was aber, wenn man sich Vögel mit größerer Muskelkraft und anderen Proportionen, minimiertem Gewicht und optimierter Ausnutzung des Winds und der Thermik vorstellt? Potenziell gibt es eine extreme Vielfalt an Flugweisen, und so sind andere fliegende Wesen denkbar – mit größerer Spannweite, anderen Flügelformen, geringerem Gewicht und besonderen Tricks, um den Wind zu nutzen und Energie zu sparen. Dann kann man sich tatsächlich mächtige Riesenadler mit 20, 30 oder mehr Metern Flügelspanne ausmalen. Bis zu Thorondors 54 Metern ist es dann nicht mehr weit …

Angetriebene Flugzeuge ermöglichen deutlich größere Spannweiten, die Flügel sind dabei natürlich starr. Den Rekord hält mit 97,54 Meter die H-4 Hercules, ein Wasserflugzeug. (Es sollte jedoch erwähnt werden, dass es nur ein einziges Mal in der Luft war und trotz starker Motoren nur auf eine Flugstrecke von 1600 Metern kam, bei einer maximalen Flughöhe von 21 Metern über dem Wasser.) Flugzeuge sind auf den Transport von Menschen oder Gütern ausgerichtet. Und die Großen Adler?

WILLKOMMEN AN BORD VON *AIR THORONDOR!*

Ungeachtet der Tatsache, dass Tolkiens Riesenadler sich durch die Fähigkeit (und Vorliebe!) auszeichnen, Personen auf ihrem Rücken zu befördern, ist aus der Vergangenheit kein Fall bekannt, in dem echte Adler oder andere Vögel Menschen auf ihrem Rücken getragen hätten, doch Geschichten von Adlern oder sonstigen großen Greifvögeln, die Babys oder Kleinkinder in ihren Klauen forttragen, werden auf der ganzen Welt erzählt. Darunter sind reale Begebenheiten wie die Entführung der dreieinhalbjährigen Svanhild Hartvigsen, die von der norwegischen Insel Leka stammte. Ein Weißschwanz-Seeadler (*Haliaeetus albicilla,* größenmäßig dem Steinadler vergleichbar) verschleppte sie von dem Platz, wo sie spielte, zu seinem 180 Meter hoch gelegenen Horst. Sie wog damals etwa zehn Kilogramm, und dass ein Seeadler bei günstigem Wind in der Lage war, sie über die ganzen zwei Kilometer zu tragen, ist ungeachtet skeptischer Kommentare nicht ausgeschlossen. Die drei Männer, die sie von dort lebend bargen, pochten auf die Richtigkeit ihrer Aussage, und der psychische Eindruck wirkte bei dem Mädchen lebenslang nach.

Thorondor, der die 25-fache Größe eines Steinadlers hat, befördert ebenso problemlos wie seine Nachkommen einen Menschen oder zwei Hobbits, sein Rücken ist dafür breit genug. Außerdem sind die Großen Adler in der Lage, Menschen in ihren Krallen zu tragen. Als Thorondors Nachkomme Gwaihir Gandalf rettet, lässt er diesen wissen, dass er »leicht wie eine Schwanenfeder in [seinen] Klauen« sei. Gwaihir kann Gandalf »viele Wegstunden« tragen. Solche Lasten scheinen für Tolkiens Adler angesichts ihrer Kraft kein Problem zu sein, und als Gwaihir mit seinen Artgenossen zum Schicksalsberg losfliegt, um Frodo und Sam zu retten, sagt er zu Gandalf: »Ich bringe dich, wohin du willst, und wärst du auch aus Stein«. Und er fügt hinzu: »Der Nordwind bläst, aber wir werden schneller fliegen als er.« In der Tat fliegen diese Adler sehr schnell – geschwinder als die Nazgûl auf ihren Reittieren und wohl auch jedes andere Wesen in Arda, egal, ob beladen oder nicht.

Die erfinderische Natur gab indessen anderen Transportmöglichkeiten als Adlerklauen und -rücken den Vorzug: So bringt die südamerikanische Zwergbinsenralle beim Fliegen ihre Jungen in einer speziellen Hauttasche ihrer Achselhöhle unter. Die Haubentaucher befördern ihre Jungen auf dem Rücken, dies allerdings nur schwimmend. Wie Fotos aus dem 19. Jahrhundert belegen, können große Vögel wie Schwäne sogar ein menschliches Baby auf ihrem Rücken tragen (wenn beide Mitspieler gut gelaunt sind), allerdings auch dies nur auf dem Wasser … Woher also nahm Tolkien

»Zutaten« wie die ungeheure Flügelspanne, die Neigung, Menschen zu tragen und die Bereitschaft, Halbgötter zu spielen?

WURZELN IN ALTER ZEIT

Plastischer als in der Legende vom Vogel Roc (oder Roch) lassen sich die Riesenadler, die Menschen transportieren, kaum darstellen. Er taucht in diversen orientalischen Mythen auf, vor allem aber in *Sindbad der Seefahrer,* wo er den Titelhelden in seinen Klauen befördert. In dieser Geschichte aus den *Märchen aus Tausendundeiner Nacht* trägt er sogar einen Elefanten und legt ein Riesenei. Es wurde versucht, ihn in Bezug zu den vor mehreren Hundert Jahren ausgestorbenen Elefantenvögeln auf Madagaskar zu setzen, die enorm große Eier legten. Doch diese waren keine Adler, sondern eine Art übergroßer Strauße.

Auf derselben Insel lebte ein Adler, *Stephanoaetus mahery,* der zwei bis zweieinhalb Meter Flügelspanne hatte – doch bei Roch war die Rede von 15 bis 30 Metern! Eine neuere, etwas vereinfachende Schätzung geht von dem Prinzip aus, dass ein Adler bis zur Hälfte seines Eigengewichts tragen kann. Setzt man für einen Elefanten vier Tonnen an, so muss der Vogel Roch etwa acht Tonnen schwer gewesen sein, was zur Bewältigung des Gesamtgewichts eine Flügeltragfläche von 250 Quadratmetern erforderlich macht. Daraus ergibt sich eine Spannweite um die 50 Meter – also die von Thorondor (der somit einen jungen Olifanten in seinen Krallen hätte transportieren können). Der Schwachpunkt dieser Überlegungen liegt auch hier darin, dass von der unwahrscheinlichen Annahme ausgegangen wird, man könne das Verhältnis, in dem all diese Parameter bei einem normalen Adler stehen, unverändert auf den überdimensionalen Vogel Roch übertragen. Doch bei anderer Größe herrschen andere Verhältnisse (Allometrie) – welche es beim Vogel Roch waren, wissen wir nicht. Allometrien hängen häufig mit den Grenzen der mechanischen Belastbarkeit zusammen, die vor allem durch die kubische Zunahme des Eigengewichts von Riesentieren bedingt sind. Dies erklärt auch, warum Elefanten so dicke und robuste Beine brauchen, um das Gewicht ihres Körpers zu tragen.

Im Nahen Osten tummeln sich also Riesenadler, in der buddhistischen und hinduistischen Mythologie gibt es den adlerartigen Garuda, und in der persischen Mythologie den Simurgh. Manche Forscher vermuten die Ursprünge dieser Mythen in antiken Funden von Dinosaurierfossilien oder Überresten anderer Riesenwesen, welche der

Boden dieser Regionen birgt: eine Klaue hier, ein Schnabel dort, Rückenwirbel, die man einer Riesenschlange zuschrieb … Tolkien konnte sich allemal Anregungen bei den berühmten Vorbildern holen, auch wenn es reine Legenden waren. So befördert der Vogel Simurgh Menschen oder Tiere zwar meistens in seinen Klauen, interessanterweise aber auch auf seinem Rücken oder auf seinen Flügeln, wie in der Episode, in der er Prinz Gauhar und seinem Gefährten zur Flucht aus dem Gefängnis verhilft.

Auch der Greif (halb Adler, halb Löwe) der ägyptischen Antike und der Mittelmeerregion trägt Personen auf seinem Rücken. In *Gullivers Reisen* ergreift ein Riesenadler die Reisekiste, in welcher der Titelheld steckt, und schleppt sie in seinen Klauen fort.

Fasst man den Flug auf dem Adlerrücken allegorisch auf, sind noch »wunderbarere« Reisen als die von Nils Holgersson vorstellbar, der in einen kleinen Wichtel verzaubert wird und auf dem Rücken einer Gans über Schweden fliegt. Aus schamanischen Traditionen oder dem Totemismus bekannt ist das Motiv, dass Personen von einem Adler oder sonstigen Greifvogel ergriffen werden. Kehren sie anschließend in die Welt der Menschen zurück, wird ihnen ein magischer Status zugeschrieben. Auch sei die hebräische Tradition erwähnt, welche den göttlichen Schutz mit einem Adler vergleicht: Während andere Vögel ihre Jungen mit den Klauen halten, trägt er sie auf seinem Rücken und bietet den Pfeilen der Menschen lieber seine Brust als Zielscheibe, als das Leben seiner Jungen zu gefährden. Dies gehört zwar dem Reich der Legende an, ist aber doch eine wichtige biblische Referenzstelle, die Tolkien möglicherweise zu seinen häufigen Beschreibungen von Flügen auf dem Adlerrücken angeregt hat. Tolkien wusste immer gut aus der Grauzone zwischen Legende und gut dokumentierter Wahrheit zu schöpfen.

AN DEN GRENZEN DER REALITÄT

Dieser Grauzone zwischen Legenden und Tatsachen gehört auch die Kryptozoologie an, welche mehrere »Adlerriesen« kennt, zu denen der skandinavische Kungstorn (der schlicht ein Steinadler oder Weißschwanz-Seeadler sein könnte) und der zentralafrikanische Ngoima zählen (möglicherweise ein Kampfadler oder Kronenadler). Manchmal erscheinen die gesichteten Vögel größer, als sie in Wirklichkeit sind, und zusätzlich begünstigt die romanhafte Überlieferung Größenübertreibungen – eine Neigung, die manche Geschichte von Riesenadlern erklären würde. Hier sei der Thunderbird (Donnervogel) erwähnt, ein Erbe der nordamerikanischen indigenen Mythologie. Seine Spannweite soll schätzungsweise sieben Meter betragen, meist wird er als Vogel von dunkler Farbe und der Gestalt eines Adlers oder Kondors geschildert. Es gibt relativ frische Aussagen über Sichtungen in Pennsylvania, und die genannte Spannweite würde zu den maximalen Maßen realer fossiler Vögel passen.

Die Großen Adler nehmen mit Sicherheit den Spitzenplatz unter den Vögeln von Arda ein. Doch bei Tolkien kann auch manch anderes geflügelte Wesen mit ihnen konkurrieren.

NOCH GRÖSSER, NOCH BIZARRER

Lebewesen treten im *Herrn der Ringe* auf, die keinen Namen haben und kaum beschrieben werden. So reiten die Nazgûl, nachdem ihnen ihre »Schützlinge« an der Furt des Bruinen entwischt sind, auf geflügelten Wesen weiter. Diese Kreaturen, die mit ihren Schnäbeln Flugsauriern ähneln (mit denen sie die Hautflügel gemeinsam haben) und sich wie riesige Geier bewegen, sind noch rätselhafter als die Adler. Es handelt sich um Abkömmlinge nicht benannter Lebewesen, die es wohl schon sehr lang auf Arda gibt und die erst später durch den bösartigen Sauron verdorben wurden – denn kein Tier ist von Anfang an böse. Tolkien scheint die Reminiszenz an Flugsaurier nicht direkt beabsichtigt zu haben, er stritt später aber auch nicht ab, dass diese »Reittiere« der Schwarzen Reiter Abkömmlinge fliegender Reptilien sein könnten. Größer als »jedes andere Lebewesen«, die größten Adler inbegriffen, erreichen sie eine Spannweite von 60, 70 oder mehr Metern – und wieder beeinträchtigt dies nicht ihre Flugfähigkeit

Am anderen Ende des Spektrums stehen die Balrogs, sehr alte Wesen des Bösen, die bereits zu Beginn des *Silmarillions* anzutreffen sind. Ob sie Flügel besaßen, ist nicht vollständig geklärt. In den Beschreibungen wird nur »ein Schatten, geformt wie große Flügel«, erwähnt, von echten Flügeln oder Flugfähigkeit ist nirgends die Rede, doch es ist bekannt, dass sich Balrogs rasend schnell fortbewegen können. Gesetzt den Fall, sie haben Flügel: Würde dies veranschaulichen, dass es bei drachenartigen Wesen zu einer Rückbildung der Flügel kam? So wie bei allen Vögeln, welche die Fähigkeit zu fliegen verloren und die nur noch Stummelflügel aufweisen? Wie auch an anderer Stelle, lässt Tolkien gewisse Dinge im Dunkeln. Wenn die Wissenschaft sich aufmacht, Licht hineinzubringen, so kann sie das mit etwas Glück auf dem Rücken eines Adlers tun …

JÉRÉMIE BARDIN /
ISABELLE KRUTA

DER WÄCHTER *IM WASSER*

Der Herr der Ringe, II, 4. Kapitel – »Eine Wanderung im Dunkeln«: Am Eingang zu den Minen von Moria unter dem Berg Caradhras stoßen die Gefährten auf ein Hindernis: Das unmittelbar an einem See gelegene Tor ist mit einem Rätselspruch verschlossen, den Gandalf zu durchblicken versucht. Gerade als er auf die Lösung kommt und sie ihren Weg fortsetzen wollen, reckt eine im See verborgene Kreatur ihren Arm aus dem Wasser und schnappt nach Frodos Bein. Nach einem erbitterten Kampf gelingt es den Gefährten freizukommen, und sie dringen in das Bergwerk vor. Dieses Wesen ist der Wächter im Wasser, eines der rätselhaftesten Geschöpfe in Tolkiens Universum. Die Auseinandersetzung bleibt die einzige direkte Begegnung mit der Kreatur, von der nur eine knappe Beschreibung vorliegt: »Aus dem Wasser war ein langer, gekrümmter Fangarm herausgekrochen; er war blassgrün, leuchtend und nass. Sein gefingertes Ende hatte Frodos Fuß gepackt und zog ihn ins Wasser […] Zwanzig andere Arme kamen aus dem Wellengekräusel hervor. Das dunkle Wasser brodelte, und es stank abscheulich.«

Tolkien-Begeisterte haben intensiv über die Identität des Wächters im Wasser diskutiert, in dem sie meist Ähnlichkeiten mit mythologischen Kreaturen wie dem Kraken oder ganz entfernt mit einem Drachen entdecken – Fabelwesen, die sich in mancher Hinsicht an echte Tiere anlehnen. In der Welt, die Tolkien schildert, scheinen die Gesetze der klassischen Biologie zu gelten. Insofern lässt sich bei den meisten Wesen Mittelerdes ein Bezug zu uns bekannten Lebewesen herstellen, doch die Gesamtheit der körperlichen Merkmale des Wächters im Wasser erlaubt es nicht, ihn auf Anhieb einer bekannten Art zuzuordnen.

Dennoch lohnt es sich, Vergleiche mit der Biodiversität der heutigen Erde und des Tolkienschen Legendariums anzustellen. Und noch eine Interpretation ließe sich in Betracht ziehen: Dass es sich nicht um ein Individuum, sondern um mehrere handelt. Frodo selbst wirft diese Hypothese auf, die bislang nie jemand weiterverfolgt hat: »Ich spürte, dass etwas Entsetzliches in der Nähe war von dem Augenblick an, da mein Fuß zuerst das Wasser berührte«, sagte Frodo. »Was für ein Wesen war das, oder waren es viele?«

PHANTOMBILD DES WÄCHTERS IM WASSER

Lange Fangarme hat der Wächter. Weitere Eigenheiten seines Körperbaus kennen wir nur sehr fragmentarisch, da nur die herausgereckten Partien zu sehen gewesen waren. Dieses

Der Wächter im Wasser

bruchstückhafte Wissen begrenzt die Möglichkeiten einer taxonomischen Zuordnung. Von den 21 Armen wird nur einer, den Tolkien als »Fangarm« bezeichnet, detailliert beschrieben. Auf die Gefährten machen sie den Eindruck von Wasserschlangen, sie scheinen also länglich zu sein und eine Abfolge von Windungen zu bilden. Das Ende zumindest eines dieser Arme ist in »Greiffinger« oder »Tentakel« unterteilt, die Frodo erfassen. Das Ganze ist blassgrün gefärbt und leuchtet – vermutlich aufgrund von Biolumineszenz.

Was erfährt man über das Verhalten des Wächters im Wasser? Das Missgeschick am Tor lässt wenig Raum für Zweifel: Das Wesen ist aggressiv. Doch seine Motive sind unbekannt. Ist es ein Raubtier, verteidigt es sein Revier oder Durins Tor? Es reagiert auf das Öffnen des Tors, doch mit größerer Wahrscheinlichkeit war der Auslöser ein von Boromir in den See geworfener Stein, denn danach war an der Südseite des Sees eine Bewegung im Wasser wahrzunehmen, die vermutlich von den anderen Armen verursacht wurde. Wenig später recken sich 20 Stück aus dem See.

Dem Originaltext ist keine direkte Angabe zur Größe des Wächters zu entnehmen, doch lässt sich aus der Abfolge der Ereignisse eine ungefähre Vorstellung von ihr gewinnen. Anhand der Angaben zur Größe des Sees von Moria beträgt die Entfernung zwischen dessen Südende und Durins Tor schätzungsweise etwas mehr als 100 Meter. Da der erste Arm Frodo bereits ergreift, bevor die Gefährten die zwanzig anderen Arme aus dem See auftauchen sehen, dürfte die Kreatur, sofern es sich um ein Einzeltier handelt, mindestens 100 Meter lang sein. Da kein Tier auf der Erde jemals eine solche Größe erreicht hat, muss es sich um ein Riesenwesen aus Tolkiens spezifischem Legendarium handeln. Eine andere Erklärungsmöglichkeit für den Abstand von über 100 Metern zwischen dem ersten Arm und den anderen Armen bestünde darin, eine Population anzunehmen, die aus mehreren Individuen geringerer Größe besteht.

Der See am Fuß des Nebelgebirges wurde durch die Aufstauung des Sirannon, eines Gebirgsflusses, gebildet, somit besteht er aus Süßwasser. Wahrscheinlich handelt es sich um stehendes Wasser, die Farbe ist dunkel.

UNGEKLÄRTE IDENTITÄT

Charakteristische anatomische Merkmale lassen mehrere Hypothesen zur Identität des Wächters im Wasser zu. Häufig wird er als »Kraken« interpretiert. Dieses Fabelwesen wird mit Kopffüßern in Verbindung gebracht (genauer gesagt, den großen Arten wie den Riesenkalmaren oder -kraken, die auch Menschen gefährlich werden können). Finden sich bei solchen Tieren tatsächlich Merkmale des Wächters wieder? Verschiedene Hinweise stützen eine solche Annahme.

So könnte der Begriff »Fangarm« ein Verweis auf die Tentakel (Arme) von Kopffüßern sein. Deren Fangarme sind häufig gewunden, machen einen glitschigen Eindruck und würden mit ihrer Beweglichkeit zu der Art passen, wie der Wächter die Ringgemeinschaft angegriffen hat. Auch Biolumineszenz kommt bei mehreren Vertretern der Kopffüßer vor, insbesondere bei den Arten, die in der Tiefsee leben. Sie verfügen über Leuchtorgane mit spezialisierten Zellen, den Photozyten, welche fähig sind, Licht auszustrahlen oder die Lichtreflexion zu modifizieren. Luminiszenz kann aber auch durch Bakterien erzeugt werden, die mit den Kopffüßern in Symbiose leben; sie siedeln sich allerdings nicht auf den Fangarmen an, sondern am Tintenbeutel. Die Tinte, die von einigen Kopffüßern erzeugt und in die Umgebung ausgestoßen wird, könnte die dunkle Farbe des Sirannon-Sees erklären. Im Fall, dass der Wächter eine Riesenkrake ist, erzeugt ein gut 100 Meter langes Tier natürlich genügend Tinte, um ein Gewässer von der Größe des Sees bei Moria zu schwärzen. Zudem sind Kraken in der kollektiven Vorstellung mit Aggressivität assoziiert. Sie bedienen sich ihrer Tentakel, um anzugreifen oder ihr Revier zu verteidigen, wie es der Wächter im See tut.

Bestimmte Merkmale sind dagegen schwer mit der Kopffüßer-Theorie vereinbar, zum Beispiel die Finger am Ende jedes Fangarms. Allerdings weisen bei gewissen Kopffüßern, den Cirrentragenden Kraken, die Arme zu beiden Seiten der Saugnäpfe jeweils eine zusätzliche Reihe von beweglichen fadenartigen Anhängseln auf. Man nimmt an, dass es sich bei diesen sogenannten Cirren um Sinnesorgane handelt, die für die Ernährung dienlich sind, doch ihre exakte Funktion ist noch nicht geklärt. Es wäre also vorstellbar, dass es sich bei den Fortsätzen an den Tentakeln des Wächters um übergroße, auf den Endbereich des Arms konzentrierte Cirren handelt.

Der nächste Problempunkt ist die hohe Anzahl an Armen – hier sind es 120. Die einzige Übereinstimmung ließe sich bei Nautiliden (Perlbooten) finden, die zum Teil mehr als 30 fingerartige Tentakel besitzen, morphologisch indessen kaum etwas mit den Kraken gemein haben (äußeres Gehäuse, Form der Tentakel, Fortbewegungsweise). Alle Darstellungen unseres Fabelwesens ähneln aber ausgerechnet entweder Kraken (achtarmig) oder Kalmaren (zehnarmig).

Ein weiteres gewichtiges Argument gegen die Kopffüßer-Theorie besteht im Lebensraum: Bei allen heutigen Kopffüßerarten handelt es sich um Meerwassertiere, dasselbe gilt für die ausgestorbenen.

Könnte der Wächter im Wasser eine Art gigantische Ausgabe eines Süßwasserpolypen sein – einer Hydra? Die Polypen zählen zum Stamm der Nesseltiere (der auch die Quallen, Anemonen und Korallentiere umfasst). Von ihnen leben als einzige die Hydren im Süßwasser, was sie zu aussichtsreichen Kandidaten machen würde.

Bei Süßwasserpolypen sitzt eine Tentakelkrone auf einem Fuß, dessen Sohle am Untergrund anhaftet. Zu diesen morphologischen Merkmalen passen die biegsame Form des Wächters und seine Hautbeschaffenheit; vielleicht bildet der schlangenartige Arm den Fuß, und die Finger am Ende entsprechen den Tentakeln von Polypen.

Für die hohe Zahl an Tentakeln sind zwei Interpretationen denkbar. Die erste bestünde darin, dass jeder Tentakel des Wächters im Wasser für einen einzelnen Polypen steht – dass es sich also um eine Kolonie von Süßwasserpolypen handelt. Die zweite hängt mit der ungeschlechtlichen Fortpflanzung dieser Nesseltiere durch Knospung zusammen: Hierbei formt sich am Fuß eine Knospe und bringt durch Zellteilungen ein neues Individuum hervor, das sich entweder abtrennen oder mit dem Fuß in Verbindung bleiben kann. In diesem Fall wäre der Wächter ein einzelner Riesenpolyp, an dessen Fuß viele Knospen hängen.

Die grüne Farbe ist bei der Grünen Hydra *(Chlorohydra viridissima)* tatsächlich anzutreffen. Biolumineszenz kommt dagegen bei Polypen nicht vor, wohl aber bei zahlreichen anderen Nesseltieren. Mit diesen beiden Eigenschaften könnte der Wächter also gut ein Riesenpolyp sein.

Die Artbezeichnung »Hydra« ist von der Hydra von Lerna abgeleitet, einem siebenköpfigen Ungeheuer aus der griechischen Mythologie, das von Herakles besiegt wird. Wird einer ihrer Köpfe abgeschlagen, wächst er nach, was sie beinahe unsterblich macht. Auch die einzelnen Tentakel der Süßwasserpolypen verfügen über diese Regenerationsfähigkeit. Dem Wächter wird zwar kein Arm abgeschnitten, aber zumindest ist aus Gandalfs Aussagen indirekt zu verstehen, dass das Seeungeheuer ein Wesen aus sehr alter Zeit sein muss.

Auch hier gibt es wie bei der Einordnung als Riesenkrake Argumente, die gegen einen Polypen sprechen. Denn dies sind wenig bewegliche Tiere; sie lassen sich an der Wasseroberfläche treiben. Ihre Tentakel können Beute erfassen, scheinen aber nur über eingeschränkte Beweglichkeit zu verfügen – das exakte Gegenteil zum Wächter im Wasser, der sich beim Schwimmen wie beim Ergreifen von Beute blitzschnell bewegt.

Ein weiteres Gegenargument besteht darin, dass Süßwasserpolypen im Gegensatz zur Hydra der Sage winzige Tiere sind, die maximal zwei Zentimeter messen. Natürlich könnte es zu Riesenwuchs gekommen sein, doch um einen Riesenpolypen von der

Größe des Wächters im See entstehen zu lassen, müsste schon eine Vergrößerung um den Faktor 5000 stattgefunden haben.

Eine weitere Interpretation kursiert in der Tolkien-Community: Es handele sich beim Wächter um einen Drachen. Die Anhänger leiten dies aus einer besonderen Sicht in Bezug auf die Abfolge der Ereignisse im Tolkien-Universum und aus der Existenz von Wasserdrachen her. Ausgehend von der Annahme, die Drachen seien Verwandte der uns bekannten Reptilien, sollen im Folgenden die Argumente untersucht werden, welche für oder gegen eine Sicht des Wächters im Wasser als Reptil sprechen.

Falls der Wächter ein aus einer anderen Drachenart hervorgegangener Wasserdrache ist, wäre dies aus Evolutionssicht eine abgeleitete Form, die gemeinsam mit den meisten bekannten vierbeinigen Tieren vom Frosch über die Eidechse bis zum Pferd aus einem vierbeinigen Ahnen hervorgegangen ist. Zu den wellenförmigen Bewegungen des Wächters wäre ein Vierbeiner jedoch nur fähig, wenn sich das Knochengerüst in seinen Extremitäten zurückentwickelt hat. Bildet sich aber das Skelett zurück, so hat dies zur Folge, dass die Muskeln keine Ansatzpunkte mehr haben. Nun ermöglichen aber gerade die Muskeln die diversen Bewegungen des Körpers, indem sie die Stellung der einzelnen Knochen zueinander verändern. Im Fall der Vierbeiner gibt es ohne Knochen oder eine starre Struktur also keine muskelgesteuerte Bewegung. Zudem verfügt der Wächter im Wasser im Gegensatz zu den sechs Gliedern der klassischen Drachen (mit vier Beinen und zwei Flügeln) über mindestens 21, was eine enorme Vervielfachung bedeuten würde (Biologen sprechen von serieller Homologie). Angesichts der zahlreichen Modifikationen und biophysischen Unstimmigkeiten ist die Drachen-Hypothese darum aus biologischer Sicht nicht haltbar.

Den Wächter als Schlange zu sehen, würde mehrere Merkmale auf simple Weise erklären. Die wellenartigen Bewegungen der Arme des Wächters wären dank der Vielzahl an Wirbeln, aus denen der Körper einer Schlange zusammengesetzt ist, durchaus denkbar. Wie viele Finger an jedem Arm sitzen, ist nicht bekannt, doch ein weit aufgerissenes Schlangenmaul hat Ähnlichkeit mit einer zweifingrigen Greifzange. Auch die Farbe und Hautbeschaffenheit seiner Arme wären bei Schlangen nicht unüblich. Letztendlich geht diese These sehr in Richtung einer Population aus mehreren Individuen; damit wäre auch das Paradoxon der Größe gelöst.

Immer noch bleiben dabei Fragen offen: Angenommen, jeder Arm besteht aus einer einzelnen Schlange – warum ist das dann für die Gefährten nicht eindeutig erkennbar? Als Grund wäre höchstens vorstellbar, dass bei diesen Schlangen starke Veränderungen stattgefunden haben, etwa dass ihnen Augen und Zähne fehlen.

Alles in allem erweist es sich als schwierig, eine klare und endgültige Antwort auf die Frage zu geben, wo im Stammbaum des Lebens der Wächter aus dem Bergsee bei Moria einzuordnen wäre. Aus biologischer Sicht stimmt er mit keiner bekannten Tierart vollständig überein. Ausführlichere direkte Belege wären hilfreich, um die eine oder andere der aufgeführten Thesen zu bestätigen oder zu verwerfen. Die zahlreichen bisher unveröffentlichten Entwürfe Tolkiens werden später vielleicht einmal die Lösung des Rätsels liefern und aufzeigen, wie der Wächter im See in die systematisch gestaltete Welt des Autors einzugliedern ist. Obwohl die Theorie, dass es sich um eine ganze Population von Tieren handelt, bisher niemals ernsthaft erwogen wurde, erscheint sie bei einer logischen Betrachtung der Angaben im Text zwangsläufig als die am meisten wahrscheinliche. Was das Mosaik der morphologischen Merkmale des Wächters im Wasser betrifft, so könnten hier sowohl reale Lebewesen als auch Fabeltiere aus Sagen und Mythen Pate gestanden haben. Auch wenn Tolkien seine Inspiration in erster Linie aus den nordischen Sagen bezog, könnte er ein Ungeheuer wie die Hydra von Lerna aus der griechischen Mythologie hinzugefügt und mit dem Bild des Kraken und der im kollektiven Unbewussten verankerten Angst vor Fangarmen vermischt haben, um aus all dem den Wächter im Wasser vor dem Tor von Moria entstehen zu lassen.

BENOIT GRISON

TOLKIENS *KRYPTOZOOLOGISCHES* BESTIARIUM

Die Kryptozoologie wurde in den 1950er-Jahren von dem französisch-belgischen Zoologen Bernard Heuvelmans ins Leben gerufen – eine Grenzdisziplin der Zoologie, die sich zwischen zoologischer Mythologie und der Bestandsaufnahme tierischer Biodiversität bewegt. Im Idealfall gelingt es, mithilfe des »Ethnowissens« lokaler Bevölkerungsgruppen und damit übereinstimmenden Augenzeugenberichten (seltener dank anatomischer Belegstücke und sonstiger Sachindizien) neue Tierarten zu entdecken. Lassen sich zu einer so definierten Kryptozoologie Bezüge in Tolkiens Werk finden? So aus der Luft gegriffen, wie sie zunächst wirken mag, ist die Annahme gar nicht.

Zunächst verdient die Kryptozoologie eine Rehabilitierung. Oft wurde sie von Spinnern fehlgeleitet, doch hat ihr Ansatz in den letzten Jahrzehnten zu einigen beachtlichen Entdeckungen geführt. Dazu gehören die nordvietnamesische Saola *(Pseudoryx nghetinhensis)* – die Art ist ein Mittelding zwischen Antilopen und Ziegenartigen –, oder der Manado-Quastenflosser *(Latimeria menadoensis),* der neben dem Komoren-Quastenflosser als einziger rezenter Vertreter der ansonsten seit 70 Millionen Jahren ausgestorbenen Fischunterklasse Actinista gilt.

Kryptozoologie, wie Heuvelmans sie vertrat, ist eine Form von Ethnozoologie, die sowohl das präzise Naturwissen bestimmter ethnischer Gruppen als auch kulturelle »Produkte« wie Fabeltiere einbezieht. Ihre interdisziplinäre Methodik führte zur »Dekonstruktion« problematischer Tiere wie dem berühmten Ungeheuer von Loch Ness: Man erkannte die Sichtungen als Illusion, hervorgerufen durch optische Trugbilder an der Oberfläche des schottischen Sees, »Wellen ohne Wind« oder verirrte Robben. Doch wenden wir uns nun Tolkiens kryptozoologischem Bestiarium zu.

DIE GROSSEN SCHLANGEN DES NORDENS

Charakteristisch für Tolkiens nicht nur für Kinder bestimmtes Märchen *Roverandom* (1927) sind die raffiniert eingebauten Bezüge zur nordischen Kultur und Literatur. Auch eine »große Meeresschlange«, die »Unbekannte der Ozeane«, tritt darin auf. Für den Titelhelden, einen kleinen Hund, ist das schlangenartige Ungeheuer unermesslich groß. Der Zauberer

Artexerxes (ein Namensvetter des persischen Großkönigs!) beschreibt es als unvorstellbar alt, prähistorisch, legendär, mythisch ... Dies lässt Wikingersagen durchschimmern, wo die Schlange in Midgard (Mittelerde!) am Ende der Zeiten zur »Götterdämmerung« aus den Tiefen steigt. Auch auf Søe-orm wird angespielt, die »Seeschlange« der alten Skandinavier, die häufig in norwegischen Kirchen aus dem Mittelalter abgebildet ist, entgegen einer landläufigen Vorstellung jedoch nur selten als Galionsfigur der Langschiffe vorkam. Vergleichbare Seeungeheuer erwähnt das angelsächsische *Beowulf*-Epos (7./8. Jhdt.), eine der wichtigsten Inspirationsquellen Tolkiens. Er widmete diesen Wesen in *The Etymologies* einen Eintrag unter dem Namen Lingwiléke, dem Elbenwort für »Seeschlange«.

Der italienische Reisende Francesco Negri und Bischof Pontoppidan von Bergen sammelten im 17. bzw. 18. Jahrhundert zahlreiche Geschichten über Søe-orm, die »Große Schlange« des Nordens. Für die als zuverlässig erachteten Informanten der naturgeschichtlich begeisterten Gelehrten war dies ein Geschöpf aus Fleisch und Blut. Einige unglaubhafte Züge, die ihr zugeschrieben wurden (ihre Riesenhaftigkeit und drachenhafte Aggressivität) lassen allerdings deutlich erkennen, dass diese Schilderungen eher in den Bereich der mündlichen Erzähltradition fallen; man kann sie kaum als reichhaltige Augenzeugenberichte im heutigen Sinn ansehen.

Die naturkundliche Untersuchung der Großen Meeresschlange begann im Grunde erst im 19. Jahrhundert. Genauer gesagt schlug die Geburtsstunde der wissenschaftlichen Seeungeheuer-Debatte exakt im Jahr 1817 in Neuengland: Berichte über Sichtungen in dieser Region der nördlichen Hemisphäre, insbesondere vor Gloucester, hatten sich in jenem Jahr gehäuft. Verschiedenste Zeugen, darunter als gebildet geltende wie Geistliche und Schiffskapitäne, berichteten immer wieder von einem riesigen dunklen Meerestier mit buckeliger Haut, das mit Sicherheit über zehn Meter lang war. Der Hals der Seeschlange war, soweit sie erkennen konnten, knapp einen Meter lang, und die Geschwindigkeit, mit der sich das Tier fortbewegte, entsprach ungefähr der von großen Walen.

In der Linnean Society of New England, einem Hort namhafter Wissenschaftler, war die Aufregung über all diese Beobachtungen groß. Man leitete eine großangelegte Untersuchung ein, bei der eine frühe Form von »Standardfragebögen« zum Einsatz kam. Bald nahm auch die englische Bildungsschicht ernsthaften Anteil an den Sichtungen von Meeresschlangen, die häufig von Marinekapitänen berichtet wurden – welche in den Augen der britischen Öffentlichkeit Pfeiler einer vorbildlichen Institution waren: der Royal Navy. Prominente Gelehrte des Viktorianischen Zeitalters wie der Pionier der modernen Geologie Charles Lyell oder Thomas Henry Huxley, ein glühender Verteidiger der Ideen Darwins, waren sich nicht zu schade dafür, den Berichten über das berühmte Seeungeheuer ihre Aufmerksamkeit zu schenken.

Die Begeisterung für die »große Unbekannte der Ozeane« steigerte sich noch in der Zeit Edwards VII., in die Tolkiens Jugend fiel: Magisch angezogen von den jüngsten paläontologischen Funden, kultivierten die populärwissenschaftlichen Autoren ihre Lieblingsidee, es müsse sich um ein Meeresreptil handeln, das ein Relikt aus dem Erdmittelalter sei – eine These, die mit den Beschreibungen der Augenzeugen in keiner Weise vereinbar war.

Natürlich konnten Tolkien diese Spekulationen, welche dem alten mythischen Ungeheuer Skandinaviens einen naturgeschichtlichen Hintergrund zuschrieben, nicht entgangen sein. In einer Reihe von Schriften postulierte der schottische Volkskundler und Anthropologe Andrew Lang (von dem Tolkien als Forscher stark beeinflusst war), einige als ausgestorben geltende Arten hätten in »kryptischen Formen« überlebt, was manche Forscherberichte über mysteriöse Tiere erkläre. Vor diesem Hintergrund überrascht es nicht, wenn der junge Tolkien das fossile Unterkieferfragment eines Wirbeltiers, welches er an der Küste bei Lyme Regis fand, mit trockenem Humor als »Kiefer eines Drachen« bezeichnete.

Was ist heutzutage von diesen Versuchen einer rationalen Erklärung des Seeschlangen-Mythos übrig? Mehr, als man denken mag. Von den etwa 400 glaubwürdig erscheinenden Beobachtungen aus zwei Jahrhunderten verweisen viele eindeutig auf seltene Meerestiere wie den Riemenfisch (Regalecus – der größte Knochenfisch), den Walhai oder auch die Lederschildkröte.

Nach wie vor treffen zahlreiche Sichtungsberichte von der Westküste Nordamerikas ein, welche ein kohärentes Bild eines bislang unbekannten, mehrere Meter langen Meeressäugers mit langem Hals ergeben; die Presse taufte ihn »Cadborosaurus« (nach der Cadboro Bay). Der Meeresforscher Paul Le Blond hat die Daten ausgewertet und schließt nicht aus, dass man es mit einer neuen Art zu tun hat. In Sachen Biodiversität könnte der Ozean noch so manche Überraschung bereithalten …

VOM ASPIDOCHELON BIS ZUM KRAKEN

Tolkien lässt zwei weitere Seemonster auftreten: das Aspidochelon und den Kraken. Vom Ersteren handelt sein Ende der 1920er-Jahre entworfenes Gedicht »Fastitocalon«, das er später in *Die Abenteuer des Tom Bombadil* aufnahm. Angeblich war Hobbits die Geschichte vertraut, in der es um eine von Möwen umgaukelte Insel geht, deren

Anschein die Seeleute in die Irre führt. Vermeintlich ein willkommener Rastplatz, erweist sie sich als der Rücken einer monströsen Kreatur, die jederzeit untertauchen und alle in die Tiefe reißen kann. Der Autor hat sich das Monster offensichtlich als Riesenschildkröte vorgestellt: »Fastitocalon« ist eine angelsächsische Verballhornung von »Aspidochelon« (wörtlich: »Schlangenschildkröte«). Dieses mythische Geschöpf der Antike wird erstmals im Physiologus erwähnt, einer vermutlich im 2. Jahrhundert in Ägypten abgefassten Naturlehre, die als Urform aller christlichen Bestiarien gilt. Es wird klar, dass die Seeleute fälschlich den Panzer dieses Zwitterwesens als Insel angesehen haben, auf der sie an Land gehen und Feuer machen können.

Der Physiologus ist keineswegs ein zoologisches Werk im modernen Sinn. Aus seiner Sicht symbolisiert das Aspidochelon die Versuchung durch das Böse. Da in dem griechischen Bestiarium hauptsächlich reale Tiere aufgeführt sind (die allerdings allegorisch zum Anlass für erbauliche Lektionen genommen werden) stellt sich die berechtigte Frage, ob sich im Aspidochelon – wenn auch auf verzerrte Weise – die Spuren eines real existierenden großen Meerestieres abzeichnen. Eine Seeschlange mit den Umrissen eines Plesiosaurus vielleicht, wenn man ihre Einzelaspekte eins zu eins in die Zoologie übersetzt, wie Bernard Heuvelmans verschmitzt anmerkte.

Für Sankt Brendan, den irischen Mönch und Seefahrer aus dem 6. Jahrhundert, der das Osterfest auf einer »sanft wogenden Insel« gefeiert haben will, war diese die große Schlange Jasconius. Etwa eine Reminiszenz an die von den Völkern des Nordens geschätzte Midgard-Schlange? Scherz beiseite, ganz real könnte die Lederschildkröte – die größte heutige Schildkrötenart – zum Bild des Aspidochelons beigetragen haben. Sie wird bis zu 850 Kilogramm schwer, drei Meter lang und ist eine Kosmopolitin, die in tropischen Gewässern und im Mittelmeer, aber auch im Atlantik und in den nördlichen Meeren vorkommt.

Wenden wir uns nun der ungelösten Frage des Wächters im Wasser zu – des tentakelbewehrten Monsters im See vor der Zwergenstadt Moria, das im *Herrn der Ringe* den armen Hobbits zu schaffen macht[1]. Vermutlich liegt darin eine Reminiszenz an den »Kraken« der alten Skandinavier – auch er ein riesiges Ungeheuer mit vielen Fangarmen.

Um dieses Fabeltier entstand ab dem Mittelalter über einen längeren Zeitraum hinweg ein ganzes Legendenkorpus, beginnend mit dem unförmigen, fischartigen Hafgufa – dem größten Seeungeheuer der Schöpfung. Es war von einer Gefolgschaft kleiner Fische umgeben und hatte einen unstillbaren Appetit. Außerdem gab es den größten Wal der Welt Lyngbakr (»Heide-Rücken«), ein mittelalterliches »Insel-Tier« wie Aspidochelon.

Die beiden ursprünglich getrennten Kreaturen verschmolzen mit der Zeit. In der Renaissance entstand daraus die Legende vom Kraken. Nach der Beschreibung verschiedener Gelehrter handelte es sich um ein riesiges Wesen mit unbestimmten Konturen. Wackere Seeleute liefen Gefahr, sich in seichten Gewässern zu glauben, bis er langsam aus den Tiefen emporstieg und dabei unachtsam oder böswillig ihre Schiffe zerstörte. Dem sonderbaren und zugleich furchterregenden Tier wurden ein fast kreisförmiger Körper und große »Hörner« zugeschrieben. Über die Zeit hinweg formten sich diverse Beobachtungen von großen Walen und verschiedenen »Wirbellosen« (Nesseltiere, Stachelhäuter, Krebstiere) zum heterogenen Bild des Kraken. Nicht umsonst taucht er in Berichten auch als Kraxen oder Krabben, also Krabbe, auf.

An der Meeresoberfläche treibende sterbende Exemplare des Riesenkalmars *Architeuthis* mögen dabei eine Rolle gespielt haben. Dieses außergewöhnliche Geschöpf, das eine Rekordgröße von etwa 17 Metern erreicht und über 300 Kilogramm wiegen kann, ist der größte bekannte Kopffüßer. Seine Augäpfel erreichen manchmal die Größe eines Volleyballs. Er hat diese spektakulären Augen entwickelt, um Pottwalen entkommen zu können, die ihm in seinem Lebensraum in 1000 Meter Tiefe nachstellen.

Da dieser König der Kalmare erst 1853 entdeckt wurde, galten die Berichte der Seefahrer über seine abnorme Größe und seine Kämpfe mit den Pottwalen lange Zeit als grotesker Aberglaube. Bei all dem ist Fakt, dass Tolkien den biologischen Gegebenheiten in einem Punkt massiv zuwiderhandelte: Süßwasserkraken gibt es auf gar keinen Fall!

MEISTER DER TIERE UND WILDE MENSCHEN

Beorn, der »Bärenmensch« aus dem *Hobbit*[2], hat folgenden Bezug zur Kryptozoologie: Diese Figur verweist auf den ewigen Mythos vom Wilden Mann, dessen älteste Verkörperung der Riese Enkidu aus dem babylonischen Gilgamesch-Epos darstellt, der von einem dichten Haarkleid bedeckt ist und als Anführer der Tiere des Waldes auftritt. Wie er durchstreifte der zottige und bärtige etruskische Riese Silvanus mit seiner Gefährtin Maia die Wälder der Römer und Basajaun, der »wilde Herr« der

Basken, die Pyrenäenwälder. Überall gilt der Wilde Mann als der Herr und Beschützer der Tiere, der die Natur gegen die Übergriffe der Jäger verteidigt.

Dem Mythos vom Wilden Mann als einer Figur, die radikale Andersartigkeit zum Ausdruck bringt, wohnt ein symbolisches Potenzial inne, welches in der Kultur des Mittelalters vielleicht am besten entfaltet wurde. Wie der Historiker Richard Bernheimer aufzeigte, bildet in ihr der urwüchsige, sprach-lose Waldmensch die Antithese sowohl zum Ritter (für den ein ausgefeilter Ehrenkodex gilt) als auch zum Anhänger der höfischen Minne, was eine karikierende Kontrastwirkung erzeugt. Diese wilde Kreatur vermeidet die kultivierten Bereiche, das »Domestizierte«, sie verbirgt sich in der Tiefe des Waldes, im Gebirge oder im Moor und ernährt sich von rohem Fleisch. Zum Kampf bewaffnet sich der Wilde Mann mit einer groben Keule oder einem Baumstamm, und er entführt auch schon einmal unschuldige Jungfrauen.

Bisweilen hat man diese legendären Merkmale auf einige der unbekannten großen Primaten bezogen, deren Existenz vermutet wird. So stehen der Yeti und der kaukasische Almasty im Blickfeld der kryptozoologischen Forschung, und eine seriöse Forscherin wie Marie-Jeanne Koffmann hat zum Almasty Hunderte von übereinstimmenden Augenzeugenberichten gesammelt, die auch bei dem Paläontologen und Paläoanthropologen Yves Coppens auf Interesse stießen. An und für sich ist nicht von der Hand zu weisen, dass es diese Wesen gibt, denn schon öfter hatten sich in unterschiedlichen ethnischen Gruppen Legenden von einem wilden, behaarten Mann um real vorkommende Tiere gerankt: Dies war bereits beim Bären wie auch beim Gorilla und Orang-Utan der Fall gewesen, bevor sie tatsächlich entdeckt wurden.

Jorge Luis Borges betonte gern, dass die Zoologie der Träume viel ärmer ist als die Zoologie des Schöpfers. Tolkien, der von der außergewöhnlichen Vielfalt der Welt der Natur fasziniert war, hätte ihm sicher nicht widersprochen.

Anmerkungen

1. Vgl. das Kapitel »Der Wächter im Wasser«, S. 349.
2. Vgl. das Kapitel »Beorn: Bärenmensch oder Bär in Menschengestalt?«, S. 309.

ANHANG

BIBLIOGRAFIE

Anmerkung der Übersetzerin

Die Autor(inn)en der Beiträge haben, sofern nicht abweichend vermerkt, folgende französische Ausgaben von Tolkiens Romanen herangezogen:

Tolkien, J. R. R.: *Le Hobbit* (Ü: F. Ledoux), Paris, éditions Stock, 1969.

Tolkien, J. R. R.: *Le Seigneur des Anneaux* (Ü: F. Ledoux), Paris, Christian Bourgois éditeur, 1972-1973.

Tolkien, J. R. R.: *Le Hobbit* (Ü: D. Lauzon), Paris, Christian Bourgois éditeur, 2012.

Tolkien, J. R. R.: *Le Seigneur des Anneaux* (Ü: D. Lauzon), Paris, Christian Bourgois éditeur, 2014-2015.

Unabhängig davon wurde im Deutschen als Zitationsgrundlage durchgehend den Wortlaut der deutschen Übersetzung von Margaret Carroux (für *Der Herr der Ringe [HdR]*) gewählt. Zitate aus *Der Hobbit* sind teils in der Übersetzung von Wolfgang Krege, teils in der Übersetzung von Walter Scherf angeführt.

Verwendete deutschsprachige Ausgaben:

Tolkien, J. R. R.: *Der Herr der Ringe* (Ü: M. Carroux), Stuttgart, Klett-Cotta, 2019[2]

Tolkien, J. R. R.: *Der kleine Hobbit* (Ü: W. Scherf), München, dtv, 2008[44]

Tolkien, J. R. R.: *Der Hobbit* oder *Hin und zurück* (Ü: W. Krege), Stuttgart, Klett-Cotta, 2012[20]

sowie:

Tolkien, J. R. R.: «Über Märchen», in: *Baum und Blatt*, Frankfurt a. M., Ullstein, 1982 (Ü: W. Krege)

Tolkien, J. R. R.: Humphrey Carpenter (Hrsg.): *J. R. R. Tolkien. Briefe*, Stuttgart, Klett-Cotta, 2021[4] (Ü: W. Krege).

Tolkien und die Wissenschaften: Eine facettenreiche Beziehung

(Isabelle Pantin)

Aristoteles: *Metaphysik* (frz. Ü: J. Tricot), Paris, Vrin, 1991.

Bachelard, Gaston: *La Formation de l'esprit scientifique* (dt. *Die Bildung des wissenschaftlichen Geistes*), Paris, Vrin, 1938.

Carter, Lin: *Tolkien: A Look Behind The Lord of the Rings* (dt. *Tolkiens Universum. Die mythische Welt des »Herrn der Ringe«*), New York, Ballantine Books, 1969.

Gee, Henry: *The Science of Middle-Earth: Explaining The Science Behind The Greatest Fantasy Epic Ever Told!* (dt. *Die Wissenschaft bei Tolkien*), Cold Spring Harbor Laboratory Press, 2004; überarbeitete, nicht datierte Ausgabe auf Kindle ebooks.

Larsen, Kristine: »Sauron, Mount Doom, and Elvish Moths: The Influence of Tolkien on Modern Science«, in: *Tolkien Studies* 4, 2007, S. 223-234.

Pantin, Isabelle: »Le conteur en Janus bifrons. Le double courant du temps dans la création de Tolkien«, in: *Revue Europe,* 2015, Themenheft zu Lovecraft und Tolkien (Hrsg. Roger Bozzetto).

Tolkien, J. R. R.: »The Lost Road. The History of Middle-earth«, übersetzt von D. Lauzon in *La Route Perdue et autres textes* (= HoME, Bd. V – A. d. Ü.), Paris, Christian Bourgois, 2008.

Tolkien, J. R. R., Christopher Tolkien (Hrsg.): »Du conte de fées» (dt. *Über Märchen*), in: *Les Monstres et les Critiques et autres essais* (frz. Ü: C. Laferrière), Paris, Christian Bourgois éditeur, 2006.

Tolkien, J. R. R., Christopher Tolkien (Hrsg.): »The Notion Club Papers«, in: *The History of Middle-earth,* London, Allen & Unwin, 1983.

Tolkien, J. R. R., Verlyn Flieger (Hrsg.): »›The story of Kullervo‹ and Essays on Kalevala«, in: *Tolkien Studies,* Nr. 7, 2010.

Tolkien, J. R. R., Verlyn Flieger (Hrsg.), Douglas A. Anderson (Hrsg.) *On Fairy-Stories.* Expanded edition, with commentary and notes (dt. *Über Märchen*), London, HarperCollins, 2008.

Tolkien, J. R. R., Christopher Tolkien, Humphrey Carpenter (Hrsg.): *Lettres* (dt. *Briefe*), (frz. Ü: V. Ferré und D. Martin), Paris, Christian Bourgois éditeur, 2005.

Tolkien, der Forscher, Illustrator … und Träumer

(Cécile Breton)

Autorenkollektiv: *Vénus et Caïn, figures de la préhistoire, 1830- 1930.* Ausstellungskatalog, Musée d'Aquitaine und Réunion des musées nationaux, 2003.

Coulombe, D.: »*Bilbo le Hobbit,* un livre d'enfant pour adultes» [online], Online-Beilag zur Zeitschrift *Solaris,* Nr. 135, Herbst 2000. Verfügbar

unter: https://www.revue-solaris.com/articles/solaris-135-article-bilbo-le-hobbit/
Delevoy, Robert L.: *Le Symbolisme* (dt. *Der Symbolismus in Wort und Bild*), Paris, Flammarion, 1982.
Haeckel, E.: *Kunstformen der Natur* (Hrsg. Olaf Breidbach), 1899 u. 1904.
Hammond, W. G., C. Scull: *J. R. R. Tolkien, Artiste et Illustrateur* (dt. *J. R. R. Tolkien – der Künstler*), (frz. Ü: J. Georgel), Christian Bourgeois éditeur, 1995.
Harding, J.: *Les Peintres préraphaélites,* Paris, Flammarion, 1977.
Lilford, T. L. P.: *Coloured Figures of the Birds of the British Isles* (dt. *Farbige Abbildungen der Vögel von den Britischen Inseln*), London, Porter, 1885-1897.
Marchal, H. (Hrsg.): *Muses et ptérodactyles, La poésie de la science de Chénier à Rimbaud,* Paris, Seuil, 2013.
Sauvayre, R.: »Comment la science alimente les croyances. La surprenante dialectique entre convocation et disqualification du discours scientifique» in: *Éditions Matériologiques. Sciences et pseudoscience. Regard des sciences humaines,* 2014, S. 81-93.
Tolkien, C.: *Pictures by J. R. R. Tolkien,* London, George Allen & Unwin, 1979 (Neuausgabe 1992).
Tolkien, J. R. R.: *Mr. Bliss* (dt. *Herr Glück*), London, George Allen & Unwin, 1982.
Tolkien, J. R. R.: *The Father Christmas Letters* (dt. *Die Briefe vom Weihnachtsmann*), London, George Allen & Unwin, 1976.
Tolkien, J. R. R., Christopher Tolkien, Humphrey Carpenter (Hrsg.): *Lettres,* 2005 (s. o).

Tolkien und die Soziologie: Im Angesicht einer verloren gehenden Welt

(Thierry Rogel)

Durkheim, Émile: *De la division du travail social* (dt. *Über soziale Arbeitsteilung*) Paris, PUF Quadrige, 2013 (Erstausg. 1895).
Elias, Norbert: *Qu'est-ce que la sociologie?* (dt. *Was ist Soziologie?*) (Ü: Y. Hoffmann), La Tour-d'Aigues, Éditions de l'Aube, 1991.
Klein, Gérard: »Bilbo ou le prophète du Seigneur des Anneaux«, in Fiction Nr. 188, Opta, August 1969.
Nisbet, Robert: *La tradition sociologique (The Sociological Tradition)*, Paris, PUF Quadrige, 1984.
Renan, Ernest, «Qu'est-ce qu'une nation?«, *Discours et conférences*, 1882.
Simmel Georg, Simmel, Georg: »Excursus sur l'étranger«, in *Sociologie – Études sur les formes de socialisation* (dt. *Soziologie. Untersuchungen über die Formen der Vergesellschaftung*), Paris, PUF Quadrige, 2010.
Tönnies, Ferdinand: *Communauté et Société – Catégories fondamentales de la sociologie pure* (dt. *Gemeinschaft und Gesellschaft*), Paris, PUF, 2010, Erstausg. 1887.

Mythenbildung, wohin man blickt: Tolkien und die Wirtschaft

(Thierry Rogel)

Graeber, David: *Dette: 5000 ans d'Histoire* (dt. *Schulden. Die ersten 5000 Jahre*), Paris, Les liens qui Libèrent, 2013.
Keynes, John Maynard: *Perspectives économiques pour nos petits-enfants* (dt. *Wirtschaftliche Möglichkeiten für unsere Enkelkinder*), Paris, NRF, 1930.
Orléan, André: »Crise de la souveraineté et crise de la monnaie: l'hyperinflation allemande des années 1920» [online], 2008. Verfügbar unter: http://www.parisschoolofeconomics.com/orlean-andre/depot/ publi/crise.pdf
Orléan, André: *L'Empire de la valeur,* Paris, Seuil, 2011.
Polanyi, Karl: *La Grande Transformation (The Great Transformation)*, Paris, Gallimard, 1983, Erstausg. 1944.
Samuelson, Paul: *L'Économique* (dt. *Volkswirtschaftslehre), Paris, Armand Colin, 1972.*
Simmel, Georg: *Philosophie de l'argent* (dt. *Philosophie des Geldes*), Paris, PUF Quadrige, 1999.
Veblen, Thorstein: *Théorie de la classe de loisir* (dt. T*heorie der feinen Leute*), Paris, Gallimard, 1978.
Von Hayek, Friedrich, *La Route de la servitude* (dt. *Der Weg zur Knechtschaft*), Paris, PUF Quadrige, 2013, Erstausg. 1944.

Familien, Macht und Politik im *Herrn der Ringe*

(Thierry Rogel)

Ghassarian, Christian: *Introduction à l'analyse de la parenté,* Paris, Points-Seuil, 1996.
Godelier, Maurice: *Métamorphoses de la parenté,* Paris, Flammarion, 2010.
Lamaison, P.: »La notion de maison: entretien avec C. Lévi-Strauss«, in: *Terrain,* Nr. 9, 1987.
Lévi-Strauss, Claude: »L'organisation sociale des Kwakiutl«, in: *La Voie des masques* (dt. *Der Weg der Masken*), Paris, Pocket, 2004, S. 156-164.
Lévi-Strauss, Claude: »Maison» in: Bonte-Izard: Dictionnaire de l'ethnologie et de l'anthropologie, Paris, PUF Quadrige, 2000.

Lévi-Strauss, Claude: Les structures élémentaires de la parenté (dt. Elementare Strukturen der Verwandtschaft), PUF, 1949.

Lévy-Leblond, Jean-Marc: »L'avenir de la science: progrès ou régrès?» [Videoaufzeichnung], 25. Festival d'Astronomie de Fleurance, 2015. Verfügbar unter: http://www.dailymotion.com/video/x3cxgx8

Martuccelli, Danilo: Les sociétés et l'impossible – Les limites imaginaires de la réalité, Paris, Armand Colin, 2014.

Radcliffe-Brown, Alfred Reginald, «Étude des systèmes de parenté» (1941), in: Structure et fonction dans la société primitive, Paris, Points-Seuil, 1972.

Tolkien als Vermittler und Fürsprecher der Philosophie

(Michaël Devaux)

Dieser Beitrag greift einige Ergebnisse aus dem Seminar des Autors »Tolkien und die Philosophie« am Collège des Bernardins (Oktober–Dezember 2016) auf.

Arduini, Roberto, Claudio A. Testi (Hrsg.): *Tolkien and Philosophy,* Zürich/Jena, Walking Tree, 2014.

Aristoteles: *Nikomachische Ethik* (frz. Ü: R. Bodéus), Paris, GF, 2004.

Biggar Gordon, Mary C.: *The Life of George S. Gordon,* 1881-1942, Oxford, Oxford UP, 1945.

Boethius, *Consolation de la philosophie* (frz. Ü: F. Toupin und P. Getliffe nach der Alfredischen Version) (dt. *Trost der Philosophie*), Paris, AMAES, 2014.

Burton, Robert: »Liebe zur Gelehrsamkeit oder übermäßiges Studium. Mit einer Abschweifung über das Elend der Scholaren, oder warum die Musen melancholisch sind«, in *Die Anatomie der Melancholie* (frz. Ü: B. Hœpffner und C. Goffaux), Paris, José Corti, 2000, Texte 2, 3 und 15.

Dixsaut, M.: *Le Naturel philosophe.* Essay über die Dialoge Platons, Paris, Vrin, 1985.

Fausset, Hugh (l'Anson): *Studies in Idealism,* London, Dent, 1923. Neuausg. 1965 und 1982, Dent (London/ Toronto) und Dutton (New York).

Fitzgerald, J.: »A ›Clerkes Compleinte‹: Tolkien and the Division of Lit. and Lang.«, in: *Tolkien Studies,* 6, 2009.

Kreeft, Peter J.: *The Philosophy of Tolkien. The Worldview Behind The Lord of the Rings,* San Francisco, Ignatius Press, 2005.

Platon: *Der Staat* (frz. Ü: P. Pachet), Paris, Folio, 1993.

Ryan, J. S.: »The Oxford Undergraduate Studies in Early English and Related Languages of J. R. R. Tolkien (1913-1915)«, in: *Tolkien's View,* Zurich/ Jena, Walking Tree, 2009, S. 17-26.

Tolkien, J. R. R.: »The Clerkes Compleinte» in: The Gryphon, Dezember 1922, NS4/3, S. 95; Neuausg. »*The Clerkes Compleinte:* Text, Commentary and Translation«, Hrsg. T. Shippey & A. Stenström, Arda 1984, 4, 1986; Faksimile des Leeds-Manuskripts in »*The Clerkes Compleinte Revisited*«, in: Arda 1986, 1990.

Tolkien, J. R. R.: *On Fairy-stories,* London, 2008 (s. o.)

Tolkien, J. R. R.: »Philosophical Thoughts«, in: *Parma Eldalamberon,* Nr. 20, 2012, S. 113-115.

Tolkien, J. R. R.: *Sauron Defeated,* London, HarperCollins, 1992. (= HoME, Bd. IX, A. d. Ü.)

Tolkien, J. R. R.: *The Peoples of Middle-earth,* London, HarperCollins, 1996, S. 344. (= HoME, Bd. XII, A. d. Ü.)

Tolkien, J. R. R.: »The Shibboleth of Feänor«, in: *The Peoples of Middle-earth,* Tolkien C. (Hrsg.), London, HarperCollins, 1996.

Tolkien, J. R. R., Christopher Tolkien, Humphrey Carpenter (Hrsg.): *Lettres,* 2005 (s. o.)

Tolkien, John und Priscilla: *The Tolkien Family Album,* London, HarperCollins, 1992.

Archäologische Funde und verborgene Städte

(Vivien Stocker)

Beare, Rhona: »Goblin Graffiti«, in: *Tyalië Tyelelliéva,* Nr. 14, März 2000.

Beare, Rhona: »Painted Caves and Yggdrasil«, in: *Tyalië Tyelelliéva,* Nr. 9, Oktober 1996.

Beare, Rhona: »Painted Caves«, in: *Tyalië Tyelelliéva,* Nr. 5, April 1995.

Carpenter, Humphrey: *J. R. R. Tolkien. Une biographie* (frz. Ü: P. Alien), Pocket, 2004.

Forest-Hill, Lynn: »The Inspiration for Tolkien's Ring« in: *History Today,* Band 64, Nr. 1, Januar 2014.

Omotunde, Jean-Philippe: *Manuel d'études des humanités classiques africaines,* Band 1, Menaibuc, 2007.

Plutarch: *Vie d'Alexandre* (dt. *Alexander*), (frz. Ü: V. André und R. Betolaud), Paris, Hachette, 1863.

Sabo, Deborah: »Archaeology and the sense of history in J. R. R. Tolkien's Middle-earth«, in: *Mythlore,* Nr. 99/100, Herbst/Winter 2007, S. 99-112.

Scull, Christina, G. Hammond Wayne: *J. R. R. Tolkien, Artiste et illustrateur,* 1996 (s. o.)

Scull, Christina, G. Hammond Wayne: *Reader's Guide, The J. R. R. Tolkien Companion and Guide,* HarperCollins Publishers, 2006.

Scull, Christina: »The Influence of Archaeology & History on Tolkien's world» in: *Scholarship & Fantasy,*

Proceedings of The Tolkien Phenomenon, Anglicana Turkuensia, 1992, S. 33-51.
Stocker, Vivien: »Les Númenóréens, des Égyptiens en Terre du Milieu» in: *L'Arc et le Heaume* (Magazin des Vereins »Tolkiendil«), Bd. 3.
Tolkien, J. R. R.: »Appendix I: The Name 'Nodens'«, in: Wheeler, R. E. M., T. V. Wheeler: *Report on the Excavation of the Prehistoric, Roman, and Post-Roman Site in Lydney Park, Gloucestershire,* Oxford University Press for the Society of the Antiquaries, 1932, S. 132-137. Neudruck in Tolkien Studies, Bd. 4, 2007, S. 177-183.
Tolkien, J. R. R.: *Contes et légendes inachevés* (dt. *Nachrichten aus Mittelerde*), (frz. Ü: T. Jolas), Paris, Christian Bourgois éditeur, 2005.
Tolkien, J. R. R.: *Le Seigneur des Anneaux* (dt. *Der Herr der Ringe*), (frz. Ü: F. Ledoux), Christian Bourgois éditeur, 1992.
Tolkien, J. R. R.: *Le Seigneur des Anneaux. La Fraternité de l'Anneau* (dt. HdR. *Die Gefährten*), (frz. Ü: D. Lauzon), Christian Bourgois éditeur, 2014.
Tolkien, J. R. R.: *Le Silmarillion* (frz. Ü: P. Alien), Christian Bourgois éditeur, 2004.
Tolkien, J. R. R.: *Lettres du Père Noël,* 2004 (dt. *Die Briefe vom Weihnachtsmann*), (frz. Ü: G.-G. Lemaire und C. Leroy), Christian Bourgois éditeur, 2004.
Tolkien, J. R. R.: *Sauron Defeated,* HarperCollins Publishers, 2002 (s. o.).
Tolkien, J. R. R., Christopher Tolkien, Humphrey Carpenter (Hrsg.): *Lettres,* 2005 (s. o.).

Geschichte und Historiografie in Mittelerde
(Damien Bador)

Tolkien J. R. R.
Christopher Tolkien (Hrsg.): *Sauron Defeated,* 1992 (s. o.).
Christopher Tolkien (Hrsg.): *Contes et légendes inachevés,* 1993 (s. o.).
Le Silmarillion (frz. Ü: P. Alien), Paris, Christian Bourgois éditeur, 1993.
Christopher Tolkien (Hrsg.): *Morgoth's Ring* (= HoME Bd. X - A.d.Ü.), London, HarperCollins, 1993.
Christopher Tolkien, (Hrsg.): *The War of the Jewels* (= HoME Bd. XI - A. d. Ü.), London, HarperCollins, 1994.
Christopher Tolkien, (Hrsg.): *The Peoples of Middle-earth* (= HoME Bd. XII - A. d. Ü.), London, HarperCollins 1996
Finn and Hengest: the Fragment and the Episode, London, HarperCollins, 1998.
Christopher Tolkien, (Hrsg.): *Le Livre des contes perdus* (= HoME Bd. I und II. The Book of Lost Tales I and II - A. d. Ü.), (dt. *Das Buch der Verschollenen Geschichten*) (frz. Ü: A. Tolkien), Paris, Christian Bourgois éditeur, 2001.
Christopher Tolkien, Humphrey Carpenter (Hrsg.), *Lettres,* 2005 (s. o.).
Les Lais de Beleriand (= HoME Bd. III. *The Lays of Beleriand* – A. d. Ü.), (frz. Ü: D. Lauzon), Paris, Christian Bourgois éditeur, 2006.
La Formation de la Terre du Milieu (= HoME Bd. IV. *The Shaping of Middle-earth* – A. d. Ü.), (frz. Ü: D. Lauzon), Paris, Christian Bourgois éditeur, 2007.
Les Enfants de Húrin (Dt. *Die Kinder Húrins*) (frz. Ü: D. Martin), Paris, Christian Bourgois éditeur, 2008.
La Route Perdue et autres textes, 2008 (s. o.).
SdA. La Fraternité de l'Anneau, 2014 (s. o.).
SdA. Les Deux Tours (dt. HdR. *Die zwei Türme*) (frz. Ü: D. Lauzon), Paris, Christian Bourgois éditeur, 2015.
SdA. Le Retour du Roi (dt. HdR. *Die Rückkehr des Königs*) (frz. Ü: D. Lauzon), Paris, Christian Bourgois éditeur, 2016.

Linguistik und Feenlegenden
(Damien Bador)

Bador, Damien: »Elfiques, langues«, in Ferré Vincent (Hrsg.), *Dictionnaire Tolkien,* Paris, CNRS éditions, 2012, S. 171–175.
Gilliver, Peter, Jeremy Marshall and Weiner Edmund: *The Ring of Words: Tolkien and the Oxford English Dictionary,* Oxford, Oxford University Press, 2009.
Tolkien, J. R. R., Christopher Tolkien (Hrsg.): »Du conte de fées» (dt. *Über Märchen*) in: *Les Monstres et les Critiques et autres essais,* Paris, 2006 (s. o.).
Tolkien, J. R. R., Verlyn Flieger (Hrsg.): »»The story of Kullervo« and Essays on Kalevala«, in: *Tolkien Studies,* Nr. 7, 2010.
Tolkien, J. R. R., Gilson Christopher (Hrsg.): »Words, phrases and passages in various tongues in The Lord of the Rings«, in: *Parma Eldalamberon,* Nr. 17, 2007.
Tolkien, J. R. R., Gilson Christopher et al. (Hrsg.): »Qenyaqetsa, The Qenya Phonology and Lexicon together with The Poetic and Mythologic Words of Eldarissa «, in: *Parma Eldalamberon,* Nr. 12, 1998.
Tolkien, J. R. R.: *La Route Perdue et autres textes,* 2008 (s. o.).
Tolkien, J. R. R.: *SdA. La fraternité de l'Anneau,* 2014 (s. o.).

Tolkien, J. R. R.: *SdA. Le Retour du Roi,* 2016 (s. o.).
Tolkien, J. R. R., Carl Hostetter (Hrsg.): »From Quendi and Eldar. Appendix D«, in: *Vinyar Tengwar* Nr. 39, 1998, S. 4-20.
Tolkien, J. R. R., Carl Hostetter (Hrsg.), »The Rivers and Beacon-hills of Gondor«, in: *Vinyar Tengwar,* Nr. 42, 2001, S. 5-31.
Tolkien, J. R. R., Arden Smith Arden (Hrsg.), »The Alphabet of Rúmil«, in: *Parma Eldalamberon,* Nr. 13, 2001, S. 5-89.
Tolkien, J. R. R., Christopher Tolkien (Hrsg.), *The Peoples of Middle-Earth,* Londres, HarperCollins, 1996.
Tolkien J. R. R., Christopher Tolkien, Humphrey Carpenter (Hrsg.), *Lettres,* 2005 (s. o.).
Tolkien J. R. R., Patrick Wynne (Hrsg.), «Eldarin Hands, Fingers & Numerals and Related Writings – Part Two«, in: *Vinyar Tengwar,* Nr. 48, 2005, S. 4-34.

Der Herr der Ringe, eine Mythologie von Korruption und Abhängigkeit

(Thierry Jandrok)

Foster, Robert: T*he Complete guide to Middle-Earth* (dt. *Das Große Mittelerde-Lexikon*), New York, Del Rey, 1978.
Goethe, J. W.: *Faust,* Paris, Garnier Flammarion, 1964.
Gross, Benjamin: *L'aventure du langage: l'alliance de la parole dans la pensée juive,* Paris, Albin Michel, Présence du Judaïsme, 2003.
Jandrok, Thierry: »Des Anneaux du Désir au Désir de l'Anneau: Les avatars de la relation d'objet«, in: *Actes du Colloque du CRELID, Fantasy: Le Merveilleux Médiéval Aujourd'hui,* hrsg. von Anne Besson und Myriam White-Le Goff, Paris, Bragelonne, 2007, S. 59-71. Verfügbar unter: http://www.tolkiendil.com/essais/colloques/ colloque_crelid/t_jandrok
Tolkien, J. R. R.: *The Book of Lost Tales 1,* New York, Del Rey, 1992 (s.o.)
Tolkien, J. R. R.: *The Book of Lost Tales 2,* New York, Del Rey, 1992 (s.o.)
Tolkien, J. R. R.: *The Children of Hùrin* (dt. *Die Kinder Húrins*), London, HarperCollins Publishers, Sonderausgabe, 2007.
Tolkien, J. R. R.: *The Lays of Beleriand,* New York, Del Rey, 1994 (s.o.)
Tolkien, J. R. R.: *The Lord of the Rings.* 50th Anniversary Edition, New York, Houghton Mifflin, 2004.
Tolkien, J. R. R.: *The Lost Road and Other Writings* (= HoME, Bd. V – A. d. Ü.), New York, Del Rey, 1996.
Tolkien, J. R. R.: *The Shaping of Middle-Earth* (= HoME, Bd. IV – A. d. Ü.), New York, Del Rey, 1995.
Tolkien, J. R. R.: *The Silmarillion,* New York, Del Rey, 2004.

Landschaften bei Tolkien. Ein geomorphologischer Ansatz

(Stephen Giner)

Bru, Alice: »Des développeurs danois modélisent la Terre du Milieu du Seigneur des Anneaux«
Curless, A.: *A Tolkien bestiary,* Littlehampton Book Services Ltd, 1979.
Turlin, J.-R.: *Promenades au pays des Hobbits.* Dinan, Éditions Terre de Brume, 2012.
Virtueller Spaziergang auf Mittelerde [online], Slate. fr, 30. Januar 2014. Verfügbar unter: www. slate.fr/life/82849/développeurs-danois-modelisentterre-du-milieu-seigneur-des-anneaux-tolkien
Willis, D. (Hrsg.): »Númenor et la Cottoniana - enquête sur une île en forme d'étoile à cinq branches«, in (Autorenkollektiv): *Tolkien, le façonnement d'un monde.* Bd. 2 – Astronomie & Géographie, 2014, S. 141-154.

Ein geologischer Spaziergang in Mittelerde

(Loïc Mangin)

Howes Howes, M.: »The elder ages and the later glaciation of the Pleistocene epoch«, in: *Tolkien Journal,* Band 4, Nr. 2, 1967, S. 3-15.
Mangin, Loïc: »Promenade géologique en Terre du Milieu«, in *Pour la Science,* Nr. 423, Dezember 2012.
Reynolds, R.: *The geomorphology of Middle-Earth,* The Swansea Geographer, 11, 1974, S. 67-71.
Sarjeant, W.: *The geology of Middle-Earth.* Proceedings of the J. R. R. Tolkien Centenary Conference, 1992.

Summer is coming. Das Klima in Mittelerde

(Dan Lunt)

Nach dem Artikel »The Climate of Middle Earth, Radagast the Brown«, in: *Journal of Hobbitlore,* Nr. 1, 2013, S. 1-8. (frz. Ü: J.-Sébastien Steyer)
Fonstad, K. W.: *The Atlas of Middle Earth* (dt. *Historischer Atlas von Mittelerde*), überarb. Auflage, Houghton Mifflin, 1991.

Tolkien, J. R. R.: *The Lord of the Rings,* London, George Allen and Unwin, 1954.
Tolkien, J. R. R.: *The Shaping of Middle Earth*, Unwin Hyman Limited, 1986.

Tolkiens unterirdische Welten: Grotten, Höhlen und Minen

(Sylvie-Anne Delaire)

Henon Henon, Priscille: »Dédales en Terre du Milieu«, in: *Tolkien, le façonnement d'un monde Astronomie et Géographie,* Band 2, 2014, S. 155-172.
Kuntz, Thomas H.: *Ecology of bats,* New York, Springer Verlag, 2011.

Edelsteine und andere Juwelen in Mittelerde

(Erik Gonthier / Cécile Michaux)

Flieger, Verlyn, Carl F. Hostetter: *Tolkien's Legendarium,* Praeger Publishers Inc, 2000.
Les Archives de Gondor [online]. Verfügbar unter: https://www.archivesdegondor.net/
Steyer, Jean-Sébastien, Roland Lehoucq: »L'imaginaire cristallisé«, in: *Pour la Science,* Nr. 463, Mai 2016, S. 84-85.
Tolkiendil (Enzyklopädie) [online]. Verfügbar unter: https://www.tolkiendil.com/encyclo.

Mittelalterliches Hüttenwesen in einer Fantasiewelt

(Jean-Marc Joubert / Jean-Claude Crivello)

Byko, Maureen: »Fabricating the Weapons and Armor of *The Lord of the Rings* » [online], *Journal of the Minerals, Metals & Materials Society,* November 2002. Verfügbar unter: www.tms.org/pubs/journals/jom/0211/byko-0211.html
Ferré, Vincent (Hrsg.): *Dictionnaire Tolkien,* CNRS éditions, 2012.
Gee, Henry: *The Science of Middle-Earth,* 2004 (s. o.), S. 130-138.
Gschneider K. A. Jr., »The magnetocaloric effect, magnetic refrigeration and ductile intermetallic compounds«, in: *Acta Materialia,* Nr. 57(1), 2009, S. 18-28.
Scull, Christina, G. Hammond Wayne: *Reader's Guide, The J. R. R. Tolkien Companion and Guide,* HarperCollins Publishers, 2006.
The One Wiki to Rule Them All [online]. Verfügbar unter: https://lotr.fandom.com/wiki/Main_Page
Tolkiendil (Enzyklopädie) [online]. Verfügbar unter: https://www.tolkiendil.com/encyclo.

Variationen zur Chemie des einen Rings

(Stéphane Sarrade)

»Réacteur nucléaire naturel d'Oklo« [online]. Verfügbar unter: https://fr.wikipedia.org/wiki/R%C3%A9acteur_nucl%C3%A9aire_naturel_d%27Oklo
Blazy, Pierre, El-Aid, Jdid: »Métallogénie: les différents types de gisements d'or» [online], Techniques de l'ingénieur, 10. Dezember 2006. Verfügbar unter: https://www.techniques-ingenieur. fr/base-documentaire/materiaux-th11/élaboration-et-recyclage-des-metaux-de-transition-42649210/metallurgie-de-l-or-m2403/metallogenie-les-differentstypes-de-gisements-d-or-m2403niv10004.html
CNTRL (Centre national de ressources textuelles et lexicales): »Transmutation» [online]. Verfügbar unter: https://www.cnrtl.fr/lexicographie/transmutation
Ferré, Vincent (Hrsg.): Dictionnaire Tolkien, CNRS éditions, 2012.
MineralInfo: »Exploration minière«, Collection «La mine en France». Verfügbar unter: www.mineralinfo.fr/sites/default/files/upload/tome_04_exploration_miniere_final24032017.pdf

Warum haben Hobbits große behaarte Füße?

(Jean-Sébastien Steyer)

Dollé et Dollé et al.: »Hox-4 genes and the morphogenesis of the mammalian genitalia«, in: *Genes & Development,* Nr. 5, 1991, S. 1767-1776.
Meijer et al.: »The Fellowship of the Hobbit: the fauna surrounding *Homo floresiensis*«, in: *Journal of Biogeography,* Nr. 37, 2010, S. 995-1006.
Myhrvold et al., «What is the use of elephant hair? «, in *PLoS ONE,* 7(10), 2012, e47018.
Tolkien J. R. R., *The Annotated Hobbit,* London, Ed. Anderson D., 1937.
Wilson Edmond, »Oo, those awful orcs! A review of *The Fellowship of the Ring*» [online], in: *The Nation,* 14.

April 1956. Verfügbar unter: https://www.jrrvf.com/sda/ critiques/The_Nation.html
Autorenkollektiv: *Fantasy, l'origine des mondes* (Sonderausgabe), Les Inrocks, Dezember 2012.

Gollum, die Metamorphose eines Hobbits
(Jean-Sébastien Steyer)

de Panafieu, J.-B., C. Renversade: *Métamorphoses Deyrolle – Histoires surnaturelles,* Toulouse, éditions Plume de carotte, 2016.
Tolkien, J. R. R., Douglas A. Anderson (Hrsg.), «Teeth! teeth! my preciousss; but we has only six !«, in: T*he Annotated Hobbit,* Boston, Houghton Mifflin Company, 1988.

Sind die Zwerge Hyänen?
(Sidney Delgado / Virginie Delgado-Bréüs)

AMEISEN Ameisen, J. C.: *Dans la lumière et les ombres,* Paris, Éditions Points, 2011, Kap. 24.
Austad, S.N., M.E. Sunquist: »Sex-ratio manipulation in the common opossum«, in: *Nature* 324, 58-60, 1986.
Cunha et al.: »Development of the external genitalia: Perspertive from the spotted hyena (Crocuta crocuta)«, in: *Differenciation,* 87, 4-22, 2014.
Dloniak, S.M. et al.: »Rank-related maternal effects of androgens on behaviour in wild spotted hyena«, in: *Nature* 440, 1190-1193, 2006.
Drea, C. M., N. J. Place, M. L. Weldele, E. M. Coscia, P. Licht & S. E. Glickman: »Exposure to naturally circulating androgens during foetal life incurs direct reproductive costs in female spotted hyenas, but is prerequisite for male mating«, in: P*roc. R. Soc.* Lond., B 269, 1981-1987, 2002.
Gould, S. J., R. C. Lewontin: »The Spandrels of San Marco and the Panglossian Paradigm: A Critique of the Adaptationist Programme«. *Proc. Roy. Soc.* London, B 205, 1979, S. 581-598.
Gould, S. J.: *Ontogeny and Phylogeny,* Harvard University Press, 1977.
Goymann, W., M. L. East., H. Hofer: »Androgen and the role of female ›hyperaggressiveness‹ in spotted hyena «, in: *Hormones and Behaviour,* 39, 2000, S. 83-92.
Hamilton, W.D.: »Extraordinary sex ratios. A sex-ratio theory for sex linkage and inbreeding has new implications in cytogenetics and entomology «, in: *Science* 156 (3774): 477-88, 1967.
Holekamp, K. E., L. Smale: »Rapid change in offspring sex-ratios after clan fission in spotted hyena«, in: *The American Naturalist,* 1995.
Muller, M., R. Wrangham: » Sexual mimicry in hyena» in: *The Quaterly Review of Biology,* Bd. 77, Nr. 1, 2002.
Raff, R.: »Evo-Devo: the evolution of a new discipline» [online], in: *Nature Reviews Genetics,* 1, 74-79, 2000.
Tolkien, J. R. R.: *The History of Middle-earth,* Band XI, Kapitel XIII, London, HarperCollins, 2002.
Tolkien, J. R. R.: *Le Seigneur des Anneaux,* «Appendice A – Les Gens de Durin» (dt. *Durins Volk*) (frz. Ü: F. Ledoux), Paris, Christian Bourgois éditeur, 1992.
Tolkien, J. R. R.: *Le Silmarillion* (frz. Ü: P. Alien), Paris, Christian Bourgois éditeur, 2004.

Olifantastische Wesen
(Arnaud Varennes-Schmitt)

Gheerbrant, E.: »Paleocene emergence of elephant relatives and the rapid radiation of African ungulates«, in: Proceedings of the National Academy of Sciences, 2009, 106 (26).
Gheerbrant, E., J. Sudre, H. Cappetta: »A Paleocene proboscidean from Morocco«, in: Nature, 1996, 383, 68-70.
Gheerbrant, E., P. Tassy: »L'origine et l'évolution des éléphants«, in: Comptes Rendus Palevol, 2009, 8, 281–294.
Kistler, John M.: War Elephants, Bison Books, 2007.
Nossov, Konstantin: War Elephants, Osprey Publishing, 2008.
Tolkien, J. R. R.: SdA. Le Retour du roi, 2016 (s. o.).
Tolkien, J. R. R.: SdA. Les Deux Tours, 2015 (s. o.).

Die Warge: Kampfhunde skandinavischen Ursprungs?
(Vincent Dupret / Romaric Hainez)

Belyaev: The genetics and phenogenetics of domestic behaviour. Problems in General Genetics, Tagungsbericht des 14. Internationalen Genetikkongresses, Moskau, Mir Publishers, 1980, S. 123-137.
Brawn, D.: *SdA. Les Deux Tours. Guide des créatures* (dt. *HdR. Die zwei Türme. Untiere und Völker*) (frz. Ü: Al. Delarbre), Paris, Gallimard Jeunesse, 2002
Clinquart, A., J.-L. Hornick, C. Van Eenaeme, L. Istasse: »Influence du caractère culard sur la production et la qualité de la viande des bovins

Blanc Bleu Belge«, *INRA Prod. Anim.*, 11(4), 285-297. Verfügbar unter: https://www6.inra.fr/productionsanimales/1998-Volume-11/Numero-4-1998/ Influence-du-caractere-culard-sur-la-production-et-laqualite-de-la-viande-des-bovins

Falconer, D.: *The Hobbit Chronicles: Creatures & Character. An Unexpected Journey,* London, HarperCollins, 2013.

Gélinet, P., A. Kobylak, S. Bobbé: »Le Loup«, in »2000 ans d'histoire« [Audio], 30. April 2016, France Inter.

Guerber, H. A.: *Myths of the Norsemen from the Eddas and Sagas*, London, George G. Harrap & Company, 1909.

IFL Sciences!: »Why so many domesticated mammals have floppy ears». Verfügbar unter: http://www.iflscience.com/plants-and-animals/why-so-many-domesticated-mammals-have-floppy-ears

Jussiau, R., J. Rigal , A. Papet: *Amélioration génétique des animaux d'élevage,* Educagri, 2013, S. 86.

Linberg, J. et al.: »Selection for tameness has changed brain gene expression in silver foxes«, *Correspondence,* vol. 15, Nr. 22, Nov. 2015, S. 915-916. Verfügbar unter: http://www.cell.com/current-biology/retrieve/pii/ S0960982205013278

Polin, S., *Le chien de guerre: utilisations à travers les conflits,* Doktorarbeit, 2003. Verfügbar unter: http://theses.vet-alfort.fr/telecharger.php?id=467

Trut, L., L. A. Gugatkin: »Comment transformer un renard en chien» in: *Pour la science,* Nr. 479, 25. August 2017. Verfügbar unter: https://www.pourlascience.fr/sd/zoologie/ comment-transformer-un-renard-en-chien-9807.php

Wang, X. et al.: Genomic responses to selection for tame/aggressive behaviors in the silver fox (Vulpes vulpes), in: *PNAS,* Oktober 2018, 115 (41). Verfügbar unter: https://www.pnas.org/content/115/41/10398

»Belyaev Experiment: Agressives Foxes« [Video]. Verfügbar unter: https://www.youtube.com/watch?v=9fC7l6gW05k

»Belyaev Experiment: Docile Foxes« [Video]. Verfügbar unter: http://www.youtube.com/watch?v=mzTcmE-pMLU

Beorn: Bärenmensch oder Mensch in Bärengestalt?

(Vincent Dupret / Romaric Hainez)

Blaney, B.,Blaney, B.: *The Berserker: His Origin and Development in Old Norse Literature,* University of Colorado, 1972.

Boyer, R.: *Sagas islandaises,* Paris, Bibliothèque de la Pléiade. Gallimard, 1992.

Dillmann F.-X.: *Les magiciens dans l'Islande ancienne,* Doktorarbeit an der Universität Caen (1986), betreut von Frédéric Durand.

Fabing, H. D.: »On going berserk: a neurochemical inquiry «, in: *American Journal of Psychology,* 1956, 113.5:409-415.

Gabriel, R. A.: *No More Heroes: Madness and Psychiatry In War,* New York, Hill & Wang, 1990.

Geraty, L. F. L.: *Berserk for berserkir: Introducing combat trauma to the compendium of theories on the Norse berserker,* Masterarbeit, 2015, University of Iceland, Háskóli Íslands, Hugvísindasvið. Verfügbar (englisch) unter: https://skemman.is/handle/1946/21040

Heebøll-Holm, T. K.: »Apocalypse then? The first crusade, traumas of war and Thomas de Marle«, in: Hundahl, K., L. Kjær, N. Lund (Hrsg.), *Denmark and Europe in Middle Age. c. 1000-1525,* Farnham (UK), Ashgate Publishing, 2014, S. 237-254.

Hellquist, E.: *Svensk etymologisk ordbok,* Gleerups, Lund, 1922.

Hirst, M.: Vikings [Video]. 2013, Shaw Media, Octagon Films, Take 5 Productions, MGM Television.

Jones, G.: *Eirik the Red and Other Icelandic Sagas,* Oxford World's Classics, Oxford University Press, 2009.

Kurumada, M.: *Saint Seiya: Les Chevaliers du Zodiaque,* Kana, 1998-2000 (erste französische Ausgabe)

Lachlan, M. D.: *Wolfsangel,* London, Victor Gollarez Ltd, 2010.

Lecouteux, C.: *Fantômes et revenants au Moyen Âge,* Paris, L'Arbre à mémoire, 1986.

McCoy, D.: *The Viking Spirit: An Introduction to Norse Mythology and Religion,* CreateSpace Independent Publishing Platform, 2016.

Ödman, S.: *Försök at utur Naturens Historia förklara de nordiska gamla Kämpars Berserka-gang,* Kongliga Vetenskaps Academiens nya Handlingar, 5:240–247, 1784.

Price, N. S.: *The Viking Way: Religion and War in Late Iron Age Scandinavia,* Doktorarbeit, Department of Archaeology & Ancient History, Uppsala University, 2002.

Rateliff, J. D.: *The History of The Hobbit. Part One: Mr Baggins,* New York, Houghton Mifflin Harcourt, 2007.

Samson, V.: *Les Berserkir. Les guerriers-fauves dans la Scandinavie ancienne, de l'âge de Vendel aux Vikings (vie -xie siècle),* Villeneuve-d'Ascq, Presses Universitaires du Septentrion, 2011.

Shippey, T. A.: *J. R. R. Tolkien: author of the century,* Boston, Houghton Mifflin Company, 2002.

Siebert, E.: »Science Gone Berserk«, 2016. Verfügbar unter: https://skepticalhumanities.com/2011/05/03/science-gone-berserk/

Sturluson, S.: *Egil's Saga* (frz. Ü: H. Palsson und P. Edwards), Penguin Classics, 1977.

Das Bestiarium der Gliederfüßer
(Romain Garrouste / Camille Garrouste)

Climo, F. M.: »Smeagolida, a new order of gymnomorph mollusc from New Zealand based on a new genus and species«, in: *New Zealand Journal of Zoology,* 7(4): 513-522, 1980.

Jóźwiak, P., T. Rewicz, K. Pabis: »Taxonomic etymology – in search of inspiration«, in: *ZooKeysin,* 513: 143-160, 2015.

Kaila, Lauri: »A revision of the Nearctic species of the genus Elachista s.l. III. The *Bifasciella, Praelineata, Saccharella* and *Freyerella* groups *(Lepidoptera, Elachistidae)*«, in: *Acta Zoologica Fennica,* 211: 1-235, 1999.

Morrone, J. J.: »Systematics, cladistics, and biogeography of the Andean weevil genera Macrostyphlus, Adioristidius, Puranius, and Amathynetoides, new genus (Coleoptera: Curculionidae)«, in: *American Museum Novitates,* Nr. 3104, 1994.

Sendra, A., V. M. Ortuno, A. Moreno, S. Montagu & S. Teruel: »Gollumjapyx smeagol gen. n., sp. n., an enigmatic hypogean japygid (Diplura: Japygidae) from the eastern Iberian Peninsula«, in: *Zootaxa,* 1372, 35-52, 2006.

Smaug, Glaurung: Die biologische Einordnung der Ungeheuer
(Stéphane Jouve)

Conrad, J.L.: »Phylogeny and systematic of Squamata (Reptilia) based on morphology«, in: Bulletin of the American Museum of Natural History, 310, 2008.

Tolkien, J. R. R.: *The Hobbit,* Boston and New York, Houghton Mifflin Co., 1938.

Tolkien, J. R. R.: *The Silmarillion Calendar 1978,* London, George Allen and Unwin Ltd, 1977.

Geflügelte Feuerdrachen: plausibel oder nicht?
(Stéphane Jouve)

Tolkien, J. R. R., *The Hobbit,* Boston und New York, Houghton Mifflin Co., 1938.

Der Wächter im Wasser
(Jérémie Bardin / Isabelle Kruta)

Mangold, K., A. M. Bidder & A. Portmann: »Organisation générale des céphalopodes«, in: Grassé, P. (Hrsg.), *Traité de zoologie,* Band V, Heft 4, S. 7, 1989.

Schneidewind, F.: »The biology of Middle-earth«, in Drout, M. D. C.: *J. R. R. Tolkien Encyclopedia: Scholarship and Critical Assessment,* Abington-on-Thames, Routledge, 2007.

Tolkiens kryptozoologisches Bestiarium
(Benoît Grison)

Carpenter, Humphrey: *J. R. R. Tolkien, une biographie* (dt. *J.R.R. Tolkien. Eine Biografie*), (frz. Ü: P. Alien), Paris, Christian Bourgois éditeur, 2002.

Day, D.: *Créatures de Tolkien,* Paris, Octopus-Hachette, 2002.

Grison, B.: *Du Yéti au calmar géant: le bestiaire énigmatique de la Cryptozoologie,* Paris, Delachaux & Niestlé, 2016.

Heuvelmans, B.: *The Kraken and the Colossal Octopus,* London, Kegan Paul, 2003.

Lang, A.: *The Complete Works,* Delphi Classics, 2015 [eBook].

Page, R. I.: *Mythes Nordiques* (dt. *Nordische Mythen*), Paris, Seuil, 1993.

Zucker, A. (Hrsg.), *Physiologos, le bestiaire des bestiaires* (dt. *Der Physiologus: ein christliches Modell der Tiernaturen*), Grenoble, Éditions Jérôme Millon, 2004.

REGISTER

Vorbemerkung der Übersetzerin:
Im französischen Original sind im Register nur in seltenen Fällen Namen von Wesen, Orten, Objekten u. Ä. aus der Welt von Mittelerde angegeben. Ich verweise auf die (sehr ergiebigen) Portale
https://www.tolkiendil.com (frz.)
https://www.ardapedia.org (dt.)
https://lotr.fandom.com/de (dt.)

A

B

C

D

E

F

P

R

S

T

V

W

Z

Der Eintopf ist fertig

Die Herausgeber und Autor:innen

Der nach dem Großen Krieg zwischen den Elben und den Orks geborene **Roland Lehoucq** ist als Astrophysiker am Kommissariat für Atomenergie und alternative Energien (CEA) und als Dozent am Sciences Po (Pariser Institut für Politikwissenschaften) sowie an der Universität Paris Diderot im Masterstudiengang »Umwelt, Energie und Gesellschaft« tätig. Autor zahlreicher populärwissenschaftlicher Werke und Vorsitzender des Internationalen Science-Fiction-Festivals Utopiales (Nantes).

Gandalfs treuer Freund **Loïc Mangin** ist Mitherausgeber der Zeitschrift Pour La Science (wo er die Rubrik »Kunst & Wissenschaft« leitet), Autor (*Pollock, Turner, Van Gogh, Vermeer ... et la science* [2018]) und Blogger: Best of Bestioles (http://bit. ly/PLS-BOB)

Der aus Französisch-Auenland stammende Paläontologe **Jean-Sébastien Steyer** arbeitet als Paläontologe am Nationalen Zentrum für wissenschaftliche Forschung (CNRS) und am Nationalen Naturkundemuseum (MNHN) Paris. Zuvor freier Journalist bei *Charlie Hebdo* (Rubrik »La Science amusante«), Vortragender, Autor mehrerer populärwissenschaftlicher Werke und Kolumnist, u.a. bei *Espèces*. Nutzt die Belletristik zur Vermittlung von Wissensinhalten.

Christine Argot und **Luc Vivès**, Forscher und Dozenten am Nationalen Naturkundemuseum Paris, sind spezialisiert auf die dortigen Sammlungen in der Galerie für Paläontologie und vergleichende Anatomie. Sie vermitteln die Ergebnisse ihrer Forschungen in Vorträgen und Publikationen an Studenten und die breite Öffentlichkeit.

Damien Bador ist Luftfahrtingenieur und zugleich Fachmann für die von J. R. R.Tolkien erfundenen Sprachen. Veröffentlichungen: *L'Encyclopédie du Hobbit* (Hrsg., 2013), *Dictionnaire Tolkien* (Mitautor, 2012) und *Le Monde des Hobbits* (Mitautor, 2014).

Jérémie Bardin ist Paläontologe am Zentrum für Paläontologische Forschung Paris (CR2P) und Ingenieur für Datenverarbeitung an der Sorbonne. Er untersucht Modelle morphologischer Entwicklung daraufhin, wie sie eingesetzt werden können, um Verwandtschaftsbeziehungen zwischen Organismen zu rekonstruieren und konstante Mechanismen in der Evolutionsgeschichte zu erkennen.

Élodie Boucheron-Dubuisson ist Dozentin für Pflanzenbiologie an der Sorbonne. Nach Untersuchungen zu den Auswirkungen der Mikrogravitation auf die Entwicklung von Wurzelsystemen liegt ihr neuer Forschungsschwerpunkt am Naturkundemuseum Paris auf der Moosflora von Madagaskar.

Cécile Breton orientierte sich nach einem Studium der bildenden Künste und der frühgeschichtlichen Archäologie auf Wissenschaftsvermittlung und verlegerische Tätigkeit. Sie gründete 2005 und 2011 die populärwissenschaftlichen Zeitschriften *Stantari* (zur Natur- und Kulturgeschichte Korsikas) und *Espèces* (Arten) zur Naturgeschichte, welche sie bis heute leitet.

Jean-Philippe Colin ist *Professeur agrégé* für Bio- und Geowissenschaften an der Universität Pau und ein virtueller Bewohner Auenlands, der nur aus seiner Hobbithöhle herauskommt, um seinen Enthusiasmus für die Biowissenschaften mit anderen zu teilen.

Bruno Corbara ist Dozent an der Universität Clermont-Auvergne für die Fachgebiete Ökologie, aquatische Ökosysteme und Verhaltensbiologie sozialer Insekten. Ehemals für internationale Luftschiffexpeditionen zur Erforschung des Kronendachs von Regenwäldern verantwortlich (»Radeau des cimes«), ist er heute leitender Redakteur und Mitglied des Redaktionsrats von *Espèces*.

Der Chemiker **Jean-Claude Crivello** ist wissenschaftlicher Mitarbeiter (Spezialgebiet Festphasenbindung) am Institut für Werkstoffchemie, Paris-Ost, das dem CNRS zugeordnet ist. Er forscht im Bereich der Werkstoffoptimierung für Spezialanwendungen wie die Speicherung von Wasserstoff und zum diesbezüglichen Einfluss der chemischen Zusammensetzung und der Kristallografie.

Die Tiermedizinerin und Speläologin (Höhlenkundlerin) **Sylvie Delaire** erforscht die Welt sowohl über als auch unter der Erde. Sie organisiert mit ihrem Team internationale Expeditionen und interessiert sich seit über 10 Jahren für die Erhaltung und Nutzung des Kulturerbes im Bereich des Untertage-Bergbaus.

Sidney Delgado, Biologe und Dozent für Tierbiologie und Evolution an der Sorbonne und der Universität Pierre und Marie Curie, forscht im Team »Homologie« am Naturkundemuseum Paris. Er ist Fachmann für die Evolution und Entwicklung mineralisierter Gewebe bei Wirbeltieren.

Virginie Delgado-Bréüs promovierte an der Universität der Westbretagne und an der Sorbonne (Paris IV) in Pragmatik und Syntax der französischen Linguistik und ist Fachfrau für die Sprache der französischen Armee.

Michaël Devaux, promovierter Philosoph, ist *Professeur agrégé* an der Universität Caen Normandie, wo er Bildungs- und Erziehungsphilosophie lehrt, sowie Mitglied der Forschungsorganisation ANR Condorcet. Doziert über Tolkien am Collège des Bernardins (Paris). Herausgeber mehrerer Werke, u.a. *Tolkien, les racines du légendaire* (2003) und *J. R. R. Tolkien, l'effigie des Elfes* (2014).

Jean-Yves Dubuisson ist Professor an der Sorbonne, wo er Biodiversität, Evolutionsgeschichte, (Paläo) botanik und Pflanzenökologie lehrt. Innerhalb seines Hauptforschungsgebiets – der Pflanzenevolution am Modell der Farne und Orchideen – setzt er den Schwerpunkt auf den Ursprung und die Geschichte pflanzlicher Gemeinschaften in Inselumgebungen.

Vincent Dupret, der seinen Abschluss am Naturkundemuseum Paris machte, ist Paläontologe und Fachmann für den Ursprung und die Diversifizierung der Kiefermäuler, insbesondere der Placodermi oder »Panzerfische«. Er ist international tätig und hält Vorträge in Frankreich und im Ausland für die breite Öffentlichkeit.

Camille Garrouste, Absolventin des Instituts für Angewandte Künste (LISAA), arbeitet im Bereich der digitalen Kunst und wissenschaftlichen Illustration.

Der Insektenfachmann **Romain Garrouste** forscht am Naturkundemuseum Paris und ist Mitglied der Forschergemeinschaft »Société des explorateurs français«. Er nahm an zahlreichen Expeditionen zur (Paläo)biodiversität in über zwanzig Ländern teil und ist Mitentdecker mehrerer Fossillagerstätten. In der Wissensvermittlung engagiert, beteiligt er sich an gemeinschaftlichen Publikationsprojekten.

Der Geoarchäologe und Topograf **Stephen Giner** tritt im Südosten Frankreichs regelmäßig als Designer musealer Räume zu geowissenschaftlichen Themen in Aktion. Als Mann der Praxis gehört er auch dem wissenschaftlichen und kulturellen Orientierungskomitee des UNESCO-Geopark-Projekts im Massif des Maures an.

Der Ethnomineraloge und Fachmann für Klangsteine, Höhlenmalerei und Megalithen **Erik Gonthier** ist Autor diverser Werke, Dokumentarfilme und Ausstellungen. Als Experte für Edelsteine und ehemaliger Juwelier erstellte er mehrere Werke für die Pariser Münzprägeanstalt und konzipierte weltweit über 130 Ausstellungen. Sein Interesse an plastischer Semiotik führte ihn zum Umbau mehrerer Sammlungen, u. a. am Naturkundemuseum Paris.

Der Biologe und Wissenschaftssoziologe **Benoit Grison** promovierte in Kognitionswissenschaft. Er lehrt und forscht an der UFR »Collegium sciences & techniques« der Universität Orléans. Sein aktuelles wissenschaftliches Interesse gilt der Biopsychologie, der Ethnozoologie und der Epistemologie der Biowissenschaften.

Romaric Hainez, Professeur agrégé für Bio- und Geowissenschaften an der Université de Picardie Jules-Verne, würzt seine Biologie-Vorlesungen mit einer Prise Fantastik, um aufzuzeigen, dass in allen Dingen Wissenschaft steckt, vor allem dort, wo man sie nicht vermutet.

Thierry Jandrok, promoviert in Psychologie und Psychopathologie, klinischer Psychologe, Autor, Essayist und Psychoanalytiker, gehört dem Studien- und Forschungszentrum für fantastische Literatur der Université de Lorraine an. Er hat sich an diversen Werken zu diesem Thema beteiligt.

Jean-Marc Joubert, in Werkstoffwissenschaften promovierter Ingenieur, ist Forschungsleiter am CNRS. Sein Arbeitsgebiet am Institut für Chemie und Werkstoffe Paris-Ost sind Metalllegierungen; sein besonderes Interesse gilt der Struktur und den Eigenschaften von intermetallischen Verbindungen und deren Hydriden, sowie der Bestimmung und Modellierung von Phasendiagrammen.

Stéphane Jouve, promovierter Paläontologe und Fachmann für Crocodylomorpha (Krokodile und verwandte Arten), ist Leiter der geowissenschaftlichen Sammlungen der Sorbonne.

Die Paläontologin **Isabelle Kruta** ist am Paläontologischen Forschungszentrum Paris und als Dozentin an der Sorbonne tätig. Sie führt Forschungen an außergewöhnlich gut erhaltenen fossilen Kopffüßern durch, mit dem Ziel, deren Weichteile und Ernährungsweise zu rekonstruieren.

Antoine Louchart ist Paläontologe und Fachmann für fossile Vögel am CNRS und am Labor für Geologie Lyon. Er begeistert sich für (lebende) Vögel und deren Beobachtung und erforscht Vogelarten verschiedener Zeiträume, insbesondere solche, die auf Inseln heimisch waren und in den letzten Jahrhunderten durch menschliche Eingriffe ausstarben.

Dan Lunt ist Professor für Klimatologie an der Universität Bristol (Großbritannien) und Leiter eines Projekts zum Klimamodell-Vergleich (www.deepmip.org). Autor der sechsten Klimastudie des Weltklimarats (IPCC), Träger des Philip Leverhulme-Preises und Fantasy-Fan.

François Marchal ist Forschungsbeauftragter am UMR 7268 des CNRS in der Abteilung Biokulturelle Anthropologie, Recht, Ethik und Gesundheit. Sein Forschungsschwerpunkt sind die Evolution des Bewegungssystems der Hominiden aus morphologischer und funktionaler Sicht und die Besonderheiten des Geschlechtsdimorphismus des menschlichen Beckens und dessen praktische Implikationen im Hinblick auf die Geschlechtsbestimmung.

Nach einem breit gefächerten Studium an der Sorbonne Nouvelle (Paris III) – von der Leitung von Kulturprojekten bis hin zur touristischen Entwicklung von Regionen – koordiniert **Cécile Michaux** derzeit Projekte im Bereich der Bühnenkunst. Weiterhin interessiert an allen Formen der Kultur und in Berührung mit ihnen, engagiert sie sich für deren Vermittlung.

Isabelle Pantin ist emeritierte Professorin für Literatur an der École normale supérieure (ENS) Paris und Mitglied des Instituts für neuere Geschichte und Zeitgeschichte. Schwerpunkte ihrer Arbeit sind die Geschichte des Buches und die Beziehungen zwischen Wissenschaft, Philosophie und Literatur. Autorin von *Tolkien et ses légendes: une expérience en fiction* (2013).

Luc Perino ist Arzt, Schriftsteller und Essayist, diplomiert in Tropenmedizin und Epidemiologie. Nach praktischer Tätigkeit in Subsahara-Afrika, tropischen Regionen Chinas und auf dem französischen Land ist er Dozent für Evolutionsbiologie und Medizin an der Universität Lyon II. Publikationen zu Misständen im Gesundheitssystem und auf dem Gesundheitsmarkt, zu Darwin und den Evolutionswissenschaften.

Thierry Rogel, *Agrégé* für Sozialwissenschaften und Gymnasiallehrer, engagiert sich für die breite Vermittlung seines Fachs und hat mehrere Werke zu soziologischen Themen veröffentlicht, u. a. *Introduction impertinente à la sociologie* (1999 u. 2004) und *La Sociologie des super-héros* (2012).

Stéphane Sarrade ist Forschungsleiter für Prozesstechnik am Kommissariat für Atomenergie und alternative Energien (CEA). Sein Engagement gilt der »grünen Chemie« und der Entwicklung von Verfahren zur Abscheidung, Dekontamination und Extraktion mithilfe von Filtrationsmembranen und überkritischen Fluiden. In seinen Publikationen geht es um neuartige Ansätze in der Chemie für eine nachhaltigere Welt.

Laurent Stieltjes ist Vulkanologe, Geologe, Experte und Berater für geologische Risiken und arbeitet u.a. als Forschungsleiter beim nationalen geologischen Dienst (BRGM). Wissensvermittlung zur Erde, ihrer Evolution und zur Lebensführung liegt ihm am Herzen; Textbeiträge und Bücher, Filme und Vorträge sind sein Weg, der Öffentlichkeit seinen bereichsübergreifenden Blick als Geologe nahezubringen.

Vivien Stocker ist eine der beiden verantwortlichen Beauftragten des Vereins Tolkiendil, der sich für die Förderung von Tolkiens Werk in der französischsprachigen Welt einsetzt. Sie hat an der Tolkien-Enzyklopädie *Dictionnaire Tolkien* (Hrsg. V. Ferré, 2012) mitgewirkt und ist Mitautorin der *Encyclopédie du Hobbit et du Monde des Hobbits* (2013 u. 2014).

Arnaud Varennes-Schmitt ist Absolvent des Naturkundemuseums und hat in Paläontologie zum Thema der Evolution der Elefanten und ihrer nahen Verwandten promoviert. Heute lehrt er Biologie an verschiedenen Hochschulen.

Bildnachweis

© Arnaud Rafaelian: Seiten 12–13, 40-41, 66-67, 83, 90-91, 111, 140-141, 162-163, 173, 189, 203, 212-213, 227, 241, 250–251, 283, 290, 296–297, 303, 310–311, 319, 337, 343, 350–351
© Diane Rottner: Seiten 130–131, 211, 217, 223, 236, 265,270, 295, 331
© Robert Altbauer (www.fantasy-map.net): Seiten 124–125
© Dan Lunt: Seiten 144–147
© Jean-Yves Dubuisson: Seiten 154–155

Genehmigte Lizenzausgabe für Impian GmbH, Leverkusen 2025

Die französische Originalausgabe erschien unter dem Titel
Tolkien et les sciences.

Redaktion und Satz: Dr. Rainer Schöttle VerlagsService, Lam
Umschlaggestaltung: Nele Schütz Design
unter Verwendung von AdobeStock/Jamesart/James/Chanwit/Mikolaj Niemczewski und Shutterstock/VovanIvanovich/Marish/A-R-T/LizaLucky
Druck: UAB BALTO print
Printed in Lithuania

ISBN 978-3-96269-191-2

www.impian.de